犬儒與玩笑
假面社會的政治幽默

犬儒與玩笑

假面社會的政治幽默

徐賁

OXFORD
UNIVERSITY PRESS

OXFORD
UNIVERSITY PRESS

Oxford University Press is a department of the University of Oxford.
It furthers the University's objective of excellence in research, scholarship,
and education by publishing worldwide. Oxford is a registered trade mark of
Oxford University Press in the UK and in certain other countries

Published in Hong Kong by

Oxford University Press (China) Limited

39/F One Kowloon, 1 Wang Yuen Street, Kowloon Bay, Hong Kong

© Oxford University Press (China) Limited

The moral rights of the author have been asserted

First edition published in 2018

犬儒與玩笑
假面社會的政治幽默

徐 賁

ISBN: 978-0-19-097429-9

This impression (lowest digit)
4 6 8 10 9 7 5 3

目　錄

序：犬儒與玩笑

我有一位親戚後輩，夫婦倆有一個上小學的女兒，他們對女兒在學校裏讀的那些內容空洞、言辭虛偽的課本非常不滿，但卻無能為力。他們在跟我談話時動不動就會挖苦嘲笑「那些害人的課本」，但都是女兒不在場的時候。當着女兒的面，他們從來不批評她的課本，怕孩子聽到會到學校裏「亂説」。相反，他們在輔導女兒功課的時候，總是會幫助孩子按照老師的要求，挖空心思地模仿課本裏的話，寫出他們自己反感，但老師會喜歡的「好作文」來。他們為自己的行為感到羞愧，覺得這麼做是在害女兒，但又覺得這是他們愛女兒的唯一方式。

這令我想起德國作家埃里希‧凱斯特納 (Erich Kästner) 的小説《法比安》(*Fabian*, 1933) 裏有一個名叫邁爾密 (Malmy) 的人物，他明白自己生活在一個千瘡百孔的制度中，但卻對此無動於衷。他説：「我在撒謊⋯⋯至少我知道自己在撒謊，我知道這個制度是不好的⋯⋯就算瞎子也能看到。但是我還是在盡我所能為這個制度服務。」凱斯特納描繪的是一個醒着的人在裝睡，一個明白人在裝糊塗，他不僅知道該裝什麼樣的糊塗，而且知道該怎麼裝。這是一種高明的，無是非觀的糊塗——難得糊塗。

魯迅在《准風月談‧難得糊塗》裏説，「糊塗主義，唯無是非觀等等——本來是中國的高尚道德。你説他是解脱，達觀罷，也未必。他其實在固執着，堅持着什麼，例如道德上的正統，文學上的正宗之類。」古代的犬儒主義者是有是非觀和對

錯原則的，而且還能做到在個人行為中身體力行。迪克‧基耶斯 (Dick Keyes) 在《看穿犬儒主義》一書中指出，犬儒者「需要站在理想的平台上才能向他們批評的靶子投石塊。一個自己處於墜落中的人投石塊既使不出勁道，又沒有準頭」。[1] 今天中國「難得糊塗」的犬儒主義是處於墜落狀態的犬儒主義，犬儒者有的根本就沒有供他們作是非判斷的理想平台，有的即使是有，也只是用於看穿世態；出於明哲保身或其他理由，他們是決不向任何靶子投石塊的。

我的親戚後輩是把女兒的事當笑話跟我說的——對這種事別太頂真，否則動肝火生氣，於事無補，於己無益。他們一面笑話女兒學校裏的教育，也一面笑話他們自己，既挖苦現狀，也自我調侃。這樣的「笑」同時成為兩種矛盾情緒——不滿和接受——的奇妙結合。笑本身成為可笑的事情，一半是吐苦水的逗樂，一半是無可奈何的苦笑。

這樣的玩笑非常符合犬儒的心態——既不相信學校教孩子的那一套，也不相信有任何改變的可能。我們今天生活裏的許多笑話都是以這樣的心態來說的。玩笑雖然包含着對某些事情的不滿、憤慨和批評，但對改變這些事情卻並不抱幻想和希望。這種犬儒主義的玩笑自然也就無助於人們所抱怨的生活狀態朝好的方向轉化或變革。這是具有假面社會特色的犬儒式玩笑，假面社會是壓迫性制度的產物。在壓迫性環境裏，由於批評性的公共言論空間逼仄，人們不得不戴着假面生活。他們對發生在身邊的乖訛、荒唐之事，裝作若無其事，輕鬆玩笑，然後隨遇而安、泰然處之。即使他們對某些事情耿耿於懷，也還是只能用玩笑代替直言，一笑了之。玩笑成為他們在假面社會裏表

1　Dick Keyes, *Seeing through Cynicism: A Reconsideration of the Power of Suspicion.* Downers, IL: InterVarsity Press, 1996, p. 21.

　　　　　　　　　　　　　　　　　　犬儒與玩笑

達不滿和反抗的主要方式——玩笑的戲謔本身就是一種「不批評」的偽裝和「不爭論」的扮相。

現代犬儒主義與古代犬儒主義不同，它經常是一種明白但又無奈的心態和處世方式，即使有求變之心，也懷疑有變的可能，放棄任何求變的行動。它一面懷疑、不信任和不相信眼前的事物，一面卻看不到有任何改變它們的出路，剩下唯一的生存策略只能是冷漠、被動和無所作為。

民間的犬儒主義是普通人應對眼前不良環境的處世心態和生存策略，它具有非常專注的當下性。魯迅在《而已集·小雜感》中說，「曾經闊氣的要復古，正在闊氣的要保持現狀，未曾闊氣的要革新。大抵如是。」犬儒主義是對「現狀」的徹底懷疑和不信，它的徹底懷疑、不信任和不相信，針對的不是「曾經闊氣的」也不是「未來闊氣的」，而是「正在闊氣的」。那些「正在闊氣的」便是當今社會裏各種各樣的頭面公共人物：政客、精英、名流、權威和各種其他體面人士。他們是現狀的得益者和維護者，口口聲聲代表國家、社會和人民的利益，是一些在眾目睽睽下不知羞恥的偽善者。普通人看穿和看透隱藏在他們體面言行背後的自私、狡詐、虛偽、欺騙，對他們不但不信任，而且還投以諷刺和嘲笑。

普通人可以把犬儒主義悄悄放在心裏，然而並不總是如此。他們的犬儒主義一旦流露或表達出來，便一定會同時包含「嘲笑」(ridicule) 和「非議」(admonishment)，而嘲笑和非議也正是一切批判性「玩笑」的關鍵因素。人們只有在徹底看穿和看透某些事物的時候——也就是處於相當明白和覺醒的狀態之中——才會親近犬儒主義。德國學者彼得·斯洛特迪克 (Peter Sloterdijk) 在《犬儒理性批判》一書裏把這種明白和覺醒稱為「啟蒙」(enlightenment)。他把犬儒主義定義為「受過啟蒙的錯

誤意識」，也就是明白人的迷思 (或錯誤行為)。這種犬儒主義不僅關乎社會中的體面人士，而且也關乎所有普通民眾。在這樣的犬儒社會裏，説的時候人人明白，做的時候人人不明白，所有的人都在自欺欺人，也都知道別人在自欺欺人，「他們知道自己幹的是些什麼，但依然坦然為之。」[2]

斯洛特迪克對犬儒主義的定義中包括兩個彼此相悖的部分：「啟蒙」和「錯誤意識」。「錯誤意識」是一個馬克思主義的術語，原來指的是無產階級認不清自己的最大利益。無產階級支持壓迫他們的資產階級政府，這就是錯誤意識。這種錯誤意識當然也可能發生在其他情況下，例如，德國魏瑪共和末期，工人們支持納粹，幫助納粹取得政權，這就是違背自己最大利益的錯誤意識。這個意義上的「錯誤意識」在兩位馬克思主義理論家的著作中得到了最有權威的闡述，一個是盧卡契 (Georg Lukacs) 的《歷史和階級意識》；另一個是葛蘭西 (Antonio Gramsci) 的《獄中書簡》。[3] 葛蘭西的當代影響更超過盧卡契，他稱工人階級的錯誤意識是資產階級意識形態霸權 (hegemony) 作用的結果。資產階級的意識形態霸權使得無產階級無法理解和洞察自己在社會中的真實處境。

馬克思在《共產黨宣言》裏説，資本主義的經濟動盪「最終使人們不得不以清醒的意識來面對他們的生存處境和他們與同類人們的關係」。[4] 然而，以工人階級利益為號召的革命一次

2　Peter Sloterdijk, *Critique of Cynical Reason*. Minneapolis, MN: University of Minnesota Press, 1987, p. 5.

3　Georg Lukacs, *History and Class Consciousness: Studies in Marxist Dialectics*. Trans. Rodney Livingstone. London: Merlin Press, 1968. Antonio Gramsci, *Prison Notebooks*. New York: Columbia University Press, 1992.

4　Karl Marx and Friedrich Engels, "Manifesto of the Communist Party." In *Basic Writings on Politics and Philosophy*. New York: Doubleday Anchor, 1959, p. 10.

犬儒與玩笑

次失敗，大多數工人不支持共產黨，而是去支持主張漸進改變的其他政黨。怎麼才能解釋工人們頑固的保守主義意識呢？盧卡契的錯誤意識理論和葛蘭西的意識形態霸權論就是為了解釋這個的。

他們都認為，統治工人階級的權力首先是意識形態的，其次才是國家暴力機器的。換句話說，統治者的意識形態影響比動用警察、法庭和軍隊有效。如果被統治者誤以為自己的利益就是統治者的利益，那麼被統治者不但不會鬧事、造反，而且還會積極支持統治者。因此，馬克思主義者就必須揭露影響和控制工人階級的意識形態和工人們自己的錯誤意識。只要讓工人階級認清自己的錯誤意識，他們就會參加革命行動，馬克思主義的理論與實踐也就能統一起來了。因此，馬克思主義強調「啟蒙」（也就是做群眾的思想工作）。它認為，人們有不正確行為是因為不明事理，沒有受到啟蒙，受到了啟蒙就自然會有正確行動——人只要明白了，就不會做糊塗事情。

然而，犬儒主義恰恰與這種「人一明白就會有正確想法和行動」的邏輯預估背道而馳，這便是斯洛特迪克所說的「經過啟蒙的錯誤意識」——心裏「明白」不是行為「不糊塗」的充分條件。斯洛特迪克的犬儒主義理論並不否定馬克思主義的意識形態理論，但卻是1968年後德國「後新左派」的理論產物，用美國卡內基–梅隆大學教授史提芬・布魯克曼（Stephen Brockmann）的話來說，是一種「沒有工人階級的工人階級理論」。[5]

斯洛特迪克借用馬克思的話來定義犬儒主義，他的意思

5　Stephen Brockmann, "Weimar Sexual Cynicism." In *Desiring Emancipation: New Women and Homosexuality in Germany, 1890–1933*. Marti M. Lybeck, ed. Albany: State University of New York Press, 2014, p. 166.

是，工人階級知道什麼是他們的最大利益，幾乎每個人都知道，所以問題根本不在於是否要教育他們或提高他們的政治覺悟。生活在現代社會裏的人們並不難了解和知曉事實真相，說他們是「現代人」，指的就是他們明白該明白的事情，了解該了解的基本事實，也知道什麼事情正確，因此應該去做，什麼事情不對，因此不應該去做。問題是，他們雖然明白，但卻還是在做不該做的事，還是不做本該做的事情，這就是犬儒主義。

犬儒是明白人的錯誤行為，不是愚昧者的愚蠢行為，布魯克曼對此寫道：「人們知道什麼是該做的正確之事，但仍然不去做這樣的事，例如，他們知道不該駕駛污染環境的車子⋯⋯不該喝拉丁美洲專制統治國家的咖啡，不該吃多米尼哥共和國的香蕉，但是他們照樣還是在這麼做。這就是犬儒主義⋯⋯歷史上犬儒社會的一個顯例便是魏瑪共和時期的德國⋯⋯每個人都明白什麼樣的 (政治) 災難正在形成，知道自己是在火山口的邊緣上跳舞，但誰都沒對它做些什麼。」當今中國與此非常相似。[6]

這就是明白人的難得糊塗。同樣，我那位親戚後輩和小說《法比安》裏的人物邁爾密，他們也都知道自己在做荒唐有害的事，但卻照做不誤。這正符合史提芬・布魯克曼對犬儒主義的總結：「嚴格地說，『啟蒙了的錯誤意識』並不是因為缺乏知識，而是缺乏行動。犬儒主義是沒有實踐的理論。犬儒主義者是一個不能按自己的精明去行事的精明人」。[7]作為社會生活中的大活人，犬儒主義者當然不可能對發生在他們生活世界裏的種種荒謬可笑之事完全無動於衷、無所反應、無所行動。然而，他們生活在一個言論和行動都不允許他們有所公共參與或

6　Stephen Brockmann, "Weimar Sexual Cynicism," p. 166.

7　Stephen Brockmann, "Weimar Sexual Cynicism," p. 167.

犬儒與玩笑

作為的制度中，他們所能訴諸的應對行動也就不過是排遣無奈和紓解不滿的玩笑而已。

在壓迫性的環境中，玩笑並不只是一種娛樂和排遣，玩笑裏包含着不滿和批評，因此也是一種認知和評判方式。玩笑是面對「乖訛」(incongruity) 事物，對之有所察覺、知曉和排斥後的反應。笑話的對象是被判斷為「不好」或「邪惡」的事物。笑經常是普通人對生活中「怪事」和「壞事」——反常、不像話、荒唐、離譜、怪異、荒誕不經的事情——的情緒反應，也是一種自覺或不自覺的抵制方式。這種應對可能是對壞事很在乎，但卻沒有糾正或改變的辦法，只能苦笑而已；它也可能根本就不在乎，只是覺得糗事、怪事滑稽好笑，可以逗人一笑。這兩種笑都是明白人的無行動，一種是沒有行動的可能條件，另一種則是根本就沒有求新思變的意願。這兩種對怪事和壞事的「笑對」都在認知和行為上與犬儒主義有親緣關係。

「玩笑」又叫「笑話」，在英語裏都是joke，並無區分。玩笑或笑話的一個特點就是「機靈」——風趣、幽默、機智 (witty)。法語的blague (玩笑) 和德語的witz (玩笑) 也都有witticism(詼諧、雋語、警句、俏皮話、聰明話)的意思。中文裏的玩笑不只是嚴格意義上的「笑話」——以「妙語」(punch line)結尾的軼事、故事、段子——而且還包括其他各種搞笑、惡搞、調侃、嘲笑、諷刺、挖苦、插科打諢、諧音、文字遊戲、對子、打油詩、順口溜等等。犬儒主義者是精明之人，只是不按自己的精明在社會上做好事。同樣。玩笑也是精明人的話語和明白人的娛樂，傻兮兮的人是不會拿世界上的乖訛之事來說笑的，他們只會被人拿來說笑話。

在不自由的假面社會裏，民間笑話經常是聰明人和明白人經過自我審查的意見表達——旁敲側擊、婉轉迂迴、閃爍其

詞、欲言又止、顧左右而言他。玩笑話是一種不自由的,被控制的表達,是戴着鐐銬跳舞。玩笑的想法與言說未必一致,在環境的壓力下,玩笑起源於人們有想法,但表達卻因被控制而不得自由。然而,控制了人們的表達就是控制了他們的思法。表達的怯懦、曖昧和模棱兩可,久而久之習慣成自然,多半會蠶食人們思想的獨立和勇氣,使之變得油滑、投機和隨波逐流。

笑話也經常是一種以酒蓋臉式的撒歡、戲謔、調侃、狷狂、任誕不羈和玩世不恭。然而,這是一種越醉越醒的偽裝和扮相。玩笑在言從口出之前,先行思量過哪些話能(直)說,哪些不能(直)說,然後才把明知不能直說的話變着法子說出來。危險意識讓人話到嘴邊留三分,說話之前,先已經過下意識的自我審查,根本不會允許太危險的念頭湧上舌尖。玩笑和犬儒主義都是普通人看穿世態炎涼、洞察世道險惡,戴着假面小心尋找活路和樂子的結果,也都是他們應對無望困境和順應危險環境的生存之道。這樣的笑話是普通人介於不滿與順從之間的苦中作樂,介於憤怒與無奈之間的嬉笑怒罵,也是介於批評與消遣之間的戲謔發洩。

在社會文化學裏,玩笑和笑話為觀察普通人對日常生活世界的對錯和是非認知提供了一個不可多得的視角。考察和研究一個社會裏普通人說些什麼笑話、怎麼說笑話、在什麼政治和社會氣氛下說笑話,是從一個特殊的文化角度來了解他們對發生在自己周圍的事情和事件察覺到了什麼、知曉了什麼、明白了什麼,察覺、知曉、明白到什麼程度並作了怎樣的表示或表達。在一個人們普遍戴着假面的犬儒社會裏,這樣的資訊總是被遮掩在層層扮相、偽裝、謊言和神話的帷幕後面。越是這樣,玩笑和笑話包含的真實資訊也就越加彌足珍貴,對它們的思考也就越加有窺視帷幕後真實景象的作用和價值。本書所引

述的許多玩笑便是這種社會文化學研究的珍貴材料，不應該把它們只是當作輕鬆自在的諧謔玩笑。它們是產生於壓迫性制度下假面社會的政治玩笑。在這樣的制度環境下形成的政治玩笑具有長遠的真實史料和民間記憶價值，我們在為之發笑之餘，更需要思考的是這種制度生態環境中普通人的犬儒文化和他們玩笑裏的那種弱者政治。

前言：
犬儒時代的玩笑：反抗與戲謔之間的弱者政治

　　「犬儒」在中國或許還不是一個人們很熟悉的概念，但是，可以稱為「犬儒」的事情卻幾乎每天都在我們周圍發生，也經常有人用描述或感性的語言在說出來。北大教授錢理群說：我們的大學，也包括北大，正在培養一大批「精緻的利己主義者」，他們高智商，世俗，老道，善於表演，懂得配合。網上有一個轉發周保松的微博：「如果天總也不亮，那就摸黑過生活；如果發出聲音是危險的，那就保持沉默；如果自覺無力發光的，那就別去照亮別人。但是——但是：不要習慣了黑暗就為黑暗辯護；不要為自己的苟且而得意洋洋；不要嘲諷那些比自己更勇敢更有熱量的人們。可以卑微如塵土，不可扭曲如蛆蟲」。

　　我們用什麼概念去言說「精緻的利己主義」或者「習慣了黑暗就為黑暗辯護」、「為自己的苟且而得意洋洋」、「懦夫嘲諷比自己勇敢的人們」、「卑微如塵土且又扭曲如蛆蟲」這樣的心態、行為或生活狀態呢？這個概念應該就是「犬儒」。還有一些常能聽到的說法：「莫談國是」、「難得糊塗」、「吃虧是福」、「看透一切」，「躲避崇高」、「就那麼回事」、「你懂的」，甚至「生活就像強姦，既然反抗不了就要學會享受被強姦的快感」——在這樣的人生信條背後，都有一種既明白又憋屈，既世故又苦澀的犬儒主義。

　　犬儒主義忿世嫉俗、玩世不恭、遊戲人生，與玩笑 (戲謔、嘲諷、挪揄) 結下了親緣的關係。在一般的社會裏，犬儒與玩笑

之間只不過是一種若即若離的關係，儘管沒有玩笑難以表現犬儒，但沒有犬儒卻還是有玩笑。然而，在一個日常生活高度政治意識形態化，公共言論受到嚴格控制的社會裏，犬儒和玩笑都帶上了明顯的政治色彩，也都成為人們應對壓迫性制度和逼仄生活環境的的生存策略，因此更會你中有我、我中有你、彼此難解難分。

如果支配一個社會共同信念和未來想像的意識形態事實上已經失效，而政治權力卻仍然需要並還在利用這個意識形態控制人們的日常生活，那麼，這種意識形態便只能靠強力才能維持。在這種情況下，人們迫於害怕或出於私利，在公開場合不得不假裝還在相信這個意識形態，並接受它的統治。

在這種統治形態下，即使是那些無意反體制，不想與政權作對，腦後沒有反骨的順良百姓，只要有一點常識、不癡不傻，面對如此虛假和不公的世相，也不會沒有察覺、無所看透。普通人看穿識透，不再相信，卻又裝作什麼事都沒發生，這便是犬儒的世態眾相。普通人但凡還有點良心，對醜陋之事有所不滿，再加上一點機靈，都免不了會揶揄嘲笑幾句，諷刺挖苦一下、說笑應和一番。這便有了噱戲時風的民間玩笑。犬儒是看笑話，玩笑是說笑話，二者都包含着不滿、非議和批評。一定是現實生活裏先有了許多太荒謬和太荒唐的事情，成了笑話，然後才有許多人來看笑話和說笑話，並用笑話表達不滿和怨憤。然而，犬儒和玩笑都不是真正的抗爭，而只是被動應對、怒而不爭、無助度日的處世方式，都是人們既不滿又適應的那個腐敗社會生態的一部分。在高度政治化和嚴格控制的體制環境裏，玩笑是一種介於微弱政治批評和流行大眾娛樂之間的社會行為。

一 「犬儒」和「幽默」

　　人們迫於政治壓力和思想限制，無法自由地用嚴肅話語對許多公共事務和問題實話實說、實事實議，在這樣的虛假環境裏，犬儒與玩笑之間會發展出多重實質性的聯繫。第一，犬儒善於看穿當今種種虛偽的世相——冠冕堂皇的道德說辭、道貌岸然的政治人物、惺惺作態的政治正確、自以為是的偉大光榮，自欺欺人的政治扮相。人們不僅看穿這些，而且覺得荒謬、乖張、荒唐，所以會報以嘲諷挖苦和冷嘲熱諷。犬儒者能察覺別人的可笑，也明白自己的可笑，他們經常把嘲諷和自嘲融為一體：以別人的可笑做靶子，拿自己的可笑做武器。玩笑是犬儒者應對虛假世界的方式和表現卓立不群的手段，若無玩笑，犬儒便無以顯示自己的優越感、超群見識和曠世獨立。美國休士頓大學文學教授大衛・馬茲拉 (David Mazella) 指出，犬儒主義運用的是戰術而非戰略手段，是「弱者的技藝」(art of the weak)，擅長於「出其不意、使用詐術、隨機應變、富有計謀、詭計多端，在權力的戰略領地邊緣處發動小摩擦，進行突然襲擊」，特點是「戲仿」(parody) 而非具有創新意義的分析和論述。[1]

　　第二，犬儒表示不滿的慣用手法是「玩笑」，由此而來的笑並非是善意、愉悅的純真之笑，而是不懷好意、別有用心的笑——嘲笑、諷刺、譏諷、戲謔、諧音遊戲、插科打諢。與大多數幽默一樣，玩笑經常包含兩個基本要素：一是批評「乖訛」(incongruity)，二是表現「優越」(superiority)。乖訛又叫不協調，是一些令人氣惱、憤恨、失望、感覺到受欺騙和被出賣

1　David Mazella, *The Making of Modern Cynicism*. Charlottesville, VA: University of Virginia Press, 2007, pp. 39, 40.

的事情。乖訛同時是笑話(嘲笑)的基本原料和怨憤(批評)的根本原因，也是不信任和不相信(犬儒)的產生基礎。《人民網》「強國論壇」有網民這樣看穿和説笑乖訛：

> 他們一邊抨擊米國，一邊送子女去米國留學(絕不送去蘋壤)
> 他們一邊掃黃打非，一邊養小三，姦幼女。
> 他們一邊喊反腐倡廉，一邊霸佔幾十套房子。
> 他們滿嘴掛着「人民」二字，人民要下跪申冤，人民會堂進不去，人民日報人民不讀，人民代娼人民不認識。
> 需要你時，就説「群眾的眼睛是雪亮的」；不需要你時，就説你是「不明真相的群眾」。
> 他們滿嘴都是法之建設，但每天學習貫徹的是靈導講話，而不是線法和法矑。
> 他們一邊愚民，一邊喊偉大付興。[2]

這位網民是明眼人，也是玩笑者。他這個玩笑運用了諧音遊戲，故意用錯字來搞笑，是嘲笑、批評和犬儒的三合一產物。他看穿了一些「人上人」的虛偽説辭，看透他們其實是「一面談崇高，一面幹下流」的偽善之徒。他們不僅偽善，而且愚蠢，自以為能用虛偽的宣傳説辭蒙騙老百姓，其實不過是自欺欺人。這位網民看不起那些人上人，開玩笑讓他有了一種心理上的優越感。然而，這是一種無可奈何、無力無助的優越感，它不圖根本的改變，但求一時的紓解和輕鬆。犬儒和玩笑都是曖昧而變化莫測的，都難以定義。嘲諷和自嘲、辛辣和滑稽、犀利和逗樂、自衛和自慰混雜在一起，既怨憤不平卻又無

---

2 http://bbs1.people.com.cn/post/2/1/1/135766231.html

可奈何。這樣的犬儒玩笑既是破壞、顛覆權威的手段，又是現狀運轉的潤滑劑和安全閥。

　　第三，犬儒和玩笑都可以成為弱者在逆境中和壓迫下的反抗手段，也都有一定程度的清醒自覺，但都未必有自我解放的要求或幫助社會、政治改革的度世目標。魯迅在《「論語一年」》裏說，「皇帝不肯笑，奴隸是不准笑的。他們會笑，就怕他們也會哭，會怒，會鬧起來。」他推斷，「『幽默』在中國是不會有的。」魯迅或許是要說，中國人不會有真正的自由意識。現代研究者大多看到，犬儒和玩笑都對現實秩序有着曖昧的兩面性——既不滿又遷就。其實，早在1500年前，劉勰在《文心雕龍》裏就已經注意到了這個問題，他批評東方曼倩的玩笑是「繆辭詆戲」、「詆嫚媟弄」、「無所匡正」、「無益規補」。但是，在中國民間笑匠眼裏，東方曼倩乃是他們效法的楷模。他們生活在專制制度下，只能把對世道的曲折規補希望寄託在玩笑醒人之上。例如，清人石成金就說，「人以笑話為笑，我以笑話醒人，雖然遊戲三昧，可稱度世金針。」在高壓統治下，玩笑既能讓人清醒，也能讓人昏睡。犬儒既是一種清醒的狀態，也是一種絕望的處境，能把人變成叫喚不醒的裝睡人。劉勰批評玩笑的詆毀和輕薄（詆嫚媟弄）是「餔糟啜醨」，放到今天來說，以犬儒和玩笑來度世，同樣是無異於吃酒糟，喝薄酒以追求一醉，只會使人更有理由屈志從俗，隨波逐流。

　　今天我們討論犬儒和玩笑，是把它們當作當下整體社會文化的構成元素來加以考察、分析和評價的。如果說犬儒是一種玩世不恭的心態，那麼玩笑可以說是犬儒的淺層或表像言行特徵。這是一種未必與古代犬儒主義有多少關係的現代犬儒主義。它是普通人在生活中不斷希望，卻又不斷被愚弄、欺騙、

出賣，最後不得不徹底失望、放棄和不相信的產物，它既是玩世不恭的又是委屈求全的。它把對現有秩序的不滿轉化為一種不拒絕的理解，一種不反抗的清醒和一種不認同的接受。而玩笑正好可以協助犬儒主義輕鬆、瀟灑、狡黠、機靈、無需多思且無內疚地完成這樣的轉化。

這樣看待和言說犬儒主義，其實已經是在為它提供了一個定義──犬儒主義是明白人心知肚明地做糊塗事。犬儒有多種不同的定義，論述犬儒主義表現、現象、演化，影響的文章或專著幾乎都會為「犬儒主義」下一個定義。我們可以把這樣的定義看作是在為具體議題劃出大致的範圍，或者是對研究內容做一個簡要的概括。這些都不是要把犬儒主義的「本質」永遠固定下來，因為事實上犬儒主義沒有固定不變的本質可以讓我們一勞永逸地加以把握和定義。

同樣，我們也沒有辦法用定義來確定玩笑的本質。在英語裏，玩笑和笑話是同一個字 (joke)，玩笑是以幽默、逗笑的方式對待事情，笑話是說出來或寫下來引人發笑的言談，尤其是「段子」或「小故事」。正如阿姆斯特丹大學文化社會學教授吉斯琳德‧基普斯 (Giselinde Kuipers) 在《好幽默，壞品味：笑話社會學》中所說，笑話唯一可以確定的特徵就是它引人發笑的目的。[3] 笑話只是幽默許多形式中的一種，笑話是能產生幽默效果的言談或文字。人們在幽默中體會到滑稽、可笑、逗樂，但卻並不能以此為幽默定義，因為並非所有的幽默都是滑稽、可笑或逗樂的。

加拿大作家懷特 (E. B. White) 開玩笑地說，「解剖幽默就如同解剖晨霧，一剖開就死，除非一個人有純粹的科學頭腦，

---

3 Giselinde Kuipers, *Good Humor, Bad Taste: A Sociology of the Joke*. New York: Mouton de Gruyter, 2006, p. 28.

誰也不願意看幽默的五臟六腑。」[4] 法國作家羅貝爾・埃斯卡皮 (Robert Escarpit) 在《論幽默》(L'hmour) 中說，「任何一個企圖弄請那些通常在習慣中形成的概念所包容的確切內涵的人，都很明瞭字詞和內涵之間可能存在着的矛盾。一方面是字詞，即某一國家或群體發明或借用來表達一些經驗與事例的總體情形，而實際上它們之間也基本一致。另一方面是內涵，即思維的產品，人的思維將初始經驗的某些方面加以邏輯組織、歸納成概念，再將它推廣於其他類似經驗中去。」[5] 由於字詞和內涵之間存在着矛盾，字詞包含的概念會逐漸脫離其源頭，而至今已不復有，或很少還有原來的內涵。

幽默在拉丁語裏是一個科學用語（「體液」），16世紀，被移譯到西方各國的語言之中，起先是一個日常用語，後來被借用為一個文藝樣式或評論的用語。幽默成為一種「思維的成品」，對一些其他的經驗和現象進行組織和歸納。今天，我們已經知道和熟悉許多16世紀人們難以想像的幽默：「黑色幽默」、「荒誕幽默」、「絞刑架幽默」(gallows humor)[6]，更不要說是像前蘇聯和東歐國家「政治笑話」(anecdot) 那樣的政治幽默了。

今天我們所說的犬儒主義也早已脫離了其源頭，有了完全不同的內涵。最初，犬儒在希臘語裏是一個表達某種怪異行為的字詞，與使用者的一些單純經驗和事例相一致。後來，與我們今天所使用的「幽默」一詞相仿，犬儒也成為一個複合思維

4　Quotationspage.com.

5　羅貝爾・埃斯卡皮：《論幽默》，金玲譯，上海社會科學院出版社，1990年，第4頁。

6　絞刑架幽默是一種與死亡有關的黑色幽默，如金聖歎所說：「殺頭，至痛也，而聖歎以無意得之，大奇。」又例如，「一個死刑犯被帶上了絞首架，他掉過頭問劊子手：『這絞架結實不結實』」。

產品的概念。它被借用來對許多希臘人不知道的行為和現象進行邏輯組織和歸納，它所推廣而及的經驗包括我在這裏特別關注的假面社會國民心態和集體性格。它的主要特徵是，一種以虛無主義的不相信來獲得合理性的思維形態，它的徹底不相信表現在它甚至不相信還能有什麼辦法來改變它所不相信的那個世界。也就是，「我們時代的犬儒智慧認定，明白人的活法就是事先便已知道改變世界的努力是不會成功的，那些以為會成功的人一定是傻瓜，要不就是危險分子」。[7] 因此，它有玩世不恭、憤世疾俗、假面違抗的一面，但也有逆來順受、接受現實、與權力合作和共謀的一面。

「犬儒」和「幽默」都是在習慣中形成的複雜的、不穩定的概念，我們如何理解這兩個概念往往與我們對具體事物、言行的感覺和反應方式有關。犬儒是一種感覺，也是一種理解和闡釋的結果。同樣的現象，有的人會視其為犬儒，有的人則不會；旁觀者看到的犬儒表現，當事人卻未必就能看到；對犬儒主義了解越多的人，也就能在越多的事情上看到犬儒主義。有人把「犬儒」寫成「犬奴」，看起來是誤寫，其實又何嘗不是一種對犬儒的理解？「犬奴」在文字上是說得通的。「犬」是忠順的，沒有思想，也絕不會反抗，犬奴確實點出了犬儒的特色奴性。不過，身份為「奴」並不一定就奴性十足，因為還有斯巴達克斯這樣的反叛之奴。

幽默的多義和歧義也是一樣。幽默是一種能帶給人快樂的美感。但是，有人會誤以為尖嘴薄舌、輕浪浮薄就是幽默。因此，常見的是，在一些人看來是有趣好笑的幽默（或玩笑），在另一些人看來卻是尖酸刻薄、粗俗無當的人身羞辱。滑稽小品

7　Michael Lerner, *The Politics of Meaning: Restoring Hope and Possibility in an Age of Cynicism*. Reading, MA: Addison-Wesley, 1996, p. 21.

拿貧窮、身體殘疾、社會或文化弱勢者開玩笑、尋開心，有的人會樂得哈哈大笑，以為這就是幽默，但有的人則會感到不快和厭惡，並不把這樣的搞笑視為幽默。有的人認為，在談論納粹對猶太人的大屠殺時，任何幽默都是不適宜的，但有的人則認為，幽默的缺席乃是大屠殺悲劇創傷所造成的一個後遺症。以研究大屠殺聞名的美國作家和學者泰倫斯·德普萊斯 (Terrence Des Pres) 說：「自從希波克拉底的時代……人類就已經知道笑的療效，我們大多數人都會同意，笑有治療的作用……用這麼渺小的笑來減輕那麼沉重的負擔，這本身就是一個笑話。但是反過來說，在其他關鍵治療都無效或不可能的情況下，能起一點作用的恰恰正是玩笑。」[8] 美國記者史提夫·李普曼 (Steve Lipman) 說，「當希特勒的受害者嘲笑自己的處境時——為了不讓他們自己瘋掉，許多人都是這麼做的——他們也為別人這麼做打開了大門。」[9]

政治笑話是一種幽默，但政治立場和權力地位不同的人並不都會把政治笑話當作「幽默」。假面社會裏民間廣為流傳、受人喜愛的政治笑話也像希特勒時期的猶太人笑話一樣，能讓許多人不至於「瘋掉」或讓他們能保持某種程度的認知清醒自明。但是，在專制統治者眼裏，這樣的政治笑話是心懷叵測、圖謀不軌，是污蔑、詆毀、中傷、抹黑、影射或負隅頑抗。這樣的幽默因此也就成為必須嚴懲不貸的「反動言論」。

8　Terrence Des Pres, "Holocaust Laughter?" In Berel Lang, ed. *Writing and the Holocaust.* New York: Holes & Meier, 1988, pp. 218–219.

9　Steve Lipman, *Laughter in Hell: The Use of Humor during the Holocaust.* Northvale, NJ: Jason Aronson, 1991, p. 8.

二 作為弱者潛政治的犬儒與玩笑

犬儒和幽默在相當程度上是靠感覺和體會來形成的概念，對它們來說，定義越是明確，就越容易淪為無效。運用這樣的概念討論社會文化，探索的領域和現象都是在逐漸形成和變化着的，它們的意義內涵也會不斷有所變化。除了定義的內涵之外，我們討論犬儒或幽默還會引入一些判斷和評價標準。除了問「什麼是犬儒」、「什麼是政治笑話」之外，我們還會問，如果在一個社會裏，作為共同信仰的意識形態事實上已經失效，但政治權力卻仍然在自欺欺人地利用這個意識形態控制人們日常生活的關鍵領域，那麼，這種環境中的犬儒主義或政治笑話起着怎樣的社會作用，是抵抗呢？還是逃避？這樣提問與觀察犬儒和政治笑話的目的直接有關。它要問的不僅是，哪些現象是犬儒的？人們在製造和傳播怎樣的政治笑話？而且是，在特定的體制環境下，犬儒言行或政治笑話對改變不良現狀是否有積極作用？在這樣的思考中，事實判斷與價值判斷是相互滲透和結合在一起的。

對納粹德國、蘇聯和東歐國家政治玩笑的研究都必須面對如何理解和判斷笑話的性質問題 (社會作用和政治意義)。對壓迫性制度下政治笑話的性質，存在着兩種不同的解釋立場。第一種立場是把玩笑解釋為一種對環境的適應和順從。它認為，笑話雖然不信任官方宣傳，雖然保存某種對現狀的真實意識，但卻是非抵抗的。這一立場依據的主要是弗洛伊德的《玩笑及其與下意識的關係》(1905)。弗洛伊德認為，玩笑揭示被遮掩的事實，因此給人的心靈帶來輕鬆的片刻。弗洛伊德理論的政治的意義是，有傾向性的笑話特別喜歡針對身居高位、自稱是權威的人士，是一種從權威壓迫下的解放。但是，弗洛伊德同

時也看到，笑話不過是暫時讓人放鬆一下而已。政治笑話起到的是安全閥的作用，釋放被積壓的不滿和怨憤。許多當代文化批評家同意這個看法。例如，愛琳和唐·尼爾遜 (Alleen and Don Nilson) 認為，「反權威的幽默證明了這樣的理論：人們運用幽默，通過嘲笑壓迫他們的環境來紓解壓力」。[10] 查理斯·舒茲 (Charles E. Schutz) 指出，那些創作政治和社會諷刺的人們，「他們是政治人物和社會制度的攻擊者。他們善於運用喜劇，把憤怒和怨恨轉變為諷刺進攻，將靶子變成笑料，反敗為勝。靶子遭殃，進攻者的怒氣也就平和地化解了」。[11] 當然，並不是所有的諷刺都會產生「笑」的效果。

第二種立場是把玩笑解釋為弱者的反抗，認為政治笑話對摧毀蘇聯和東歐的制度發生過作用。這一立場從喬治·奧威爾那裏得到啟發，奧威爾在論及英國幽默的文章中說，「當一件事情破壞了既定的秩序時——以某種並不明確是冒犯或令人害怕的方式——這件事便是好笑的。每個玩笑都是一個微型的革命。如果我們必須以一句話來定義幽默，那麼可以說，它就像一位坐在圖釘上的尊貴要人，每當尊貴被破壞，要人從座椅上摔下來，最好摔出聲來，那就會好笑。摔得越重，笑話越大。蛋奶餅摔在主教臉上比摔在助理牧師臉上更可笑。」[12] 奧威爾的話原來是批評英國幽默沒有批判性的，但是，「每個笑話都是一個微型革命」這句話後來卻成為對蘇聯和東歐政治玩笑抵抗性和顛覆性的經典概括。

即使我們不能斷定玩笑的幽默究竟是一種對現實的反抗還

10 Alleen Pace Nilson and Don L. F. Nilson, *Encyclopedia of 20th-Century American Humor.* Phoenix, AZ: Oryx, 2000, p. 36

11 Charles E. Schutz, *Political Humor: From Aristophanes to Sam Ervin.* Rutherford, NJ: Farleigh Dickinson University Press, 1977, p. 77.

12 Quoted by Ben Lewis, *Hammer and Tickle.* New York: Pegasus Books, 2009, p. 20.

是適應，抑或是這二者兼而有之，我們或許還是可以像史提夫‧李普曼在納粹時期的猶太笑話裏那樣看到，笑話的幽默讓人們對現實保持某種程度的清醒，因為有了這種清醒，他們才不至於在荒誕的意識形態謊言面前完全不知所措、聽其擺佈，或者在這樣的謊言世界裏完全淪落為一個神志不清、喪失理智的人，成為行屍走肉的殭屍，或一個徹徹底底的思想白癡和政治愚民。[13] 政治笑話還可能在反抗和順從之外有其他作用，與壓迫者打政治太極拳便是其一。納粹時期逃離德國的德國作家埃貢‧拉爾森 (Egon Larsen) 說，政治幽默效能的一個重要的特點就是，「壓迫者對付不了它，他們越是要打擊笑話，就會越是顯得滑稽可笑」。[14]

我們不能脫離政治制度和社會環境來泛泛而論玩笑或笑話的社會作用。英國政治學家斯蒂芬‧魯克斯 (Steven Lukes) 指出，「民主國家的幽默與極權國家的幽默發揮的是非常不同的作用」。在英國，「那些題材恰巧與政治有關的笑話是政治笑話。說關於柴契爾首相的笑話並不需要比拿天氣開玩笑更有勇氣。但是，在極權國家，說政治笑話本身就是一種有挑戰意味的勇敢行為」。[15]

我們把壓迫性制度下普通人的犬儒主義和政治玩笑視為共生現象，是特別就它們共同的弱者生存策略而言的。這種環境下的犬儒主義與政治玩笑同樣會具有某種令人清醒、把握真實、抵禦宣傳欺騙和洗腦、不至於完全麻木或瘋狂的作用。犬儒主義是從失望、懷疑開始，而發展到死活不再相信的。統治

---

13 Steve Lipman, *Laughter in Hell*, p. 12.

14 Egon Larsen, Wit *as a Weapon: Political Jokes in History*. London: Freder Muller, 1980, p. 37.

15 Itzhak Galnoor and Steven Lukes, *No Laughing Matter: A Collection of Political Jokes*. London: Routledge & Kegan Paul, 1985, p. vii.

犬儒與玩笑

者不喜歡民眾成為懷疑者，正如澳大利亞政治家林德勒 (Robert Lindner) 所說，「權威有一百個理由害怕懷疑者，在懷疑面前，權威很難生存」。[16]

壓迫性制度的統治者用暴力、惡法和欺騙來維持其權力統治，他們缺乏誠信記錄，把人民當家奴驅使，像家賊般提防，他們尤其害怕懷疑者。任何對他們統治權力的懷疑、不理睬和不相信都是對其權威和合法性的潛在威脅。當然，他們害怕的並不是犬儒式的懷疑者，而是真正的懷疑者。犬儒式的懷疑者沒有自己的定見，只是死活不相信而已。但是，真正的懷疑者不僅心存疑問，而且有自己的想法。因此，他們一定會因為有疑問而去一探究竟，問個明白，並把自己的想法公開地說出來。權威害怕的是這樣的懷疑者，因為他們是自由、獨立的思考者，也是最不容易欺騙，最懂得如何理性抵抗的智慧型公民。他們能夠策動並幫助更多的人從犬儒式懷疑向思考型懷疑轉化，這是專制統治者最害怕的。

當人們用嬉笑怒罵、冷嘲熱諷、戲謔蔑視的方式來評價現實的時候，他們心態、心理、情緒、感覺中的犬儒主義是看不見、摸不着的。犬儒的人們可以把犬儒主義深深埋在心底。這種沉默的犬儒主義是孤獨的，也是消極的，鮮有反抗意義。相比之下，用玩笑言語表達出來的犬儒主義卻可能是有反抗意義的。一個人用玩笑和幽默來向他人表示對權威的懷疑和不相信，這是對權威的公然不敬和蓄意冒犯。在強制和壓迫的政治體制下，普通人用玩笑表示不滿和批評——從說怪話、嘲弄到諷刺、惡搞——尤其如此。所有針對現實問題的玩笑都是政治笑話，同樣，所有針對現實問題的犬儒反應也都是政治犬儒主義。「政治」使得普通人的犬儒和玩笑有了一種特殊的反抗意

---

16 http://www.brainyquote.com/quotes/quotes/v/vitasackvi120752.html.

義，雖然未必是「微型革命」，但都已經不再是全然消極的隱忍和沉默。

　　普通人的日常生活反抗具有變化不定、難以捉摸的特點，這是弱者為了逃避體制權力壓迫和懲罰所必須採用的策略。美國政治學家詹姆斯·斯各特 (James C. Scott) 在《統治與抵抗的技藝》中寫道：這種抵抗「通常都很謹慎、不顯眼、隱蔽，像是跟現實秩序的任何公開挑戰一點關係也沒有。但是，當壓迫減輕或『約束之牆』出現軟檔時，偷獵就會升級為佔地，逃稅就會升級為抵抗，謠言和玩笑就會升級為公開侮辱」。[17] 從深藏於心、默不作聲的犬儒到開口說笑話表達懷疑和不相信的犬儒，這是一種反抗的升級。斯大林時期，說笑話會被逮捕、判刑、流放，許多人對政治笑話完全不敢說，不敢聽，聽到了會去告發檢舉。在這種殘酷的統治下，冒着被告發和坐牢的危險說笑話便成為一種實際的反抗，用笑話與靠得住的他人秘密聯絡更是一種大膽的反抗串聯。在人與人之間不能放鬆戒備的假面社會裏，說笑也是一種信任，王小波在《沉默的大多數》一文裏有現身說法：「在我周圍，像我這種性格的人特多——在公共場合什麼都不說，到了私下則妙語連珠，換言之，對信得過的人什麼都說，對信不過的人什麼都不說」。

　　從獨裁者活着的時候說他笑話到獨裁者死後對他挫骨揚灰，這更是一種反抗的再升級。斯各特指出，這種弱者的反抗在歷史上就有先例。1936年西班牙內戰前，庶民對西班牙教會等級只敢偷偷蔑視，「起先只是在背後流言蜚語和玩笑戲謔，到內戰爆發的時候，發展成為戲劇性的公開掘屍，把大主教和隱修院院長的屍骨從教堂墓穴裏挖掘出來，然後七零八落地倒

---

17 James C. Scott, *Domination and the Arts of Resistance*. New Haven, CN: Yale University Press, 1990, p. 197.

在教堂的台階上。轉彎抹角的謠言變成公然咒罵」，日常生活抵抗也就變成公開的集體挑戰。[18] 這令人想起斯大林死後在蘇聯發生的類似事情。

在一個人們習慣於沉默、忍受、順從的社會裏，普通人日常生活中許多事情的政治意義都被忽視了，因為它們是在我們經常以為非政治的地方或層面上發生。為了讓我們看到許多「非政治」行為的政治性，斯各特區別了兩種不同的反抗。一種是受到人們注意和重視的公開的、擺明了的反抗，另一種是偽裝的、不惹眼、不聲不響的反抗，後一種反抗構成了斯各特所說的「潛政治」(infrapolitics)，也就是政治表層之下潛伏着的政治。作為政治的公開對抗和作為潛政治的隱秘反抗，它們都是針對有權者的統治利益。有權者在統治中可以得到三種主要的利益：一、物質利益 (錢糧、稅金、物質享受)，二、地位利益 (尊貴身份、特殊待遇、權勢)，三、意識形態利益 (統治的合理性和合法性、維護其特權的正當性和思想控制的有效性)。

對有權者的這三種利益，公開反抗會分別採取三種有針對性的行動：一、罷工、抗稅、抗議，二、反對特權，要求平等權利，三、反對和駁斥統治宣傳。但是，在不能作公開反抗的環境裏，無權者只能採用弱者反抗的三種手段：一、怠工、破壞、逃稅、小偷小摸，二、流言蜚語、小道消息、造謠、中傷、抹黑、譏諷，三、懷疑、不理睬、不相信、只當耳邊風。[19]

政治笑話是一種小道傳聞、流言蜚語和冷嘲熱諷，而犬儒主義則是懷疑，不相信和不理睬，它們都可以是 (雖不必然是) 弱者潛政治的表現形式。它們的所謂政治作用只是在潛在層面上的，與公共政治是完全不同的。在一般情況下，弱者隱秘反

18　James C. Scott, *Domination and the Arts of Resistance*, p. 197.

19　James C. Scott, *Domination and the Arts of Resistance*, p. 198.

抗的三種行動都會被視為不道德行為或不良行為，但是，它們有着一般道德或行為習俗之外的政治反抗意義。弱者隱秘反抗的政治意義可能被低估，也可能被高估，低估和高估的原因各不相同。[20]

低估是由於不恰當地用自由民主的政治要求去評估非自由狀態下的民眾反抗。斯各特指出，「政治自由在言論和集會方面的歷史成就已經大大地降低公開政治表達的危險和困難」，自由民主制度下的公民反抗受到公民權利和人權的保護，但壓迫性制度下的人民則沒有這樣的保護。在壓迫性制度下，「民眾不能公開地說出他們的反抗目標，只能運用無政治權利者的策略」。低估弱者反抗的潛政治會得出這樣的錯誤結論，他們的反抗沒有政治意義，也不能發生任何作用。[21]

高估是由於把弱者的潛政治不恰當地拔高到公民政治的層次，將公民政治與弱者政治混為一談。實際情況是，局部的弱者潛政治並不反對體制，也鮮有公民權利和人權的政治訴求。如果僅僅從弱者局部的日常感受和情緒去拔高他們僭越、懷疑、不信任、不接受、不表態贊同和不合作的政治意義，那麼就會使得民眾政治失去更高、更長遠、更普遍的目標。因此，應該將弱者政治「當作公共生活的初步形式，在這個基礎上發展出更有計劃、更公開、更制度化的形式，這樣弱者政治才能有活力」。[22]

如果沒有民主公共生活的遠大目標，弱者的潛政治甚至連

20　本‧路易斯對政治笑話的社會作用被高估 (maximalist view) 和被低估 (minimalist view) 有專門的討論。Ben Lewis, *Hammer and Tickle: The Story of Communism, a Political System almost Laughed out of Existence*. New York: Pegasus Books, 2009, pp. 1–21, 175.

21　James C. Scott, *Domination and the Arts of Resistance*, p. 199.

22　James C. Scott, *Domination and the Arts of Resistance*, p. 200.

犬儒與玩笑

它局部和有限的目標都難以達到。爭取公民權利和人權是爭取其他一切局部權利的基本條件，如果弱者失去了這個政治目標，那麼他們雖有不滿、怨憤，也終將無法改變自己被壓迫的無權生活狀態。他們剩下的唯一可能就是為適應無可抵抗的生存環境而沉默、冷漠、順從、得過且過，甚至合作、迎合、諂媚、蛇鼠兩端、渾水摸魚。這樣的生存境遇正是通往消極犬儒主義的不歸之路。

　　就抵抗而言，弱者的潛政治，包括犬儒主義與政治玩笑的潛政治，不能代替公民政治。正如斯各特所說，「潛政治的(弱者)策略使得它與現代民主國家的(公民)政治有所不同。這二者不只是程度的差別，而且更是具有根本不同的政治行動邏輯。潛政治不提出公共訴求，也不公開劃出(政治)象徵界限。它所有的政治行動都故意保持目的的曖昧或躲藏在表面意義的背後。誰也不以自己的名義說清行動的目的，因為這樣無異於自取滅亡。正因為這種潛政治行動刻意保持匿名並否認自身的目的，單靠一點解釋是無法讓它發揮社會變革作用的，因為你根本就不知道它要求的到底是什麼。」[23] 但是，社會文化研究對弱者潛政治的解釋仍然是必要的(斯各特本人就做這樣的解釋)，尤其是批判性的解釋更是不可缺少。解釋不是從某種普遍性的理論推導而出，而是在思考個別事件、現象和歷史先例中逐漸展開並呈現它的主線脈絡。本書把犬儒主義與政治玩笑作為這樣的兩條主線脈絡，就是緣於對當下弱者政治作批判性解釋的需要。

23　James C. Scott, *Domination and the Arts of Resistance*, p. 199–200.

1 納粹德國的玩笑和政治犬儒主義

　　德國歷史學家魯道夫・赫爾佐格 (Rudolph Herzog) 的《致命的可笑：希特勒德國的幽默》是一部研究納粹時期德國笑話的專著。書的題目 Dead Funny 從詞義上說是「非常可笑」或「可笑得要命」，但卻有着一層更深的意思：這是一種像「死」一樣嚴肅的「可笑」，有極為嚴重的後果。德國人那些漫不經心的笑話在他們那裏只是可笑而已，他們沒有認識到的是，正是這些看似輕鬆的玩笑讓他們有了容忍、順從甚至協助納粹極權統治的藉口。

　　赫爾佐格把納粹時期一般德國人說的笑話與猶太人說的笑話作了區分。納粹上台的初期，普通德國民眾支持和滿意納粹的統治，「隨着失業率下降，德國人在經歷了深重的不安全感和沮喪後，又開始有了信心」，覺得「好日子」終於來了。[1] (37) 這個時期普通德國人的笑話並不是政治反抗，而只不過是對納粹政權某些滑稽可笑的現象，如納粹的衣着、行為、習慣、希特勒敬禮、納粹領導人物的外貌和嗜好等等的「無害取笑」(harmless teasing)。這樣的說笑對納粹統治並無大礙，所以懲罰並不嚴厲。一直要到戰爭時期，尤其當德國在戰爭中節節失利時，政治笑話才成為嚴重的罪行。

　　相比之下，猶太人從納粹一上台便成為完全失去國家法律保護的受害群體，他們從一開始就沒有普通德國人那種幸福感

---

[1]　Rudolph Herzog, *Dead Funny: Humor in Hitler's Germany*. Trans. Jefferson Chase. Brooklyn, NY: Melville House, 2011. 所有該書引文皆在括弧中標明頁數。

和安全感，隨着生存處境變得越來越艱難，他們遭受的迫害也越來越殘酷，直到被送進死亡集中營。因此，猶太人的幽默中有一種屬於它自己的苦澀、憤懣和絕望，也使他們的笑話具有一種特殊的悲劇性。對此，赫爾佐格寫道：「德國人和德國猶太人笑話的根本區別不只是語調和所指，而且更是其功能。德國人的『耳語笑話』主要是起釋放大眾挫折感的安全閥作用，而德國猶太人的笑話則起着鼓起勇氣的作用。」(5) 正如猶太－德國笑話的收集者，經典名着《猶太幽默》(*Der Jüdische Witz*) 作者賽爾西婭·蘭德曼 (Salcia Landmann) 所说，「猶太人笑話是幫助他們在遭遇任何厄運的情況下都要活下去。這些笑話嘲笑的是猶太人每天必須面對的恐懼。正因為如此，最深沉的猶太黑色笑話表達的是一種反抗：我笑故我在。我雖無退路，但我仍然在笑」。[2] 這種社會功能是普通德國人玩笑所不具備的。

一　普通德國人的玩笑

納粹執政的初期，一般德國人的笑話語氣比較輕鬆，他們說笑話的事情和人物並不對他們構成直接的生存威脅，玩笑的題材也不過是一些他們在生活中感覺古怪、過份、不自然、做作、擾亂正常秩序和日常習慣的事情，包括變成全體德國人「新習慣」的「希特勒問候」(希特勒敬禮，Heil Hitler!)。正如奧爾特加·加塞特 (José Ortega y Gasset) 所说，「問候本身並不構成真正意義上的行為，不是一種產生並完成自我目的的習慣。相反，問候這種習慣，卻成為其他所有習慣的象徵，因此成為『習慣中的習慣』」。[3] 納粹上台之後，一句不完整的套語「希

2　Quoted by Hersog, *Dead Funny*, p. 5.

3　轉引自提爾曼·阿勒特：《德意志問候：關於一個災難性姿勢的歷史》，

　　　　　　　　　　　　　犬儒與玩笑

特勒萬歲」，加上一個攤開手心，伸展至眉梢的動作所構成的問候，成為德國人在任何場合下的標準用語，也成為笑話的靶子：

圖勒斯和夏爾穿過一個養牛場，圖勒斯踩到一堆牛糞，差點跌倒。他舉起右手大聲說，「希特勒萬歲！」夏爾對他說，「你瘋了嗎？你在幹啥呀，這裏有沒有人在看。」圖勒斯說，「這是規定，你每到一個新地方，都必須說『希特勒萬歲』」。

一個醉漢走在路上，遇到一個沿街叫賣的小販。小販叫着：「Heilkräuter!」(草藥！)醉漢樂了，說：「Hail Kräuter (Kräuter萬歲)？我們一定是有新政府了！」

希特勒訪問一個瘋人院，所有的病人都向他行希特勒禮。希特勒看見一個人沒有舉手行禮，就問：「你為什麼不像別人那樣行禮。」這個人回答道：「報告元首，我是服務員，不是瘋子。」

德國人還說關於納粹領導人的笑話。戈培爾相貌像猶太人，個子矮小，被叫做「米老鼠」(Wotan's Michey Mouse)；他說話裝腔作勢，被叫做「有毒的矮子」(Mahatma Propagandhi)；他還是個平腳底，被叫做「侏儒怪」(Rumpelstizchen)。[4] 黨魁戈林因其肥胖的長相被叫做「肥厚」(Der Dicke)。戈培爾善於說謊，戈林愛虛榮，他們都是德國笑話的對象。

孟翰譯，江蘇人民出版社，2008年，第2–3頁。
4　Steve Lipman, *Laughter in Hell*, p. 40.

戈培爾有自卑症，去看心理醫生。醫生說，「你每天站在鏡子前15分鐘，不斷對自己說，我重要，我重要，世界離不了我。這樣就可以治癒你的毛病了。」戈培爾對醫生說：「你這個法子不管用，我對自己說的話一個字都不相信。」

戈林有一次在柏林散步，見到一群孩子在用泥巴和馬糞塑人像。戈林問，「是誰的像？」「是戈培爾博士和雷伊博士。」「要不要也塑一下戈林的像呢？」「不行，沒有那麼大的一堆馬糞。」
［按：納粹黨的組織部長雷伊博士 (Dr. Robert Ley) 是個小個子，綽號是「小鮑比」(Klein Bobjie)］

戈林在胸口的許多勳章旁加了一個箭頭，指示是，「請繼續看我背後」。

德國有了一個新的度量叫「戈爾」(Gor，戈林的諧音)——戈爾等於一個人的胸膛前可能掛滿的勳章的最大量。

赫爾佐格指出，「像這樣的笑話即使是針對一些頭面政治人物，從本質上說是非政治的 (apolitical)」。這樣的笑話形成了一個「套子」或「罐頭」，可以填加新的內容。東德也有一個諷刺領導人烏布里希 (Walter Ulbricht) 說話沉悶乏味的類似笑話：東德1960年代末有了一個新的時間度量叫「烏布」——烏布等於總書記講話時東歐人需要從椅子上站起身來轉換頻道的時間。在納粹德國或後來的東德，這樣的笑話之所以被當作政治笑話是因為笑話的靶子是黨的領導人，人們拿戈林的虛榮和烏布里希的沉悶開玩笑，「但他們兩個的缺點都不涉及肆意破

壞社會規範或對人類文明犯下大罪，所以這樣的笑話並沒有政治顛覆的力量，它們都不過是在語言上耍了一點小把戲，為的只是逗樂，如此而已」。(21)

許多德國笑話都與普通德國人不滿他們社會和生活裏的一些事情和人物有關，由於這些事情和人物與統治權力關係密切，這樣的笑話也就自然被當作政治笑話。例如，有的笑話是挖苦那些「吃黨飯」的，還有的則是諷刺黨衛軍和衝鋒隊的不法和傲慢行為。SS (Schutzstaffel) 是德國社會主義工人黨 (納粹) 黨衛軍的簡稱。SA (Sturmabteilung) 是納粹衝鋒隊的簡稱：

一個廚子正準備煎土豆，她沒有豬油，不住地在鍋灶上揮動萬字旗 (納粹黨旗)。有人問她為什麼，她答道：「在黨旗下，許多人都肥得流油。」
〔按：這樣的笑話並不是批評和攻擊納粹黨本身，而只是指向黨內的一些不正派和謀權自肥的個人。它在政治不是不正確的，因為它可以這樣解釋：黨永遠是正確的，問題只是出在那些鑽進黨內的少數腐敗分子和蛀蟲。〕

2月27日傍晚，戈林的助手上氣不接下氣地衝進戈林的辦公室大叫道：「報告戈林總理，國會着火啦！」戈林看了看鐘，搖搖頭說，「這麼快就着火啦。」

問：正規軍和黨衛軍的區別是什麼？答：正規軍說，預備、開火！黨衛軍說，預備、放火！
問：國會是誰放的火？
答：Sass兄弟。(衝鋒隊和黨衛軍)。
〔按：這是諷刺他們在國會縱火案事件中扮演的角色〕

從笑話裏可以看出，當時普通德國人對誰製造國會縱火案是心知肚明的，因為這樣的笑話相當普遍。普通德國人對納粹玩弄司法制度也很清楚，有這樣一個笑話：

一位納粹高官到瑞士訪問，看到一棟公共建築，問是幹什麼用的，接待人員說，「這是我們的海軍部」。這位納粹官員笑了，他說：「你們一共只有兩三條船，要什麼海軍部。」瑞士人答道：「我們為什麼不能有海軍部，德國不是有司法部嗎？」

像這樣的笑話諷刺的是納粹「國家機器」的違法活動，政治色彩比較明顯，也包含比較明顯的政治批評。還有許多笑話的題材事關民生艱難，由於民生問題是納粹政策所造成的，民生笑話自然也就包含了不滿或批評政府的政治意味。但是，這樣的笑話卻並不是反對納粹統治本身的。1939年戰爭開始，德國的擴張非常順利，幾乎沒有付出血的代價。德國人的笑話說的是因為國家軍費開支人民不得不承受沉重的納稅負擔和越來越嚴重的物資短缺，但並不涉及納粹的罪惡行為和戰爭罪行：

天主教徒說：每天早晚都要禱告 (pray)；國社黨人說每天早晚都要交稅 (pay)。

四年計劃要求木柴有更重要的用途，德國人用什麼取暖？答案是，用希特勒頭腦裏的蜘蛛網新型布料做衣服，網是戈培爾吹出來的，線是德國人的耐心紡成的。

有一個人要自殺，先是用繩子上吊，無奈繩子質量太差，

斷了。他又把頭伸進煤氣烤箱裏，但下午2到5點沒有煤氣供應。於是他只好靠糧食定量過日子，這個辦法非常靈驗。

隨着戰爭形勢的逆轉，德國從攻勢轉為守勢，納粹對笑話的管制也更加嚴厲。德國人覺得說話得越來越小心了，對陌生人不敢輕易開口說話。但是，納粹無法禁絕笑話，笑話仍然在民間傳播，而且有了戰爭失利的內容：

一個人去看牙醫，牙醫說，「請張嘴。」求診的人說，「不行，我不認識你。」

希特勒打敗法國後，站在英吉利海峽，心想進攻英國為什麼這麼艱難。這時候摩西突然出現在他身邊說：「如果你沒有這麼殘害我的人民，我本可以告訴你我變紅海為通途的訣竅。」希特勒命令他的衛兵抓住摩西嚴刑拷打，逼他說出訣竅。摩西說，「我只是用了上帝給我的杖，海水便分開成為道路。」希特勒吼道，「你的杖呢？」摩西說：「在大英博物館收藏着呢。」

1944年9月25日，希特勒號召全民投入「人民攻勢」(volkssturm)，應徵入伍的都是希特勒青年團的孩子們和以前被歸入不宜服兵役的60歲以上的人員，他們經過簡單的反坦克武器訓練就被送上戰場，到戰爭結束為止，有17萬「人民攻勢」軍人失蹤，大多數可能都是在戰鬥中喪生的，因此有這樣的笑話：

問：什麼人嘴裏有金，頭髮是銀，骨頭裏有鉛？
答：人民攻勢軍軍人。

這時候德國的一切物質供應也已經幾乎不存在了，有這樣的笑話：

希特勒與戈林、戈培爾和食品部長培克 (Herbert Backe) 開會，希特勒問戈林：「我們的飛機和燃料還能維持多久？」戈林答道：「報告元首，五年。」希特勒問戈培爾：「你的宣傳還能讓人民就範多久？」「報告元首，十年。」希特勒又問培克：「糧食供應還能維持多久？」「報告元首，夠吃二十年。」希特勒很高興，說：「那麼戰爭還能進行得更久一些。」培克舉起手忐忑不安地對希特勒說：「我的意思是夠我們四個人。」

二　納粹德國與蘇聯政治笑話的不同

赫爾佐格指出，普通德國人的笑話並不是政治抵抗，那「不過是釋放民間怒氣的閥門。人們在家附近酒吧裏或在街上說笑話，因為他們想得到片刻的紓解，出出氣緩解一下心情。這是符合納粹領導利益的……許多德國人知道納粹統治黑暗的一面，他們對納粹用法律逼迫他們做這做那也不滿意，對黨內大頭目一面自己生活奢侈，一面武斷規定人民節約生活有所抱怨。但這些都沒有轉變為反納粹的抗議。那些說說笑話出出氣的人們並沒有上街或用其他方式抗議納粹的領導。」(3) 納粹雖然有禁止危害國家安全言論的法律條文，但執行並不嚴厲，只是到了戰爭的後期，當德國的敗局已定時，政府對公開說笑納粹的人士才採取嚴厲的懲罰手段，但判死刑的例子仍然是少數。在殘酷對待本民族德國人這一點上，納粹顯然比一些「共產主義國家」要仁慈得多。說笑話在納粹德國畢竟不算太危險

的事，所以赫爾佐格認為，德國人的「『耳語笑話』與其說是『代表』，還不如說是『代替』了社會良心和個人勇氣」。(3) 當然，在德國也有「表達仇恨和拒絕納粹的笑話」，但是，「即使是最具批評性的笑話，最後所起的也仍然是穩定秩序的作用，因為有的笑話雖然表達了對納粹統治的不滿，但它們也傳遞這樣的資訊：人們對事情是無能為力的。這是一種令人氣餒的聽天由命想法。」(4)

政治笑話的抵抗或順從並不只是由笑話本身的內容決定的，而是由壓迫者和被壓迫者之間的「壓迫關係」決定的。如果被壓迫者不把自己看作被壓迫者，或者根本就不認為說笑的對象是他的壓迫者，那麼他的玩笑也就成為一種沒有敵意也非對抗的「取笑」(teasing)。這樣的玩笑就不能算是有抵抗意味的抗議。取笑經常只是發生在朋友和情侶之間，而抗議則必然發生在利益對立的衝突關係中。

儘管納粹德國和前蘇聯都是壓迫性制度，但這兩個制度中具有自覺意識的被壓迫者並不相同。在納粹德國，他們主要是猶太人，而在蘇聯，他們則是許多普通的蘇聯人。專門研究政治笑話的學者本·路易斯 (Ben Lewis) 在比較普通德國人和普通蘇聯人所說的政治笑話時指出，雖然納粹的極權壓迫和蘇聯一樣殘暴，但普通德國人比蘇聯人更認同他們國家裏的統治意識形態，納粹統治者的殘暴主要是針對猶太人的，而蘇聯統治者的殘暴卻是針對普通蘇聯人的，不同的壓迫關係造成了這兩個社會中政治笑話的重要差別。

本·路易斯指出，普通德國人 (不算猶太人) 比普通蘇聯人所說的政治笑話數量要少得多。1970年代以來，納粹德國和蘇聯的政治笑話都被歷史學家們仔細收集和分類，但是，「真正原創的納粹 (德國) 笑話不到100則，這說明納粹 (德國) 的笑話

要少得多。第三帝國只維持了蘇聯六分之一的時間——一個是12年，另一個是72年。所以，按理說，就算是蘇聯笑話的六分之一，也該有166至250則，但實際上只有這個數目的一半。」[5]

和蘇聯笑話一樣，納粹德國的笑話經常與政治事件有關，如1933年的國會縱火案，納粹說自己沒有參與，但從笑話來看，德國人知道納粹是主使。1934年6月30日，希特勒在柏林和慕尼克製造「長劍之夜」，對納粹衝鋒隊頭目恩斯特·羅姆(Ernst Rohm)等人進行了清除行動，隨後出現了一些羅姆是同性戀的笑話。但是，與蘇聯笑話對每一個時期的幾乎每一個事件都有反應相比，德國笑話的時事跟蹤密度要差得多。

德國笑話不僅在數量上不如蘇聯笑話，而且質量也不如，笑料更是不夠。赫爾佐格指出，德國人的笑話質量不高的一個原因是德國人並不以幽默見長，有這樣一句話：「篇幅最小的書是英國烹調和500年德國幽默」。當被問到什麼是德國幽默感的時候，赫爾佐格說是「幸災樂禍」(schadenfreude)。他認為，這是一個非常具有德國特色的說法。[6] 除了民族幽默感的問題，德國政治笑話對納粹意識形態的乖訛遠不如蘇聯笑話對蘇聯意識形態那樣有深度的觸及和暴露。這在笑話內容的題材上就可以看出來，「蘇聯笑話涉及了那個制度每個重要的政治方面，但德國笑話卻是在迴避這些方面。德國人沒有關於希特勒種族主義意識形態的笑話，也沒有關於群眾集會瘋狂場面和怪異崇拜儀式的笑話……關於希特勒的笑話也少得驚人……在(納粹屠殺猶太人的)最後解決方案之前，只有寥寥幾則關於集中營的笑話」。集中營笑話都是猶太人而不是普通德國人說的。希特

5　Ben Lewis, *Hammer and Tickle*. New York: Pegasus Books, 2009, p. 95.

6　Monica Osborne, "Springtime for Hitler." http://www.newrepublic.com/book/review/dead-funny-humor-hitler-germany-holocaust-rudolph-herzog.

勒和納粹把那麼多的德國青年送上戰場，德國人為戰爭付出了如此慘痛的代價，付出了如此巨大的犧牲，「而德國人卻不太仇恨和反對納粹，真是一件令人驚奇的事情。這證實了一些歷史學家的看法：大多數德國人是同情納粹的」。[7] 德國人說得最多、最有料的笑話是針對猶太人的。

> 問：「有多少種不同的猶太人？」
> 答：「兩種，樂觀派和悲觀派。所有的悲觀派都流亡了，所有的樂觀派都進了集中營。」

> 在非洲剛果的叢林裏，萊維和威斯坦偶爾遇見了。他們各自都背着一個登山包。
> 萊維問威斯坦：「你來這裏幹什麼？」
> 威斯坦說：「我在這裏有一個象牙工廠，為了降低成本，我自己獵大象。你在這裏幹什麼？」
> 萊維說：「跟你差不多，我在這裏有一家鱷魚皮革廠，我是來獵鱷魚的。你知道我們的朋友賽蒙的近況嗎？」
> 「他才是真正的冒險家，他還在柏林呢。」

> 雅可伯走過公園時看見朋友查爾摩坐在長凳上看報紙。查爾摩看的是反猶太的週報《衝鋒隊員》(Der Stürmer)。雅可伯說：「查爾摩，你怎麼看這個報紙？」查爾摩說：「現在日子難過，生意做不下去，走在街上也要挨打。但是這份報紙讓我好受一些，它說我們猶太人在錢裏打滾，統治着世界。」

7　Ben Lewis, *Hammer and Tickle*, p. 96.

絕大多數的德國笑話並不批評納粹制度，而只是揶揄和嘲笑一些納粹領導人物的個人缺點或人性弱點。這些缺點或弱點別的人也都有，只是因為出現在「領導人」身上才顯得特別惹人注目罷了。這些納粹領導人所犯下的罪行卻是極少或幾乎從未在笑話裏涉及的。例如，戈林的虐待狂性格是眾所周知的，但是，關於戈林的笑話幾乎全都只是嘲諷他的肥胖長相和愛虛榮，因此，這個殘暴的納粹頭子只是顯得像一個浮誇自負，但招人喜愛的福斯塔夫 (Falstaff)。福斯塔夫是莎士比亞筆下的喜劇人物，他是個放浪形骸的享樂之徒，喜歡吹牛撒謊但幽默樂觀，缺乏道德觀念但也沒有壞心。納粹黨魁戈林卻絕對不是這樣一個喜劇人物。

赫爾佐格研究普通德國人說的笑話，並不是因為這些笑話特別幽默好笑，而是因為這些笑話是德國人日常生活的真實素材。他的目的是探究納粹期間德國人流傳什麼樣的笑話，為什麼是這樣的笑話，而這些笑話裏又包含了普通德國人怎樣的心態和內心想法。他在一次採訪中說，「我絕不是因為心血來潮才研究德國人的笑話。」他的姨祖母，一位「不善整理的老婦人」，去世時留下了一屋子的雜物，其中就有她收集的1940年代的笑話打字稿。赫爾佐格看到了這些笑話，產生了好奇，「這些打字稿是她打的嗎？如果不是她打的，又是誰呢？為什麼要用打字機把這些笑話打出來呢？」赫爾佐格後來明白了，「當你開玩笑的時候，你放下了戒備。這時候，也就能看出你在想什麼。因此，玩笑是很有揭示性的。」赫爾佐格對採訪他的記者說，他祖父那一輩人總是說，他們對集中營的事情一無所知，但是，他們卻說關於集中營的笑話，可見他們是知道的。[8]

專制統治為政治笑話準備了肥沃的土壤，即使在人民看上

8　Monica Osborne, "Springtime for Hitler."

　　　　　　　　　　　　　　　犬儒與玩笑

去很擁護納粹的德國也不例外，說和聽政治笑話在納粹時期是很普遍的現象，到了戰時更加如此。笑話開始時主要是諷刺領導人的虛偽和虛榮，挖苦這些領導人的外貌與他們宣揚的「雅利安人」南轅北轍：戈培爾瘦弱，戈林肥胖，希特勒並不是金髮。但這種笑話諷刺只是表相的，赫爾佐格指出，「戈林是集體屠殺的主謀，這一點在笑話裏從未提到。他甚至是許多德國人尊敬、愛戴的人物。所以可以說那種笑話實際上是無害的。」允許普通民眾說些抱怨、出氣的玩笑，甚至有利於鞏固政權，「德國人戰鬥到最後一顆子彈。為了解放柏林，蘇聯人必須爭奪每一棟房子。」[9]為納粹效力到死的德國人中間就有是說納粹笑話的。

隨着戰爭形勢朝對德國越來越不利的方向發展，對德國領導人的笑話變得「惡毒」了。有這麼一個笑話，

> 戈林、戈培爾和希特勒同乘一條船出海。海上起了風暴，船沉了。問：「誰得救了？」答：「德國。」

赫爾佐格認為，即使這樣的笑話也不能解讀為人民在反抗：「這個笑話是希望領導人死。人們有這樣的想法，這很說明問題。但是，如果你聽仔細了，殺死他們的是風暴，不是革命。」赫爾佐格對德國政治幽默的實際破壞力表示懷疑。戰爭一結束，就有德國人出版了反希特勒的「悄悄的笑話」(whispered jokes)，赫爾佐格認為，編這類笑話書是為了與納粹撇清關係，「他們想表示自己一直是反對希特勒的……你看，我收集這些危險的玩意兒」。戰後初期收集的德國笑話似乎在表明，我們在說笑話諷刺他們，我們一直是反對他們的。但

9　Monica Osborne, "Springtime for Hitler."

是，那些説笑話的與那些對納粹受害者漠不關心、坐視不救的正是同一些普通的德國人。赫爾佐格對普通德國人順從並與納粹政權合作持批評的態度，他認為，即使在戰後，許多德國人仍然不願承認他們在納粹時期所扮演的不光彩角色。納粹時期的政治笑話並不能證明德國人反抗納粹的勇氣。除非是像天主教士穆勒(Joseph Muller) 那樣被納入了納粹黑名單的，一般德國人説笑話很少受到很嚴厲的懲罰——就連收聽BBC廣播而獲罪的德國人也要比説笑話而受懲罰的來得多。德國政治笑話雖然包含一些對現實的不滿、怨憤甚至憤怒，但它的反抗意願和作用都是被誇大了的。

三　笑話的兩面性和懲罰玩笑

在壓迫性制度下，雖然對政治玩笑的懲罰有重有輕，但説政治笑話不會是一件沒有危險的事情，因為誰都難以預料那些看起來不那麼危險的玩笑什麼時候會一下子就會變得嚴重起來。有這麼一個段子：

> 二戰結束後三十年，東德國家元首瓦爾特·烏布利希
> (Walter Ulbricht) 和西德總理威利·布朗特 (Willy Brandt) 有
> 一次在會晤時交談。
> 「布朗特先生，可有什麼愛好？」
> 「我收集人們開我的玩笑。你有什麼愛好呢？」
> 烏布利希答道：「我收押開我玩笑的人們。」

為什麼要「收押開我玩笑的人們」呢？有兩種可能，一種可能是我把他們的玩笑看成是對我的威脅和攻擊，危害來自玩

笑本身；另一種可能是我原本已經把他們視為對我有威脅的危險分子，哪怕玩笑本身並無大害，但我認定，他們開玩笑並非只是為了逗笑取樂，而是醉翁之意不在酒，用看似無害的玩笑在攻擊我，顛覆我的權威。因此，玩笑的目的和作用都受到被笑話者(有時是對號入座的)主觀因素的影響，由於被笑話者手中握有大權或地位尊貴，他的主觀看法可能對說笑者的命運有嚴重的影響，在這樣意義上，他的主觀因素不容忽視。

對玩笑的社會文化分析往往會試圖從說笑話者而非被笑話者(經常是權貴人物)的角度來解釋玩笑的社會作用問題。在這個問題上有兩種看法，一種是把玩笑視為弱者的秘密抵抗，另一種是把玩笑視為釋放怨氣和不滿的安全閥，是一種犬儒主義的自我適應，因此反倒是在起穩定現有秩序的作用。這兩種解釋都有道理，合在一起揭示了玩笑的兩面性：抵抗和犬儒。這二者經常可能是互相滲透，難以絕然分割的。阿爾吉斯‧魯克瑟納斯 (Algis Ruksenas) 長期研究蘇聯政治笑話，他認為，「地下政治笑話是集體挫折感的自然釋放管道，也是對無休無止的官方宣傳的一種反唇相譏，日常生活的壓抑積累集體挫折感，而對宣傳反唇相譏則帶來自我滿足。」[10]這樣看待政治笑話就是同時考慮到了它社會功能的兩個方面。

但是，僅僅從說笑話者方面來看待玩笑，便容易忽略專制制度中那些手握絕對大權的要人──領袖、政客、法官、警察、官僚──會如何來看待玩笑。哪怕本來只是逗笑取樂、苦笑度日的消遣玩笑，一旦被他們視為危險的反動言論或者是來自敵對勢力的攻擊、破壞和顛覆，那麼，再無害的玩笑也還是會帶來嚴重的後果。壓迫性的政治體制更是會把少數權貴的主

---

10 Algis Ruksenas, *Is That You Laughing Comrade: The World's Best Russian Underground Jokes*. Secaucus, NJ: Citadel Press, 1986, pp. 7–8.

觀看法成倍地放大，在整個社會裏撒下清除「政治異己」或「階級敵人」的大網，進行有組織有系統的政治迫害。

　　1933年希特勒成為德國總理，反納粹笑話被視為犯罪行為。諷刺書籍被燒毀，一切幽默言論或表演都必須經過嚴格審查。幽默書籍的作者和喜劇表演者有許多不得不流亡國外。納粹政府將笑話視為反帝國行為（同反革命），違者輕則遭警察騷擾，重則遭逮捕、監禁，直至處死。在納粹秘密警察「對批評和不滿的詳細報告」中包括對政治笑話情況的收集。[11] 1941年，隨着笑話增多，柏林秘密警察一份題為《謠言、政治笑話和民間幽默》的報告寫道：「無論是否誹謗政府，笑話必須一律禁止」，所謂誹謗和詆毀的笑話包括集中營笑話、戰爭事件笑話、宣傳的笑話、防空掩體笑話、盟國意大利和敵國英國的笑話。該報告還要求徹查笑話的起源和在「哪裏還在流傳」。[12]兩個月後有另一份報告說，「除了一些無害的和正能量的笑話，無數的政治笑話和謠言特別有害於國家，非常惡毒，如惡意攻擊元首和其他領導人，攻擊黨和軍隊，等等」。1943年的一份秘密警察報告則稱，「斯大林格勒之後，不懷好意的笑話，甚至對元首的攻擊快速增加」。警察始終秘密監視民間笑話，包括說的是哪些笑話，笑話在什麼樣的人群或圈子裏流傳等等。[13]

　　納粹用「法治手段」來禁止政治笑話，1933年即制定了「禁止對國家和黨的背叛攻擊，保持與黨一致」的法令，把對帝國和黨國領導人的笑話統稱為「叛國」，並規定，說笑話和聽笑話的人都可以由「人民法庭」（Volksgerichtshof）作出從監禁

11　Detlev Peukert, *Inside Nazi Germany: Conformity, Opposition, and Racism in Everyday Life*. Trans. Richard Deveson. New Haven, CT: Yale University Press, 1987, p. 52.

12　Steve Lipman, *Laughter in Hell*, p.p. 31–32.

13　Steve Lipman, *Laughter in Hell*, pp. 31–32.

　　　　　　　　　　　　　　　　　　　　犬儒與玩笑

至死刑的懲處。「人民法庭」總部在柏林，是為迅速判處叛國罪犯設立的，審判組由兩名專業法官和五名其他成員 (來自軍隊、黨衛軍、黨幹部) 組成。他們秘密開會決定判決結果，判決結果不得上訴。1933–1945年，人民法庭共判決5286個死刑，是同時期德國所有法庭判決死刑人數的三分之一。[14]

禍從口出、因言獲罪的危險給納粹統治下的民眾增添了日常生活的恐懼，但卻並沒有使幽默絕跡。有時候，人們不得不說一種「不說話的笑話」。卡巴萊 (Cabaret) 是一種具有喜劇、歌曲、舞蹈及話劇等元素的娛樂表演，盛行於歐洲。表演場地主要是一些設有舞台的餐廳或夜總會，觀眾圍繞着餐台一邊進食，一邊觀看表演。這種民眾喜聞樂見的表演相當於中國的相聲和小品。納粹官方雖然不斷加強對它的管制和對一些不馴服藝人的迫害，但無法禁絕這種表演形式。有的卡巴萊表演者以沉默的方式對納粹言論管制表示不滿。一位表演者戴着口罩走上舞台，在一張椅子上坐下來，一言不發幾分鐘後站起身來，走下舞台，仍然一言不發。報幕者向觀眾宣佈：「女士們，先生們，今天表演節目的政治部分到此結束，下面是娛樂部分。」還有一個表演描述街車上發生的事情。兩位乘客互相用手比劃，模樣非常古怪，然後突然停下來，發出一聲大笑。一位坐在他們對面的乘客問另一位，「他們這是在幹什麼？」另一位答道，「他們在說政治笑話。」[15]

極權統治都會對民間的玩笑有嚴格的防範，而且，由於難以禁絕所有可能造成「不良政治影響」的玩笑，所以一定會對開玩笑的人施以懲罰，以儆效尤。在納粹德國也是這樣，但懲罰的方式比較特別。赫爾佐格在研究中發現，納粹對於玩笑者

---

14 Steve Lipman, *Laughter in Hell*, pp. 33–34.

15 Steve Lipman, *Laughter in Hell*, pp. 36, 37.

的懲罰經常是因人而異的，雖說有法律依據，但隨着時局的變化和主管人的個人意志，有時候鬆，有時候緊，「有的玩笑者受到警告便可了事，有的則處以監禁，更極端的還會處以死刑。懲罰不一貫……這並不是因為納粹法官武斷判決。他們的判決是根據上頭命令的，特別強調説笑話行為後面的態度。(德國演員和歌手) 多爾塞 (Robert Dorsay) (1943年10月8日在希姆萊的親自過問下被判處死刑，不到三周後處以絞刑) 被判死刑是因為他對政府的一貫批評態度。比起一個説同樣笑話的堅定納粹分子，多爾塞這樣的人受到的懲罰當然要嚴厲得多。納粹司法體系的指導原則來自希姆萊本人」。(172)

納粹德國對傳播政治笑話者的迫害方式與蘇聯不同，德國是判刑的少，但在有政治需要時會處以死刑，而蘇聯則是判刑的非常多 (數以萬計)，但極少有處死刑的。[16] 在德語裏有一個關於驚慌或悄悄耳語笑話的説法：Flusterwitze，許多歷史學家以此來推測納粹時期德國人説政治笑話所冒的危險。但是，最新研究發現，從1933到1943年，很少有德國人因為説政治笑話而被判刑的，在説政治笑話而被捕的德國人中，有61%是給予警告後釋放的，經常是用「酒後失言」為開脱之詞，也有以罰款了事的。有22%是判刑的，但刑期一般是5個月以下。這些都是因私人間説笑話而被告發的。如果是在公開場合下説政治笑話，尤其是在公共表演 (如幽默説唱卡巴萊) 中這麼做，那麼後果就會嚴重得多。德國的喜劇演員 (許多是猶太人) 有不少受到嚴厲懲罰，甚至被送進集中營去。[17]

納粹有選擇地特別嚴懲一些説笑話者，主要是為了對民眾起殺雞儆猴、以儆效尤的作用。這是一種公開的權力演示和暴

16　Ben Lewis, *Hammer and Tickle*, p. 102.

17　Ben Lewis, *Hammer and Tickle*, p. 100.

犬儒與玩笑

力展現。在納粹的「法治」那裏，懲罰説笑話不過是一個方便的藉口，用來除掉納粹早已看不順眼的政治異類。赫爾佐格對此寫道，「人民法庭所作的嚴酷判決是為了殺一儆百，總能夠收到一部分預期的效果。隨着死刑判決的增加，人們開批評政權的玩笑也就倍感威脅。但並不像有些人説的那樣，笑話會讓人送命，玩笑本身並不讓人送命。真正的危險在於納粹用玩笑做藉口，清除他們不喜歡的德國人。重要的不是『小錯』(説笑話) 本身，而是權威人物如何看待一個人對納粹的總的態度。」(172) 一個被視為政治上可靠的人與一個在政治上被視為「不可靠」的人説同樣的笑話會有完全不同的結果。

納粹的官方報告裏不止一次提到過這樣一個笑話，在一份1933年的蓋世太保和特別法庭記錄裏，這個笑話是輕罪：

在教堂前方的牆上並排懸掛着希特勒和戈林的畫像，中間留着一些空。老師問，「這空裏要放什麼呢？」一個學生站起來説，「放一張耶穌的像，聖經裏説，他被釘死在十字架上時，兩邊有兩個罪犯。」

但是，1944年，一位對納粹持批評態度的天主教士穆勒 (Joseph Muller) 説了一個類似的笑話後，被人民法庭判處了死刑。具有諷刺意味的是，穆勒説的笑話要比1933年蓋世太保記錄在案的那個笑話含蓄得多，沒有聖經的知識是體會不了的：

一位受重傷的士兵快要死了，叫來了一位護士。他説：「我是一個戰士，我想知道為什麼獻出生命的。」護士回答説：「你是為元首和德國人民而死的。」士兵説：「元首會來看我嗎？」護士説：「這不可能，但我會給你一張

他的畫像。」士兵叫護士把畫像掛在他的右邊，他說：「我在空軍服務過。」護士於是又給他拿來一張戈林的畫像，掛在這位士兵的左邊。士兵說：「現在我可以像耶穌那樣死去了。」

課堂裏掛希特勒和戈林畫像的笑話是直露的，用「罪犯」來直稱納粹的兩位領袖人物。相比之下，穆勒的笑話則要隱晦得多，不了解聖經故事的人甚至不會知道這是一個笑話。穆勒之所以因這個笑話被判死刑，是因為納粹早就盯上了他，他在教堂裏勸導年青教徒在政治上不要像當時大多數的德國青年那樣隨大流盲目激進，他在家裏接待來自波蘭的勞工，還公開懷疑德國能打贏這場戰爭，這些都是「違法」的行為。司法部長羅蘭·弗萊斯勒 (Roland Freisler) 親自主持了對穆勒的審判，1944年9月11日穆勒在斷頭台上被處決。不僅如此，穆勒的後人還必須承擔處決的開銷，並被禁止舉行追思紀念活動。穆勒被處死後沒幾個月，弗萊斯勒這個納粹臭名昭著的法官就在1945年2月的一次空襲中被炸死了。

四　壓迫性制度下的政治笑話

壓迫性制度下，尤其是極權制度下的政治笑話與民主國家裏的笑話具有不同的實質意義，起着不同的社會作用，說笑話有沒有危險更是完全不同。民主國家裏的人們往往只能憑想像來體會極權國家裏人們說笑話的心情和心理需要。喬治·麥克斯 (George Mikes) 是一位匈牙利裔作家和幽默家，在納粹統治時期流亡英國，他對兩種不同制度中的笑話都有切身體會，他寫道，「在極權專制國家說笑話是一種抵抗行為，政治警察們

　　　　　　　　　　　　　犬儒與玩笑

就是這麼看的。許多人因為說笑話，甚至因為聽笑話而被監禁多年。還有一些是因此送命的。」他指出，「在自由社會裏，笑話就像是一種令人開心的調料——飯後的笑話，就如同咖啡和白蘭地一樣悅人。在西方，這樣的笑話是奢侈品，並不是非有不可的。笑話只是許多可能的批評方式中的一種。在極權國家，笑話是唯一的批評方式，笑話的下一步就是暗殺，在這二者之間，再沒有別的了」。他還指出，「在人們飽受壓迫的國家裏，笑對於維護自尊 (self-esteem) 必不可少。笑是被壓迫者可以用來對付壓迫者的唯一武器，同時也是一個釋放情緒的安全閥。笑話是反叛藝術中最佳的藝術。」[18]

對麥克斯來說，政治笑話就像人們用死亡來說笑一樣，是懦夫披着犬儒的外套向世人表明，「他承受得起……他不害怕那些讓別人害怕的事情。犬儒想跟死神、上帝或癌症套近乎，想與死亡交朋友，就像是酒吧裏一起坐着喝酒的酒友……是哥們好友。用這個法子來馴化死亡，讓死亡顯得不那麼嚇人」。但是，這也可能讓人反而覺得更加害怕，「因為總是越害怕死亡，越念念不忘死亡的人，才越是拿死亡開玩笑」。[19]麥克斯認為，犬儒的笑話其實傷害不了專制政府，專制政府自有排除這些笑話威脅的手段和方法，「暴君太了解笑話的價值和力量了……聰明的暴君知道笑話是安全閥。他國家裏有人拿他說笑話，顯得他的國家是自由的。在有的東歐國家裏，秘密警察甚至試圖控制人們所說的笑話。他們編出一些經過審查而無害的玩笑讓老百姓去說，去傳播」。[20]

18　George Mikes, *Humour in Memoriam*. London: Routledge & Kegan Paul, 1972, p. 91.

19　George Mikes, *Humour in Memoriam*, pp. 16–17

20　George Mikes, *Humour in Memoriam*, p. 98.

大多數政治笑話都可以看作是以幽默的方式非議和攻擊現有制度中那些掌權的和代表這個制度的人物。笑話以誇張的手法使他們和他們的制度顯得滑稽可笑。有的笑話是為了逗樂開心，有的則是為了發洩憤恨。政治笑話是民間的笑話，是產生於民眾並在普通民眾中傳播的，一旦停止傳播，笑話便不復存在。

　　政治笑話是一種現代事物，專制國家的政治笑話與民主國家的政治笑話都是這樣，但具有不同的現代政治意義。不同的政治意義是由「民意」在不同國家政治中的作用決定的：民意越被壓制，普通民眾的政治笑話對統治制度的威脅就越大，統治權力對政治笑話也就越害怕。民意自由則可以自由地說笑話，反之則不可以。在古代，國家權力（體現為王權或皇權）的合法性不是來自人民，而是來自「神」或「天」，是「真命天子」的權力。所以，批評或攻擊這樣的權力便是褻瀆、逆天、大逆不道，理應受到天譴和懲罰。古代有大逆不道的笑話，但沒有我們今天所知道的政治笑話。

　　沒有現代觀念的「政治」，也就不可能有現代的、世俗的、人民用以說話的「政治笑話」。政治笑話是一種民意的表達形式，在壓迫性制度下尤其如此。笑話中透露出壓迫性制度鐵幕後人們知道了什麼，由於不敢直說，或沒有公開的言論空間讓他們直說，政治笑話變成為一種扭曲而隱蔽的言論管道。這樣的政治笑話是在歷史進程中專制國家權力世俗化的結果，這種權力控制了人們生活的每一個領域。政治笑話也因為現代國家制度中的複雜權力關係而變得更複雜多樣。在民主國家裏，人民與其政治代表的互動關係比以前更多樣更多元，公民們批評的對象多了，玩笑的靶子也就多了。在專制國家裏，政府權力滲透到人們社會生活的每一個領域，人民感受到來自政府權力的壓迫比以前更多種多樣，無處不在，因此玩笑的靶子也就更多。

專制制度下的政治笑話，它的發生機制在自稱完美的神權制度 (如伊朗的僧侶統治) 或世俗制度 (納粹和蘇聯的一黨統治) 中是一樣的：任何權力自稱是完美的，是唯一的絕對真理，一旦被人們的日常經驗發現原來並非如此，而是金玉其外，敗絮其內，就會呈現出種種乖訛。這樣的乖訛不可避免會讓眾多國民產生滑稽、荒謬、可笑的感覺。這樣的權力越是把自己吹得神乎其神，或被吹鼓手們捧得無比崇高，也就越會成為民眾笑話的靶子。還不止於此，如果這個權力在破相已露的情況下，還繼續假正經地一口咬定自己絕對正確，人們就會覺得這個政權很偽善，很愚蠢，而且覺得他們自己比這個自欺欺人的愚蠢權力聰明得多。政治笑話在認知上的「優越感」也是其他幽默的一個特徵。所不同的是，政治笑話同時具備其他幽默經常只是分別呈現的兩個特徵：乖訛(不協調) 和優越感。

　　成為現代政治笑話靶子的政治權力一定是一方面顯現出重大缺陷 (與它標榜的「理想」、「主義」嚴重乖訛和不協調)，而另一方面則又在千方百計遮掩和粉飾這些缺陷 (全然不管別人信不信的欺騙、假話、謊言、禁止批評、控制言論)。可以說，政治笑話的靶子是政治權力自己製造的。赫爾佐格指出：「統治者們自詡代表理想，當然會被人們以其鼓吹的理想和原則去衡量 (他們實際的所作所為)。如果理想與現實的距離太大，又被人們看了出來，如果統治者顯然大話說過了頭，就免不了會遭到幽默的攻擊。」(13)

　　在納粹德國，代表美好理想的是希特勒和他的納粹黨，而希特勒又是這個黨的化身 (在其他極權國家也類似於此)。至今還有人認為，希特勒之所以對德國人有巨大的感召力，是因為他的人格和理想富有魅力。赫爾佐格不同意這種看法，他認為，早在1920和1930年代，許多德國人就已經察覺到了希特勒

和納粹可笑的一面，只是裝作不看見而已，而「今天，當德國人回頭來看第三帝國的新聞宣傳片時，他們看到的不只是納粹的邪惡和猙獰，而且還有它的荒唐可笑……人們今天不能不自問，為什麼整整一代德國人就這麼在一個留一撇滑稽鬍子的大嗓門暴君的召喚下，犯下了如此可怕的罪行。希特勒到底是如何才擁有如此權力的呢？這個問題變得更難，而不是更容易回答了。後代德國人只要看到歷史紀錄片中希特勒的古怪模樣，就一定會對他為何能如此左右群眾感到困惑不解。」希特勒頭上一直環繞和閃現着某種「偉人」的光環，打破這種幻覺不僅需要揭露他的邪惡，而且還需要看到他的可笑，「第三帝國的德國人並不是中了邪惡精靈的魔咒，也不是被元首『集體催眠』。他們沒有藉口可找。我們今天覺得希特勒滑稽可笑，就是因為剝去了……他的神靈面具」。(234–235) 不僅是希特勒，其他神聖化的偉人也是一樣，一旦人們能看到這些偉人滑稽可笑的一面，他們也就與神化了的偉人拉開了距離。對個人來說，這也許只是通往精神自由的一小步，但對整個國家來說，卻在擺脫盲目崇拜和奴役順從的道路上跨出了最艱難的第一步。

五　德國笑話與現代犬儒主義

研究德國納粹的極權統治是一個嚴肅而沉重的歷史課題，而玩笑似乎是一個過於輕鬆的話題，不符合學者的學術使命。赫爾佐格不這樣認為，他在《致命的可笑》一書裏研究納粹統治時期普通德國人說的笑話是為了讓人們看到，在納粹統治這個遠非輕鬆的歷史時段，產生和流傳着怎樣的政治玩笑和笑話。而且，歷史的事實是，各行各業的德國人都聽過或說過政

治笑話，這表明他們對笑話裏的事情是知道的，民眾在許多事情上「被納粹蒙在鼓裏」是一個不實的神話。笑話可以讓德國人看到，在納粹統治下，「當螺絲一點一點旋緊的時候，我們無數次看見，卻每一次都選擇視而不見，法治和人的行為就是這樣一點一點被窒息了的」。(7)

笑話更讓人們看到一個許多德國人不願承認的事實，那就是，許多德國人其實都知道荒唐、可怕的事情正在德國發生，但他們並沒有採取任何行動，只是講笑話笑笑而已。笑是一種明白人的行為，一個人一定是先看到了什麼可笑的事情，覺得它可笑，這才笑出來的。笑的最普遍的認知機制是覺察不協調、表裏不一和冒充偽善。政治領袖或政府說一套，做一套，說好話，做壞事，成為政治笑話的首要靶子。笑話針對的是他們冠冕堂皇的說辭與實際醜惡行為的矛盾和不協調，對其中的乖訛感覺到荒唐滑稽、鄙視和厭惡。一個人能對這樣的乖訛作揶揄、諷刺，並對之發笑，一定是在認知上察覺並知曉了它的虛假、荒謬和自相矛盾。笑是清醒之人的行為，一個愚昧遲鈍，在政治上徹底麻木的人是不會對乖訛發笑的。

《致命的可笑》同時也是要揭示，雖然德國人也許不會知曉希特勒滅猶計劃的每個具體步驟，但他們對納粹極權統治的種種荒誕 (日常生活中的希特勒敬禮、學校裏的希特勒崇拜儀式、國家法律的納粹化、納粹宣傳的謊言和對自由言論的鉗制等等) 都是心知肚明的，這從他們不斷在對這些事情開玩笑就可以看出來了。研究納粹時期德國人說的笑話，是從一個特殊的角度提出德國人應該為納粹統治擔負何種道德責任的問題，他們當中的許多人也許並沒有直接參與納粹反人類的罪惡行徑，但他們在察覺並知道納粹倒行逆施的情況下，對周圍的一切都能一笑了之，輕鬆化解。因此，赫爾佐格認為，即使是那

些帶有批評性的笑話，「說到底也是在幫助穩定（當時的）制度」。[21]

研究玩笑因此可以具有一種批判性的歷史學和社會學意義，它從一個特殊的角度來觀察和發現普通人對發生在他們生活世界裏的事情明白什麼，知曉什麼，察覺什麼，明白、知曉和察覺到什麼程度。因為「笑」是明白、知曉和察覺的結果。笑也是應對生活中反常和荒謬事物的兩種方式中的一種，或兼而有之。第一是事情與我有關，但是不得已，沒有別的辦法，只能如此；第二是事情與我無關，我發笑只是因為覺得有趣和好笑，一笑了之，別無他求。這兩種笑在不同程度上都是玩世不恭，遊戲人生，用戲謔、玩笑、消遣來輕鬆打發現實生活裏惱人而無解的問題。玩笑與犬儒在認識和行為反應上是相似和相通的，都是明白人的無行動。

這些正是德國學者彼得‧斯洛特迪克（Peter Sloterdijk）在《犬儒理性批判》一書裏所批評的那種「現代群眾犬儒」──「他們知道自己幹的是些什麼，但依然坦然為之」。[22]這樣的犬儒者混跡於人群之中，對發生在他們周圍的荒誕之事裝聾作啞，頂多不過笑笑而已。與古代的犬儒完全不同的是，現代犬儒害怕暴露自己，在他們看來，公開展露個性是最危險的，最做不得的事情。古代的犬儒是獨具「明澈『毒眼』（evil gaze）」的人，古代犬儒不僅以此目光看穿虛偽、偽善和欺騙，而且定會站出來發出自己個人的批評聲音。但是，今天「犬儒已經消失在了人群之中。匿名成了他們的藏身之地」。現代犬儒裝聾作啞、謹言慎行、明哲保身，他們以這種方式融入社會。他們

---

21 Monica Osborne, "Springtime for Hitler."

22 Peter Sloterdijk, *Critique of Cynical Reason*. Minneapolis, MN: University of Minnesota Press, 1987, p. 5.

犬儒與玩笑

這麼做多半是為了自我保全。這是環境的力量所致，但也是他們的自我選擇，「他們知道自己幹的是些什麼，但依然坦然為之，因為在短期內，環境的力量和自我保護的本能說的是同一種語言，二者都在告訴他們，只能如此。別人也都是這樣，有的甚至更糟」。因此，「這種新的、融入型的犬儒主義甚至覺得自己是受害者，或在作出犧牲，這是可以理解的」。[23]

這些都是極權制度下典型的國民心態和行為方式，因此，極權的社會一定是一個犬儒社會，也一定不會缺少消遣逗樂的玩笑。在這樣的社會裏，每個人都把自己當作是壓迫性制度的受害者，而不願意承認，自己因為順從而實際上是這個制度的合作和同謀者。前捷克共和國總統哈維爾在1990年發表的新年獻辭中提醒他的國人，極權對人的敗壞是長久的，「最糟的是我們生活在一個道德上被污染的環境之中。我們都是道德上的病人，因為我們習慣於口是心非。我們學會了不去相信任何東西，學會了互相否定及僅僅關注自己」。他還指出，所有人都應該為曾經出現過的極權主義制度承擔責任，因為大家「變得習慣於極權主義制度，將其作為一個不可更改的事實來加以接受，因而幫助了它，令其永存」，「我們所有的人——當然是在不同程度上——得為這個極權主義機器的運行承擔責任；我們當中沒有人僅僅是犧牲品，我們也都是它的共謀者」。[24]對極權統治下的個人責任，赫爾佐格的德國政治笑話研究得出了與哈維爾相似的結論，這使得他看上去似乎只是在大眾文化領域裏的笑話研究有了更深刻的政治批判意義和更現實的歷史反思價值。

23　Peter Sloterdijk, *Critique of Cynical Reason*, pp. 4–5.

24　http://www1.xcar.com.cn/bbs/viewthread.php?tid=21379984.

2　地獄裏的笑聲：納粹統治下的猶太笑話

　　從1933年納粹在德國取得政權到1945年垮台的這12年裏，納粹對猶太人進行了各種殘酷的迫害乃至慘絕人寰的大屠殺，這成為20世紀具有歷史標誌意義的極權罪惡。文學和藝術應該如何對待這樣沉重、黑暗的歷史題材成為一個富有爭議的問題，其中涉及大屠殺文學裏是否還有「幽默」的位置。這不僅是一個如何表現大屠殺歷史的問題，而且同樣也關係到人們可以或應該如何看待和理解納粹統治期間在德國、德國佔領區，甚至是集中營裏猶太人實際流傳過的許多玩笑和笑話。既然那些猶太人還在説笑話，那麼笑話一定在他們的生活裏發揮着某種作用。笑話和玩笑可能不是政治抵抗，甚至根本就沒有抵抗的意圖；笑話和玩笑經常也確實是悲觀絕望和犬儒主義的。儘管如此，對於生活在政治壓迫下的人們，尤其是那些生活在地獄般死亡恐懼中的猶太人受害者，笑話的幽默具有怎樣的生存意義？這成為史提夫・李普曼 (Steve Lipman) 在《地獄裏的笑聲：大屠殺期間的幽默》一書中所要探討的一個主要問題。[1]

一　大屠殺和幽默的社會功能

　　李普曼在《地獄裏的笑聲》中指出，許多猶太笑話都是對納粹統治下艱難危險生活狀態的犬儒回答，是一種應對恐懼的

1　Steve Lipman, *Laughter in Hell: The Use of Humor during the Holocaust*. Northvale, NJ: Jason Aronson, 1991. 凡出自此書的引文皆在括弧中標明頁數。

心理防禦和徹底絕望的自我調適，「也是一種犬儒式的回答，但卻是適合於犬儒時代的犬儒回答」。(4) 猶太笑話所包含的幽默先是為了應對嚴酷的生活現實，而後轉為內向，成為一種自我保護的機制，自我保護本來是幽默多種功能中的一種，但在二戰時期的猶太笑話中成為第一位的和最主要的功能。

以色列特拉維夫大學心理學和教育學教授艾弗納・茲夫 (Avner Ziv) 在《個性與幽默感》一書裏把幽默按其社會功能區分為五種：攻擊型幽默、性幽默、社交幽默、自我防衛幽默、智力型幽默。[2] 茲夫指導的博士生查雅・奧斯特維爾 (Chaya Ostrower) 在她博士論文《大屠殺時期作為防衛機制的幽默》的專題研究中，通過對84位大屠殺倖存者的採訪調查，對大屠殺受害者猶太人的笑話作了功能分析，得到了相當具體的結論。[3] 奧斯特維爾採用了茲夫提出的五種幽默功能種類，包括亞種類，但同時也添加了她自己提出的兩個亞種類：一個是性幽默的「糞便幽默」；另一個是自衛機制幽默的「食品 (匱缺) 幽默」。

五種不同類別及其亞種類的笑話在所有猶太笑話中所佔的百分比 (從高到低) 分別為：一、防衛機制幽默 (在所有幽默中佔60%)，包括四個亞種類：a. 自貶幽默 (Self-disparaging Humor)；b. 絞刑架幽默 (Gallows Humor)；c. 性焦慮防衛幽默；d. 與食物有關的幽默。在防衛機制幽默中，這四個亞種類幽默又分別佔47%、25%、16%、12%。二、攻擊性幽默 (在所有幽默中佔16%) 包括三個亞種類：a. 來自於優越感的幽默；b. 起源於

---

2 Avner Ziv, *Personality and Sense of Humor*. New York: Springer Publishing Company, 1984.

3 Chaya Ostrower, "Humor as a Defense Mechanism in the Holocaust." http://www. yadvashem.org/yv/en/education/conference/2004/55. pdf, n. pag. 茲夫提出的五種幽默功能種類，見Avner Ziv, *Personality and Sense of Humor*, pp. 1–80.

挫敗的的幽默；c. 攻擊性幽默。這三個亞種類在攻擊性幽默裏分別佔57%、29%、14%。三、性幽默 (在所有幽默中佔12%) 包括2個亞種類：a. 性幽默；b. 糞便幽默，它們在性幽默中分別佔52%和48%。四、社會功能幽默 (在所有幽默中佔6%)。五、智力幽默 (在所有幽默中佔6%)。

從奧斯特維爾的研究資料中可以看出，大屠殺幽默絕大多數是防衛機制幽默，而這類幽默中又以「自貶」和「絞刑架幽默」為最多。其次是攻擊性幽默，但數量遠遠低於防衛性幽默。其他三種幽默就更少了。這個研究結果與李普曼在《地獄裏的笑聲》中討論的猶太人笑話相當一致，他所收集到的大屠殺笑話絕大部分都是自衛機制的幽默。而且，他對大屠殺幽默的積極評價也正是從自衛性幽默對受害者的生存意義來提出的。

幽默的心理護衛功能在幾乎所有的幽默研究裏都會涉及，但一般情況下的幽默心理療效與極端政治壓制和迫害下幽默所能起的生存護衛功能還是有着重要的不同之處。幽默感通常能引起人們的正面情緒，減少壓力對身心的損害，如減輕壓力帶來的焦慮、抑鬱和憤怒，使得人們更加全面、廣泛、合理地思考問題，在解決問題時有所創新。因此，幽默是一個重要的情緒調節機制。[4] 還有研究者認為，幽默感可以改變人們對壓力情境的認識，讓他們從一個嶄新、客觀、威脅較小的幽默角度來應對壓力，避免過於看重和擔憂面臨的問題和困難。[5] 換言之，幽默可以重構個人看待事物的方式，驅除沮喪、痛苦及焦慮；

4　Barbara. L. Fredrickson. "The Role of Positive Emotions in Positive Psychology: The Broaden-and-Build Theory of Positive Emotions. " *American Psychologist*. 56 (2001), 218–226.

5　Nicholas A. Kuiper, et al., "Coping Humour, Stress, and Cognitive Appraisals. " *Canadian Journal of Behavioral Science*, 25 (1993) pp. 81–96.

幽默的微笑和快樂滿足感覺可以提升個人解決問題的能力。[6]

此外，當人陷入心理困境時，最先也最容易採取的便是迴避策略——躲開、避免和拒絕接觸導致心理困境的外部刺激。在心理困境中，人的大腦裏往往形成一個較強的興奮中心，稱為「興奮灶」。幽默可以幫助大腦避開這樣的興奮中心，使它讓位給其他刺激所引起的興奮中心。興奮中心轉移了，也就擺脫了心理困境。幽默對解脫心理困境是極有助益的自救策略之一。[7]

能起到心理防衛作用的主要有兩種幽默：黑色幽默和自我貶低的幽默。黑色幽默歸根結底與死亡有關，即使在具體笑話中未必直接提到死亡時也是如此。例如，小男孩喬伊和父親一起到動物園去，他們一起站在獅子籠前，喬伊忽然擔心起來。父親問：「喬伊，你為什麼事犯愁呢？」喬伊說：「要是獅子衝出來把你咬了，我該坐幾路公車回家呢？」茲夫指出，「黑色幽默不只說到死亡，也說到那些在一般人心裏引起恐懼的事情，這可以從黑色幽默的互換詞看出來：恐怖幽默 (horror humor)、病態幽默 (sick humor)、絞刑架幽默 (gallows humor)、陰森幽默 (grim humor)。這些別名涉及不同的情境，但有一點是共同的——它們都令人恐懼。」[8]

恐懼是人皆討厭的感覺和躲避唯恐不及的情緒，為什麼還要拿恐懼來說笑，並以此取樂呢？對此茲夫的解釋是，「運用

6　B. C. Muthayya, "Relationship between Humor and Interpersonal Orientations. " *Journal of Psychological Research*, 31 (1997) pp. 48–54.

7　岳曉東：《幽默心理學：思考與研究》，香港：香港城市大學出版社，2012年。

8　Avner Ziv, "Psycho-social Aspects of Jewish Humor in Israel and in the Diaspora." In Avner Ziv, ed. *Jewish Humor*. New Brunswick, NJ: Transaction Publishers, 1998, p. 51.

犬儒與玩笑

黑色幽默，好讓人對令人恐懼的事物有一些防衛。他嘲笑這些事物，為的是顯示自己並不害怕」。[9] 薩特的小說《牆》讓我們看到，黑色幽默可以是受害者和施害者之間的鬥爭。故事發生在內戰期間的西班牙，故事中人物帕勃洛 (Pablo) 與他的法西斯審訊者之間展開了一場意志鬥爭。帕勃洛看到自己的同志們被帶去處決，審訊者告訴他，只要他告發自己的領導者拉蒙·格里斯 (Ramon Gris)，他們就可以放過他。帕勃洛下決心要死得清白而光榮，他輕蔑地看着審訊者說：「他們來找我，把我帶回兩個長官那裏。一隻耗子從我們腳下穿過，逗得我開心。我轉身問一個長槍黨徒：『你看見耗子了嗎？』」接着，這事過後一會兒，他仍舊帶着自信轉向審訊者說：「把你的小鬍子剃掉吧，傻瓜。」

人有不止一種克服害怕的常用方法。第一是聽天由命，「這就是我的命，事情註定要發生，除了聽天由命，我還有什麼辦法」。第二是否認和不承認：壞事其實並不壞，你說我苦難，我其實過得很好。第三是積極應對。黑色幽默不是聽天由命，不是否認苦難，而是用笑來積極應對。黑色幽默的積極應對在於它給人一種「我作主」的感覺 (sense of mastery)。例如：一個死囚站在絞刑架下準備接受絞刑，他對行刑者說，「好好把我提上去，再好好把我放下來，然後我們就換班。」絞刑架幽默是一種怪異 (grotesque) 的幽默，具有與一般幽默不同的反諷 (irony) 效果。茲夫指出，對絞刑架幽默的玩笑，「我們發笑 (或至少報以微笑)，實乃是欣賞一種勇氣」。[10] 大屠殺時期的猶

9　Avner Ziv, "Psycho-social Aspects of Jewish Humor in Israel and in the Diaspora," p. 51.

10　Avner Ziv, "Psycho-social Aspects of Jewish Humor in Israel and in the Diaspora," p. 53.

太人笑話裏有不少這樣的幽默，人們對之作出笑的反應，是因為能從中體會到某種令他們感到親切、溫暖和對生命依依不捨的情感。許多自我防衛幽默都道出了猶太人苦中作樂、不怨不艾的生命意識：

> 莫希‧格林斯潘看到一則廣告，是柏林一家出版社要聘用校對，他便趕去應徵。出版社負責人對他說：「我們不聘用猶太人，我們到死都不會聘用的。」格林斯潘說：「謝謝，我會等着的。」

> 一個猶太人在法庭受審，法官問他：「你多大年齡？」
> 「33歲」
> 「哪一年出生？」
> 「1900年。」
> 「那你應該是39歲，為什麼說是33歲？」
> 「你以為過去6年是人過的日子嗎？」

> 一個猶太人從德國給在美國的朋友寫信：
> 「親愛的約賽爾：
> 我們一切均好。你們美國報紙對我們德國猶太人所受的種種迫害報導都是造謠的謊言。
> 又記：我剛參加凱茲的葬禮回來，他說了跟我信裏不一樣的話。」

在納粹統治下，猶太人的攻擊性幽默是僅次於自我防衛幽默的，他們的攻擊性幽默和自我防衛幽默一樣，也總是溫婉而不顯露憤怒的，例如：

一個虔誠的猶太人正在禱告，一個牽着狗的納粹軍官看到了。軍官對狗說，「我要把你變成猶太人。」猶太人掉頭看看狗說：「可憐的狗啊，這樣你就再也當不成希特勒的軍官了。」

希特勒聽說一位懂神跡的拉比能預知未來。他叫人把這位拉比帶來，問他：「誰能贏得這場戰爭？」拉比說：「我投這枚硬幣，正面朝上是蘇聯贏，背面朝上是英國贏。如果站住不正不反，法國贏。如果上帝顯靈，硬幣在空中不落下，那就是捷克斯洛伐克贏。」

攻擊性幽默很少是純粹攻擊的，而是經常與其他幽默形式結合在一起，顯得並不是與統治者針鋒相對，因此不像是一種攻擊性的抵抗。這是弱者抵抗的一個特徵。這種攻擊性幽默靈活多變，可以轉化為其他幽默形式。例如，它可以表現為「急智」(wit)，也可以看上去像是「髒笑話」(糞便笑話，性笑話的一種) 或是與食品有關的笑話——在奧斯特維爾對大屠殺猶太人倖存者的笑話研究中，這些都是單獨分類的：

一名納粹警察牽着一條大聖伯納犬。一個過路的猶太人說，「真是一條好狗，是什麼種的？」「是雜種狗和猶太人的雜種。」猶太人說，「哦，跟你我都是親戚。」

一位瑞士來客問在德國的猶太朋友，「在納粹德國過得還好吧？」猶太朋友說，「就像條蟲般地過日子，白天黑夜都在褐色的糞便裏鑽來鑽去，等啊等啊，就等着被拉出來。」［褐色暗指納粹衝鋒隊的褐色制服］

1934年猶太人弗洛海姆在柏林大街上行走，一輛開過的黑色大轎車突然在他身邊停下來，弗洛海姆掉頭一看，希特勒正從車上下來。希特勒手裏拿着槍，指着路邊的一堆狗屎，命令弗洛海姆吃下去。弗洛海姆沒有辦法，只好照辦。希特勒樂得哈哈大笑，槍都掉在了地上。弗洛海姆拿到搶，也命令希特勒吃狗屎，他趁希特勒彎下身子的機會趕緊逃跑。晚上，弗洛海姆回到家裏，妻子問他一天過得如何。弗洛海姆，「過得不錯，你不知道我今天和誰一起共進午餐。」

像這樣的笑話可以説是一種苦中作樂，阿Q精神的「犬儒主義」，但確實如李普曼所説，是一種對荒誕世界的荒誕應對方法，一種「適合於犬儒時代的犬儒回答」。這些笑話裏有一種與黑色幽默類似的自我貶抑，它甚至也會涉及猶太人用以立身之本的宗教信仰。在德軍佔領的羅馬尼亞，猶太人多里安(Emil Dorian) 在日記中記有《猶太人的禱告》：「敬愛的上帝啊，五千年來，我們一直是你的選民。夠了！請另找別的選民吧！」(140)

一隊納粹在柏林大街上攔住一個長相像猶太人的過客，仔細盤查後發現他是一位埃及外交官。帶隊的納粹連忙道歉：「我向閣下保證，以後不會再有這樣的事情發生了，因為猶太人很快就會殺光了。」外交官回答：「我們埃及人四千年前就是這麼説——但你看結果呢。」

對笑話的自我貶抑和自我嘲笑有兩種不同的看法，心理學家柏格勒 (E. Bergler) 將其視為一種精神自虐，但是法國哲學

家韋斯 (L. Weiss) 則認為，說出自己的弱點需要一種特殊的力量。[11] 茲夫認為，這兩種看法都有各自的道理，但是，有鑒於猶太人的特殊處境，可以增添另一種看法，那就是，自我貶抑是猶太人在逆境中的一種自我定位。這特別表現在來自「散居猶太人」幽默傳統的笑話 (Jewish Diaspora humor) 裏，「一代又一代的散居猶太人，他們生活在不斷的威脅、危險和騷擾中。猶太人發展出一種苦澀的幽默，用以對抗壓迫者的攻擊，在這種幽默中，他們為生存而貶抑自己」。[12]

長期處於逆境中的猶太人處於一種矛盾的自我觀照之中，他們一方面自認是上帝的選民，另一方面則生活在社會的底層，所以他們既自視甚高，又不把自己當一回事。自我貶抑看起來是不把自己當一回事，但其實是在維護受傷的自尊，不願放棄這種自尊。自貶是對敵人表現出最後的尊嚴，「用不着你動手來毀掉我的尊嚴，我自己來，還要比你毀得更徹底。不僅如此，也許逗敵人笑了，他興許還能饒過我……與其死，還不如裝孬種，裝可憐，裝傻，這樣也許能活下來」。[13] 自貶的「勇氣」並不是英雄的勇氣，而是犬儒無可奈何的「精明盤算」。不僅是猶太人，而且是各種各樣的弱者，包括受壓制的同性戀、農奴、仰人鼻息的各色人等和被人呼來喝去、隨意驅使的所謂低端人口。

---

11 Edmund Bergler, *Laughter and the Sense of Humor*. New York: International Medical Books, 1956. L. Weiss, L'humour juif – Approche philosophique. *Revue de Philosophie*, 87 (1952) pp. 56–81.

12 Avner Ziv, *Personality and Sense of Humor*. New York: Springer Publishing Company, 1984, p. 60.

13 Avner Ziv, *Personality and Sense of Humor*, p. 60.

二　沉重的惡和帶淚的笑

　　二戰期間，猶太笑話中最能體現猶太人面對納粹之惡，但仍能含淚而笑的，就是那種被稱為「絞刑架幽默」的黑色笑話。這是一種死亡幽默。絞刑架幽默的德語是Galgenhumor，最早出現於1848年，指的是被判死刑者接受命運的一種急智，在上斷頭台或被處決前的最後玩笑。例如：一個死囚站在行刑隊面前，行刑隊長問他要不要抽最後一支煙。他回答道，「我正在戒煙。」李普曼指出，這並不是失敗主義者的幽默，而是不認輸，有自信，甚至有些自鳴得意的幽默。當然，這種幽默有的也帶有尖酸和苦澀，令人毛骨悚然，被稱為「黑色幽默」，它的挑戰意味在於，今天你可以殺死我，但總有一天你會完蛋。(63)

　　黑色幽默文學代表人物之一的美國作家庫爾特·馮內古特 (Kurt Vonnegut, Jr.) 曾這樣說明絞刑架幽默與猶太幽默的關係，「在弗洛伊德為之撰文之前，絞刑架幽默這個說法就已經存在了。這是一種東歐的幽默，是對絕望處境的一種應對方式。一個人面對完全絕望的處境，但還能說出好笑的話來，就是這種幽默。弗洛伊德舉的例子是：一個人在拂曉時被帶出去處絞刑，他說：『嗯，這一天開始得挺好。』在美國，一般人把這種幽默叫做猶太幽默……小人物被逼到了絕境……日子再絕望，也還得過下去。猶太幽默是中歐的幽默。所有的黑色幽默都是絞刑架幽默，在恐怖可怕的處境中努力表現出有趣的樣子。」[14] 絞刑架幽默不同於「視死如歸」的豪言壯語，如「掉

14　Lauri Clancy, "Running Experiments Off: An Interview." In William Rodney Allen, ed. *Conversations with Kurt Vonnegut*. Jackson, MS: University Press of Mississippi, 1988. 三十年戰爭 (1618年－1648年)，是由神聖羅馬帝國的內戰演變而成的全歐洲參與的一次大規模國際戰爭。

頭不過碗大的疤」、「二十年後又是一條好漢」，絞刑架幽默不僅視死如歸，而且視死為笑料，歸不歸併不重要。

猶太人遭受納粹大屠殺的巨大災難，這與普通的絕境或個人死亡有所不同，在對這一集體災難的認識和表現中有沒有幽默和笑的位置呢？有論者認為，大屠殺災難是沉重的，幽默和笑無法承載這樣的重負，笑的輕鬆會淡化這一災難，讓災難變成一種日常的瑣碎之事。在坎城電影節獲得大獎的意大利電影《美麗人生》(La vita è bella 1997) 引起爭議，便是因為影片中並沒有以血腥的畫面呈現德國納粹的殘暴，而是以喜劇的方式讓觀眾領悟猶太人的遭遇和感受，其中包括可能引起不同理解的笑。大屠殺文學中的笑一直是一個敏感的議題。

猶太人大屠殺專家德普萊斯 (Terrence Des Pres) 不同意大屠殺只允許「無幽默的表現」(humorless presentation) 的說法。他寫道：「大屠殺的文學處理中可以有笑嗎？如果有笑，會被允許嗎？幽默的缺席是事件的性質決定的，還是出於禮貌對待大屠殺的需要，或是兩者皆然呢？」他對這些問題的回答是，可以有笑，也應該有笑，剝奪了笑，那是大屠殺悲劇造成的結果，不是因為這事件本身或該如何對待這事件，不能笑只能說明受害者還在受害。他強調，「從希波克拉底的時代開始……笑的治療作用就已經被人類所了解，我們大多數人都同意笑有治癒創傷的作用。」他看到，如果認為用笑這樣輕微的反應就能減輕大屠殺的沉重災難，那本身就是滑稽可笑的「笑話」，「但是，正是因為所有其他本該更有效的方法都無法減輕這個沉重的災難，我們才應該特別珍視笑這種雖輕微但有效的治療」。[15]

---

15 Berel Lang, ed. *Writing and the Holocaust*. New York: Holmes & Meier, 1988, pp. 217–218.

人們說笑話並不僅僅是為了逗樂，幽默；分享笑話還能起到辨認和聚集「自己人」的重要作用，就像是他們的接頭暗號。早期基督徒見面時在泥地上用線條畫出魚形，用以辨認教友——他們都是基督的追隨者，都是伽裏南漁夫 (Galilean fishermen) 的精神傳人。同樣，受難的猶太人用幽默來相互辨認，他們是仍然保持着希望和信仰的同道之人。因此，李普曼說「幽默是希望的流通貨幣」，「幽默既是心理武器，也是自衛機制。幽默是相互可以信任的朋友們之間的社會維持，是寄託，是護盾，提高士氣，使人人平等，是謊言世界裏的點滴真實。一句話，是對受難者世界的隱秘重新規劃」。(10)

　　英國社會史學家葛蘭伯格 (Richard Grunberger) 說：「反納粹幽默既是一種低調的反抗表現 (至少是不贊成)，也是一種治療。」一個人說笑話，「滿足的是找到聽眾的長期渴望」。葛蘭伯格同時也看到這種幽默的犬儒性質，他認為，對於許多德國人來說，「傳播政治笑話是找到了一種可以用來舒舒服服替代思考，甚至在社會上獲得好感的東西。這樣一來，他們就不用再對存在於文字遊戲和笑話妙語之外的邪惡進行思考，更不用說採取行動了」。[16]

　　幽默能成為政治反抗嗎？它究竟能成為什麼性質的反抗或什麼程度的反抗？該如何看待這種微弱反抗中的犬儒主義？在這些問題上一直是存在着不同看法和爭議。人們在思考宗教的抵抗作用時也反覆地涉及類似的問題。在有關幽默反抗作用的問題上，一種看法是，幽默有助於堅定抵抗的意志並甚至有所行動，笑話是壓迫性制度下的「微型的革命」。另一種看法是，幽默使人馴服，逆來順受，不思反抗，笑話是「用來代替

16　Richard Grunberger, *A Social History of the Third Reich*. London: Weidenfeld and Nicolson, 1971, p. 331.

犬儒與玩笑

暴力反抗的文明安全品」。[17] 李普曼認為這兩種不同的看法各有各的道理，可以用宗教的類似作用作為旁證。例如，美國南北戰爭時期南方黑人教會就同時起到了兩種不同的作用。一方面，這些教會將黑人凝聚在一起，另一方面卻將他們的憤懣不平引向對來世超度的期待。(11) 但是，李普曼指出，宗教和幽默起着相似但不同的作用。相似的是，兩者「都讓人們在現實世界之外尋找到某種救援，都給人心智的喘息」。不同的是，「宗教將人們的想法引向在另一個世界裏更好的存在；而幽默則為人們在這個世界裏找到情緒的解脫」。(12)

宗教與幽默都可以是應對生存困境的方式和策略。美國神學家卡爾 · 保羅 · 雷茵霍爾德 · 尼布林 (Karl Paul Reinhold Niebuhr, 1892–1971) 把宗教與幽默視為不同階段的同類發生，「事實上，幽默是信仰的前奏，笑是禱告的前聲。笑聲必須在宗教的外庭響起，在聖殿裏聽到的是它的迴響。幽默關注的是生活裏直接可見的不協調，而信仰關注的則是那種終極性的不協調」。[18]

把宗教和幽默視為納粹時期最普遍的無形抵抗，這並不是在貶低那些用生命和熱血所作的有形抵抗。有形抵抗的作用和價值是不可替代的。但是，又有多少人有勇氣和能力去從事那些有形的抵抗 (扔手榴彈、刷標語、發傳單) 呢？進行這樣的抵抗需要勇敢、技能和視死如歸的決心，而信仰或幽默的抵抗只需要有「敞開的心」就可以了。(12)

在納粹的集中營裏，許多猶太人的宗教信仰產生動搖，甚至完全喪失。在這種境況下，一個人能與他人作片刻分享的笑

---

17 "Laughter instead of Violence", *USA Today*, April 1982, p. 2.

18 Robert McAfee Brown, *The Essential Reinhold Niebuhr*. New Haven, CT: Yale University Press, 1986, p. 29.

也就有了特殊的意義，笑能讓失去信仰支持的人們咬着牙活下去，是笑聲「讓無數的人不至於了結他們自己的生命，不至於活在一種殭屍的狀態」。(12)「殭屍」是一種毫無靈魂的行屍走肉活法，對外界發生的事情全無反應，渾渾噩噩地處於昏沉恍惚的活死人狀態。當代重要的精神分析理論家希歐多爾·賴克 (Theodor Reik) (他本人於1938年逃離祖國奧地利) 指出，能夠理解和欣賞幽默是人的一種天賦，「神賜給人機智作為禮物，是為了讓他説出苦難。生命是悲劇性的，生命的自我觀照情趣體現為玩笑」。他指出，玩笑的戲謔是一個面具，「面具後面不僅隱藏着嚴肅……而且還隱藏着不折不扣的恐懼」，人是借助戲謔來控制恐懼的。[19] 玩笑的面具是一個防護罩，那些邪惡而危險的可怕事物，人必須戴着這個防護罩才能面對。(13) 不少大屠殺的倖存者，包括著名作家普裏莫·萊維 (Primo Levi)，安德列·施瓦茨·巴爾 (André Schwarz-Bart)、塔杜施·博羅夫斯基(Tadeusz Borowski)和簡·埃默里(Jean Amery)，他們活得太沉重，在災難過去後仍然因為無法面對經歷過的納粹之惡，而終於選擇結束自己的生命。

　　出生於波蘭的社會學家和納粹集中營倖存者安娜·鮑烏萊辛斯卡 (Anna Pawelczynska) 回憶説，集中營裏抵抗的口號是「讓我們不要屈服」，幽默感成為「內心抵抗的武器，這是他們奪不走的武器」。她寫道：「在集中營裏存活的機會是不均等的，這從囚犯一進入集中營就能看出來。有的人完全崩潰了，有的人勉強説笑——這是頑強求生和比較有適應能力的兆頭。在頭幾天裏能夠 (用幽默和平靜或相對平靜) 接受物質需要得不到滿足的人，以後就可能有更多存活的技能。有時候，一個悄悄耳語的笑話就能讓人從恐懼的麻痺中得到放鬆，我們相

19　Theodor Reik, *Jewish Wit*. New York: Gamut Press, 1962, p. 27.

犬儒與玩笑

互取笑狼狽不堪的模樣，取笑自己居然還活着，我們用諷刺來描繪集中營裏的那些看管。每個『不屈服』的人都有自己的防衛方法。只要你想像黨衛軍看守的褲子掉下來或喝醉了酒躺在爛泥裏的樣子，他們發怒的威風勁也就不那麼可怕了。」[20]

在猶太人的笑話裏有許多是非常深沉的黑色幽默。有倖存者回憶說，在特雷津集中營 (Theresienstadt) 和奧斯維辛集中營裏，「囚犯一直在說笑話，一個比一個更黑色幽默」。猶太囚犯裏有的是著名喜劇演員，善於編笑話、說笑話。黨衛軍就命令他們來做玩笑表演，研究納粹時期政治幽默的歷史學家赫爾佐格 (Rudolph Herzog) 稱之為「死亡中途車站上的死亡怪舞」。納粹在集中營裏利用善於說笑話的猶太人，以此取樂，這種病態的逗樂成為猶太受難者所經歷的一種最荒誕的恐怖經驗。[21]

在集中營這樣的極端環境下，幽默並不僅僅是笑話或詼諧對話，「在最廣義上的幽默是一種視角的解放」，無論是諷喻、惡搞、誇張，還是譏諷、戲仿，都能起到這種改換視角，從另一個角度來看待自己、加害者和生存境遇的作用。

> 兩個猶太人密謀行刺希特勒。他們得知希特勒每天中午都會坐車從一個街角經過，於是持槍等在那裏。中午到了，沒見希特勒的蹤影，過了五分鐘，還是沒來，又過了五分鐘，還是沒有動靜。12點15分時，他們失望了，其中一位對另一位說，「天哪，但願希特勒別出事才好。」

---

20 Anna Pawelczynska, *Values and Violence in Auschwitz: A Sociological Analysis*. Trans. Catherine Leach. Berkeley, CA: University of California Press, 1973, pp. 58–63, 129–129.

21 Monica Osborne, "Springtime for Hitler."

像這樣的笑話能讓猶太受害者在想像中將被迫害者與迫害者易位，它引發的當然不是真正的勝利笑聲，而是大屠殺研究者裘蒂・鮑邁爾 (Judy Baumel) 所說的「帶淚的笑」。[22]

出生於維也納，二戰時參加反對納粹的抵抗組織的德國作家拉爾夫・維奈爾 (Ralph Wiener) 在他的《當笑致命的時候》(Als das Lachen tödlich war) 中說，被迫害者發出的是「悄悄的笑，有時候聽起來像是哭泣」。受害者們的笑是共同的，「受害者屬於不同國家的人民，不同的種族，不同的階級，不同的宗教信仰，不同的觀點。將他們聯合起來的是他們的共同命運」。[23]

幽默對受害者具有特殊的意義，李普曼稱其為「包裹苦難的糖衣」，越是苦難深重的時候，越是需要。(19) 幽默對受害者的心理保護價值要從反面去理解——有笑未必更堅強，但無笑則會更脆弱。笑不能阻擋納粹的子彈，但受害者放棄幽默則會等於承認道德的失敗。[24]

在不如集中營那麼極端殘酷的壓迫環境裏，例如在赫魯曉夫、勃列日涅夫時期的蘇聯，幽默就不再是「包裹苦難的糖衣」，而是有了其他更積極的抵抗可能。但是，也正因為壓迫和迫害不再那麼極端，幽默的作用也發生了變化，幽默的自我防衛作用會減弱，甚至變得不那麼明顯。不過，幽默的防衛作用仍然在起作用。它未必是政治意義上的抵抗，但卻可以有助於這種抵抗——幽默使人不致成為心智麻痺的殭屍，使人可以至少在某種程度上保持對真假分辨的知覺，不至於完全失去在善惡區分上的清醒。只要人還能在人性和精神上拒絕絕望，拒

22　Steve Lipman, *Laughter in Hell: The Use of Humor during the Holocaust*. Northvale, NJ: Jason Aronson, 1991, p. 16.

23　Steve Lipman, *Laughter in Hell*, p. 18.

24　Steve Lipman, *Laughter in Hell*, p. 21.

犬儒與玩笑

絕麻木，拒絕屈服，他就還沒有被完全征服，也就還有重新爭取自由的希望。

三　猶太幽默

二戰時期納粹統治下德國和東歐佔領區的猶太幽默 (包括死亡集中營中的猶太人笑話) 不同於傳統的猶太幽默，但是，這個時期特殊境遇中的猶太幽默與傳統猶太幽默在文化、社會心理、話語特徵和風格，心理素質等方面還是有着重要的連繫。李普曼在《地獄笑聲》裏總結了這個時期猶太笑話與德國民眾笑話，以及與傳統猶太笑話的不同。

猶太笑話與一般德國人笑話的主要不同在於，猶太笑話絕大多數是以猶太人為人物和以與猶太人有關的事情為題材。另外，一般德國人的笑話說的是戰爭的情況 (誰勝誰敗)，對民生的影響 (物資短缺)，對納粹領導人即使有所不滿也沒有敵意。即使這些領導人犯了錯誤，他們也是德國的領導人。德國是普通德國人和這些領導人共同的祖國。相比之下，猶太笑話說得更多的是戰爭的原因 (納粹意識形態和政策)、納粹統治對人的侮辱和殘忍行為 (歧視、迫害、殘殺猶太人)、戰爭的結果 (盟軍一定勝利)。猶太人與陷入瘋狂的德國社會保持距離，猶太笑話中的苦難、遭遇和絕望，以及對納粹、希特勒、黨衛軍的鄙視和仇恨是普通德國人笑話中所沒有的。

> 一個猶太人走在柏林街上，邊走邊嘟嚷：「他媽的元首……」一個衝鋒隊員叫停他說：「你好大膽子……」猶太人趕忙回答說：「我說的是我們的元首，不是你們的元

首。如果那個可惡的傢伙沒有領我們出埃及，我們今天就全是英國子民了。」

蓋世太保正準備槍斃幾個猶太人，走過來一名軍官。他對着其中一個説，「你看起來有點像雅利安人，所以我給你一個機會，我戴着一個玻璃眼珠，但看不出是假眼，如果你能猜出哪一隻眼是假的，那麼我就放你一條生路。」這個猶太人馬上説，「是左眼。」軍官問，「你是怎麼猜出來的？」猶太人説，「那眼睛裏有點人性。」

一個猶太人在從柏林開往法蘭克福的列車上，對面坐着一個納粹褐杉隊員，他狠狠地用眼睛盯着猶太人，猶太人如坐針氈，不住聲地説：「希特勒萬歲，希特勒萬歲。」褐杉隊員説：「無恥的猶太鬼！魏瑪時期你們喊拉特瑙萬歲，現在居然又喊希特勒萬歲。」猶太人答道：「是啊，拉特瑙不是死了嘛。」
〔按：拉特瑙 (Walter Rathenau) 是魏瑪共和國最傑出的猶太政治家之一，1922年遭右翼極端分子暗殺。〕

一個猶太人進了地獄，想打聽一下周圍的情況。他看見角落裏一張寫字台前坐着一個人正在工作，仔細一看，是希特勒。這個猶太人睜大眼睛，驚恐萬分地問：「這就是地獄嗎？」另一個猶太人對他説，「別害怕，希特勒在把《我的奮鬥》翻譯成希伯萊文。」

當然，也有許多猶太笑話並不以猶太人為人物，因此聽起來像是一般的德國笑話：

　　　　　　　　　　　犬儒與玩笑

有一次希特勒剃掉小鬍子，便裝到電影院看電影，電影裏只要出現希特勒的鏡頭，所有的觀眾便都站起身來致敬道：「希特勒萬歲！」希特勒坐在位子上沒動身。坐在他身邊的一位觀眾推推他說：「朋友，我們都和你想的一樣，但你不站起來會倒霉的。」

戈培爾在記者招待會上對美國記者說，「如果你們的羅斯福總統像我們元首一樣有黨衛軍，美國就不會有那麼多匪徒了。」美國記者答道，「你說得對，他們全都搖身一變成為軍官。」

「哪三位是最佳攝影師？」「墨索里尼、希特勒和戈培爾。」「為什麼？」「墨索里尼沖底片，希特勒印出來，戈培爾放大。」

　　二戰期間猶太笑話與傳統猶太笑話的主要不同在於笑話中人物和題材發生了變化。傳統猶太笑話的人物經常是油嘴滑舌的媒人、書呆子拉比、當替罪羊和替死鬼的、傻瓜、乞丐。但是，二戰期間猶太笑話中的主角是「猶太人」，而不再是從事某些職業或某一類的猶太人。而且，這些笑話的題材是猶太人在納粹統治下遭受的壓迫、歧視、迫害和殘殺。猶太笑話裏的受害者猶太人，他們在玩笑裏不僅對抗納粹統治，也剖析自己，因此成為在精神上不屈服於壓迫者的勝利者。尤其引人注目的是，這個時期猶太笑話經常有意識地暴露種種可笑的「猶太民族劣根性」——息事寧人、低聲下氣、唾面自乾、逆來順受。這些「猶太特性」前所未有地成為密集的笑話內容：

兩個猶太人被送進毒氣室，一個問看守要口水喝，另一個對他說，「莫沙，別在這個時候找麻煩。」

兩位納粹法官見面時聊他們的工作。第一位說，「今天我碰到一樁難辦的案子。一個納粹偷了一千馬克，我不得不判他八年監禁。」另一位法官說，「我辦的案子要比你難得多。我碰到一個完全清白的猶太人，只好把他放了。」

一個德國猶太人問另一個有病的猶太人，「醫生怎麼說，有好轉嗎？」有病的猶太人回答說：「唉，他說還沒有到最壞的時候——他說我還會活下來。」

猶太人羅文泰爾等了三個星期才得到了去美國領事館面談移民簽證的機會。他問領事先生：「有希望去你們國家嗎？」「希望不大，因為你們國家的名額已滿。你最好過十年再來試試。」羅文泰爾說：「好吧，那麼是上午來還是下午來呢？」

　　許多猶太笑話都是以問題結尾，成為李普曼所說的「問題式幽默」(questioning humor) 或「諷刺問題式」(sarcastic questions) 笑話，它的特點是用一個問題來回答另一個問題——「為什麼這樣？」「為什麼不這樣呢？」(205) 李普曼指出，「問題或許是一種逃避的回答，也不那麼容易被駁斥和攻擊」，「在納粹的野蠻統治年代，生命變得岌岌可危，未來一片茫然——為什麼是這樣呢？有辦法阻擋它嗎？明天又會如何？——這樣的疑問便會通過玩笑表示出來。笑話的一個含蓄主題便是：對有些問題也許是沒有答案的」。(206)

納粹恐怖開始之時，一個走在街上的猶太老人被兩個衝鋒隊員叫停下來。他們吼道：「站住！你説誰必須對德國的困難負責。」猶太人看看他們説：「騎自行車的人和猶太人。」一個衝鋒隊員又吼道：「你這個老傻瓜，怎麼是騎自行車的人？」猶太人説：「那又為什麼是猶太人呢？」

1938年納粹德國併吞奧地利，一個猶太人走進維也納的一家旅行社打聽移民的事。工作人員給這個猶太人幾個可選擇的國家，有的費用太高，有的需要勞工許可，有的不承認奧地利護照，有的不接受移民，等等。猶太人在地球儀上看了半天，問道：「你還有另外一個地球嗎？」

對後面這個笑話，李普曼評述道，「這也許是一個十分虛無主義的笑話。絕望的猶太人不願意承認自己面臨的現實——他是一個什麼地方都不受歡迎的人，也沒有別的地球可供他選擇。但是，他還是在拒絕接受沒有出路的命運。」(207) 因此，心酸的笑話雖然聽上去苦澀和犬儒，但背後卻隱藏着一種有待發掘的倔強和不放棄。

李普曼把猶太幽默的傳統追溯到古代的《聖經》和希伯萊文化，「在希伯萊經文裏上帝和早期以色列人的互動中多有反諷 (irony) 的色彩……舊約裏有大量的反諷、誇張和諷刺」。(134–135) 但是，茲夫在對猶太幽默的專門研究中指出，猶太幽默的特點與它的現代起源聯繫更為直接也更為明顯。這個現代起源就是19世紀東歐的離散猶太人 (diaspora)。這使得猶太幽默，特別是二戰時的猶太幽默，不僅有別於其他國家的幽默 (當然包括德國幽默)，也不同於居住在以色列的猶太人的幽默。因此，「猶太幽默」不只是指猶太人的幽默，而且更是指那些長

期生活在被壓迫、歧視、殘害環境下的猶太人所形成的一種處世方式，一種以服從、逆來順受、委曲求全和唾面自乾來應付惡劣生活環境的猶太文化。

茲夫拿下面這個笑話做了課堂測試：三個猶太人被判死刑，站在行刑隊前面，執行的軍官問第一個人要不要戴眼罩。他回答說：「是的，先生。」他又問第二個人同樣的問題，回答也是「是的，先生。」他再問第三個人，回答是「我不需要你給任何東西。」第二個人掉過頭對第三個人說：「莫沙，這個時候別找麻煩。」茲夫把這個笑話裏的三個猶太人換成三個法國人，又把第三個人那個常見的猶太名字換成法國人常用的名字「雅克」，讓學生分成「猶太組」和「非猶太組」決定「可笑」的等級，結果這二組學生都認為「猶太笑話」比「非猶太笑話」好笑得多。茲夫在與學生們討論後得出的結論是，大家都覺得這個笑話更「適合」於猶太人，「對猶太人的看法包括這樣的成見：猶太人有許多擔心的事情，遇事總是逆來順受，即使在面對死亡的時候也是如此」。[25]

弗洛伊德在1905年發表的《笑話與下意識的關係》一文中就已經指出，猶太幽默的一個重要特徵就是自我貶抑 (self-disparagement)，「我不知道還有多少其他民族 (像猶太人) 那種程度地開自己的玩笑。」[26] 許多研究者認為，猶太幽默與猶太人悠久的受難歷史有關。在這一歷史中特別重要的是19世紀流散在東歐國家的猶太人的遭遇，幽默是他們在苦難環境中堅持活下去，並保持希望的自我防衛機制。這個時期，全世界的猶

---

25 Avner Ziv, "Introduction to the Transaction Edition." In Avner Ziv, ed. *Jewish Humor*. New Brunswick, NJ: Transaction Publishers, 1998, p. 5.

26 Sigmund Freud, *Jokes and Their Relations to the Unconscious*. New York: Moffat Ward, [1905] 1916, p. 112.

犬儒與玩笑

太人有三分之二生活在東歐，主要是俄國和波蘭，他們靠兩樣東西維護着自己的種族文化傳承，那就是宗教和語言。猶太人用希伯萊語和意第緒語，笑話大多是用意第緒語說的。

在今天的以色列，猶太人也還是說兩種猶太語言。對此茲夫寫道：「意第緒語是一種從來沒有被權勢、體制和政府使用過的語言，在以色列，意第緒語已經被希伯萊語所代替。希伯萊語是經過更新和重塑的語言。意第緒語所具有的是智識的（而非政治或行政的）力量，它最適合總是處在敵意環境中的少數者們交流。因此，它成為產生於這種環境的猶太幽默的表述工具。在以色列，猶太人已經成為主掌制度的多數者，意第緒語也就消失了。那種為離散猶太人提供應對危險處境的猶太特徵也已經不再起重要的作用。以色列的幽默與發源於東歐的猶太幽默之間只有很零碎的聯繫。」[27]

茲夫分析了猶太幽默的四個主要因素：智力、社群聯絡、心情調整、自我防衛。第一，猶太人幽默的智力特質來自猶太人世世代代認同的宗教及其倫理法則、正義觀和行為規則。猶太人遭受不公正的殘酷對待和壓迫，「進攻性克制對手的辦法就是運用幽默」。[28] 這是一種用諷刺（satire）來進行的批評。

第二，在離散的猶太人小社群裏，幽默不只是批評，「而且也表示接受和承認（批評對象）在社群裏的位置」，在對社群外人員的批評中，幽默則區分出「我們」與「他們」的不同。這就是猶太幽默所起的社群維繫作用。

第三，由於悲慘的生活處境，猶太人有一種特別的哀傷意識，「當你是弱者而又手無寸鐵的時候，你無法自衛，唯一可

---

27 Avner Ziv, "Introduction to the Transaction Edition," p. 12.

28 Avner Ziv, "Psycho-social Aspects of Jewish Humor in Israel and in the Diaspora," p. 50.

能的辦法就是扭曲現實，從中見出荒誕。這讓你不僅不哭，而且還會笑起來」。[29] 美國民俗和幽默專家艾略特・奧林 (Elliott Oring) 指出，「猶太幽默的觀念來自對猶太歷史的觀念，這是一種受難、受排斥和絕望的歷史。背負着這樣的歷史，猶太人根本不可能笑。但他們還是在笑，在開玩笑，這只能説明猶太人與幽默之間有着一種特殊的關係。這也説明，猶太人的幽默與其他幽默有着某種區別，肯定不是因為絕望。」[30]

第四，猶太幽默的對象經常是猶太人自己，成為一種自貶的幽默，「自貶的幽默使自我批評成為可能，也使一個人有勇氣正視自己的和他所認同的群體的負面特徵。自貶幽默是一種成熟和自知之明的標誌。你看到自己的缺點，承認和嘲笑這些缺點，恰恰證明有自信。正因為如此，自貶幽默令別人同情，也減少他人對你的攻擊。」[31]

猶太幽默的特殊意義在於，它在歷史的長河中與人的苦難、人遭遇的迫害和不公，尤其是一些人對另一些人肆意所為的惡，糾結交纏在一起。在納粹的極權統治下，幽默和苦難都被推向了極致。即使在最殘酷的極權統治下，幽默仍然保持着它應對苦難的作用。然而，正如李普曼所説，「就像所有的武器一樣，幽默對抗壓迫的力量最好是作為一種威懾」，最好無需真的用上。這樣理解幽默與猶太文化傳統對惡的看法是一致的。在提到納粹和類似之惡的時候，有的人希望抹去它的全部痕跡，永遠不再提起，他們想丟掉對邪惡者的記憶，「但是，

29 Avner Ziv, "Psycho-social Aspects of Jewish Humor in Israel and in the Diaspora," p. 52.

30 Elliott Oring, "The People of the Joke: On the Conceptualization of Jewish Humor." *Western Folklore*, 42 (1983) 261–271, pp. 266–267.

31 Avner Ziv, "Psycho-social Aspects of Jewish Humor in Israel and in the Diaspora," p. 56.

犬儒與玩笑

在以色列人快要來到應許之地時，上帝在西奈沙漠對他們說，永遠不要忘記猶太人的大敵亞瑪力 (Amalek) 做過的事情：亞瑪力曾想方設法阻止希伯萊人出埃及。『記住亞瑪力做過的事情……你們不能忘記』」。(xi) 永遠記住那些作惡者和他們對你所作的惡，但不要讓他們給你套上永遠無法取下的創傷枷鎖，這樣才能為應對下一次惡的來臨做好準備，了解和理解極權狀態下的幽默也是為了做好這樣的準備。

3 生活在政治的「害怕」中

　　社會學家弗拉迪米爾·施拉潘托克 (Vladimir Shlapentokh) 1926年出生在紅色的蘇聯，他在蘇聯長大並受教育，1979年移居美國，在大學任教，是公認的「蘇聯社會學」權威。他在《當代社會中的害怕》(*Fear in Contemporary Society*) 一書的序言裏談到了自己在蘇聯所經歷過的害怕。他寫道：「每當有人問我，什麼是蘇聯社會最顯著的特徵，我都會回答說是『害怕』。」所謂「害怕」，也就是人在覺察到某種實在的或想像的危險時感覺到的焦慮和恐慌。施拉潘托克12歲的時候就知道害怕國家政府和秘密警察了。他知道，有的話可以公開去說，有的話必須藏在心裏，否則必然會禍從口出，自討苦吃，甚至惹上殺身之禍。人們隨時害怕禍從口出，說的便是言不由衷的假話，如一個蘇聯笑話裏講的：

> 「同志，你對這個問題有什麼意見嗎？」領導問道。
> 「對，我是有意見，但我不同意我的意見！」

　　像施拉潘托克這樣在政治上早熟，早早知道在政治上害怕的兒童，在前蘇聯這樣的極權國家裏肯定不止他一個。在人類所能體驗的各種害怕中——對死亡、對異類、未知世界和未來、對精神痛苦和肉體折磨等等的害怕——政治的害怕是一種特殊的，可以比死亡恐懼更令人無法甩脫的害怕。這是一種由於徹底的不自由、無權利、無尊嚴而造成的恐懼，它可以帶來

其他一切令人害怕的事情——饑寒之苦、酷刑、孤獨、絕望、被奴隸般地對待。而且，它是唯一無法以「一死了之」來消除的害怕。政治的害怕，害怕的是政治壓迫、迫害及其後果——勞教、精神病院、克格勃半夜敲門、監聽、互相揭發、古拉格群島、餓肚子、大清洗和有組織屠殺，包括連累家人、子女，因此成為一種更加令人難以承受的害怕。德國詩人歌德說，「即使已經陷入了最大的厄運，人也還是會害怕遭到更大的厄運，這便是人的奇怪命運。」這句話聽起來更像是對20世紀極權專制國家裏許多政治受害者厄運的不詳預言。

一　從「懼怕」到「熱愛」

施拉潘托克17歲的時候就開始知道害怕「政治警察」，政治警察是那些專門管制別人思想的人，他們可以使一個人的命運在一夜之間發生徹底的變化，從此被完全毀掉。施拉潘托克20歲出頭的時侯成為基輔大學歷史系的學生，他和幾個好朋友一起，對極權制度有了了解，也更明白自己為什麼老是在害怕，「那個連自己忠誠的國民都要迫害的制度，一定會加倍無情地對待那些憎恨它的人們，這是不需要懷疑的了」。他害怕的是一種他並不知道會不會真的發生的事情，他說，「清晨是逮捕最常發生的時刻，每當我在清晨聽到汽車駛過我家門口，我都會充滿了恐怖。」這種害怕也許是真實的，也許是他想像的，但是，真實的也好，想像的也罷，害怕都是對他生活的那個世界裏的真實危險的一種防衛本能，而這種防衛本能卻並不能幫助他避免他所害怕的危險，因此這種害怕比他所害怕要發生的事情更加可怕。這是一種深不可測，永遠無法得到紓解的害怕，一種他不得不生存於其中的害怕。有這樣的蘇聯笑話：

　　　　　　　　　　　　　　　犬儒與玩笑

一群羊要越過蘇聯和芬蘭的邊境。邊境管理員問：「你們為什麼要離開蘇聯？」一頭羊回答說：「秘密警察，貝利亞命令秘密警察逮捕所有的大象。」

「但你們不是大象啊！」

「你還是去跟秘密警察說吧！」

蘇聯著名詩人奧西普・曼德爾施塔姆 (Osip Mandel'shtam) 便是政治警察的受害者。他於1934年因其作品《斯大林諷刺短詩集》(*Stalin Epigram*) 而遭到逮捕，並與妻子娜傑日達 (Nadezhda Mandel'shtam, 1899–1980) 一同被流放，後來被允許移居到蘇聯西南部的切爾登去。1938年他又再次被捕，被發配到西伯利亞的勞改營，死在了那裏。娜傑日達・曼德爾施塔姆後來寫過兩部回憶錄《堅持希望》(*Hope against Hope*) 和《放棄的希望》(*Hope Abandoned*)。她回憶一位朋友說，「阿克瑪托娃 (Anna Akhmatova，著名的蘇聯詩人) 有一次與我相互承認自己最強烈的感受……比愛和妒忌，比人類任何情感都要強烈的感覺……那就是害怕和由此而來的其他情感，那種令人極其厭惡的羞恥、龜縮和徹底的無助。」

蘇聯著名導演葉夫根尼・加布里洛維奇 (Evgenii Gabrilovich) 也作過類似的表白。他在談到自己過去50年的經歷時說：「我是一個親身經歷過那些歲月的人，我敢說，在社會科學院和藝術研究院，馬克思主義研究發現了歷史發展的動力，但卻忽略了一個更關鍵、更重要的動力源，那就是害怕。要了解我們這種生活中的種種謎團、秘密和曖昧，就必須了解害怕的真正重要性，這才是最重要的。」

斯大林去世後，害怕在蘇聯生活中的「最重要」位置表面上看確實是降低了，但卻仍然在相當程度上支配着蘇聯人的所

思所行。施拉潘托克寫道：「斯大林1953年死後，我心裏的害怕減少了許多，但一直佔據着我心靈的很大一部分。」那時候，他已經是一位社會學家，害怕也成為他職業思考的一部分。1960年代，對於施拉潘托克和他的社會學同事們的「所有的決定──調查問題的選擇和措詞、選樣、挑選採訪者──都必須得到黨的部門的批准。一步不小心，就會招到破壞蘇維埃秩序的指責，惹上各種麻煩。我不是一個公開的持異見者，所以總是害怕在公開場合或課堂裏流露出真實的想法，在座的學生們中一定會有去彙報的」。不只是在課堂上，「和所有的蘇聯人一樣，我邀請熟人回家總是特別小心，家庭聚會也會有KGB盯着，可能有眼線，或裝上竊聽裝置。1979年，我和家人坐飛機離開莫斯科到達維也納機場，我感到一陣歡欣，現在終於逃脫了我的蘇聯害怕」。

害怕不只是給人帶來焦慮、不安全感和壓抑，而且會使人變得卑鄙、猥瑣、委頓。這種變化會發生在每個人身上和各種人際關係之中。人品再高尚，人際關係再親密，也經不住害怕的侵蝕。就算再有真實的、不能不害怕的理由，害怕也是一種最令人丟臉的情感。有的人有本事把害怕隱藏起來，控制住，不讓它流露或表現出來，或者根本就不在意害怕，他們因此也就成為與眾不同的人。有的人以為，害怕是人的本能，也許害怕並不是像妒忌那樣可恥。但是，在許多情況下人們並不願意承認自己害怕。然而，當一個人看到領導，親熱地主動招呼，一張口就「張主任」、「李處長」，把對方的職位、官銜掛在嘴上，害怕也就自然而然地流露出來。

一般人不願意在這種害怕上多費心思，因為習慣了，所以自然而然，覺得挺合理，沒有什麼不自在。他們甚至覺得尊重領導和尊重任何別人一樣，都是應該的。施拉潘托克說，他

　　　　　　　　　　　犬儒與玩笑

在蘇聯生活的經驗讓他在這種「自然而然」(他稱之為「合理化」)中體會到喬治・奧維爾對絕對權力的一種觀察，那就是，對於那種令人覺得丟臉的害怕，人們不願承認那是害怕，而會覺得那是愛。1990年克拉瑪依演出會場大火，在一大群孩子面前，有人大喊，「讓領導先走」，在這樣危急的時刻，能不假思索地喊出這樣一句話來的人，害怕已經真的轉化為愛了。

奧維爾說的那種老大哥能讓人把害怕轉化為愛的例子在「文革」中更是多得數不勝數，遭到冤屈、迫害，因為害怕而不得不一死了之的人，不是還有許多留下表白忠誠的遺言，勉勵子女要做這做那的嗎？不是有人在跳樓自盡的那一刻還高喊「毛主席萬歲」嗎？1930年代是蘇聯人對斯大林最忠誠的時代，也是他們最生活在害怕中的時代，對斯大林的個人崇拜是在那時候確立起來的。絕大多數人熱衷於斯大林崇拜就像絕大多數德國人對希特勒一樣 (「文革」中也是一樣，甚至有過之而無不及)。施拉潘托克對他親身經歷過的斯大林崇拜記憶猶新，他寫道：「無論是當官的，還是平民，斯大林崇拜滲透進了許多俄國人的心靈和靈魂」。即使是在私人的交談中，普通人也在讚揚斯大林，有這樣一個蘇聯笑話：

> 一個蘇聯人在街上碰到了一個很久沒有見到的熟人，兩個人想聊一聊，但左顧右盼，街上人太多。他把熟人帶到一個人少的地方，拐了幾條小街，來到自己家裏，又把朋友帶到地下室，然後悄悄對他說：「我最敬佩最愛戴的人就是斯大林！」

1953年3月5日斯大林去世，人民哀悼的強烈程度令人震驚。下葬的時候，成千上萬的人互相擁擠，蜂擁而上，爭着要

獻上他們最後的敬禮。葬禮成為蘇聯歷史上最令人難忘的一刻。隨着斯大林之死，極權統治鬆動了一些，但是，對老大哥的愛卻仍然繼續，只是轉而把制度和它的意識形態當作了對象。中國的「文革」以後也發生了相似的變化，以前是無限熱愛毛主席，後來變成了愛黨和愛社會主義。

二 告密和黑箱

「告密」是特別能加劇人政治害怕的一種行為。一個人因為害怕被周圍的人，尤其是朋友和親人告密，會對所有人失去信任感，因而變得徹底無助，孤立、渺小。施拉潘托克認為，「告密」是蘇聯知識分子最害怕的事情之一，這在「反對世界主義者」的運動 (anti-cosmopolitan campaign) 中有充分的表現。從1949年到1953年，在斯大林統治的最後幾年裏，蘇聯掀起了一場名叫「反對世界主義者」的運動，這其實是一場針對猶太血統知識分子的運動，批判他們的「資產階級世界主義」、「去國家的個人主義」、「無根的世界主義」。一些關於「反世界主義運動」的回憶直到戈爾巴喬夫的「開放」(Glasnost)時代才得以出版，這些回憶裏到處可見令知識分子人心惶惶的害怕和朋友、同事間的相互出賣、背叛和告密，連警察也不例外。有這樣的蘇聯笑話：

> 問：「為什麼警察總是三個人一組地巡邏？」
> 答：「一個會讀，一個會寫，還有一個監視這兩個知識分子的一舉一動。」

> 一個人驚慌地向KGB報告說：「我會說話的鸚鵡不見了。」

「這不關我們的事。」

「我是想報告你們，我不同意那只鸚鵡要說的話。」

著名導演謝爾蓋‧尤特凱維奇 (Sergei Yutkevich) 記敘了在一次批判世界主義者的大會上，他的朋友名導演馬克‧頓斯闊依 (Mark Donskoy) 如何惡毒地攻擊他。著名作家西蒙諾夫也對他自己保護過的一些作家落井下石。運動過後多年，在戈爾巴喬夫時代的「重建」(Perestroika) 時期，美國和加拿大學會會長阿巴托夫 (Yurii Arbatov) 在《制度：蘇聯政治的知情人生活》(*The System: An Insider's Life in Soviet Politics*. New York: Times Books, 1992) 中寫道：「我經常納悶，為什麼戰爭時代不怕死的人後來都成了懦夫、膽小鬼。比起敵人的子彈來，他們更害怕自己的上司。」阿巴托夫本人在1970年代就是一個凡事聽黨的話，永遠隨聲附和的人，這是他自己的經驗之談。其實，蘇維埃人與其說是變成了「懦夫」或「膽小鬼」，還不如是是變成了犬儒。

1970年代，蘇聯社會中的害怕已經大大消解，但仍然時時徘徊在人們心頭。許多知識分子在親戚、朋友遭到官方批評後，就因為害怕受牽連而開始疏遠他們，不再來往。著名導演阿列克謝‧日爾曼 (Alexei German) 說，當他的影片被禁演時，與他來往的朋友就越來越少，最後他慶祝生日的時候，竟然一個朋友都請不來了。這些朋友並不是「壞人」，也不是異類，他們背叛朋友其實是正常行為。他們生活在一個特殊的環境裏，這個環境對每個人的行為都有極大的影響力量，足以把一個好人變成不仁不義的背叛者和告密者。施拉潘托克說，「蘇聯制度下的生活教會我們辨認可以與誰交往。」當局利用真實的害怕來製造想像的害怕，經常生活在害怕中的人養成了事事

都害怕的心態，「蘇聯領導利用這一點，製造想像的害怕對象，如外國入侵、階級敵人、外國間諜、反蘇民族主義分子、猶太人、猶太復國主義者」。人民越害怕就越依賴國家政府的保護，比起想像的害怕，現實生活中的害怕似乎成為一種值得付出的代價，不僅如此，渴望國家不受外國入侵，渴望安寧生活不遭國內階級敵人破壞，讓許多人覺得自己對政府權力的不信任和害怕簡直是「太沒良心」，對自己充滿了自責，自責自然而然地轉化為感恩，感恩又轉化為愛。這種轉化甚至連喬治·奧維爾在《1984》中都未能想像得到。

讓蘇聯知識分子心驚膽顫、人人自危的告密對中國人來說並不是什麼新奇的事情。在很長的一段時期內，告密在中國知識分子中也特別盛行，他們對告密的害怕，有着與蘇聯知識分子同樣刻骨銘心的體會。知識分子的相互揭發、評判鬥爭在中國同樣司空見慣。陳徒手的《故國人民有所思》中有許多這樣的例子。例如，在批評俞平伯的時候，高校「人人自危、相互牽扯」，北師大中文系教授李長之揭發俞平伯和胡適，北師大中文系主人黃藥眠則揭發李長之，佈置下屬印發對李長之的批判文章。這些檢舉揭發都是記錄在1954年11月11日的高校黨委簡報《討論紅樓夢問題的黨內外思想情況》裏的。知識分子不僅相互揭發、評判，還有臥底、當密探告密的。馮亦代就是一個著名的例子，他後來在《悔餘日錄》中表示了悔恨。

告密必須製造一個告密的環境，在這個環境中只有極少數在政治上可靠的人才有資格知道誰揭發了誰，被揭發的是什麼秘密。告密成為一種典型的犬儒行為，告密的人並不以告密為榮，所以總是偷偷告密，但他又並不真的以告密為恥，所以只要有機會，就一定會繼續不斷地告密。邵燕祥在《故國人民有所思》的序言裏指出，這在1953年就已經成為一種慣例，也成

為無數知識分子的噩夢，他稱之為「暗箱作業」，「這些規定、佈置、執行都是暗箱作業，從不告訴當事人的。在既定政策下，由學校黨委掌控，各系總支、支部的黨團員操作」。暗箱作業不是指整人的人自己躲在黑暗之中，而是指讓那些可能成為運動對象的人全都處在黑暗之中，讓他們什麼也看不清，既弄不清東西南北，也不知道身邊隨時會冒出什麼危險來——突然有舊日朋友或同事站出來揭發自己，某一句話一下子成了言者無意聽者有心的「反動言論」，或者是就算不說話，也會被別人「看穿」了反黨的心思或陰謀。

從人的下意識來說，害怕告密是因為人有懼怕黑暗的本能。心理學家威廉·里昂斯 (William Lyons) 在《情緒》(Emotion) 一書中指出，害怕黑暗常常並不是害怕黑暗本身，而是害怕隱藏在黑暗中的可能的和想像的危險。對黑暗的某種程度的害怕是正常的，尤其是在兒童時期。但是，哥倫比亞大學教育教授亞瑟·賈西德教授(Arthur T. Jersild) 在《兒童的害怕》(Children's Fears) 一書中指出，兩歲前的幼兒對黑暗並不害怕。害怕黑暗不是人的天性，而且是學習得來的一種感覺和情緒。害怕是被經驗和社會文化定型 (conditioned) 的結果。成人害怕黑暗，尤其是受過良好教育的知識分子對黑暗有一種心靈的恐懼，那就完全是一種政治和社會文化的現象了。有的知識分子，如胡風，甚至因之而瘋狂。過度的害怕黑暗（「陰謀」）會成為一種「病」，也就是人們常說的因為疑神疑鬼而惶惶不可終日，像被鬼附身了一樣。這是一種因受迫害而在心理上所患的黑暗恐怖症 (scotophobia，從希臘字 σκότο，黑暗，而來) 或黑夜恐懼症 (nyctophobia 從希臘文 νυξ，夜，而來)。弗洛伊德在研究中發現，害怕黑暗是一種「分離焦慮失調」(separation anxiety disorder)，是由於與家人、朋友的隔絕 (真實的或想像的) 而造

成的焦慮和恐懼。這種心理失調連意志最堅強的人都難以避免，現在披露的關於林昭和張志新在獄中的精神失常就是例子。

陳徒手在《湯用彤：五十年代的思想病》一文中把這種焦慮失調稱作為「思想病」。一九五四年初冬，批判胡適思想運動全面鋪開，鬥爭意味越來越濃，北大的一些教授們都害怕會牽連到自己身上，但除了在心裏揣摩之外，完全處在黑暗之中。陳徒手敘述道，「湯用彤平日血壓較高，但幾年間無大妨礙。自從《人民日報》刊登展開批判胡適思想的社論，湯用彤看後比較緊張，因為在過去三反運動時曾有人指責他與胡適關係密切，『兩人引為知己』，治學一直沿用胡適考據那一套。他自然比別人更多一層憂慮和戒備，不知道運動未來的底線在哪裏。人們注意到，表情不安的湯老曾接連幾天到哲學系資料室看舊日藏書《胡適文存》，翻閱時一言不發；參加中文系討論《紅樓夢》的座談會，自始至終仔細地記下別人的發言。」

十一月十三日下午，北師大教授馬特在一次會議上批評《光明日報》的「哲學研究」版面，「該版主要編者均為北大哲學系教授，他們實際參與了審稿工作。馬特的鬥爭語氣讓在場的北大湯用彤、金岳霖、任繼愈等人感到有些慌亂，不知如何應對。當然馬特也說，你們與胡適思想有所不同，但突然間的發難加重了會場緊張的氣氛。金岳霖事後說：『馬特發言時我的心直跳。』一向沉穩的金岳霖尚且坐立不安，心事頗重的湯用彤當時心裏的不快和不安也是可以想像到的」。湯用彤在會上受到了驚嚇，心裏害怕，「難以靜下心來，糾結一團。回家後意猶未盡，對家人說：『你們都有胡適的思想，都應該拿出來批判，你們都是大膽地假設我有高血壓症，就小心地求證我有高血壓』」。他用胡適的句式，反復對家人提及高血壓，

犬儒與玩笑

已經語無倫次，哪裏還像是一個哲學教授在說話？當晚，「他躺下後不久家人就發現口歪、昏睡等早期中風症狀。十四日一早送協和醫院檢查，大夫判斷血管阻塞，十五日進一步做脊椎穿刺，發現腦溢血」。湯用彤是因害怕而病的，但在這之前，他已經是一個因害怕而心力憔悴、孤獨無助的人了。

與人的其他的情緒一樣，害怕是本能的，是在理性之外的，但同時也是環境的訓練結果。政治的害怕和害怕政治都是專制統治的一種有效的心理控制工具，控制的是那些僅僅剩下動物本能的人類。19世紀英國思想家卡萊爾 (Thomas Carlyle) 說，「人的第一要務就是克服害怕，在他能夠拔除害怕之前，他不可能有任何行動。」卡萊爾也許無法預見，20世紀的極權統治可以如何有效地把害怕深植到每一個人的心裏，讓害怕在那裏生根發芽，最後終於再也難以拔除。但是，奇怪的是，長久生活在害怕中的人們，他們對害怕又可能會產生一種免疫的冷漠，把害怕當作一種自然的生存狀態。害怕窒息了他們的思想和行動，就像柏拉圖寓言故事裏那些從來沒有機會走出過黑暗洞穴的人們，比起洞穴裏的黑暗，更叫他們害怕的是洞穴外的光亮。但是，故事裏有一個獨自走出洞穴的人，他走進了光明，也拔除了心裏的害怕，因為他讓光明照進了自己的心裏。像他這樣的人，開始也許只是少數，但少數人可以影響更多的人，漸漸也就可以形成一股幫助所有人拔除害怕的社會力量。到那時候，人們也許還會本能地害怕黑夜、害怕蠍子、毒蛇、毒蜘蛛，但卻不會再有政治的害怕。

4　斯大林時期的蘇聯政治笑話

　　對斯大林時期政治笑話的研究是前蘇聯日常生活史 (history of everyday life) 研究的一部分。那些有可靠史料價值的斯大林時期政治笑話，有一部分是從一些日記、回憶錄、檔案文獻中收集來的，另一部分來自1950–1951年哈佛大學蘇聯制度研究人員對一些蘇聯公民的訪談材料。一位前蘇聯的日記作者於1933年這樣寫道：「在未來的某個時候，當有人擔負起書寫我們日常生活史的艱難工作時，很難設想怎麼可能避開政治笑話這個題材。」對於理解斯大林統治下的真實生活，普通蘇聯人所流傳的笑話或段子 (anekdot) 是必不可少的歷史材料。對此，這位日記作者解釋道，「這些笑話和段子裏的所有事情顯得如此光怪陸離，在這些笑話裏可以看到普通公民對國家殘忍和不公所抱有的憤恨和做出的抗議，看到他們的笑聲和眼淚。還有什麼事情是不包含在這些笑話裏的嗎？當酒友們乾杯痛飲的時候，他們公開地大聲交流笑話；在街口或有軌電車站說笑時則是相互悄悄耳語；人們上班時一邊警覺地豎起耳朵，一邊互相說着笑話。希望、絕望、笑聲、眼淚……這些笑話有的下流粗俗，但這才讓普通人聽得更津津有味，他們的怨憤越深，就越喜好這樣的玩笑。」一位接受哈佛大學研究人員採訪的蘇聯人說：「通過段子，你可以了解蘇聯政權……通過段子，你可以描畫出蘇聯最準確的圖畫來。」[1]

1　Quoted by David Brandenberger, *Political Humor under Stalin*. Bloomington, IN: Slavica Publishers, 2009, p. 2.

在蘇聯的歷史和政治笑話之間存在着某種相互印證的關係，但是，歷史研究與對政治笑話的研究畢竟是不同性質的。不同的人們對歷史和笑話也會有不同的視角，對它們不同興趣的差別就更大了。對歷史研究來說，笑話可以用做說明或解釋，而不只是論述的理由或依據。對於笑話研究來說，歷史雖提供相關背景，但並不是結論的必然推導。對蘇聯歷史感興趣的人未必會特別關注歷史中出現的笑話，而對蘇聯政治笑話感興趣的人則未必是想借此詳細了解蘇聯歷史。人們閱讀笑話可能純粹是為了消遣取樂，他們從笑話內容中會得到一些關於蘇聯社會、政治的知識，但那只是非常零碎的知識。他們對笑話的年代和可靠性都不必在意，也照樣可以欣賞許多笑話，從中得到幽默的樂趣。但是，如果要對蘇聯政治笑話的社會作用和意義有比較深入和詳細的理解，那就不能不具備一些關於蘇聯歷史，尤其是政治歷史的知識。

一　斯大林與列寧

在1917年的政治動盪中，列寧和他的布爾什維克追隨者奪取了政權，成立一個革命的「蘇維埃共和國」。此後，他們在1918年至1920年期間建成了一個一黨專制的政權，其果斷而嚴厲的暴力統治成為這個時期「戰時共產主義」的專政特色。1921年，在列寧的強烈要求下，布爾什維克黨宣佈在走向共產主義的道路上後退一步。它採納了新經濟政策，使得被革命破壞的貨幣經濟得以恢復，大約二千五百萬農民被允許在國有化土地上經營自己的農務，並在交納國稅之後出售自己的產品。新經濟政策還將部分工業恢復私營 (但是關係國家經濟命脈的企業仍然歸國家所有)，允許私商 (被稱為「耐普曼」，NEPmen)

自由貿易，恢復商品流通和商品交換，廢除了「戰時共產主義政策」的食物配給制，實行按勞分配的制度。新經濟政策 (1921–1928) 給蘇聯帶來了一個局勢相對正常和繁榮的時期。

斯大林於1928年至1929年間上升為列寧逝世後蘇維埃政權的主宰，開始了一個劇烈變化的新時期：斯大林時代。他要求必須迅速把新經濟政策的蘇聯變成一個社會主義的蘇聯，並開始一場如同革命般的五年計劃工業化運動和以農民的血和苦難為代價的農業集體化運動。然後，斯大林又通過1934年至1939年間的恐怖「大清洗」（其中數萬人被捕入獄，無數人死於非命），把布爾什維克黨變成一個服從於他個人獨裁意志的馴服工具，創造了一個比沙皇俄國更加專制的警察政權。1930年代的斯大林主義造成了一個工業化和軍事化的黨治之國，也造就了一個等級分明、層層壓迫的社會：特權和官僚的御用階層、受國家權力統治的產業工人階級、同樣完全受國家控制的集體農莊農民，而在最底層苟延度日的則是在遙遠的集中營裏被強制勞動的大批役犯。在1939年斯大林60歲生日之際，全蘇聯的所有報刊歡呼讚美斯大林是曠世英雄和「社會主義締造者」，在他的英明領導下，蘇聯實現了從列寧新經濟政策時期向斯大林社會主義時期的偉大轉折。

在學界對蘇聯的研究中，研究者們對斯大林的專制獨裁和暴虐統治的性質和前因後果一直沒有取得一致意見。這主要是因為他們對斯大林主義與列寧的布爾什維克主義之間的關係有不同的看法。在意識形態層面上，研究者們的一種看法是，斯大林主義是列寧的布爾什維克主義在新歷史階段內的實現，這同斯大林本人對此的解釋是一致的。研究者們的另一種看法是，斯大林主義與列寧的布爾什維克主義是完全對立的，斯大林的獨裁社會主義是對列寧比較溫和的新經濟政策的徹底背

叛。「斯大林主義」同「列寧主義」是對立的。被斯大林驅逐出境的主要敵手托洛茨基在他1937年《被出賣了的革命》一書中持這種觀點。

在政治層面上，研究者們的分歧所集中的問題是：斯大林的恐怖統治是對1917年至1921年布爾什維克革命的恢復和發展頂點，還是在一些基本方面背離了布爾什維克革命？有的學者則認為，斯大林的大清洗，尤其是它的恐怖和暴力，都是列寧主義革命過程的一部分；他們指出，是列寧曾提出了週期性清黨的主張 (當然，那應該是不流血的)，而且，列寧本人本人曾在1921年的「十大」以後發動過黨的第一次「廣泛清洗」。還有的學者認為，以恐怖而聞名於世的斯大林大清洗並不是列寧主張的布爾什維克革命的一部分，而是「迫於即將到來的戰爭的壓力而添加的可怕後記」，是斯大林獨創的一套統治方式，即斯大林式的專制恐怖獨裁。[2]

學界的這兩種不同看法在蘇聯政治笑話裏都可以找到證據，這似乎讓我們看到，蘇聯人在如何看待列寧與斯大林的關係問題上也是有所矛盾和曖昧不明的。穿鞋的列寧和穿靴子的斯大林就是一個強調列寧與斯大林不同的笑話：

> 「為什麼列寧總是穿鞋子，而斯大林總是穿靴子？」一個俄國人問另一個俄國人。「因為列寧繞着泥塘走，而斯大林直接踹過去。」

這個笑話可以有兩個不同的解釋：第一，斯大林比列寧粗魯，做事總是濺人一身泥巴。第二，斯大林為了省卻不必要的

2　Sheila Fitzpatrick, The *Russian Revolution*. New York: Oxford University, 1983, p. 3.

犬儒與玩笑

麻煩，做事比列寧更果斷大膽。不管怎麼解釋，反正斯大林與列寧是不同的。另一個類似的笑話：

「為什麼列寧總是穿一件乾淨襯衣，而斯大林則不這樣？」
「因為列寧知道要走什麼路，而斯大林則不知道。」

斯大林站在列寧的肩膀上則是一個強調斯大林繼承和發展了列寧主義的笑話，突出的是這兩個人並沒有本質的不同：

有一個蘇聯人下了地獄，看到希特勒和斯大林站在沸騰的屎尿裏受苦，沸騰的屎尿漫到了希特勒的脖子，但卻只到斯大林的腰部。這個蘇聯人問，「怎麼會是這樣？」地獄管理員說，「因為斯大林站在列寧的肩膀上。」

斯大林的粗暴、殘忍、虐待狂給他的獨裁統治打上了空前絕後的恐怖印記。在關於斯大林的政治笑話裏，他的獨裁和殘暴可以有兩種不同的人格理解：病態的施虐者和堅定果斷的領導者。斯大林的仇恨心是病態和歇斯底里的，對象甚至包括他自己，他照鏡子，對着鏡子裏的面孔說：「你等着，你這個醜鬼，看我怎麼收拾你。」他對付政敵的殘忍手段也是極其恐怖和病態的，這位領袖的邪惡統治給整個國家帶來的是無盡的折磨。

一個來自格魯吉亞的代表團訪問斯大林。斯大林在書房裏會見了他們。但是，他們剛剛離開，斯大林就發現自己的煙斗不見了。他到處找不到，就大聲叫內衛軍頭子貝里亞過來，對他說：「貝里亞，我的煙斗不見了，你去把格魯吉亞的代表團追回來，看看有誰偷了我的煙斗。」

貝里亞趕緊衝出去。這時，斯大林發現煙斗就在桌子底下的地板上。貝里亞走了進來。斯大林說：「我找到煙斗了，你事情辦得怎麼樣了？」貝里亞說：「他們一半人招認偷了煙斗，另一半人在偵訊過程中死掉了。」

羅斯福、邱吉爾和斯大林在克里米亞同坐在一輛汽車裏，突然見到一頭公牛在路上擋住了去路。羅斯福下車勸說公牛讓路，公牛不理睬他。邱吉爾也下車勸說公牛，公牛還是不理睬。斯大林下了車，在公牛耳邊悄悄說了一句話，公牛撒腿就跑開了。羅斯福問斯大林說了什麼，斯大林說：「沒說什麼，我只是告訴他，再不讓路就送他到集體農莊去。」
〔按：集體農莊是個可怕的地方，有這樣一則笑話——問：「克里姆林宮裏有老鼠，該咋辦呢？」答：「掛一條橫幅，就說是集體農場。這樣，一半的老鼠會餓死，另一半會逃之夭夭。」〕

這樣的笑話反映的也許是說笑話者如何看待斯大林在大恐怖中扮演的角色。關於他粗魯、殘暴的笑話可以解釋為他做事有決斷，一直到今天，斯大林仍然是一些人心目中的果敢強人和國家領袖。蘇聯歷史學家麥德維德夫 (Roy Medvedev) 寫道：「斯大林的統治越長久，他摧毀的人越多，大多數人就越崇拜他，甚至敬愛他。」[3] 直到今天，還是有人對斯大林懷有這種留戀和懷舊的感情。

3　Roy A. Medvedev, *Let History Judge: The Origins and Consequences of Stalinism.* Trans. Colleen Taylor. Eds. David Joravsky and Georges Haupt. New York: A.A. Knopf, [1971] 1974, p. 362.

犬儒與玩笑

斯大林笑話的收集和研究者布蘭登伯格 (David Brandenberger) 在《斯大林統治下的政治幽默》一書中指出，斯大林的恐怖統治形成了斯大林活着時蘇聯政治笑話的特徵：「最常見的 (斯大林) 笑話不過是一些悄悄嘟嚷的刻薄話，用諷刺、粗俗、小聰明和其他不敬行為的方式表達不滿或沮喪，這些便是斯大林統治下政治幽默最直接的形式。這種短小而不尖刻的玩笑讓說笑者一方面對權威不敬，另一方面卻又便於抵賴 (不，不，我不是這個意思，您剛剛誤會我了)，而更直接的公共抗議是容不得這樣抵賴的。」還有一種是語帶自我挖苦和自我嘲諷的笑話，「這也是一種能讓普通人表達抑鬱情緒，但又盡量減少因為出語不遜而必須擔負責任的做法」。[4]

《真理報》開始徵訂，找到了一個年老的農民，農民說：「謝謝，我不抽煙。」
[按：蘇聯人用報紙捲煙抽。]

一個人申請入黨，審查的人問他：「你參加過犯罪組織嗎？」
那人回答說：「沒有，這是第一個」。

一個猶太人在動物園看見一頭駱駝，他從來沒有見過駱駝，他看了又看，自言自語地說：「上帝啊，布爾什維克怎麼把馬變成了這個樣子？！」

有一天，斯大林突然叫波舍克雷比雪夫給他找一本福音書來。波舍克雷比雪夫拿着書走進來。斯大林對他說，「找

4　David Brandenberger, *Political Humor under Stalin*, p. 11.

那個耶穌用5條魚餵飽1000個人的地方。我想知道他是怎麼做到的。」

[波舍克雷比雪夫是斯大林的機要秘書。]

1929年斯大林50歲生日時，宣告「我要把滿腔熱血一點一滴都貢獻給工人階級。」有人傳了一張紙條給斯大林，上面寫着：「斯大林同志，為什麼要一點一滴呢？為什麼不一下子都貢獻了呢？」

蘇聯公民安全自保的六項注意：一、不思考；二、有想法別說出來；三、如果說出來，也別寫下來；四、就算寫下來，也不要發表；五、就算發表了，也千萬別簽名；六、就算簽了名，也要不承認。

「你和蘇聯政權是什麼關係」
第一個回答：「跟我和太太的關係一樣：我不愛她，但還得忍受她。」
第二個回答：「跟我和太太的關係一樣：有點愛她，有點怕她，非常希望換一個新的。」

莫斯科投票日經常可以聽到的問題：「伊萬·伊里奇，你『被投票』了嗎？」
[按：類似的有「被幸福」、「被代表」、「被平均」、「被覺醒」等等]

戲院裏，舞台上方掛着斯大林的畫像，舞台上擺着斯大林的塑像。一位嘉賓在做頌揚斯大林的演說，合唱隊高唱

　　　　　　　　　　　　犬儒與玩笑

「斯大林之歌」，藝術家們朗誦讚美斯大林的詩句。請問，這是一個什麼活動？答案是，普希金紀念會。

這樣的笑話雖然被稱為「政治笑話」，其實並沒有什麼能造成政治危害的批判鋒芒，它們的價值在於「在蘇聯主流文化的正統政治統治之外，提供了一種不同的事物。這個時代最出格的笑話是拿黨的領導人斯大林來尋開心的。這是一種極端的玩笑形式。它結合了政治的不敬和對社會禁忌的冒犯，政治笑話屢禁不絕也許正是斯大林統治下說笑話最重要的特色」。[5]這些笑話的意義不能只是從它們說什麼和怎麼說來判斷，而是在於，無論多麼危險，還是有人在說。正如蘇聯文化研究者尤恰克 (Alexei Yurchak) 指出的那樣，普通蘇聯人的玩笑既是諷刺也是自嘲：他們在嘲笑周圍世界的時候，也看到自己的軟弱、無助和國民人格缺陷。他們以笑話彼此消遣、苦中作樂，這些笑話揭示了普遍存在於蘇聯社會裏的虛偽和偽善，笑話不僅針對官方意識形態的虛假謊言，也針對普通人自己甘願按照這些謊言所過的那種可憐的假面和犬儒生活。[6]

二 幽默鈍化恐怖和恐懼

美國邁阿密大學歷史學教授羅伯特・瑟斯頓 (Robert W. Thurston) 在《斯大林統治的社會維度：蘇聯的幽默與恐懼，1935–1941》一文中將斯大林時期的笑話區分成五種：一、關於斯大林的；二、表示對政權和蘇聯普遍生活不滿的；三、以政

5　David Brandenberger, *Political Humor under Stalin*, p. 11.

6　Alexei Yurchak, "The Cynical Reason of Late Socialism: Power, Pretense and the Anekdot." *Public Culture* 9 (1997) pp. 178–180.

治警察 (NKVD) 為靶子的；四、反猶太人的；五、色情笑話。
只有前面三種可以稱得上是政治笑話。[7]

斯大林統治以恐怖著稱，而真正的「大恐怖」則是指1935–
1939年期間的「肅反」。許多歷史學家認為，大恐怖時期的蘇
聯社會是完全破碎的，暴力鎮壓消滅了任何稍有勇氣和良心的
人，剩下的人個個朝不保夕，只顧自己的安危，變成了一堆毫
無凝聚力的「人類碎渣」。[8] 前蘇聯著名猶太作家伊薩克·巴別
爾(Isaac Babel)曾這麼說過，「今天 (1930年代末) 每個人只敢對
自己的妻子自由說話——也只是在夜裏，用毯子蒙着頭偷偷地
說。」[9] 瑟斯頓認為，從政治笑話在斯大林時期還在傳播來看，
仍然有某種人際信任關係在一定的人群範圍內起着重要的維繫
作用。大衛·布萊登伯格也持同樣的看法，他寫道，「為什麼
明知有政治迫害，還會有這麼多的工人、農民，甚至黨員在傳
播政治笑話？從回憶錄作者們提供的材料來看，那是因為，即
使在恐怖統治制度下，蘇聯仍然存在着私密的人際關係，如家
庭、朋友、熟人，給人們以某種程度上的安全感。當然，有的
蘇聯人承認，即使在這樣的人際關係中，也對說政治笑話的交
談感到害怕。」在這些私密的關係中，「家庭是一個最能給人
安全感的港灣，當然是那些能夠共渡患難的家庭。但是，人們
在家庭裏說的政治笑話又必然是在家庭之外的某個人際關係中
聽來的」。[10]

7　Robert W. Thurston, "Social Dimensions of Stalinist Rule: Humor and Terror in the USSR, 1935–1941." *Journal of Social History*, Vol. 24, No. 3, Spring, 1991, p. 543.

8　Harrison Salisbury, "Forward." In Ruth Turkow Kaninska, *I Don't Want to Be Brave Anymore*. Washington: New Republic Books, 1978, p. xii,

9　Quoted in Ilya Grigoryevich Ehrenburg, *Memoirs: 1921–1941*. Trans. Tatiana Shebunina. Cleveland, OR: World Pub. Co., 1964, p. 425.

10　David Brandenberger, *Political Humor under Stalin*, pp. 4, 5.

犬儒與玩笑

幽默是人際關係的特殊粘合劑，文化人類學家馬哈德維·阿普特 (Mahadev Apte) 說：「幽默和玩笑的交流需要有熟悉的環境，幽默大大減少交流的障礙……也因此會加強『我們是一夥的』這種感覺。」[11] 笑話並不都有危險，但政治笑話卻是有危險的。在壓迫性制度中說政治笑話尤其危險，因為「我們是一夥的」這種感覺可能是虛假不實的，說政治笑話有可能會被當作「朋友」的他人告發，後果不堪設想。因此，笑話的人際關係必須盡可能值得信任，瑟斯頓指出：「通過分析笑話的事件和性質，可以討論蘇聯社會裏起作用的信任程度和性質。」[12]

　　一些與斯大林有關的笑話，靶子不是斯大林本人，而是他的統治方式，例如充當人民的「慈父」。有這樣一個笑話：

　　　斯大林視察一個工廠，問一個工人「誰是你父親？」答曰：「斯大林。」「誰是你母親？」答曰：「蘇聯。」斯大林又問：「你願意成為怎樣一個人？」工人答：「孤兒。」

　　像這樣的笑話並沒有「攻擊」斯大林，但也已經是危險的笑話。1930年代，除非是讚揚歌頌斯大林，拿斯大林說事本身就是一件有危險的事情，甚至還有人因為用印有斯大林像的報紙包魚而犯了罪的。在這種情況下，為什麼言及斯大林的笑話仍無法禁絕呢？瑟斯頓認為有三個可能的原因，第一，哪怕是在很小和隱秘的範圍內，仍然存在着某種可以相互信任不被出

---

11 Mahadev L. Apte, *Humor and Laughter: An Anthropological Approach.* Ithaca, NY: Cornell University Press, 1985, p. 195.

12 Robert W. Thurston, "Social Dimensions of Stalinist Rule: Humor and Terror in the USSR, 1935–1941." *Journal of Social History*, Vol. 24, No. 3, (Spring) 1991, p. 541.

賣的人際關係。第二，即使斯大林被吹捧成神，也還是有人能保持某種程度的獨立想法，不把他真的當作神。第三，人有愛聽負面故事的天性，政治笑話的靶子都是負面的。[13] 民俗學教授艾倫·頓德斯 (Alan Dundes) 說，人天生就需要「某種由社會規範管道來表達禁忌的想法和議題」，而幽默正是一種尚未從蘇聯生活中清除的「社會規範的管道」，也就是說，政治笑話雖被禁止，但政府還做不到不讓人笑。[14]

　　蘇聯笑話不是蘇聯人用想像編造或杜撰出來的，總是先因為生活中有了荒唐可笑的事情，有了笑話的靶子，然後才會有笑話。蘇聯生活中最常見的笑話靶子便是它的虛假，因此也就有許多諷刺虛假的笑話：

> 有一位廠長面試應聘人員，他問的都是同一個問題：「二加二等於幾？」一個接一個的應聘者回答說「四」，也一個接一個地沒被錄用。終於有一個人回答：「你要它是幾？」這個人立刻被錄用了。

　　廠長要講業績，官員要講政績，上有好者，下必甚焉，誰要想成功，就必須有浮誇虛報的「能力」。當時的蘇聯有一句話「幹得好不如數得好」，光廠長一個人會數還不行，得有下面的人跟他合着夥，按他的要求附和着他數才行。說這個笑話的人未必會抵制這樣的做法，他們甚至會積極參與和配合。這在壓迫性制度下是很普遍的現象。這樣的人也很多，他們都是抱着犬儒主義態度故意糊裏糊塗生活的明白人。

13　Robert W. Thurston, "Social Dimensions of Stalinist Rule," p. 544.

14　Alan Dundes, *Cracking Jokes: Studies of Sick Humor Cycles and Stereotypes*. Berkeley, CA: Ten Speed Press, 1987, p. vii.

斯大林時代的笑話似乎在證明，再暴力再恐怖的統治也不能完全摧毀民間的真實意識，人們可以跟着說謊，但大多數人還是知道自己是在說謊。政府可以蒙住人民的眼睛，但他們的眼睛並沒瞎。政府宣傳說，蘇聯的制度比西方優秀，蘇聯人的生活是最優秀的，普通人都跟着這麼說，但他們至少對日常生活的物資缺乏是有真實感覺的。有一位叫瓦倫蒂娜·波格旦 (Valentina Bogdan) 的婦女記得，1937年，也就是蕭反逮捕最兇的那一年，有朋友對她說，現在市場上只供應兩種劣質香腸，一種叫「狗喜歡」，另一種質量更差一點的叫「瑪露莎(Marusia) 之毒」。[15] 1935年8月開始的「斯達漢諾夫工作者運動」(The Stakhanovites) 產生了無數的「勞動英雄」。到1938年10月大多數工人都成了真真假假的「勞動英雄」，於是有這樣一個笑話：

> 兩個從未謀面的朋友相約在地鐵站見面，第一個問：「我怎麼認出你呢？」第二個說：「我穿一件灰衣服，手裏拿一本書。」第一個說：「這樣不顯眼。」第二個說：「那你就認那個不佩戴勳章的吧。」

大清洗時期，政要不斷消失，一夜間成了「人民之敵」。時事變化太快，學校教科書都來不及重寫、重印、更換內容，所以會根據教育部的指示劃去一些內容，把新圖貼在舊圖上等等。有一位女教師記得，教科書有缺掉一半頁數的，小學讀物

---

15 瑪露莎·丘蕾 (Marusia Churai 1625–1653) 是一個半神秘的烏克蘭詩人和歌手，經常出現在烏克蘭文學中，有許多托她之名的歌曲在烏克蘭流傳。她在蘇聯是一個家喻戶曉的人物。烏克蘭還為她發行過郵票。傳說她愛上了一位哥薩克，但這位哥薩克不愛他，所以她就為自己調製了毒藥，但卻被她所愛之人喝下，她也在無意間成了殺人兇手。

甚至少了三分之二。人們開玩笑說，「這樣可以更好更快地完成教學計劃。」[16] 無論笑話是拿香腸還是以勳章做靶子，都指向了官方的「美好生活」宣傳。然而，這樣的笑話都既不反蘇，也不反黨或反政府，它們只是指出美好生活中的一些「不足」、「缺點」或「瑕疵」，甚至可以說，缺點和不足這麼小，這麼瑣屑，那更證明蘇聯社會的大形勢是一片美好。

內務人民委員會的警察 (NKVD) (也就是人們所說的「秘密警察」) 代表令蘇聯人談虎色變的那種帶有神秘色彩的恐怖和暴力。人們生活在隨時可能被逮捕送進監獄和集中營的極大恐懼之中。蘇聯的秘密警察組織始於1922年建立的契卡，又稱「總政治執行部」(GPU)，故而叫「政治警察」。在列寧的新經濟政策時代，秘密警察的任務主要是消滅反對黨、迫害教會、懲罰奸商和投機犯。1934年，它成為一個獨立的委員會，即內務人民委員會，但仍然被人們習慣地稱為「契卡」(Chekisty)，它的總部設在莫斯科以前的一座監獄裏，成為警察暴力和恐怖的象徵。政治警察又叫「內衛軍」，是為斯大林政策服務的鷹犬部隊，從1920年代後期到1930年代早期，它的任務是清除「破壞分子」，消滅任何與斯大林政策有不同看法的人士。從1930年代中期開始，它成為黨內清洗的工具。在大清洗時期，「內衛軍」在蘇聯社會中製造的恐怖效果達到了頂峰。

> 清晨四點，有人敲響了莫斯科一座公寓的大門。沒有人敢去開門，最後終於有一位住戶鼓起勇氣前去開門，人們聽到他跟門外的人小聲嘀咕。他走回來時臉上掛着笑容，對所有驚恐地看着他的鄰居說：「同志們，別擔心了，房子着火了，小事一樁。」

---

16 Robert W. Thurston, "Social Dimensions of Stalinist Rule," p. 545.

犬儒與玩笑

一位教授口試一位學生，問他《歐根·奧涅金》的作者是誰。學生想了一下說，不是我。教授見到系主任，向他說了這件事，教授離去後，系主任給警察局的朋友打電話，說起這件事，請他幫忙去查一下歐根·奧涅金的作者到底是誰。過了幾天，警察朋友來電話說：「別擔心了，已經水落石出，我們跟那個學生談了話，他已經承認自己確實寫了《歐根·奧涅金》。」

斯大林恐怖統治下的許多蘇聯人產生了一種抵禦恐懼的犬儒心理機制。秘密警察大規模「逮捕敵人」並對之嚴刑逼供、屈打成招。許多人都知道這個，但仍然可以在心理上將這種恐怖行為當作只是與「少數人」有關的事情。他們在心裏用故意不承認和否認的辦法來降低自己對恐懼的焦慮。警察隨時任意抓人，誰都朝不保夕，但是，人們不願意相信這是統治者在行暴政，不願意相信這是政府針對所有蘇聯人的專制統治。他們寧願相信，肯定是真的有許多「壞人」，政府才不得不這麼到處抓壞人。德國政治學家、蘇聯問題專家沃爾夫岡·列昂哈德 (Wolfgang Leonhard) 在研究蘇聯極權文化的《革命的孩子》一書裏談到1935至1937年他在蘇聯學習時的見聞，時值大恐怖時期：「我所認識的十幾位朋友，他們因父母被逮捕而受到打擊，但沒有一個因此而反對政府」。這些年青人都在說服自己，「發生的事情是既必須又合理的，只是有點做過頭而已」。他們是大恐怖受害者的親人，身受恐怖統治的禍害最深，但他們卻是最努力地在為恐怖找理由，最相信黨的政策始終正確。[17]

---

17 Wolfgang Leonhard, *Child of the Revolution*. Chicago: Henry Regnery, 1967, pp. 50–51.

在巨大的恐懼面前，一個人只有努力在想像中把恐怖合理化、正當化，才有可能不讓自己在它的壓力和摧殘下精神崩潰。合理化和正當化讓人覺得自己找到了為什麼有危險的原因，危險也因此變成似乎有辦法避免的事情。在斯大林主義的恐怖統治下，許多人害怕被捕，在心裏將害怕被捕轉化為害怕交錯了朋友，害怕受「壞朋友」連累。有人在回憶錄裏提到熟人或朋友被逮捕的事，但相信，被抓的確實都是「壞人」。即使當他們自己遭受同樣命運的時候，他們也還是會認為別人是該抓捕該關押的，只有自己是「個別弄錯了」。由於是個別和例外的錯誤，所以一定會被「糾正」，政府和黨也一定會還他們一個清白。瑟斯頓對此寫道，蘇聯人「害怕逮捕經常只害怕自己被當作敵人而被警察抓走」，都只是為自己害怕，而不會為別人害怕。所有的人都覺得只有自己是冤枉的，而別人被抓起來都是應該的。別人被抓，一定是做了什麼壞事，否則「不作死不會死」。[18] 許多蘇聯人還會對自己說，被捕的都是些「黨員」和「知識分子」，不關普通老百姓什麼事。有這樣的笑話：

> 清晨四點，列寧格勒的一所公寓響起了敲門聲，驚慌的住戶趕緊問：「誰啊？」「是警察，開門！」住戶們回答：「你們敲錯門了，黨員都住在樓上。」

> 1937年，兩個老相識在路上碰到，一個問：「你還好吧？」另一個說：「不好，我兒子被捕了。」第一個說：「啊呀，不好，我兒子也是工程師，會不會也被捕。」

18　Robert W. Thurston, "Social Dimensions of Stalinist Rule," p. 547.

　　　　　　　　　　　　　　　犬儒與玩笑

孟辛斯基 (Menzhinsky，總政治執行部首腦) 批評丘比謝夫 (Kuibyshev，國家最高經濟委員會主席，負責實現第一個五年計劃) 貫徹第一個五年計劃不力。丘比謝夫不服氣地説，「如果我有你那麼多的工程師，就一定工作順利。」

　　生活在這種狀態中的蘇聯人害怕被捕，但卻不仇恨政府，更不要説反對或反抗政府的統治了。他們不會想到這是蘇聯的政治制度出了問題，而是認為，「被捕只是發生在社會裏的一件令人糟心的事情」。[19] 以這樣的心態對待恐懼，恐懼就變成了一種似乎正常的生活狀態，「許多蘇聯人就是這樣來接受恐怖的，因此恐懼感經常要麼不存在，要麼被壓抑着，要麼便是因為相信政權而減低了」。[20]

　　在這種情況下，笑話成為一種應對和抑制害怕的心理保護機制，成為一種類似於黑色幽默的政治笑話。美國歷史學家勞倫斯・萊溫 (Lawrence Levine) 曾經用弗洛伊德的理論來解釋幽默這種用歪曲現實來保護自己的功能，幽默把危險的現實轉變 (扭曲) 為兒戲，想像在與危險「捉迷藏」，這使得「説笑話的人和他們的聽眾⋯⋯可以把外部世界加於他們的痛苦和失敗擱到一邊，或者至少減輕其影響」。[21] 恐懼能使人處於精神和心理的極度痛苦，幽默能幫助鈍化恐懼和恐懼的痛苦，並在本該令他們害怕的環境中自我適應和隨遇而安。在這個意義上，化解恐懼的幽默不僅是極權恐怖下人們的一種自我保護機制，而且是他們的一種犬儒主義生存手段。

19　Wolfgang Leonhard, *Child of the Revolution*, pp. 50–51.

20　Robert W. Thurston, "Social Dimensions of Stalinist Rule," pp. 546–547.

21　Lawrence Levine, *Black Culture and Black Consciousness*. New York: Oxford University Press, 1977, p. 343.

三　暴力和恐怖統治下的玩笑

恐怖是靠暴力來維持的，而恐怖則又是延續暴力統治最有效的方式。暴力是傲慢的，施行暴力的藉口也往往是粗糙的，使暴力有效的不是它給予的理由，而是它造成的恐怖，從蘇聯笑話來看，生活在恐怖中的人們是知道這些的。

一個工人早到工廠五分鐘，被以間諜的罪名逮捕。另一個工人遲到五分鐘，也遭逮捕，罪名是破壞。第三個工人有一隻瑞士表，他準時到達，同樣也被逮捕，罪名是進行反蘇煽動。

拉賓諾維奇和妻子坐電車回家。他歎了一口氣，妻子立刻着急地對他説：「跟你説了多少回了，在公共場合千萬莫談政治。」

兩個朋友在冬夜行走在莫斯科街頭，是零下20度的天氣。其中一個説：「真受不了。」一個便衣警察走過來説：「你被逮捕了。」「為什麼啊？」「你剛才説你忍受不了政府。」「我説的是受不了天冷。」「你撒謊，寒冷是可以忍受的。如果有什麼是不能忍受的，那一定是政府。」

笑話的作用是，人們即使知曉恐怖的暴力實質，也還是可以不予抵抗，而是用玩笑的方式來適應並被動地接受恐怖的暴力，適應那個令他們揣揣不安但又無可奈何的現實秩序。這樣的笑話是犬儒的，是對犬儒主義的暴力環境的犬儒應對方式。

在犬儒主義的暴力環境裏，暴力決定一切，暴力是統治者權力合理性和正當性的唯一依據，但他們卻偏偏要用最美好的理想和最崇高的目的來包裝這種暴力。被統治者因為這種暴力感到恐懼，但他們卻認同或接受這種對暴力的華麗包裝。這或者是由於被洗腦，或者是假裝真誠，或者是被恐懼搞得身心俱疲，根本無暇思考。

斯大林時期的許多蘇聯人接受警察國家暴力統治的現實，雖然生活在恐懼中，但以為這就是事情該有的樣子，不盡人意，但多想無益。適應恐懼有兩個主要原因，第一是適應了革命變革的震盪效應。一次接一次劇烈的政治運動和持續不斷的暴力現實，將人們保持在高度亢奮的動員狀態中，絕大多數人為求生存而幾乎沒有思考的餘暇。第二是用虛假的信仰和信念來支撐。大多數人錯誤地以為，否定壞的，一定就是好的。他們因此以為，代替腐朽舊制度的新制度一定是美好的，他們對自己並不真正了解的新制度抱有不切實際的理想主義幻想。在許多現實的殘酷迫害和災難面前，絕大多數蘇聯人仍然相信蘇聯代表的是「正義」制度。(與中國1949年至「文革」後不久的狀態相似)。

在這種狀況下，許多人也會帶着矛盾和曖昧的心情來說政治笑話。一方面，他們不是不意識到生活現實與官方烏托邦圖景之間的差別和矛盾，這是一種產生「笑料」的反諷。但是，另一方面，即使察覺反諷，他們也還是可以「正確理解」並接受任何可笑的事物。他們學會相信，現實中的一切問題——殘酷的暴力統治、階級壓迫、官僚跋扈、欺騙說謊、隱瞞社會災難真相——都是局部的，暫時的，都是向美好未來過渡和發展的必要代價，是「付學費」，理想實現之日，也就是這些問題自然消失之時。笑話能起到的一個作用就是，輕鬆的笑可以消

減和淡化現實中令人苦澀、哭笑不得的種種荒唐和滑稽現象，不再介意其中的諷刺意味。

笑話在蘇聯流行，蘇聯人喜歡説笑話和開玩笑，這與俄羅斯文化中的諷刺文藝傳統有關。這一文化因素在斯大林時期的大眾文化中起着特殊的作用，也在斯大林本人的待人接物方式中留下了痕跡。英國作家蕭伯納在説到1934年斯大林會見英國作家H. G. 威爾斯的時候説，「斯大林有很敏鋭的喜劇感，經常會哈哈大笑」。[22] 斯大林確實有幽默感，但那是一種以別人的災難為代價的病態幽默。最善於逗斯大林笑的是他的保鏢、化妝師和理髮師 (有時也兼任臨時的死刑執行人) 卡爾·鮑克 (Karl Pauker)。鮑克模仿季諾維也夫 (Grigory Zinoviev，俄國工人運動和布爾什維克黨早期著名的活動家和領導人，共產國際執行委員會第一任主席。1936年被處決) 帶着猶太人口音在臨槍斃前苦苦求饒，斯大林笑得眼淚都流出來了。[23] 有論者指出：「斯大林有一種犬儒的、沒有人情味的嘲諷和幽默感。他在書裏或文件上讀到那些他覺得特別愚蠢、天真和虔誠的事情時，就會用粗紅筆寫下哈！哈！斯大林的記性很好，也善於模仿，這些是善於説笑話都的特點，也是欺凌霸道的上司作弄和威脅下屬的辦法。斯大林那種傷害他人的幽默是致他的妻子娜蒂亞 (Nadya) 和老朋友謝爾戈·奧爾忠尼啟則 (Sergo Orjonikidze) 於死命的一個原因。」[24]

斯大林的幽默經常是以作弄別人，使別人害怕和受傷為代價的，也是他取樂的方式，「就像彼得大帝那樣，斯大林喜歡

22 George Bernard Shaw, "The Stalin-Wells Talk." *The New Statesman*, 27 Oct. 1934.

23 Donald Rayfield, *Stalin and His Hangmen: The Tyrant and Those Who Killed for Him*. New York: Random House, 2004, pp. 198–199.

24 Simon Sebag-Montefiore, *Stalin: The Court of the Red Tsar*. London: Vintage, 2003, p. 216.

醉態的幽默和以此羞辱別人。他經常強迫周圍的人無休無止地進行那種令人肝臟受不了的痛飲和乾杯，有時候朝客人臉上丟食物，故意把番茄放在黨內高官的座位上。他的寵物『烏克蘭熊』赫魯曉夫 (扮演『弄臣』skomorokh) 的角色) 不得不在桌子上跳舞 (供他取樂)，而胖子馬林科夫 (Georgy Maksimilianovich Malenkov) (因肥胖而貌似女子) 不得不與男子對舞」。[25]

斯大林本人喜歡說笑話，但不是一般蘇聯人所說的那種笑話。斯大林會拿自己的權力和仁慈來說笑話，路易斯 (Ben Lewis) 指出，斯大林的笑話大多有一種「二元結構」(binary structure)，他語帶諷刺地承認自己統治的暴力，但又會加上一句關於自己仁慈大度的妙語。這是一個獨裁者對臣民的傲慢調侃。這種取笑和惡作劇會讓人覺得很惡毒，但是斯大林卻不在乎。這與自比秦始皇，自稱「和尚打傘無法無天」或者「山中無老虎猴子稱大王」是一樣的。握有絕對權力的人不會容忍別人拿他開玩笑，但卻可以自己拿自己開玩笑，這是話語策略上的「先聲奪人」，是表現權威和炫耀權力的伎倆，也是一種話語特權的享受。

> 斯大林在一個大工廠的工人大會上發表演說，他宣稱：「蘇聯最珍惜的就是人的生命。」突然，聽眾席裏傳來一陣咳嗽聲。斯大林咆哮道，「誰在咳嗽？」誰都不敢出聲。斯大林說：「好吧，把內衛軍 (NKVD，內務人民委員會的警察部隊) 叫來。」一隊持槍的內衛軍衝進來，一陣掃射，只剩下七個人還活着。斯大林又問：「是誰咳嗽

25 Iain Lauchlan, "Laughter in the Dark: Humour under Stalin." IN Alastair Duncan, ed. *Le rire européen/European Laughter*. Perpignan: Perpignan University Press, 2009, n. pag.

的？」一個人舉起手來說，「是我。」斯大林說，「你得了嚴重的感冒。坐我的車上醫院去吧。」

有一次斯大林接見電影部長波爾沙科夫 (Bolshakov)，斯大林穿着筆挺的元帥服。波爾沙科夫掏出鋼筆正要簽署一份文件，但鋼筆不出墨水，他摔了摔鋼筆，不料墨水摔到了斯大林的元帥服上。波爾沙科夫驚恐萬分，不住聲地道歉。斯大林什麼也沒說，離開了現場。波爾沙科夫坐在那裏，渾身發抖，時間一分一秒地過去。斯大林終於回來了，身上穿着一件乾淨的元帥服。他看着波爾沙科夫說，「你以為我只有一套元帥服嗎？」斯大林是知道波爾沙科夫害怕才說這個話的，他一言不發地離開房間就是故意要讓波爾沙科夫害怕，並以此為樂。卡茲魯夫斯基 (Ivan Kazlovsky) 是莫斯科大劇院芭蕾舞團(Bolshoi)最傑出的男高音歌唱家，有一次被邀請到克里姆林宮為斯大林做私人表演。斯大林對在場的政治局委員們說，「我們不要給卡茲魯夫斯基同志壓力，讓他唱他想唱的吧。」斯大林說完後，停頓了片刻，然後說：「我想他是想唱歌劇奧涅金裏連斯基 (Lensky) 的詠歎調。」斯大林的「讓卡茲魯夫斯基同志自己選擇」是一個玩笑，最後一句是這個玩笑的「妙語」(punch line)。卡茲魯夫斯基被選擇了。[26]

路易斯對斯大林開的這種惡作劇玩笑提出了一個問題：「斯大林大大方方開自己的玩笑，而他的敵人偷偷耳語，說的是同樣的斯大林笑話，這又怎麼解釋呢？誰也不知道哪個笑話在先，哪個在後。是斯大林的殘酷笑話在先，還是關於他殘酷的笑話在先呢？」[27]

---

26 Ben Lewis, *Hammer and Tickle*, p. 52.

27 Ben Lewis, *Hammer and Tickle*, p. 54

犬儒與玩笑

如果斯大林開自己的玩笑在先，那麼，是他以別人恐懼為樂的幽默感，而不是他的殘酷行為，引發了那些不利於他的笑話。他是只准州官放火，不許百姓點燈。他炫耀自己的幽默，但害怕別人說他和權力的笑話。如果民眾說斯大林笑話在先，斯大林在談話時說這些笑話來化解笑話的破壞力，不失為一種政治上的精明之舉，表示他不害怕這些笑話。但是，「斯大林重複這些笑話，在他統治的殘酷上更添上了一層犬儒的色彩，這種犬儒主義是玩笑所特有的。他表示，他並不為自己的行為尋找道德的理由，而是在誇耀自己行為的我行我素 (只要我願意，沒有什麼是不能做的)。斯大林的機敏顯示，笑話是一個可以拿來回擊說笑話者的武器，這是民間笑話的一大敗筆。」路易斯無法確定哪個笑話在先，哪個笑話在後，但是，他認為，有一點似乎是肯定的，被壓迫者的幽默與壓迫者的幽默之間的差別往往被文化研究者們誇大了。[28]

四　危險的玩笑

　　斯大林從不掩飾他的殘忍和獨裁，因為他握有絕對的權力，他不需要掩飾他的殘忍和獨裁。他有許多這類公然炫耀殘忍的名言，其實也是展示權力的一種方式：

一個人的死亡是悲劇，一百萬人的死亡就是一個統計數字。

投票的人什麼也決定不了，點票的人決定一切。

28　Ben Lewis, *Hammer and Tickle*, p. 54

思想比槍炮更有力量。我們不能給人民槍炮，怎麼能讓他們有自己的思想？

教育是武器，教育的效果取決於誰掌握教育，為什麼目的去教育。

不是英雄創造歷史，而是歷史創造英雄。

有人就有問題，沒有人就沒有問題。死亡能解決所有的問題。

拉德克 (Karl Radek) 是一位著名的老布爾什維克、蘇聯政治家和新聞記者，也是有名的幽默家。他出生在西班牙，曾參加俄國1905年和1917年革命，1920–1924年間任共產國際書記。他於1927年被當作托洛茨基分子開除出俄共。1937年入獄，幾年後被槍決。在1930年代大清洗之前，拉德克還可以跟斯大林開玩笑：

蘇共12大會議時，斯大林的親信伏羅希洛夫元帥坐在主席台上。這時候托洛茨基走了過來，後面跟着拉德克。伏羅希洛夫嘲笑道：「看那，獅子走過來了，後面跟着他的尾巴。」拉德克說：「當托洛茨基的尾巴也比當斯大林的屁股強。」後來斯大林聽說了這事，他問拉德克：「這也算是你說的一個笑話嗎？」拉德克說：「是的。但是那個斯大林是國際無產者領袖的笑話可不是我說的。」

斯大林召見拉德克，問他：「你知道自己在幹什麼嗎？編了許多說我的笑話。不要忘記，我是全世界無產階級的領袖。」拉德克說：「我可沒有說過這樣的笑話。」

1925年斯大林開始冷落拉德克，讓他擔任亞洲共產主義學院的校長。有一次，拉德克正在和一群學生談話，斯大林帶着幾個隨從走了過來。他問拉德克：「你又在説我的笑話嗎？」

拉德克説：「不，我們在討論發生政變後如何重新分配權力。」

斯大林説：「那我會被關進監獄嗎？」

拉德克説：「不，我們決定辦一所猶太大學，讓你去當校長。」

莫洛托夫插嘴説：「斯大林同志又不是猶太人。」

拉德克説：「那我是中國人嗎？」

這種關於拉德克和斯大林笑話裏的事情是不是真實當然無從考證，但是，笑話中所説的斯大林時代蘇聯作家和知識分子善於拍馬溜鬚、歌功頌德的事情卻是很真實的：

「什麼是社會主義現實主義？」「用蘇聯領袖們能懂的語言恭維他們。」

「為什麼需要社會主義現實主義？」「這樣就無須現實地描繪社會主義。」

「什麼是電線杆？」「經過編輯的松樹。」

「現實主義、超現實主義和社會主義現實主義的區別何在？」「現實主義寫你所看見的，超現實主義寫你所感覺的，社會主義現實主義寫你所道聽塗説的。」

「什麼是哲學？」「就是在黑屋子裏捉一隻黑貓。馬克思主義哲學説，屋子裏沒貓，馬克思－列寧主義哲學説，屋裏沒貓，但我們抓到了一隻貓。」

　　在蘇聯説真話經常是一件危險的事情，笑話是一種曲裏拐彎説真話的方式。在極權統治下，不管用什麼方式説真話都是危險的，笑話也是如此。在統治者聽來，笑話裏不僅有許多他們不喜歡的真實之語，而且笑語還帶着諷刺，更是一種有言外之意的批評和不滿。蘇聯政府從來沒有放鬆過對政治笑話的打擊和懲罰。蘇聯對説政治笑話的懲罰有兩個特點：一、人多；二、把笑話提升到攻擊和顛覆政權制度的高度，視其為一種政治罪行。蘇聯刑事法58款第10段「反蘇宣傳罪」所懲罰的罪行包括多種反蘇言論：污蔑、隨口議論、咒罵、漫畫、塗鴉、散發小冊子和傳單，政治笑話也是其中一項。政策和法律都明確規定不得説、聽和記錄政治笑話，當然，什麼是「政治」的笑話，是由權力説了算的。

　　1933年1月的黨中央委員全會上宣佈「説政治笑話」為反蘇行為。馬特維・什基里亞托夫(Matvei Shkiriatov)是一位熱忱的斯大林主義者，也是蘇共中央委員會的未來成員。他所發表的一段講話預示着未來「大恐怖」時期的清洗行動。什基里亞托夫警告道：「我們隊伍當中的有一些人……他們秘密地組織反黨活動。」他宣稱，這些是不受歡迎的共產黨員活動，「我想説説，另外有一種反黨行動所採用的手段，那就是所謂的『笑話』。這些笑話是什麼？我們這些布爾什維克黨人，難道還不知道自己在舊時代是怎樣與沙皇政權作鬥爭的嗎？難道我們不知道自己是怎樣用笑話來顛覆現有體制權威的嗎？……(現在)

　　　　　　　　　　　　　　　　　犬儒與玩笑

這種方法同樣也被當作一種銳利的武器，有人要拿它來反對黨中央」。[29]

迫害說笑話者是斯大林國家恐怖的一部分，是國家權力與批評者拉鋸攻守的第一道防線。嚴懲說笑話者，表明了國家對最輕微、最無心的政治異見也是不會容忍的。政府起訴說笑話的人，這是在用劇烈的方式顯示鎮壓異己的決心，讓所有的人都不要低估它的無情和無所不包。與散播謠言和詛咒蘇聯領導人一樣，笑話是專制體制下最接近喬治·奧威爾所說的那種「思想犯罪」。[30] 說笑話的危險在笑話裏被記錄下來：

一位審判說笑話罪犯的法官走出審判室，笑得直不起腰來。另一位法官問：「有什麼好笑的？」「當然好笑，因為好笑我判了他10年。」

在獄室裏一個犯人問另一個犯人，「你為什麼被關進來？」「我說了一個笑話。你呢？」「我聽了一個笑話。」他們又問第三個人，「你呢？」「是我自己不好。我去朋友家，有人說了一個笑話，我回到家裏尋思，明天要不要去告發。誰知天還沒亮，他們夜裏就把我抓來了。」

「為什麼蘇聯喉科醫生學習如何通過屁眼割除扁桃體？」「因為病人總是不肯張嘴開口。」

一個美國人，一個法國人和一個俄國人比誰更勇敢。美國人說：「我們每五個人中就有一個死於車禍，但我們還是

---

29 Ben Lewis, *Hammer and Tickle*, p. 70.

30 Ben Lewis, *Hammer and Tickle*, p. 75.

敢開車。」法國人説：「法國妓女每四個裏就有一個有梅
毒，但我們還是敢上妓院。」俄國人説：「我們俄國人每
三個就有一個告密者，但我們還是敢説政治笑話。」

斯大林統治時期，警察逮捕説笑話者並不都是按照規定程
序的，所以在警察檔案中並無確切的記載，就現有的記錄來
看，人數之多已相當驚人。1935年，也就是開展「肅反」運
動前三年，由於「反革命宣傳」和「反蘇煽動罪」被逮捕的
有43686人，另有15122人是因為流氓罪和危害社會罪被逮捕。
1936–1937年的58110起逮捕沒有原因記錄，但可以估計，「反
蘇宣傳」犯罪人數與1935年相似或更高。在二戰後，斯大林的
政治警察依然在逮捕「反蘇宣傳」罪犯，每年為1萬至1萬5千
人，1949年為15633人，其中5705人是口頭宣傳。1951年因口頭
宣傳被逮捕的為3974人。在蘇聯國家檔案裏有3千份被送往古拉
格的罪犯檔案，直到1999年才解禁，人數眾多，尚未充分被研
究，誰也不知道究竟有多少案件是涉及了政治笑話。由於缺乏
有文件證明的案例研究，所以只能借助古拉格倖存者的口述見
證。路易斯在研究蘇聯政治笑話期間在莫斯科訪問了一些這樣
的倖存者，都已經是七八十歲的老人。他們是二戰後因為説政
治笑話而被逮捕並送到古拉格去的，斯大林死後他們在赫魯曉
夫的「解凍」時期被釋放，並給予經濟補償，補償金額是1938
年水平的2個月工資。[31]

五　政治笑話的「隱秘真實」

斯大林時代的政治笑話比以後各時期的蘇聯政治笑話更能

31　Ben Lewis, *Hammer and Tickle*, pp. 71–72.

　　　　　　　　　　　　　　　　犬儒與玩笑

揭示極權統治下普通民眾與統治權力和意識形態之間的關係特徵。這首先是因為，在斯大林時期，蘇聯統治意識形態還相當有效地在起作用（這與德國納粹統治時是相似的），說笑話的許多是過去參加或支持過革命的人們。斯大林及其統治權力雖然殘忍、暴虐，但還是能在意識形態的掩護下，被民眾「理解」和「接受」。這種情況經過赫魯曉夫和勃列日涅夫統治時期發生了根本的變化。意識形態的虛偽和欺騙越來越暴露，逐漸成為一個失去實質信仰功能而徒有華麗外表的空殼。國家權力就是想要繼續維持斯大林式的鐵腕統治，也已經是非常困難的了。在這種情況下，斯大林時期蘇聯權力統治的「鋼鐵牢籠」被後來較溫和的「絲絨牢籠」所代替，極權統治也就隨之進入了後極權時期。

蘇聯政治笑話是民眾與統治權力的碰撞和摩擦機制，它的形成期是斯大林統治的年代。在這之後，雖然政治笑話的數量和說政治笑話的人數大大增加，但笑話的議題（topics）領域卻並無新的開拓。幾乎所有與蘇聯極權制度有關的議題領域（也就是笑話的「靶子」）都已經在斯大林時期的政治笑話中形成了，只是程度不同而已。這些笑話靶子後來變得越來越清晰可辨，成為蘇聯政治笑話區別於其他政治笑話的主要特徵。

蘇聯極權統治下政治笑話的主要議題都與蘇共意識形態的信仰結構特徵有關。這是一種被稱作「世俗宗教」的信仰——主義至上、以僵化的主義代替每個人的獨立思考和經驗判斷、用籠統抽象的教義否認和掩飾現實的具體問題等等。20世紀波蘭著名的哲學家、哲學史和宗教史學家萊謝克·柯拉柯夫斯基（Leszek Kolakowski）對此寫道：「馬克思主義曾是我們這個世紀最偉大的幻想。它是一個關於完美社會和完美未來的夢想，在這個夢想裏，人類的一切期望都能充分實現，所有價值都得以

和諧⋯⋯它發揮的遠不是科學性質的影響，而是完全依靠先知預言和非理性的奇妙幻想。」[32]

蘇聯史專家保羅・霍蘭德 (Paul Hollander) 指出，信奉這樣的主義要求一個人擱置自己的現實經驗，而只是「進行抽象的、非經驗性和高度象徵的思維」，永遠把眼光投向極為遙遠的「光明未來」，就像教徒必須把眼光投向「天國」一樣。這樣，他才能做到罔顧現實和自己的經驗感覺，保持堅定而純粹的信仰。[33] 霍蘭德認為，匈牙利思想家盧卡契是這種信仰者的典範，盧卡契的名言是「最壞的社會主義也要比最好的資本主義優秀」。[34] 這和「文革」時人們堅信「寧要社會主義的草，不要資本主義的苗」是同樣性質的信仰。匈牙利歷史學家和政治家喬治・利特凡 (Gyorgy Litvan) 指出，盧卡契的情況「能特別清楚地說明那種自欺欺人，固執地抓住幻想和謊言牢牢不放」的信仰——越是在沒有可靠理由信仰的情況下堅持信仰，那才越是純粹的，不需用事實和經驗來支持的信仰。[35] 這也是宗教信仰的特點。

英國政治家理查・格魯斯曼 (Richard Crossman) 指出，對於那些真正有共產主義信仰的人們來說，「共產主義的情緒魅力正在於犧牲——它要求信仰者付出物質和精神的犧牲。你可以稱此為受虐狂，或將之描繪為一種為人類服務的真誠願望。但是，不管你把它叫做什麼，在鬥爭中形成的那種同志情誼——

---

32 Leszek Kolakowski, *Main Currents of Marxism*. New York: Oxford University Press, 1978, pp. 523, 525.

33 Paul Hollander, *Political Will and Personal Belief: The Decline and Fall of Soviet Communism*. New Haven CN: Yale University Press, 1999, p. 295.

34 Quoted in Rudolf L. Thokes, *Hungary's Negotiated Revolution*. New York: Cambridge University Press, 1996, p. 469.

35 Quoted in Paul Hollander, *Political Will and Personal Belief*, p. 295.

犬儒與玩笑

付出個人犧牲，消滅階級和種族差別——對他們有一種欲罷不能的驅使力量……其他政黨吸引黨徒是給他們好處，但是，共產主義的魅力則在於，它不但什麼都不給你，而且還要求你奉獻一切，包括交出你的精神自由」。格魯斯曼認為，共產主義的這種吸引力與天主教是相似的，「天主教會的力量一直都在於，它要求信徒無條件地犧牲自由，並把自由精神視為一種驕傲，一種罪孽深重的大惡。加入共產黨的新人把他們的靈魂交付給了克里姆林宮的教義，感覺到一種類似於天主教會帶給知識人的解脫，他們是一些為自己的自由特權感到疲憊和揣揣不安的人們」。倘若一個人害怕自己的自由，便會不在乎成為別人的僕役，「誰一旦捨棄了自由，他是思想便不再能自由地開動，而只能為一個更高的不受懷疑的事業充當僕役。他提供的服務就是無視真實。這也就是為什麼跟他討論任何政治的具體問題都是一件徒勞無功的事情」。[36]

蘭德爾·彼特沃克 (Randall L. Bytwerk) 在《彎曲的脊樑》中稱極權統治的信仰為「世俗宗教」。和宗教一樣，極權體制的世俗宗教有一個至高無上的神 (領袖)，一個教義 (主義和革命)，一個教會 (黨)，一套聖典經文 (領袖們的「理論建樹」)。[37] 而正是這些體制因素構成了政治笑話的主要議題領域。斯大林時期的政治笑話涉及了斯大林 (領袖)、共產主義和布爾什維克革命 (教義)、共產黨和官員幹部 (教會) 和斯大林的所謂新理論 (經文)。教義與經文互有聯繫，但又有區別。例如，蘇聯的教義是馬克思主義 (共產主義)，但教義可以通過經

---

36 Richard Crossman, *The God That Failed*. New York: Harper Colophon Books, 1963, p. 6.

37 蘭德爾·彼特沃克：《彎曲的脊樑》，張洪譯，上海三聯書店，2012年，第一章「世俗信仰」。

文來改變。改變經文是領袖的特權,任何他人不得染指,否則便是挑戰領袖的絕對權威。在蘇聯,先是有列寧的經文 (國際主義、共產主義等於蘇維埃加電氣化、新經濟政策),後來又添加了與列寧經文相矛盾的斯大林經文 (一國內先實現社會主義、強迫性的工業化和農業合作化、肅反大清洗)。當然,對於普通民眾來說,還有另一些更顯然的,與普通人日常生活息息相關的「議題」,如物資匱缺、秘密警察的恐怖、強制性的蘇聯生活方式 (集體農莊、告密揭發、愛黨、個人崇拜),但這些並不是獨立的議題,而是在蘇聯極權體制中產生,從它衍生出來的。

政治笑話是一種幽默的形式,蘇聯的政治笑話有一個特別的俄語名稱,叫anekdoty (段子),在英文裏也有了一個專門的字anekdot。這個從俄語來的新字與英語中原有的anecdote有關係,都有故事、軼事、段子的意思。俄國–蘇聯傳統的「段子」可以追溯到16世紀。在很長一段時間裏,段子指的是一種關於「要人」,並包含着某種「智慧」的「詼諧」故事。這些段子未必是今天會引人發笑的笑話。例如,1788年出版的《關於彼得大帝的段子》(*Anecdotes about Emperor Peter the Great, Heard from Various Individuals and Collected by Iakov Shtelin*) 裏有這樣一個段子:

> 彼得大帝在Poltava戰役中打敗了瑞典人,宴請幾個俘虜的敵軍將領與他同桌進餐。他舉杯祝酒說:「祝我的軍事老師們身體健康!」瑞典元帥雷恩恰德 (Reinschild) 問彼得大帝所指何人。「是你們啊!」「這樣的話,陛下在戰場上對老師可是忘恩負義啊。」彼得大帝對雷恩恰德的急智回答很滿意,當場就命令把他的元帥佩劍還給了他。

1840年出版的《俄語同義詞詞典》(*Dictionary of Russian*

Synonyms) 給「段子」的定義是：一個故事，用以「説明政治或文學的秘訣或揭露事情的隱情」。也就是説，用一個故事來讓人們明白他們經常忽略或看不清的事情。詼諧或幽默只是手段，而非目的，甚至不是段子的主要因素。到了19世紀中葉，「段子」也用來包括民間的幽默故事，娛樂和消遣的重要性變得突出了。但是，與以前智慧的嚴肅段子一樣，看似單純戲謔的民間段子也都包含某種「隱秘的真實」。例如，笑話農民、商人或學究的笑話有揭示他們「愚蠢」、「貪婪」和「迂腐」真相的作用，當然，這些「真相」許多不過是一些偏見和陳見。20世紀初，俄國出現了一些關於沙皇和沙皇統治的「段子」，成為最早的「政治笑話」。

有一次，俄國猶太人雅各掉進了河裏，他不會游水，急得大叫救命。這時走過來兩個警察，一看落水的是個猶太人，便站在河邊笑，不去救他。

雅各大喊：「救命，我不會游水！」

警察説：「那你就淹死算了。」

雅各快不行了，他最後掙扎着喊了一聲：「打倒沙皇！」

警察立刻衝到河裏，撈起雅各，把他逮捕了。

警察聽到一個人説「尼古拉是個白癡」，就以侮辱沙皇尼古拉二世的罪名將他逮捕了。

這個人辯解道：「我不是説我們敬愛的皇帝尼古拉，我説的是另外一個尼古拉。」

警察説：「別想跟我耍花招，你説『白癡』，不就是説咱們的沙皇嗎？」

蘇聯的一些政治笑話也套用沙皇時代的段子，例如，落水猶太人雅各的笑話裏的沙皇警察換成了蘇聯的秘密警察。但是，蘇聯笑話與沙皇時的段子是不同的，根本區別在於，蘇聯政治笑話中的「隱秘真相」是關於極權統治的而不是沙皇專制統治(或一般專制)的秘密和真相。極權統治不光有專制統治的秘密，而且還有專制統治所沒有的秘密，而後面這種才是最重要秘密。極權制度下的政治笑話之所以至今仍然被許多人喜愛(他們笑不笑是另外一個問題)，是因為這些笑話揭示了極權統治的許多「隱秘真相」，這也是蘇聯政治笑話成為蘇聯日常生活史一部分的根本原因。

在極權統治體制的四大要素——領袖、教義、教會、經文——中，只有一個是其他專制統治似乎也有的，那就是「皇帝」(領袖)。德國早期馬克思主義者卡爾‧考茨基 (Karl Kautsky) 在談到蘇聯時，曾做了一個宗教上的比較：「正如一神論者的上帝一樣，獨裁者就是一個嫉妒心甚強的上帝。它絕不容忍其他上帝的存在。」[38] 皇帝也「嫉妒心甚強」，但不是一個「嫉妒心甚強的上帝」，所以皇帝必須借助上帝，而不是把自己變成上帝。

極權體制和專制體制的不同還可以從這樣兩個方面來認識。第一，極權體制中的「領袖」是極權四大要素的有機部分，不可能在其他三要素缺位時單獨存在，但「皇帝」是可以單獨存在的權威。皇帝借助神聖的宗教 (如基督教、伊斯蘭教)或世俗教義 (如儒教)，但卻不是它們的一部分。皇帝的權力基礎不是「黨」，也不存在必須由他來「理論建樹」的某某主義。第二，極權體制的「宗教」是獨創的，因此排斥傳統的宗教，也必須盡量消滅傳統宗教的實際影響力 (儘管也可能做一些

---

38 蘭德爾‧彼特沃克：《彎曲的脊樑》，「導論」，第9頁。

犬儒與玩笑

表面的利用)。德國著名心理學家漢斯–約阿希姆·馬茨 (Hans-Joachim Maaz) 指出：極權的東德「就像一個偽宗教崇拜的大廟宇。它擁有全部的外殼 (trappings)：對領袖的上帝般崇拜，『聖徒』的畫像以及來自教義、遊行、大眾儀式、誓約和嚴格的道德要求與戒律中的各種語錄。這些都由佔據教士般『等級』的宣傳員和黨務秘書們所施行」。[39]

斯大林時期的蘇聯笑話的歷史價值在於，玩笑和詼諧第一次多方面地涉及了蘇聯極權體制結構的隱秘真相，這在列寧時期是沒有過的。許多這個時期的笑話讓人們看到 (雖然不一定就看清) 蘇聯極權體制是通過哪些要素 (領袖、教義、教會、經文) 在起作用，以及在不同程度上涉及了它們真實的殘暴、虛偽、無能和欺騙。四種極權統治要素的「隱秘真實」——領袖的傲慢、昏聵和虛榮，教義的空洞、欺騙和虛幻不實，黨幹部的虛偽、無能和自私貪婪，經文的枯燥、僵化和脫離現實——在斯大林之後赫魯曉夫和勃列日涅夫時期的政治笑話中有了更多，更大膽的揭露。然而，蘇聯政治笑話篳路藍縷的開創期卻是在政治笑話看上去似乎最難以存在的斯大林時期。

---

39 Hans-Joachim Maaz, *Behind the Wall: The Inner Life of Communist German.* Trans, Margot Bettauer Dembo. New York: W. W. Norton, 1995, pp. 2–3.

5 「解凍」和政治笑話的黃金時代：赫魯曉夫時期

　　大多數蘇聯政治笑話的研究者都認為1960年代是蘇聯政治笑話的「黃金時代」。這個時期的笑話和說笑話者猛增，本·路易斯 (Ben Lewis) 在《笑話與噱頭》一書中稱之為「海嘯」般的湧現。[1] 究其根本原因，是因為蘇聯統治意識形態的信仰已經動搖，明顯地呈現出頹勢。而且，也不再有人能像斯大林那樣實行鐵腕統治，強迫人們無條件保持信仰。發生在蘇聯的去斯大林化使得斯大林時期對社會的嚴厲監控和殘酷壓迫得到了解除，大量被流放古拉格勞改營的政治犯被釋放。蘇聯出現了自建立政權後從來沒有過的政治和文化寬鬆，是極權統治隆冬期後的一次解凍。「解凍」這個說法來自蘇聯作家伊利亞·愛倫堡1954年發表的小說《解凍》(оттепель)。政治的解凍也帶來了蘇聯政治笑話的春天。

　　布魯斯·亞當斯 (Bruce Adams) 在《俄國的微型革命：20世紀政治笑話中的蘇聯和俄國歷史》中就此寫道，「赫魯曉夫在位不過10年，與斯大林統治的25年和勃列日涅夫統治的18年相比，赫魯曉夫時期的政治笑話是最多的。可以說，這是蘇聯政治笑話的黃金時期。」亞當斯把政治笑話視為一種政治犬儒主義的徵兆，這種犬儒主義表現為對先前政治信仰的幻滅和不再信任。亞當斯指出，「隨着斯大林時代的恐怖被赫魯曉夫時期相對寬鬆的氣氛所代替，由於解凍所揭露的斯大林統治暴行侵蝕了蘇聯人僅剩的真誠信仰和革命熱情，犬儒主義在增長。

1　Ben Lewis, *Hammer and Tickle*, p. 159.

過去和現今的問題越來越暴露出來，大多數蘇聯人對蘇聯國家的更多方面覺得好笑。而且，赫魯曉夫遠比勃列日涅夫積極改革和修補社會主義制度，他的所作所為也為政治笑話增添了話題。勃列日涅夫時期，蘇聯人有了『笑話接力』(travit, reeling out)，他們圍着飯桌說笑話，常常一說就是一兩個小時。但是，赫魯曉夫時期產生的笑話數量卻是超過了勃列日涅夫時期。」[2]

一　去斯大林化的「解凍」

瓦列金・別列什科夫在《斯大林私人翻譯回憶錄》裏說，斯大林時期的高級官員僅需要三樣東西：狗一樣的忠誠、盲目熱忱和恐懼感。普通國民也是一樣，「當『領袖』不在，恐懼感消失，熱情減退之後，這個體制開始空轉」。[3] 作為一個斯大林體制的過來人，別列什科夫的體會是，「依靠武力和恐懼、迫害與虛假宣傳的國家體制，一旦恐懼消失，普通民眾能夠了解真相，便頂不住內部的壓力」。[4] 他是就1991年蘇聯崩潰的原因說這話的。在赫魯曉夫時期，蘇聯制度還遠沒有崩潰，蘇聯的體制也還在運轉。斯大林去世後，赫魯曉夫改變了斯大林的統治策略，做了挽救共產主義意識形態信仰的最後努力。在他之後的勃列日涅夫便只能維持這個意識形態的假象，再也沒有辦法讓它真的對蘇聯人有信仰的號召力量。勃列日涅夫統治下的蘇聯因此完全淪為一個犬儒主義的社會。

2　Bruce Adams, *Tiny Revolutions in Russia: Twentieth-Century Soviet and Russian History in Anecdotes.* New York: RoutledgeCurzon, 2005, pp. 59–60.

3　瓦列金・別列什科夫：《斯大林私人翻譯回憶錄》，薛福岐譯，海南出版社，2004年，第107頁.

4　瓦列金・別列什科夫：《斯大林私人翻譯回憶錄》，第428頁.

犬儒與玩笑

赫魯曉夫在蘇共20大做「秘密報告」，其目的是想割斷與斯大林恐怖統治的關係，與過去的暴虐統治決裂，並在各個領域裏做好改革的準備。赫魯曉夫想要使蘇聯一面在意識形態上擺脫斯大林陳舊學說的影響，一面仍然保持蘇聯共產黨的權威。因此，他在報告中沒有提及斯大林上台的經過和原因，也沒有涉及斯大林主義的出現和他強迫集體化的計劃。赫魯曉夫的批評幾乎只局限在斯大林個人及其統治方式，而避免對斯大林主義的制度原因做任何分析和揭露。赫魯曉夫號召克服斯大林時期「侵犯」社會主義法制的惡果，消除「個人崇拜」。這些對改善政治和經濟制度無疑有正面的影響。然而，這樣的「改革」是有限的。它前怕狼後怕虎，局限在反對斯大林的個人暴行，而沒有追究這種暴行的意識形態和制度原因。因此，即使在「解凍」時期，斯大林時代的陰影仍然像幽靈一般徘徊在蘇聯的上空。蘇聯人嘲笑斯大林統治的恐怖，經常也是一種自嘲，嘲笑的靶子是他們自己的集體沉默、集體恐懼和集體罪責。儘管斯大林死了，但恐懼依然籠罩在蘇聯人的心頭，無法徹底消除，連赫魯曉夫都不能例外。當時就有這樣的笑話：

　　蘇共20大上，赫魯曉夫在作譴責斯大林暴行的報告前，離開了講台一會兒。報告後有人問他到哪裏去了。「我到斯大林陵寢去了一會兒，摸摸他的脈搏⋯⋯以防萬一。」

　　蘇共20大上，赫魯曉夫作完譴責斯大林的報告，聽眾大廳裏有人喊道：「暴行發生時你在哪裏？」赫魯曉夫怒吼道：「誰在那裏喊？」沒人應聲。他又問了一次，還是沒人應聲。赫魯曉夫說：「你那裏就是當時我所在的地方。」

赫魯曉夫訪問美國歸來，心情非常糟糕。他對米高揚說：「甘迺迪對我說他們發明了一種能讓人起死回生的機器。為了不讓他覺得我們落後，我對他說，我們發明了一種能讓人跑得比汽車更快的辦法。」米高揚說：「這樣好，如果他們讓斯大林起死回生，那你就跑得比汽車還快。」

赫魯曉夫是斯大林一手提拔上去的，也是斯大林的親信。赫魯曉夫發動去斯大林化，有人從有恩必報的觀念出發，斥責他「忘恩負義」和對斯大林「兩面三刀」。然而，正因為赫魯曉夫曾是斯大林的親信，所以他才特別了解斯大林的暴虐，特別深切地感受到斯大林統治的殘忍和恐怖。這也成為他竭力推行蘇聯政治去斯大林化的個人經驗動機，當然，這並不排除他鞏固個人權力的政治動機。赫魯曉夫本人曾積極參與了斯大林的「大清洗」，他自己的手也不乾淨，否定斯大林也是否定他自己。這使得他的去斯大林化有了一種不一般的自我否定的道德勇氣。

1929年，赫魯曉夫被召到莫斯科，兩年內當上了莫斯科和周邊地區的蘇共黨委書記。整個1930年代，他一直在莫斯科，負責建設莫斯科地鐵工程，直到1938年被派往基輔出任烏克蘭第一書記。赫魯曉夫於1932年擔任莫斯科黨的第二把手，1934年升任第一把手。從1934年開始，斯大林發動了一系列的政治鎮壓(大清洗)，數以百萬計的蘇聯公民被送往古拉格，但最令人矚目的是針對高層黨、軍領導的「莫斯科審判」，赫魯曉夫對此表示熱烈支持：「每個人都應該為我們國家取得的勝利感到歡欣鼓舞，都只會用一個字去回應托洛茨基–季諾維也夫這個受僱傭的法西斯走狗匪幫，那就是處決。」赫魯曉夫協助斯大

犬儒與玩笑

林在莫斯科清黨，莫斯科黨的38名高級領導中有35名被殺害。[5]
另外3名倖存者被流放到邊遠地區。[6] 莫斯科和周圍地區的146名
黨委書記，躲過清洗的只有10人。[7] 赫魯曉夫在回憶錄裏說，幾
乎所有和他一起工作過的人都被逮捕了。當時各地的黨領導都
有逮捕「敵人」的指標。1937年7月，莫斯科省的「階級敵人」
指標是35000人，其中5000人要被處決。結果，在短短兩個星期
裏，赫魯曉夫就向斯大林報告說，已經逮捕了41305名「罪犯和
富農分子」，而其中8500名應該槍斃。[8]

　　赫魯曉夫在每件事情上都加倍努力地按斯大林的旨意辦
事，成為斯大林信得過的人，但他也始終生活在對斯大林的恐
懼中。斯大林晚年很少召開政治局會議，而是把高層領導叫到
他那裏吃晚餐談工作，並有許多玩樂。他們跟斯大林一起看他
愛看的美國牛仔電影。斯大林晚餐是在半夜一點左右，他會要
求他的客人和他一起喝酒直至凌晨。有一次，斯大林要已年近
60的赫魯曉夫跳傳統烏克蘭舞，他當然遵命行事，後來他說：
「斯大林叫跳舞的時候，聰明人就跳舞。」[9] 赫魯曉夫午飯後
一定要睡一覺，就怕在斯大林面前打瞌睡，他在日記裏寫道：
「那些在斯大林飯桌上打瞌睡的，後來都倒了霉。」[10]

5　William Taubman, *Khrushchev: The Man and His Era*. New York: W.W. Norton, 2003, pp.98, 99.

6　William J. Tompson, *Khrushchev: A Political Life*. New York: St. Martin's Press, 1995, p.57.

7　William Taubman, *Khrushchev: The Man and His Era*, p.99.

8　William Taubman, *Khrushchev: The Man and His Era*, p.100.

9　William Taubman, *Khrushchev: The Man and His Era*, pp.211–215.

10　Nikita Khrushchev, *Memoirs of Nikita Khrushchev, Volume 2: Reformer*. Ed. Sergei Khrushchev. The Pennsylvania State University Press, 2006, p. 43.

二 「二十年實現共產主義」

赫魯曉夫所進行的去斯大林化是一種有限的改革，那是以挽救蘇聯制度和鞏固一黨權力為目的的自救式改革。但是，即使如此，這種改革還是遇到了猛烈的反抗，不斷受到黨內保守勢力的制肘，他的改革政策只能根據一時政治利益需要，時斷時續，鬆一陣緊一陣地進行。1956年匈牙利事件時，赫魯曉夫便採取了出兵鎮壓的強硬行動。有這樣的笑話：

「為什麼匈牙利人恨美國人勝過恨蘇聯人？」
「因為蘇聯人把他們從一個遭痛恨的統治下解放出來，而美國人沒有把他們從另一個遭痛恨的統治下解放出來。」

「匈牙利人從1956年的起義得到了什麼？」
「匈牙利從此成為蘇聯陣營中最舒適的兵營。」

赫魯曉夫試圖用樂觀的未來計劃來排除日益增長的困難，但那是過份的樂觀。在1959年蘇共21大上，赫魯曉夫宣佈蘇聯已經開始了「全面建設共產主義」的階段。1961年6月底，蘇聯新黨綱草案發表，黨綱中不再把建設共產主義作為最終目標，而是作為當前的任務。黨綱規定，到1970年蘇聯要在人均生產方面超過美國，並且成為世界上工作日最短的國家。蘇聯向共產主義高級階段過渡將在1970年和1980年之間發生。黨綱許諾，1980年前免費教育和醫療，取消房租。不僅如此，水、煤氣、暖氣、電力、公共交通和每日主餐也都全部免費供應。

赫魯曉夫想要用似乎近在眼前的美好前景給蘇聯人民切實可靠的希望，讓他們有更努力工作的動力。1961年蘇共22大正

式通過的新黨綱被讚揚為「20世紀的共產黨宣言」。這次大會標誌着對斯大林進行進一步的清算，在一些方面超過了1956年的做法。赫魯曉夫和蘇聯其他領導人引證了許多細節來描述斯大林恐怖統治下的悲慘和黑暗往事。大會通過了決議，把斯大林的屍體由列寧陵墓中遷走，重新對以斯大林命名的城鎮 (包括斯大林格勒) 命名。

蘇共22大暴露出赫魯曉夫矛盾的意識形態和政治目的：他要使蘇聯的共產主義擺脱斯大林遺產的負擔，但卻公佈了過份樂觀、不切實際的虛幻目標。赫魯曉夫的「20年實現共產主義」口號原本是要讓蘇聯人恢復對蘇聯意識形態的信任和信心，但是，如果不能實現，那麼越是高漲的希望也就必然帶來越大的失望、越嚴重的幻滅和越猛烈的嘲笑。赫魯曉夫時期有三種笑話直接與這種失望和幻滅有關，它們分別以物質匱乏、共產主義 (和共產黨) 和官方宣傳為諷刺、挖苦和嘲笑的靶子。赫魯曉夫本人的笑話是屬於第二種的。這三種笑話的數量都遠遠超過了斯大林時期。

亞當斯在《俄國的微型革命》一書中指出，「政治笑話大增的原因之一是，蘇聯人很希望赫魯曉夫能成功，但赫魯曉夫所想要成功實現的計劃大多數都失敗了」。[11] 在與民生直接有關的失敗中，最嚴重，最明顯的便是農業失敗。由於赫魯曉夫擔任烏克蘭第一書記和在斯大林手下當政治局委員時，都參與農業決策，所以他應該是農業的「內行」。但是，農業失敗得很慘，這也成為赫魯曉夫本人的一個笑話。

1954年赫魯曉夫為改善蘇聯糧食供應問題，啟動在西伯利亞和哈薩克斯坦開墾處女地，種植玉米，開始幾年收到一些成效。1957年，對自己成績志滿意得的赫魯曉夫宣佈蘇聯要在3到

---

11 Bruce Adams, *Tiny Revolutions in Russia*, p. 68.

5年內趕上美國的肉類、奶油和牛奶產量。1961年，雖然蘇聯穀物生產已經不再增長，但赫魯曉夫仍宣佈蘇聯糧食很快便能提供「極多」又好又便宜的食品。1963年蘇聯農業歉收，不得不定量供應。當時不僅食品匱乏，民生用品也很缺乏，而且質量很差。因此便有這樣的笑話：

問：「赫魯曉夫的髮型叫什麼？」
答：「1963年的收成。」
〔按：這既取笑他的禿頂，又挖苦農業的失敗，而且對改善的前景也失去信心。〕

問：「1964年的收成會如何？」
答：「比1963年差，但比1965年好。」

蘇聯人因日常物資非常匱乏而心生不滿和怨恨。然而，不滿歸不滿，怨恨歸怨恨，蘇聯人除了挖苦、嘲笑、諷刺和自我解嘲之外，沒有其他表達不滿和提出批評的方法。這種無奈和挫折感從許多當時的笑話裏都可以看出來。

「赫魯曉夫信奉上帝嗎？」答：「看上去信。他讓人民重新過四旬期守齋 (Lenten fasting)。」

肉店乾淨異常，也很漂亮。一位顧客說：「給我包一公斤肉。」穿着潔白工作服的營業員拿出一張潔白的紙來說：「你拿肉來，我給你包。」

「這是誰的骨架？」醫學教師問上解剖課的學生。「集體

犬儒與玩笑

農莊的，」一位學生很自信地回答。「何出此言？」「還會是誰的呢？他們取走了它的肉，它的內臟，它的毛和血，留下的就是這些骨頭了。」

「為什麼店鋪裏的肉都不見了？」「我們向共產主義奔跑太快，牛跟不上來。」

一女工在共同公寓裏洗澡，看到一鄰居在窗外偷看。「你這是幹什麼？沒見過光身子的女人嗎？」「你以為我在看你嗎？我是在看你偷用了誰家的肥皂。」

一工人回家見妻子和情人躺在床上。他對妻子大聲吼道：「街對面店裏有橘子供應，你還在這裏磨蹭什麼。」

這樣的笑話甚至在赫魯曉夫下台後，還在被生產出來：

赫魯曉夫解職後，癌症研究中心請他去擔任領導。「我對癌症一無所知啊。」「你負責農業，很快就沒了麵包。也許對癌症也有這個效果。」

三 失效的意識形態宣傳

赫魯曉夫時期，官方宣傳讚美社會主義和共產主義是美好的現實和充滿希望的明天，儘管店鋪裏是空的，但報紙、廣播、電視裏卻仍然是形勢大好，越來越好。官方宣傳越是一本正經地讚美，也就越成為笑話的靶子。在這類笑話中，首當其衝的往往是官方意識形態所標榜的社會主義和共產主義理想和信仰：

問：「蜥蜴和鱷魚的區別是什麼？」
答：「基本相同。蜥蜴是經過了社會主義和共產主義的鱷魚。」

「聽説到共產主義時，用電話就能從店裏買來食品，是真的嗎？」「是的，但只送到電視上。」

「最短的笑話是什麼？」「共產主義。」

「你聽説了嗎？再過20年我們就能生活在共產主義。」「我們這些老頭子倒是沒什麼，可我們的孩子們怎麼辦？」

赫魯曉夫的一位朋友有一次問他，為什麼把20年建成共產主義這種辦不到的事情寫到黨綱裏。赫魯曉夫給朋友講了一個納西魯丁(Khodzha Nasreddin，一個阿凡提式的傳奇人物)的故事。納西魯丁對酋長説，我能在20年裏教會驢子讀書。酋長説，你若失敗了，我要你的腦袋。但納西魯丁還是説準能辦到。納西魯丁的朋友勸他放棄，但他一點也不擔心。他解釋説：「20年後，我、驢子和酋長當中肯定有一個已經不在了。」

「人能不能光屁股坐在刺蝟身上？」「在這幾種情況下是可以的，一、屁股是別人的，二、刺蝟拔光了刺，三、黨命令你這麼做。」

還有許多笑話直接針對官方宣傳和用於宣傳的黨報、廣播和電視：

犬儒與玩笑

亞歷山大大帝、凱撒和拿破崙一起應邀在紅場觀看閱兵。亞歷山大大帝說：「我若有蘇聯坦克，定能征服世界。」凱撒說：「我若有蘇聯飛機，定能征服世界。」拿破崙說：「我若有《真理報》，那就誰都不會知道有滑鐵盧。」

「我們怎麼才能知道世界新聞呢？」「把塔斯社否認的東西倒過來就行了。」

社會學家對工人們的閱讀習慣和幸福感進行調查。一位工人回答說：「我經常讀的是報刊。不然我怎麼知道自己過得很幸福呢？」

「廣播和報紙哪個更有用？」「報紙，你至少可以用報紙包東西。」

「電視和便桶的區別是什麼？」「都是裝屎尿的，不過在便桶裏看得更清楚一些。」

古巴總統卡斯楚在莫斯科受到熱烈歡迎。在單獨見到赫魯曉夫的時候，卡斯楚脫掉假髮，取下假鬍子，累倒在椅子上，對赫魯曉夫說：「我演不動了。」「我們得演下去，費迪爾，還得演下去。」

　　許多政治笑話戲諷官方的宣傳語言，有的挖苦報紙的名字(類似於把《環球時報》叫做《環球屎報》)，也有惡搞標語口號或宣傳用語的(類似於「三個戴錶」)。

「真理（報）和消息（報）有什麼區別？」「有消息無真理，有真理無消息。」

五一節拉出大幅標語：「蘇維埃人民萬歲——共產主義的終身建設者。」

「蘇聯最穩定的是什麼？」「暫時的困難。」

某單位出了一個講座通知：「人民與黨一條心」，結果沒有一個人來聽的。一星期後，又出了一條通知：「三種友情」，結果來了一大群人。主講者說：「第一種是病態的愛，是不健康的，這裏不說了。第二種是普通的愛，我們都有所了解，所以也不說了。還有第三種最高尚的愛，就是人民對黨的愛，這是我今天要說的人民與黨一條心。」

四　時鬆時緊的言論控制

赫魯曉夫上台後最早的政治舉措之一便是於1953年命令釋放與男性戶主一起囚禁於古拉格的妻子和親屬。第二道命令是釋放所有犯有「口頭宣傳」罪人士——他們因種種「不當言論」而被判刑，包括說笑話。在古拉格的250萬人口中，被這兩道赦命釋放的超過了100萬。當時蘇聯有這樣的笑話：

蘇聯新憲法增加了一個新條款：「所有蘇聯公民都有死後獲得平反的權利」。

問：「基督徒和蘇聯人有什麼區別？」

答：「基督徒死後可以上天堂，蘇聯人死後可以追認平反。

　　赫魯曉夫的「解凍」在1956年2月25日召開的蘇共20次黨代會上達到高潮。他在報告中譴責了斯大林的多重罪名，包括大規模逮捕和流放數以千計的人們，不經過審判和正常調查就隨意進行處決。他還批判了斯大林的專橫、殘酷、濫用權力和個人崇拜。但是，1956年的匈牙利事件使得赫魯曉夫的政治改革停頓下來，同年12月，有了加強與「反蘇勢力」作鬥爭的指示精神，又開始了一陣新的鎮壓，3500人因「反蘇宣傳」（在蘇聯稱「58/10罪名」）而被逮捕。這個規模與斯大林時期相比當然小了許多，但迫害的對象同樣包括有「污蔑領袖」言論的人士。他們所說的笑話中就有關於赫魯曉夫的。這項罪名的犯人被判處2至6年的勞改營刑期。有這樣的笑話：

　　五年計劃帶來了巨大的變化。1952年誰要是說斯大林是傻瓜，一定當場處決。但前不久有人說赫魯曉夫是傻瓜，他們以洩露國家機密罪只判了他6年。

　　赫魯曉夫時期因反蘇宣傳罪被捕和判刑的記錄檔案比斯大林時期詳盡，可能是因為人數較少，比較容易登記。但是，58/10罪名非常籠統，包括說政治笑話、污蔑蘇聯領導人、閱讀和散播傳單和小冊子。例如，有一份1957年的檔案記錄一位名叫沃倫諾（Voronoj）的罪犯，他喝醉了酒，在大街上說下流話，對赫魯曉夫和其他政治局委員們的「性生活妄加議論」。他被帶到警察局去，酒還未醒，繼續大聲發表他對蘇聯政府的看法。他因酗酒和反蘇宣傳雙罪並發被判刑2年。1959年初釋

放，安靜了一年，後來又喝醉了，言論又犯了老毛病，於是又被判刑四年。1964年釋放後又故伎重演，再次被判刑七年。還有一個54歲的工人喬治·波索金 (Gyoerg Botsokin)，他於1964年被捕。據檢舉揭發者說，波索金「貶低蘇聯政府，污蔑蘇聯現實和國家秩序，向朋友轉述從外國廣播聽來的有反蘇內容的笑話」。他被判刑三年，刑滿後釋放。[12] 1958–1959年蘇聯已正式結束「反蘇言論」罪，從1959至1964年赫魯曉夫下台，因口頭或書寫批評蘇聯或蘇聯領導人而被定罪的人數每年大約在200–300人。有這樣一則笑話：

> 有一個人對別人說：「赫魯曉夫是豬。」他被逮捕並判處21年徒刑，一年是因為誹謗，20年是因為洩漏國家機密。

這個時期的許多笑話是關於赫魯曉夫的，是以前沒有的新政治笑話，許多都與赫魯曉夫好誇大、愛衝動的言行有關。1959年7月24日，在莫斯科舉行的「美國國家展覽會」開幕時，赫魯曉夫與美國副總統尼克森有過這樣一段「辯論」。赫魯曉夫問：「美國存在多少年了？有300年了吧？」尼克森答：「150年。」赫魯曉夫說：「150年？那麼，我們說，美國存在了150年，達到了這樣的水平。我們蘇聯存在了才不過42年，再過7年我們就能達到美國的水平。等我們趕上來超過你們時，我們會向你們招手致意的。」沒等到1966年，便有了這樣的笑話：

> 他們說美國資本主義已經在懸崖邊上了，而過幾年蘇聯就會向前超過了美國。

---

12 Ben Lewis, *Hammer and Tickle*, pp. 149–151.

犬儒與玩笑

冷戰時期，一個美國人和一個蘇聯人互相誇口說自己的國家好。

美國人說：「我們有言論自由」。蘇聯人說：「我們也有言論自由！」美國人說：「我可以在白宮前說：『甘迺迪是白癡』，也不會有人來管我。」蘇聯人說：「我可以在克里姆林宮前說：『甘迺迪是白癡』，也不會有人來管我。」

赫魯曉夫聽了這個笑話，對說這個笑話的人說：「把第一個說這個笑話的人給我帶來。」

說笑話的人被帶到了，他在赫魯曉夫的門外等候，一面東張西望。

赫魯曉夫問他：「你在看什麼？」

那人說：「隨便看看，你日子過得不錯啊。」

赫魯曉夫說：「沒什麼，20年後實現了共產主義，人人都能過上這樣的好日子。」

那人說：「太好了，你說了一個很好的新笑話！」

有一個只要摸頭骨就能知道是誰的瞎子來到莫斯科。當局對他很感興趣，決定要測試他的能力。他們讓他摸馬克思的頭骨，他摸了一會兒，說：「一個理論家，思想家。」他們又讓他摸列寧的頭骨，他摸了一會兒，說：「這是一個有點理論頭腦的實踐者。」他們讓赫魯曉夫走到這個瞎子面前讓他摸。瞎子摸了一會兒說，這是一個屁股，但我怎麼也摸不到那個洞啊。」

「什麼是最長的政治笑話？」

「赫魯曉夫在蘇共20大上關於提高生活水平的報告。」

赫魯曉夫時期，黨的形象早已破損，勉強維持着門面，成為政治笑話經常嘲笑的靶子。黨組織無法讓人們從內心認同黨的「先進性」，黨員身份是一些人升官發財的入場券，所以仍然重要，不過黨員的普遍個人素質遭人詬病：

創黨初期，每個黨員都要求是聰明、誠實和忠於黨。但後來是，聰明又忠誠的一定不誠實，誠實又忠誠的一定不聰明。

「一個好黨員也會收取賄賂嗎？」
「當然，只要他拿出一部分來交黨費就成。」

組織領導找一個要被吸收入黨的人談話，要求他起模範帶頭作用，必須戒酒不追女人。他同意了。領導又問他：「你願意為黨獻出生命嗎？」他乾脆而堅定的說：「那當然啦，沒有酒和女人，還要命做什麼。」

赫魯曉夫有一次視察妓院，對一位年青妓女很滿意，於是對她說：「你長得真漂亮，我介紹你入黨。」「不，不，尼基塔‧謝爾蓋維奇，我幹這一行已經夠惹我媽生氣的了。」

「誰稱得上是共產主義者？」
「那些閱讀馬列著作的人。」
「誰稱得上是反共產主義者？」
「那些懂得馬列著作的人。」

五　赫魯曉夫和外交事務

蘇聯共產黨高層內部對赫魯曉夫有許多不滿，柏林牆、中

蘇交惡、古巴導彈事件，這些都被視為赫魯曉夫的外交失敗。在建柏林牆之前的兩年間，有50萬東德人逃跑到了西德。在建牆的前2個月，東德首腦瓦爾特·烏布里希 (Walter Ulbricht) 還信誓旦旦地在國際記者會上宣稱：「沒有人準備建牆。」在古巴危機時，赫魯曉夫同意撤回蘇聯導彈，以換取美國從土耳其撤回核彈頭，但由於這一協議的後一部分是保密的，所以看上去是蘇聯服了軟。1962年，赫魯曉夫從中國撤走所有專家，這種賭氣般的背信棄義被視為不成熟的國際政治。

在許多蘇聯人眼裏，赫魯曉夫不是一個有威權決斷的領袖 (蘇聯人似乎更青睞沙皇或斯大林式的領袖)。他肥頭大耳，五短身材，看上去像是一個農夫，性情急躁、愛衝動、言辭粗魯、口無遮攔。有一次赫魯曉夫去看畫展，當着一位藝術家的面就罵他的作品「是狗屎……驢子用尾巴也能畫得比這個好」。還有一次，在會見英國大使時，他居然說，6顆氫彈就能「擺平」英國，擺平法國也只要9顆就夠了。1958年，在接見一位來自美國明尼蘇達州明尼亞伯尼斯市的美國參議員時，他從桌子旁站起身來，走到牆上掛着的美國地圖面前，用粗大的藍鉛筆在明市劃了個圈子說：「等發射導彈時，我會告訴他們免了這個城市。」他稱毛澤東是呆在北京有蟲子房間裏的「老避孕套」(old condom)，1960年他在聯合國會議上脫下皮鞋敲講台更是在全世界面前失態丟臉。這些出格、令人好笑的行為，以及蘇聯外交的種種問題自然成為笑話的上等材料：

> 赫魯曉夫在克里姆林宮為解決蘇聯問題憂心忡忡，心煩意亂，把一口痰吐在了地毯上。
>
> 他的助手提醒他：「尼基塔·謝爾蓋耶維奇，請不要忘記偉大的列寧在這地毯上走過。」

赫魯曉夫吼道：「住嘴，我想在哪裏吐就在哪裏吐，英國女王都説過了我可以這麼吐。」

「英國女王嗎？」

「當然，我在白金漢宮也往她的地毯上吐過。她對我説：『赫魯曉夫先生，你在這裏不能這樣，你在克里姆林宮可以。』」

赫魯曉夫對蘇聯研發的新品種糖非常滿意。他給德國人送去一些樣品，問他們有何想法。很快收到了回復：「赫魯曉夫先生，你的大便裏沒有發現寄生蟲。」

毛澤東給赫魯曉夫發電報：「中國挨餓，速送食品。」
赫魯曉夫答電：「這裏也食品短缺，請勒緊皮帶。」
毛回電：「請立即運來皮帶。」

問：「蘇聯和中國戰爭會有怎樣的結果？」
答：「蘇聯俘虜4億中國人以後，無條件投降。」

「非洲國家領導如何為子女選擇大學？」
「如果要讓子女成為共產主義者，就送他們去西方。如果要讓他們反對共產黨，就送他們去蘇聯。」

　　赫魯曉夫代表着蘇聯從極權向後極權的過渡，它本身的後極權特徵已經超過了斯大林式的極權特徵。正如費奧多爾·布林拉茨基在《赫魯曉夫——政治肖像特徵》一文中所説，「赫魯曉夫及其時代無疑是一個重要的時期，可能是蘇聯最不平常的時期⋯⋯那是起先被稱為『光榮』，而後又被譴責為『唯意志論』和『主觀論』時期的十年。那時舉行了黨的第二十次和

第二十二次代表大會，這兩次代表大會反映了尖銳的政治鬥爭，確定了國內的新方針。在赫魯曉夫執政時採取了恢復列寧主義原則和澄清社會主義理想的首要舉動。就在此時開始了從『冷戰』向和平共處過渡並重新開闢了通向現代化和平的管道。在那歷史的急轉彎處，社會深深地吸收了革新的空氣，但是喘不上氣來了……也許因為氧氣過多，也許由於缺乏氧氣。」[13] 在蘇聯意識形態信仰事實上已經破損和失效的時刻，赫魯曉夫為挽救它做了作了最後的努力，但終於因為那個制度本身的內部阻力，而無力回天。

赫魯曉夫在蘇聯推動去斯大林化，被稱為「第一次俄羅斯之春」(the first Russian Spring)——第二次俄羅斯之春便是戈爾巴喬夫的改革。在第一次俄羅斯之春來到之時，大多數蘇聯人並不意識到它的歷史意義。他們早已習慣了斯大林統治下的那種生活，對突然發生的變化感到驚恐不安、不知所措。戈爾巴喬夫回憶道，當時他還只是一個共青團幹部，他周圍許多受過教育的年輕人對赫魯曉夫的報告感到興奮，但許多人都不贊成，有的為斯大林辯護，有的認為翻歷史老賬沒有意思。40年後，蘇聯終於衰亡，戈爾巴喬夫稱讚赫魯曉夫甘冒政治風險，糾正歷史錯誤的勇氣，向後代證明自己是「一個有道德感的人」。[14]

那些受惠於赫魯曉夫政治改革的人們，包括蘇聯共產黨的最高領袖們，未必知道赫魯曉夫給他們的國家帶來了多麼深刻而長遠的影響。1964年10月17日，勃列日涅夫和其他蘇共主席台成員向赫魯曉夫發動突然襲擊時，他幾乎完全沒有反抗。當

13　費多爾·布林拉茨基：《赫魯曉夫——政治肖像特徵》，邱蔚芳譯，載《回顧·反思·教訓》，華東師範大學蘇聯東歐研究編輯部發行 (無出版時間)，第192頁。

14　William Taubman, *Khrushchev: The Man and His Era*, pp.286–91, 282.

天晚上他和米高揚通電話時說：「我老了，也累了。讓他們折騰去吧。我已經把主要的事情做完了。有誰膽敢做夢告訴斯大林，說他不再符合我們的需要？有誰膽敢叫斯大林退休嗎？要是這樣，我們現在站着的地方連一個濕印也不會留下。現在一切都不同了。不再有恐懼，我們大家可以平等地說話。這就是我的貢獻。我不和他們去爭。」[15]

赫魯曉夫既有在斯大林時期的劣跡，又有後來去斯大林化的歷史性作為，這使他至今在俄國民眾中仍然是一個毀譽參半的人物。俄國的一次民意調查顯示，在20世紀所有的俄國統治者中，俄國人只對兩位有好感，一位是沙皇尼古拉二世，另一位就是赫魯曉夫。一項對俄國年青人的民意調查發現，他們認為尼古拉二世做的好事多於壞事，而赫魯曉夫既做了壞事又做了好事，其他所有的蘇聯領袖都是壞事多於好事。[16] 赫魯曉夫傳記的作者威廉·湯普森 (William Tompson) 認為，赫魯曉夫的去斯大林化與戈爾巴喬夫的改革有着重要的聯繫：「在勃列日涅夫時代和後來很長的過渡期裏，1950年代『第一次俄羅斯之春』時成年的那一代蘇聯人等待着他們掌權的機會。隨着勃列日涅夫和他的同事們逐漸死亡和退休，年青的一代取代了他們。對這一代人來說，(赫魯曉夫) 秘密報告和第一波去斯大林化是他們的一生中形成期的經驗。這些『二十大的孩子們』在戈爾巴喬夫和他的同僚執政期間掌握了權力。赫魯曉夫的時代鼓舞了這些第二代改革者，也為他們講述了一個足以告誡他們的故事」。[17]

赫魯曉夫的非斯大林化改革由於遭到黨內官僚勢力的阻礙

---

15 William Taubman, *Khrushchev: The Man and His Era*, p. 13.

16 William Taubman, *Khrushchev: The Man and His Era*, p.650.

17 William J. Tompson, *Khrushchev: A Political Life*, pp.283–284.

犬儒與玩笑

而舉步維艱，難有成效。為此，赫魯曉夫曾試圖用草率的運動和改組來克服改革過份樂觀與和保守現實之間的矛盾，這當然不可能造就真正的改革。但是，正如，《紐約時報》駐莫斯科資深記者哈利·史華茲 (Harry Schwartz) 所說，「赫魯曉夫先生為一個僵化、封閉的建築打開了門和窗戶，讓新鮮的空氣和思想透了進來。時間已經證明，這個變化是不可逆轉的，也是極為根本的」。[18] 非斯大林化時期以赫魯曉夫1964年10月14日下台而告終。他的名字也從蘇聯出版物中消失，1971年9月11日，赫魯曉夫在沉寂中病逝，終年77歲，葬於新聖女修道院公墓。當時的蘇聯各大報紙在報導中甚至沒有明顯提到他的名字。但是，群眾的大規模瞻仰是對他的最好致敬。在這種情況下，勃列日涅夫下令關閉新聖女公墓。赫魯曉夫是唯一沒有埋葬在紅場克里姆林宮牆內的著名蘇聯領導人。但是，他也成為唯一可以讓普通民眾到他的墓前懷念解凍歲月的蘇聯領導人。他們的懷念也包括那個赫魯曉夫時期的政治笑話「黃金時代」，甚至還有了這樣一則笑話：1965年一位奧德薩居民給黨中央寫信要求恢復赫魯曉夫的職位，理由是，人民需要笑話：「十年沒有麵包都不如一年沒有笑話那樣讓人覺得日子這麼難熬。」

18　Harry Schwartz, "We Know Now that He Was a Giant among Men." *The New York Times*, September 12, 1971.

6　停滯時代的政治笑話：勃列日涅夫時期

　　本·路易斯 (Ben Lewis) 在《錘子與噱頭》一書中將勃列日涅夫時期的政治笑話稱為「停滯的笑話」(stagnating jokes)，而勃列日涅夫時期正是蘇聯政治的停滯時期。政治停滯時期的笑話更明顯地帶有了政治停滯時期特有的犬儒社會文化的特徵——玩世不恭、政治冷漠、道德虛無主義、得過且過、隨遇而安、沒有理想、信仰或希望。[1] 布魯斯·亞當斯(Bruce Adams)在《俄國的微型革命》一書中寫道，「在赫魯曉夫被廢黜很多年以後，蘇聯才崩潰。但是，蘇聯的信仰實驗可以說是與赫魯曉夫一起完結了。」赫魯曉夫的改革雖然成果有限，但他出於信仰，至少還為挽救1917年的革命理念作了最後的努力，「而在這之後的20年裏，在蘇聯領導黨和國家的是一些不再相信1917年革命目標和價值的人們」。[2] 他們早已拋棄了為求人類解放而奮起革命的初衷，他們也不再相信共產主義是一個值得實現或有可能實現的目標。他們所實行的暴力統治更是明目張膽地在背離革命原初的平等、自由和人的尊嚴價值。但是，他們仍然在把「革命」和「共產主義」用作打造統治合法性的欺騙說辭。湯瑪斯·潘恩說，當一個人已墮落到宣揚他所不信奉的東西，那麼，他已經做好了幹一切壞事的準備。而這正是勃列日涅夫時期權力犬儒主義的基本特徵。

1　Ben Lewis, *Hammer and Tickle*, p. 204.

2　Bruce Adams, *Tiny Revolutions in Russia*, p. 107.

一　再斯大林化和變質的黨

勃列日涅夫時期，蘇聯連許多高層領導幹部都已經顯露出難以掩掩的信仰危機，如瘟疫般蔓延的高層腐敗在層層官僚體制和整個社會中擴散，形成塌方式的道德敗壞。人們喪失政治信仰和道德信念，並不單純是因為他們在主觀上放棄了信仰和信念，而是因為開創蘇聯的那個政治和道德信仰早已被執政黨自己徹底背棄和破壞了。

蘇聯的官方信仰之所以還能在表面上得以維持，是因為有國家權力在那裏支撐，因此成為一種沒有實質民意信任基礎的官方教條。這樣的官方信仰早已在幾十年的口是心非表現中充分暴露了它的矛盾、虛幻和偽善，就是想要堅持，也沒有留下什麼可堅持的了。然而，官方意識形態宣傳卻仍然在使勁鼓吹這種已經喪失了生命力的偽信仰。這種宣傳不僅不能令人信服或相信，而且暴露出它自己的虛偽和欺騙，因此越加顯得荒誕可笑。信仰失落所造成的幻滅在普通黨員和民眾那裏比在高層那裏更加徹底。

失去了真正信仰靈魂的黨變成了一個純粹由利益和特權所維繫的集團。亞當斯就此寫道，人們入黨不是因為他們對未來有什麼明確的理想，或是對實現這一理想有堅定的信念，「黨早已成為機會主義和投機鑽營者的家園，他們鞏固了地位，並隨着勃列日涅夫的上台，掌握了大權。統治這個國家的是一些靠個人保護傘和任人唯親關係網冒出來的自選自舉的精英」，所謂精英，也就是享有政治、社會、經濟特權的階層。[3] 在普通民眾眼裏，他們雖然冠冕堂皇地自稱代表人民，但卻是根本不把人民利益放在心上的食利之徒，因此有了許多這樣的政治笑話：

3　Bruce Adams, *Tiny Revolutions in Russia*, p. 107.

一位老將軍帶着孫子在散步。孫子問：「爺爺，我長大了也能當將軍嗎？」「當然能。」「那麼我能當上元帥嗎？」「元帥們有他們自己的孫子。」

在地方黨部的大樓上掛着一條巨幅標語：「不在這裏勞動不得食。」
〔按：「不勞動不得食」是列寧在1918年的《論饑餓》裏的一句話，1920年代成為一句家喻戶曉的政治標語。笑話的意思是，「在黨裏便有飯吃，也才有飯吃」。〕

一位領導在台上做報告：「在共產主義制度中，我們豐衣足食。」
台下聽報告的有人弱弱地問：「那麼我們呢？」

勃列日涅夫時期，整個社會的冷漠、腐敗和道德危機與政治衰敗一起日益外露，成為犬儒社會的併發症。戈爾巴喬夫成為總書記後，在1987年1月27日的一次中央全會上把勃列日涅夫時期的併發症描述為「消極作用的積累」和「社會內部一種危機的症狀」。按戈爾巴喬夫的說法，所有這一切對意識形態有明顯不利影響：「社會主義的理論概念在許多方面仍停滯在30年代和40年代的水平上」。他抱怨勃列日涅夫時期一直沒有把蘇聯社會的理想和現狀之間的矛盾作為「高度科學研究的對象」。在社會科學方面，「生動活潑的討論和創造性的思考」消失了，而「倚仗權勢的估計和考慮被讚揚為不容置疑的真理」。嚴重的政治和意識形態缺失「在許多情況下企圖用冠冕堂皇的活動和宣傳聲勢……無數次的慶祝會和紀念會加以掩飾……日常的現實世界和被粉飾的太平世界越來越發生了矛

盾。[4] 在勃列日涅夫之前，赫魯曉夫領導下的非斯大林化雖然矛盾，但相對還是樂觀的。與赫魯曉夫時期相比，勃列日涅夫領導下18年(1964年10月——1982年11月) 的特點就是靜止不動，因此被稱為「停滯」的時代。他的統治在政治上毫無創新精神，不僅重新斯大林化，而且還又一次再造威權專制，並再次祭出個人崇拜。

勃列日涅夫上台後很快就停止從監獄和集中營釋放犯人，中止了赫魯曉夫時期對政治犯的平反工作，並於1965年秋開始逮捕自由派知識分子。赫魯曉夫時期的政治改革術語，包括「社會主義法制」和「克服個人崇拜」不再使用。對斯大林和斯大林時代的批評大大減少，而代之以讚揚蘇聯在第二次世界大戰中的武功和英雄主義，用讚揚黨的成就 (而且日益增多對軍隊的讚揚) 來代替對斯大林往事的批判性反省。

1971年蘇共24大更是強調扭轉政治改革的勢頭，代之以意識形態的鬥爭，重演意識形態戰爭的戲碼。勃列日涅夫宣稱，「我們生活在持續的意識形態戰爭條件下」。為此，他宣佈，「堅定地、有效地及時消滅任何意識形態的缺陷」是一種社會主義義務。勃列日涅夫特別批評西方廣播系統向蘇聯民眾傳遞新聞。不同政見者、民權運動成員和改革者被稱為賣國者、叛徒，甚至間諜。

以勃列日涅夫為首的新蘇共領導刻意淡化斯大林時期的災難性歷史事實，他們需要繼續用斯大林這把「刀子」。為了維護斯大林的「歷史地位」，他們強調蘇聯不同歷史時期發展的整體性和布爾什維克傳統的延續性，強調總的巨大成就，淡化

4　Wolfgang Leonhard, "The Bolshevik Revolution Turns 70." *Foreign Affairs*, Winter, (1987–1988). 譯文見沃爾夫岡·萊昂哈德：《蘇聯70年來的政情》載《回顧，反思，教訓》，第296頁。

犬儒與玩笑

局部的暫時失誤。偉大、光榮的布爾什維克傳統成為新一代領導統治合法性的依據。勃列日涅夫領導集團一方面更積極評估斯大林時代，一方面切割與赫魯曉夫非斯大林化的關係，把執政重點從改革和改造轉移到維穩和鞏固最高領導與一黨專制的權力和權威。在意識形態領域中，不再宣傳新的觀念和目標，而是加強對異端分子、不同政見者和改革者的鬥爭，強調永遠不變的愛黨即愛國，而領袖就是黨和國的化身。

電視第四頻道開播第一天，一個蘇聯人打開電視，轉到第一頻道，是勃列日涅夫在講話。他轉到第二頻道，還是勃列日涅夫在講話。他轉到第三頻道，仍然還是勃列日涅夫在講話。他轉到第四頻道，看到的是一位KGB軍官，對他搖搖手說：「不要再轉頻道了。」

勃列日涅夫躺在沙灘上，用巴拿馬草帽遮着臉，閉着眼。一條狗跑過來舔他的褲襠。他連眼睛都不睜開地說：「喂，同志，這太過份了吧。」

革命前，俄國人只有兩種感覺：冷和餓。現在他們有了三種感覺：冷、餓，還有對黨的深深感激。

「蘇聯人民的第六感覺是什麼？」
「對黨的衷心感激。」

二　狗尾續貂的個人崇拜

強調威權專制和黨的絕對領導，與此相一致的是重新確立

作為最高權力代表的領袖，也就是勃列日涅夫的個人權威，赫魯曉夫解凍時期曾批判過的個人崇拜又捲土重來。為個人唱讚歌本來就已經令人反感，加上勃列日涅夫本人的平庸，個人崇拜更成為政治笑話的靶子。

「現在有個人崇拜嗎？」「有崇拜，但無可崇拜的個人。」

為了樹立勃列日涅夫的權威，1970年代，蘇聯出版了三本由他人代筆寫成的勃列日涅夫「自傳」——《小土地》《新生》《處女地》，講述這位新領袖青年時期的事蹟以及他領導工業和農業工作的傲人成就。不僅如此，勃列日涅夫還在1979年獲得了列寧文學獎。於是有了這樣的政治笑話：

你聽說勃列日涅夫的新書《新生》已經翻譯成意大利語了嗎？意大利語的書名是「里奧納多再世。」
［按：里奧納多是文藝復興天才達芬奇的名字。］

一位老布爾什維克於1970年出版了一部回憶錄，其中寫道，「我記得1917年10月的一天，列寧和他的同志們在彼得格勒的街上走來，他們在討論應該什麼時候發動對臨時政府的革命。這時候走過來一個眉毛長得很濃的小孩，他對他們說，『10月25日，叔叔們，25日。』」
「嘿，小傢伙，」列寧說，「你叫什麼名字？」
「列卡」。
［按：勃列日涅夫的名字是「列昂尼德·伊里奇」，列卡是昵稱。］

1945年4月底。朱可夫元帥打電報給斯大林報告軍情發展和作戰計劃。斯大林答道，「朱可夫同志，你的作戰計劃很好，但給我15分鐘，讓我和勃列日涅夫上校商量一下。」

勃列日涅夫獲得過許許多多的榮譽和各種勳章，得到過260多種獎章，光在軍服上佩戴的勳章就有60多枚。朱可夫元帥不過46枚。他得過5枚蘇維埃英雄和蘇聯勞動英雄的金質勳章。所以有這樣的笑話：

你聽説勃列日涅夫要動手術了嗎？他要做擴胸手術，好佩戴更多的勳章。

「勃列日涅夫為什麽當的元帥？」「因為佔領了克里姆林宮。」

「你的業績無人知曉，你的英名長存於世。」

勃列日涅夫成為政治幽默的笑料，用亞當斯的話來説，是因為「他既沒有受過好的教育，也沒有睿智。他能夠成為黨的最高領導，説明這個黨已經根本不是革命開始時的那個黨了……他是有他的精明之處，但既沒有學養，也沒有文化。」這樣的人很難真正讓有文化的人們看得起，在這一點上「有文化的人是很勢利的」。[5] 勃列日涅夫本人成為勃列日涅夫時代的象徵，他1974年第一次中風，1976年又第二次中風，成為蘇聯領導層老邁、昏庸、無能的象徵。1966年蘇聯政治局委員的

5　Bruce Adams, *Tiny Revolutions in Russia*, p. 114

平均年齡是58歲，1981年則為70歲。[6] 很多關於勃列日涅夫的笑話都與他昏庸無能的個人形象有關。這些笑話與斯大林時期政治笑話的內容——暴力、恐懼、處死和失蹤、假審判、瘟疫般的肅反、勞改，以及斯大林個人的暴戾、殘酷和喜怒無常等等——形成了鮮明的對比。

勃列日涅夫的住所響起了電話，他太太拿起電話，聽到一個女人的聲音，便問，「是誰？」「我是伊里奇的老同學」。「你這個婊子，列尼沒有上過學。」

「世界上最漂亮的老人院在哪裏？」「在克里姆林宮。」

1980年勃列日涅夫在奧林匹克運動會開幕式上致詞：「O!O!O!O!O!」。
助理趕緊提醒他：「講詞在下面，這是奧林匹克的符號。」

有人敲勃列日涅夫的門，他拿起一張紙，找到要說的那句話，走到門口，問：「誰在那裏？」

蘇共23次代表大會上，勃列日涅夫作報告，他問：「我們這裏有沒有敵人？」一個人回答：「有一個，他坐在第四排第十八號位子上。」勃列日涅夫問：「為什麼他是敵人？」回答：「列寧說過敵人是不會打瞌睡的，我發現全場只有他一個人沒有打瞌睡！」

烈日涅夫對蘇聯人作廣播講話：「同志們！我有兩個重要

6　Ben Lewis，*Hammer and Tickle*, p. 214.

犬儒與玩笑

消息要宣佈——一個是好消息，一個是壞消息。壞消息是今後七年我們只能吃屎，好消息是大量供應。」

三　停滯時代的列寧笑話和笑話質量

　　勃列日涅夫時期是「列寧笑話」大盛行的時代，一下子出現了這麼多關於「革命導師」列寧的玩笑，這在以前是從來沒有過的。1970年蘇聯官方隆重慶祝列寧誕辰100周年紀念，為了頌揚這位偉大的領袖，政府建立博物館，樹立列寧塑像，頒發歌曲和詩歌獎，出版了許多書籍和紀念文冊，廣播和電視不斷推出各種節目。官方宣傳重新啟用革命時代的口號，並以列寧的名字命名許多工廠、農莊和新產品。雖然有的蘇聯人仍然對列寧懷有敬意，但是，官方無休無止、狂轟濫炸、鋪天蓋地的宣傳的效果卻是適得其反，令人生厭，簡直成了對列寧的高級黑。無所不在的宣傳反倒讓列寧和宣傳列寧一起成為笑料：

　　一對新婚夫妻去傢具店買了一張三人床，因為「列寧永遠和我們在一起」。

　　新建的紀念噴水池叫「列寧溪」
　　香水叫「列寧味」
　　化妝粉叫「列寧的骨灰」
　　乳罩叫「列寧山」
　　雞蛋叫「列寧球」
　　孩子玩具是裝有按鈕的列寧陵寢，一按開關，就會蹦出斯大林的棺材。

勃列日涅夫時期出現大量關於列寧的政治笑話，這標誌着蘇聯人與蘇聯政權的徹底疏離。列寧是蘇維埃革命和文化傳統的開創者和奠基者，勃列日涅夫時代蘇聯的權貴精英政權已經完全背離了列寧當年對普通大眾富有號召力的革命理想和道德價值。但是，只要蘇聯政權還打着「共產主義」的旗號，它就不得不把列寧作為其合法性的最重要的支柱，列寧的誕辰和去世日也就必然是重要的官方紀念日。但是，誰都知道，對列寧的紀念是一種政治儀式和政權合法性象徵，而不是真的要回歸他所代表的革命理想和價值。對列寧的政治玩笑針對的往往並不是列寧本人，而是官方宣傳對他的利用和政治宣傳的虛偽和欺騙。詩人馬雅可夫斯基的著名詩句「我們說『列寧』，指的是黨。我們說『黨』，指的是列寧」被加上了一句，「五十年來，我們總是說東，指的卻是西。」另一詩句「列寧死了，但他的事業還在」變成了「列寧死了，但他的遺骨還在」。

　　一位學生鬍子拉碴地跑進教室，教授問，你怎麼這個樣子。「我害怕。我打開廣播，廣播裏說『列寧活着』。我打開電視，電視裏說『列寧活着』。嚇得我不敢再開我的電動剃鬚刀了。」

　　勃列日涅夫要為列寧紀念日定制一幅「列寧在波蘭」的畫像。蘇聯藝術家都是社會主義現實主義學派的傳人，沒法用一個從來沒有發生過的題材作畫。最後，勃列日涅夫只得請一位名叫萊維的老畫家來完成此項任務。畫作完成後舉行揭幕典禮，只見畫上是一個男子與一個像是列寧妻子的人躺在床上。勃列日涅夫怒不可遏地問：「這個男人是誰？」畫家回答：「是托洛茨基。」「那個女人又是

　　　　　　　　　　　　　　　　　　犬儒與玩笑

誰？」勃列日涅夫又問。「勃列日涅夫同志，她是列寧的太太。」「那麼列寧呢？」「列寧在波蘭。」

一位工人非常感動地走出列寧陵墓說，「這個狗娘養的像是活的。」
一位警察攔住他，質問道，「你知道這是什麼地方嗎？」
「你說啥？我是說，我們親愛的伊里奇，他像是還活着，我他媽的不相信。」
「你知道這是什麼地方？」警察吼道。
「我沒說啥呀，我是說，列寧……」
「去他媽的列寧。我在問你，你知道這是什麼地方嗎？」

學校的孩子們訪問列寧的遺孀娜蒂亞·克魯普斯卡婭。
「娜蒂亞奶奶，請給我們講一個列寧的故事。」
「孩子們，列寧是一個很有愛心的人。我記得有一次一群孩子來訪問伊里奇，列寧正在刮鬍子。孩子們說：『和我們一起玩吧』。列寧眼裏充滿了慈祥地對他們說：『你們這些小畜生，他媽的滾！』他沒有動刀子。」

莫斯科舉行一項報時鐘 (布穀鳥鐘) 的製作比賽，三等獎得主的鐘每到點就出來一隻布穀鳥，叫着「列寧，列寧」。二等獎得主的鐘每到點出來的一隻布穀鳥叫着「列寧萬歲，列寧萬歲」。頭等獎得主的鐘每到點就會有列寧跑出來叫着「布穀，布穀」。

新的列寧笑話與舊的列寧笑話不同，尤其是笑話的「妙語」(punch line) 部分。舊列寧笑話的妙語明顯是諷刺共產主義

的，但對列寧還抱有敬意，並不直接侮辱列寧。但是，新列寧笑話——與許多後期的勃列日涅夫笑話一樣——則往往是對列寧本人進行粗魯的嘲弄，經常運用污言穢語、髒話和性幽默。這是一則1920年代的列寧笑話：

> 有一個人去拜偈列寧墓，守衛對他說，「列寧死了，但他的理想永遠還在。」
> 這個人說：「我倒希望列寧還在，死的是他的理想。」

斯大林時代的列寧笑話實際的是他與斯大林的關係，嘲笑的對象是斯大林，列寧只是附帶的。這是一則1950年代的列寧笑話：

> 一個人入地獄見到希特勒和斯大林所受的刑罰並不一樣。他問，「為什麼希特勒站在齊脖子的燙屎尿裏，而斯大林只到腰部？」「因為斯大林站在列寧的肩上。」

與這樣的列寧笑話相比，1980年代勃列日涅夫時期的列寧就不再是蘇聯共產主義理想的化身或是斯大林主義暴力統治的始作俑者，而是小丑、布穀鳥時鐘、與老婆做愛的人。後一種列寧笑話有更明顯的鄙夷不屑意味。不難看出，列寧被拉下了神壇，不僅成為一個凡人，而且是一個滑稽可笑的凡人。

勃列日涅夫時期，大多數蘇聯人對統治意識形態已經徹底幻滅，對政府和領導階層完全失望，他們的政治笑話裏充滿了不滿、憤怒、鄙視。但是，勃列日涅夫時代的蘇聯社會卻是非常穩定，顯示出極權專制下近乎完美的維穩效果。整個蘇聯社會陷入了一種集體性的犬儒主義，一方面是憤世疾俗，一方面

是委屈求全。這種分裂精神狀態非常便於把對現有秩序的不滿轉化為一種不拒絕的理解，一種不反抗的清醒和一種不認同的接受。赫魯曉夫被廢黜後，蘇聯社會群體性事件漸漸消失。1964年前5個月KGB記錄的有反蘇內容的傳單和信件一共只有3千件，這個數字大約是1963年下半年1萬1千件的四分之一。從1969至1977年，在這麼長的停滯時期內，蘇聯沒有發生過一樁因群眾動亂的公開鎮壓行動，至少連一次這樣的記錄都沒有。當然，這不等於政治笑話已經變成了一件完全沒有危險的事情：

> 「勃列日涅夫先生，你有什麼愛好嗎？」
> 「我收集關於我的政治笑話。」
> 「你收集到多少了？」
> 「夠裝兩個半集中營的了。」

　　本‧路易斯對勃列日涅夫時代政治笑話的評價是：「這是一個暗淡的共產主義和共產主義笑話的時代。很少有新的笑話，而好的新笑話就更少」。[7] 當時甚至還有關於缺少新笑話的笑話：

> 「為什麼現在沒有新笑話？」
> 「拉賓諾維奇移民去了。」
> ［按：拉賓諾維奇 (Rabinovich) 是一個猶太名字，猶太人以善於編笑話、說笑話著稱。］

　　路易斯總結了新笑話質量下降的幾個原因。第一，笑料不夠，「妙語部分不那麼妙了，為了彌補這一不足，笑話拖得比

7　Ben Lewis, *Hammer and Tickle*, p. 213.

以往長了許多」。笑話失去了精煉機警，而變得過於雕鑿修飾，「就像文明衰落期藝術的那種毛病」。第二，笑話的語氣失去了先前的激憤、悲滄和絕望，「無論笑話好不好，都帶着一種倦怠和無聊」。第三，有的笑話拖沓冗長，像是連續的新聞事件，給人生編硬造的感覺，難以形成明確的興奮點。第四，有的笑話像是乏味的猜謎和腦筋急轉彎，雖然誇張，但卻了無新意。例如，

「什麼東西有40顆牙齒，4條腿？」「鱷魚。」
「什麼有4顆牙齒，40條腿？」「共產黨中央委員會。」
［按：諷刺中央全是老人，是老人政治。］

雖然說政治笑話在勃列日涅夫時代仍然是犯忌的，但官方對政治笑話似乎失去了以往的那種警惕和害怕。勃列日涅夫對流行的關於他愛戴勳章的笑話不以為然，他自己開玩笑說，要去做擴胸手術，這樣胸前才掛得下所有的勳章。他還說，「人家說我笑話，說明他們愛戴我。」勃列日涅夫時代，警察注意的不是說笑話的人，而是著名的政治異見人士，而許多異見人士對不痛不癢的所謂政治笑話不僅沒有興趣，而且不屑一顧。這就像當今中國一些「嚴肅」思想者對韓寒式的噱戲不但缺乏理解，而且抱有敵意一樣。在勃列日涅夫執政的18年間，一共只有大約3000人因反蘇宣傳罪被逮捕，平均每年不足120人，而被逮捕者中許多是因為與政治異見者的蘇聯和東歐的地下出版發行系統 (Samizdat) 有牽連。1974年，黨中央給KGB首腦安德羅波夫 (Yuri Andropov) 去信，提醒他，有太多人因反蘇宣傳罪被捕，安德羅波夫回答說，赫魯曉夫在解凍時期2年內逮捕的人就已經趕上了勃列日涅夫的前10年所逮捕的人了。

從1964年至1981年，蘇聯法院檔案中完全沒有關於政治笑話的記錄。1981年至1983年的零星案件顯示，只是當「反蘇言論」與其他政治威脅一起出現時(如波蘭團結工會的抗議活動)才會被KGB重視。1981年官方辦的諷刺與幽默雜誌《鱷魚》(Krokodil)收到了幾封內含政治笑話的來信。雜誌社人員將信交給KGB，因為害怕是KGB設下的陷阱，所以不敢不報告。KGB對此進行了6個月的調查，最後查出了寫信的人——一位與政治異見者有聯繫的婦人。她被逮捕，罪名是收集政治笑話，並於1982年7月判刑5年流放。這是勃列日涅夫時期很少數被捕案例中的一個。[8]

四　勃列日涅夫時期的意識形態敗落

布爾什維克革命60年後的勃列日涅夫時期，蘇聯意識形態的可信度降到最低點。馬列主義一度是啟示、希望和力量的源泉，而現在只是嘴上說說，只有很少一部分人認真對待它。自赫魯曉夫1964年下台之來，官方意識形態影響不斷明顯失效，以至於被稱為蘇聯社會的意識形態真空時期。導致官方意識形態敗落有三個主要原因：理論與現實的矛盾和脫節、制度的低效和落後、腐敗蔓延和價值觀崩潰。

第一，官方意識形態敗落是因為馬列主義理論和蘇聯現實之間有難以調和的矛盾。越來越多的蘇聯公民和黨員，甚至是黨的官員開始反問自己：自稱建成社會主義和好社會制度的意識形態為何與現實情況不相稱？如何解釋在蘇聯發生像斯大林獨裁、大恐怖、大清洗這類難以置信的和非人道的事情？黨的官員的特權、明顯的社會不平等和日益增長的民族衝突與馬列

8　Ben Lewis, *Hammer and Tickle*, pp. 217–218.

主義為什麼發生矛盾？「社會主義民主」的主張和現行的黨官僚機構之間衝突又是什麼原因？

所有這些矛盾、不協調和似是而非的現象都普遍地造成蘇聯人對「主義」的幻滅，即使在一些高層領導中也是如此。前蘇聯將軍伏爾科戈諾夫將軍 (Dmitri Volkogonov) 是蘇軍心理和意識形態戰部門的負責人，出版過關於列寧、斯大林和托洛茨基的歷史著作。就是這麼一位有學識的高級將領「也因為隱藏在檔案裏的令人髮指的往事而在心裏與自己的懷疑苦苦掙扎」。有一篇關於伏爾科戈諾夫將軍的文章寫道，「他對歷史研究得越深入，就越加幻滅。他對共產主義的絕對忠誠最後轉化為強烈的憎恨。在他晚年，他的行為像是一個從長期催眠中蘇醒過來的人。」他承認，「我是一個斯大林主義者。我為加強這個制度出過力，現在我要摧毀它。」他和許多蘇聯知識分子一樣，「認為災難的根子在列寧主義這個意識形態：抽象的理論造就了狂妄的信徒……布爾什維克主義的烏托邦和殘忍造就了極權國家」。[9]

官方意識形態敗落的第二個原因是它錯誤地估計了資本主義的命運。蘇聯關於西方工業化國家發展趨勢的斷言已證明是錯誤的。西方社會既沒有兩極分化為兩個對抗的階級，中產階級也沒有發生分解；沒有跡象表明，隨着社會主義革命的勝利，西方資本主義出現了蘇聯官方宣傳所說的那種腐朽沒落、瀕臨滅亡的情況。馬列主義官方學說無法認識，更沒有能力分析和解釋西方現代工業社會的成就和成功發展。

1970–1980年代，蘇聯人越來越多地了解西方社會，蘇聯與西方的對比也越來越不利於蘇聯。蘇聯人從自己親眼熟悉的現

9　Alessandra Stanley, "Dmitri Volkogonov, 76, Historian Who Debunked Heroes, Dies." *New York Times*, Dec. 7, 1995.

犬儒與玩笑

實越加意識到蘇聯制度的低效和落後。蘇聯作家瓦西里·阿克蕭諾夫 (Vassily Aksyonov) 寫道，「毫無疑問，早在 (戈爾巴喬夫) 改革之前，黨的基層中就已經滋長着深深的不滿。雖然自詡為『蘇聯人民的先鋒隊』，黨員們在這個病態的統治下覺得憋屈和羞辱。他們享受不到西方的物品，沒有美元，不能到 (西班牙) 迦納利群島 (Canary Islands) 去度假。這些都是高高在上的領導和他們的子女才能享受的特權。」[10] 有辦法有關係的蘇聯人都忙着辦移民離開這個國家，以猶太人移民以色列為多：

有一個蘇聯人要申請移民，領導問他為什麼要移民。他說：「我在美國的伯伯病了，要我去照顧。」
領導說：「那你為什麼不讓你伯伯到蘇聯來。我們會照顧他的。」
這個人回答道：「我伯伯身體有病，但他頭腦並沒有毛病啊。」

現在蘇聯的猶太人分為這樣幾類：正在移民的、想要移民的、雖然想但沒辦法移民的。

「一個幸福的猶太人對一個不幸的猶太人會說些什麼？」
「會得意洋洋地從紐約給他打個電話。」

兩個猶太人帶着行李箱在莫斯科謝列梅捷沃國際機場等飛機。機場廣播裏說：「由於蘇聯政府代表團要飛往維也納，飛機延誤一個半小時。」

---

10 Vassily Aksyonov, "Intellectuals and Social Change in Central and Eastern Europe." *Partisan Review*, no. 4, 1992, p. 613.

一個半小時後，機場廣播裏又説：「由於蘇聯政府代表團要飛往維也納，飛機延誤一個半小時。」

一個半小時後，廣播裏還是這句話。一連好幾次，説了又説。

兩個猶太人中的一位對另一位説：「你瞧，他們都走了，也許我們反倒該不走才是。」

［按：幾乎所有前往以色列或美國的移民都經由維也納轉機］

一個猶太人拿着證明文件去取護照，經辦人問他為什麼要離開蘇聯。他説：我有兩個理由。我公寓樓裏的鄰居威脅我説，蘇聯一垮台就要把我和家人全都殺掉。」經辦人説，「蘇聯永遠不會垮台，這個你知道啊。」「這正是我要離開的第二個理由。」

蘇聯公民，特別是年輕人和知識分子，對馬列主義已經從懷疑轉變為討厭，因為官方宣傳的説法無法解釋現實世界和現實社會，包括蘇聯社會的許多新問題。馬列主義不能對人類存在的問題提出令人信服的答案，沒法解除人民對道德的擔憂和危機感，更不用説消除對權貴的妒嫉和厭惡了。偷盜、貪污、賄賂、欺詐、造假、坑蒙拐騙等等惡性事件層出不窮，成為社會常態，整個國家的道德亂象令人憂慮，卻又無可奈何。勃列日涅夫的侄女柳芭・勃列日涅娃 (Luba Brezhneva) 回憶道，「在我伯伯當總書記的時期，偷盜盛行，變成了日常生活的常態，沒有人再覺得偷盜可恥。」[11] 這話一點也不誇張，因為勃列日涅夫自己就知道是這樣。

勃列日涅夫有一次在扎維多夫的別墅裏 (是起草他講話的

---

11 Luba Brezhneva, *The World I Left Behind*. New York: Random House, 1995, p. 218.

犬儒與玩笑

地方) 與一些人談話,「有人對勃列日涅夫說,工資收入低的人生活艱難,而他回答道:『您不了解生活。誰也不靠工資生活,我記得,年輕時,在中等技術學校讀書時我們去裝卸貨車掙額外收入。我們是怎麼幹的呢?把三袋或三箱東西扛到那裏去時,給自己留下一袋或一箱。我們國家裏大家都是這樣幹的。』魚是從頭爛起的,是的,這話講得對。無論是陰暗的經濟,還是服務領域裏的敲詐勒索、官吏們的貪污,勃列日涅夫都認為是正常的。這幾乎成為普遍的生活準則。我們回憶一下聖西門早就指出的話,民族和個人一樣也可能是兩種生活法:要麼偷盜,要麼生產。」[12]

官方意識形態敗落的第三個原因是,它已經不能為社會提供支撐道德信仰的價值體系。在這種情況下,整個社會的道德失范成為意識形態敗落的病灶和結果。勃列日涅夫時期是一個腐敗滋生蔓延的時期。擔任過戈爾巴喬夫政府人事部長的瓦列里·博爾金 (Valery Boldin) 對此寫道,「由於民眾對政治領導人失去信任,經濟形勢更加惡化了⋯⋯勞動紀律極其渙散,每天都有成千上萬的人不出勤⋯⋯產品質量很差⋯⋯農場買來的農業機械一塌糊塗,都無法使用⋯⋯這意味着有三分之一的莊稼無法收穫。各種物資都很匱乏⋯⋯工人們不得不花時間去找買不到的物品,比花在勞動生產上的時間都多⋯⋯酗酒的現象也很普遍。」[13]普通人對制度的弊病心知肚明:

一位政治異見者在廣場發傳單。過路人拿到傳單,只見上

---

12 布林拉茨基:《勃列日涅夫和解凍的失敗》,趙泓譯,載《回顧·反思·教訓》,華東師範大學蘇聯東歐研究編輯部發行 (無出版時間),第270頁。

13 Valery Boldin, *Ten Years That Shook the World: The Gorbachev Era as Witnessed by His Chief of Staff*. New York: Basic, 1974, pp. 35–36.

面一個字都沒有。有人便對他説，「喂，你上面什麼也沒説啊。」發傳單的人説：「還要説什麼，大家都明白。」

權貴階層只關心自己的特權和享受，儘管社會中普通人的民生問題非常嚴重，但他們照樣過着舒適、奢侈的生活。柳芭·勃列日涅娃寫道：

「高層官員的腐敗當時並不廣為人知，只是在蘇聯瓦解後才遭到披露，許多高層領導和他們的家人享受各種特權，根本不拿人民的利益或福祉當一回事。

權貴與普通民眾幾乎生活在兩個不同的世界裏……權貴們有他們專門的食品店、醫院和藥房、他們自己的游泳池、加油站、專用電話……學校……裁縫和制衣師，甚至專用的墓地。

每個黨的權貴都有一個越來越大的小圈子：他自己的家人，太太和情婦的親戚、私生子女、兒子和孫子的朋友們。

我從來沒有看見這些權貴穿過蘇聯生產的衣服……

國家的度假地是專門給權貴使用的……有養馬房、果園和種植暖房。」[14]

官方意識形態衰敗早已是有目共睹、盡人皆知，充分暴露在人們的眼前。但是，迫於來自國家權力的強制宣傳和言論控制，人們假裝着什麼事情也沒有發生。整個國家上上下下都在玩自欺欺人的假面遊戲，每個人都在明知別人也心知肚明的情況下，帶着假面參與一個徹底犬儒主義的集體謊言和相互欺騙。瓦列里·博爾金寫道，「問題出在最高層的領導喪失了權

---

14 Luba Brezhneva, *The World I Left Behind*, pp. 226, 232, 233, 242–243, 331.

　　　　　　　　　　　　　犬儒與玩笑

威⋯⋯欺騙的病毒損壞了黨的免疫機能⋯⋯腐敗不僅僅發生在黨內。在工業化時期和英勇抵抗希特勒時期，黨因為有理想而有力量，如今這種力量被消蝕了。黨員們入黨是為了自己的利益，領導層被老人把持，黨脫離了人民。」[15] 在這些情況下，黨關於加強意識形態工作的一再要求遭到冷遇甚至抵制，是可以理解的。馬列主義的意識形態一度是啟示的源泉和政權合法化的依靠，如今在蘇聯社會中不再具有生命力。意識形態教育和宣傳的單調和片面普遍使人生厭，空洞的「主義」成為笑料。蘇聯政權在大多數人民心目中早就喪失了信用，它用意識形態謊言來描繪的現實和未來美好圖景都成了一堆笑話：

一個工人說：「我們已經實現了共產主義。」
有人問：「為什麼？」
「因為我們實現了各盡所能，各取所需的分配原則。」
「什麼？」
「你沒見我們的領導各取所需，工人各盡所能？！」

斯大林做報告說：⋯⋯共產主義已經出現在蘇聯的地平線上了⋯⋯
老工人不知道什麼是地平線，回家後問兒子，兒子說：地平線就是能看到卻永遠走不到的一條線。

「社會主義制度的優越性在哪裏？」
「成功地克服了在其它社會制度裏不會存在的困難。」

一個蘇聯人家中總是被偷，很鬱悶地問鄰居：「什麼時候

15 Valery Boldin, *Ten Years That Shook the World*, pp. 281–282, 284.

我們家的東西才能不被偷？」

鄰居：「等到了共產主義社會就不被偷了。」

「為什麼？」

「因為在社會主義階段就已經偷光了。」

　　馬列主義一直是蘇聯所有高等院校的必修課，但這並沒有能起到阻止意識形態衰落的效果。相反，它實際上促使意識形態更加遭人厭棄，因為它的空洞和虛偽使青年人在心裏對它更加討厭。課程是片面的、圖解式的、乏味的、和日常生活關切的事毫不相干。學生不得不死記硬背那些臆測的，自稱一貫正確的論點，食而不化地重複官方意識形態的概念和原則。學校不允許學生們去主動關注馬克思主義各種有主見的變種，對托洛茨基主義、中國和南斯拉夫的共產主義、法蘭克福學派和歐洲共產主義的研究仍然是禁區。所有這一切使蘇聯的年輕一代得出這樣一個結論：馬列主義只不過是當局的一種統治手段，是維護其統治權力合法性的狗皮膏藥。勃列日涅娃回憶說，「在聽政治科目的宣教時，我總是會陷入一種昏昏沉沉的麻木。」[16] 她對政治異見者和索爾仁尼琴的作品反而更感興趣。有一次她問伯伯勃列日涅夫是不是也讀過索爾仁尼琴的書，「他大發雷霆，很驕傲地說他從來不讀那種反蘇垃圾。『但是列寧也閱讀資產階級文學呀。列寧說過，我們必須認清敵人的面目』」。她還記敘道：「有一次⋯⋯我問勃列日涅夫，為什麼我必須捍衛自己的權利，為什麼他覺得閱讀是這麼一件大逆不道的事情。他說，『因為如果人人隨心所欲，那麼我們的國家就無秩序可言了。』」[17]

16　Luba Brezhneva, *The World I Left Behind*, pp. 148, 159, 184, 185.

17　Luba Brezhneva, *The World I Left Behind*, p. 162.

　　　　　　　　　　　　　　　　　　　　　　犬儒與玩笑

守護一個陳舊殘缺、人們不再信任或相信的秩序，用國家機器的武力去竭力維持它，而不是面向未來地積極創造一種新秩序，這是勃列日涅夫停滯時代的主要特徵。他統治下的秩序雖然看上去穩定，但並沒有信仰的基礎，因此不得不全靠暴力來維持。柳芭的父親，也就是勃列日涅夫的弟弟，「是一個一門心思遵循官方路線的黨員，他問擔任總書記的哥哥列昂尼德·伊里奇·勃列日涅夫，『列昂尼德，共產主義會實現嗎？你是怎麼想的？』列昂尼德被逗笑了，他説：『天哪，雅夏，你在説什麼呢？共產主義這種胡話是説來哄老百姓的。我們總不能讓老百姓沒有信仰吧。教堂沒有了，沙皇槍斃了，總得有代替的東西吧。所以才叫他們建設共產主義。』我父親聽了這一番話，垂頭喪氣了好一陣子。」[18]

許多蘇聯公民用不同方式謀求一種能代替官方意識形態的信仰，有的人從宗教那裏找到了替代物。越來越多的青年人，甚至包括黨的官員子女公開承認他們的宗教信仰──這使黨感到煩惱萬分。但是，也有人發現，尋求個人的歷史根源和民族傳統也可以成為另一種信仰替代品。還有各式各樣其他的想法，有的對社會民主主義產生好奇和興趣，有的對新斯大林主義或民族保守主義有所懷念和期待。勃列日涅夫時期的統治階層已經到了病急亂投醫的地步。為了保住政權，只要不是政治上的自由民主改革，他們什麼都願意拿來當救命稻草試一試。其中最方便的就是回到曾經高度有效的斯大林主義，結果便是時不時會饑不擇食地到斯大林時代的意識形態武器庫裏去翻找搜尋，希望能找到一兩件還有借用價值的東西。這種借用既無系統又脫節於時代，只能是東施效顰、不倫不類、狗尾續貂，本身就是笑料。時過境遷，時代畢竟無法倒轉。蘇聯人似乎已

18 Luba Brezhneva, *The World I Left Behind*, p. 162.

經有了某種預感：那種似乎一時有效的復舊其實是色屬內荏、強弩之末，不過是一場歷史劇快要落幕前的最後熱鬧而已。就像一則笑話裏說的：

列寧的時代像是在隧道裏，四面是黑的，但前面有光亮。斯大林時代像是坐公共汽車，一個人開車，車上的一半人坐着（在牢裏），另一半人站在那裏顫抖。赫魯曉夫時代像是馬戲團：一個人不住地在說，其他所有人都哈哈大笑。勃列日涅夫時代像是在看一部糟糕的電影，所有人都在等待電影結束散場。

7 政治笑話中變化的「政治」
——戈爾巴喬夫時期

　　蘇聯的政治笑話並不總是有明顯的「政治靶子」，並不總是直接針對蘇聯的制度、政黨、權力、警察、專制統治、社會管制、思想鉗制等等。克利斯蒂·大衛斯 (Christie Davies) 在《笑話與靶子》中指出，「在蘇聯，政治笑話經常嘲笑領導者個人，但是，更重要的是，笑話嘲笑整個政治和社會制度。只有納粹德國的「悄悄耳語的笑話」(Flusterwitze) 才能稍微與蘇聯笑話相比。在蘇聯，以各種各樣事物為靶子的笑話匯總為單一種類的政治笑話。因此，笑話的靶子雖然不同，如腐敗、族裔群體、地域、男人和女人、宗教、醉鬼、監獄、死亡和災禍、質量不佳的汽車，但都有了政治的性質。」[1]

　　這種「非政治」的政治笑話特點在戈爾巴喬夫時代尤為顯而易見，但是，即使如此，戈爾巴喬夫在位的6年裏也只產生了很少的笑話——政治笑話的時代已經過去了。亞當斯在《俄國的微型革命》裏將此歸結為兩個原因，第一，戈爾巴喬夫本人既不蠢笨、老邁昏聵，也不暴力、霸道、粗魯。第二，就算他在改革的過程中屢屢犯錯，但他提出的「公開」(開放，glasnost) 和「改造」(改革，reconstruction) 還是得到民眾支持的。一旦人們可以公開地討論與他們實際利益有關的公共問題，他們也就不那麼需要用說笑話來發洩被壓抑的情緒了。

1　Christie Davies, *Jokes and Targets*. Bloomington, IN: Indiana University Press, 2011. pp. 214–215.

一　戈爾巴喬夫的改革

　　戈爾巴喬夫於1985年成為蘇共總書記,在不到一年的時間裏就開始了他的改革計劃:「開放」和「改造」。戈爾巴喬夫上升到最高領導崗位的速度特別快,直到1978年時,他還只是北高加索斯夫羅波爾地區的第一書記。這一年夏天,他被招到莫斯科,晉升為中央書記處書記,負責農業工作。1979年11月,他作為政治局候補委員進入政治局,到1980年10月他成為政治局中最年輕的委員。1983年夏季,在安德羅波夫短暫統治期間,戈爾巴喬夫負責幹部、意識形態和消費品工業工作。1984年4月,他在最高蘇維埃對外關係委員會主席的位置上擴大了自己的影響,之後不到一年就出任蘇聯共產黨中央委員會總書記,成為蘇聯最高領導人。戈爾巴喬夫只用7年就完成了過去蘇聯最高領導人需要花30年才能完成的政治地位攀升。他的迅速上升似乎給蘇聯人帶來了某種新的希望,那就是,他還不太長的官僚生涯也許還沒有來得及將他消磨得固步自封、死氣沉沉,也許他還沒有定型為一個老奸巨猾的政客。因此,他或許能保有一些新領導所需要的果斷、獨立和創新精神。在這一點上,戈爾巴喬夫也確實曾令人覺得氣象一新。

　　除了戈爾巴喬夫的個性之外,他親身經歷的勃列日涅夫時期的腐敗和停滯是他決心改革的主要因素。和一些其他見識廣博、積極進取的官員一樣,他痛感蘇聯政治官僚化和經濟體制僵化嚴重阻礙了科技的更新。他特別意識到持續的農業危機給蘇聯造成的糧食供應問題,了解蘇聯各民族之間關係中存在許多尖銳的矛盾。他也明白,蘇聯意識形態在急劇衰落,社會問題在日益加劇,最重要的是,當權者在蔓延性的墮落中越陷越

深、無以自拔。[2] 戈爾巴喬夫致力於改革，擺在他面前的有三種可能的選擇：第一，在傳統的意識形態框架中提出公開和改造的改革政策，對馬列主義意識形態進行革新，以適應蘇聯未來發展的需要；第二，以俄羅斯民族主義來悄悄取代已經破損不堪，無法令人信服的馬列主義；第三，以某種形式回到蘇聯歷史上曾最為有效的專制統治模式——斯大林主義，這種可能也包括將民族主義與強勢個人結合成一種新的政治權威。

　　戈爾巴喬夫顯然選擇了第一種可能，這與他的個人背景有關。他是蘇聯的產物，但按蘇聯的標準來衡量，他又是一個非同尋常，甚至有些異類的領導人。自列寧以來，他是處於最高領導崗位的第一個法學家，也是農業專家。他出生於1931年，幼時，他曾經歷過1932年蘇聯大饑荒。他後來回憶時説：「在那個時候，我家鄉的普利里沃利諾耶村有接近一半的人餓死，包括我父親的兩個姐姐和一個哥哥。」他的祖父和外祖父在1930年代都以編造的罪名被逮捕，他父親的祖父安德瑞‧莫伊謝耶維奇‧戈爾巴喬夫也被送到西伯利亞流放。1955年，他14歲時加入共青團，是在斯大林死後開始的政治生涯。他是蘇聯第一個沒有參加過第二次世界大戰的最高領導人。他的改革計劃是與自勃列日涅夫停滯時期以來那種無所作為的老人政治的切割。有這樣一個笑話：

　　　　「誰在政治局裏扶持戈爾巴喬夫？」
　　　　「他不需要，他自己能走。」

2　Wolfgang Leonhard, "The Bolkshevik Revolution Turns 70." *Foreign Affairs*, Winter (1987–1988). 譯文見沃爾夫岡‧萊昂哈德：《蘇聯70年來的政情》載《回顧，反思，教訓》，第299–304頁。

1985年3月戈爾巴喬夫被提名接替年邁的契爾年科，開始的時候，他仍舊希望通過提高蘇聯人的工作積極性和進行反酗酒運動這類措施來加強紀律性和實現他的「加速戰略」。可是，他很快發覺真正的變化只有通過「公開性」和「改造」才能實現。這兩個改革的概念是相互聯繫的。

　　戈爾巴喬夫想通過相對自由的社會討論，找到蘇聯制度缺點、問題和錯誤的癥結所在。這種「公開性」要讓新聞媒介更開放、文化藝術更自由。惟有如此方能對蘇聯的過去有真正的反思，也才能激勵蘇聯人民克服冷漠，積極投身於未來的改革。另一方面，他提出的「改造」針對的是蘇聯現有的制度，要在政治、經濟和法律方面開啟深遠的變革，目的是減少官僚主義，增加工農業企業的自主權，讓蘇聯制度變得靈活起來。

　　當然，戈爾巴喬夫並不想搞西方制度的那種民主、多元化、法治或自由市場體制。但是，他確實努力爭取一種他認為可稱「根本變革」的全面改革，而不只是滿足於對現有制度改頭換面、巧加包裝。他不想像他的前任那樣，再一次以欺騙和謊言來冒充實質性的改革。

　　戈爾巴喬夫的改革立刻遭到強大的阻力。這不只是因為蘇聯制度本身的政治惰性，也不只是因為利益集團必然會有所抵抗，而且還因為民眾對改革的冷漠和觀望。在蘇聯，由於犬儒主義的社會文化，幾乎沒有人相信這位總書記是真的想要改革或在改革上會真的有所作為。絕大多數蘇聯人都憑着多年的經驗和習慣認為，戈爾巴喬夫的計劃只不過是新官上任三把火，嘴上說說和自我宣傳而已，換湯不換藥，為的不過是改換門簾。連那些似乎應該是戈爾巴喬夫自然盟友的知識分子也都採取冷漠觀望的態度。最後是因為戈爾巴喬夫動員他們，才漸漸

　　　　　　　　　　　　　　　　　　　犬儒與玩笑

加入到了改革的行列中來。[3] 戈爾巴喬夫的改革阻力來自三個方面。第一個是上層政治領導；首先是擁有307位中央委員和170位中央候補委員的中央委員會。其中許多人擔心公開性和改造會導致當局權威的下降。他們的反對表現在：有時刪改戈爾巴喬夫的講話、推遲中央全會的召開；有時沖淡他原來的建議，再以決議形式加以通過。所有這些都顯示，戈爾巴喬夫的權力其實是有限的。他關於提拔非黨人士擔任政府重要職務和在各級政府中採用差額選舉制度的建議一直受到阻撓，沒法實現。

第二個強大的反對力量是龐大的官僚機構(光國家經濟機構內就有1530萬名官員)。這些人擔心改革會使他們失去職務和特權。

第三個阻力是來自普通民眾的犬儒主義，戈爾巴喬夫必須認真應付人民中普遍存在的疑慮。許多蘇聯公民習慣於官僚主義命令，對突然發生變動和改革感到困惑和擔憂，許多工人擔心新工資制度會帶來不利影響。普通民眾對政治變革不存期待，只求物質生活的實際改善。他們在積極支持改革前，先等待的是食品和消費品有更好的供應。在黨的官員中間，只有那些具有現代思想意識、虛心好學的和受過良好教育的少數人才真正支持戈爾巴喬夫的新方針。他本來指望得到年青一代和知識分子(科學家、藝術家和記者)中大多數人的支持。但是，即使在這些人中間，對國家權力和政治領導人的懷疑和不信任也已經形成了一種習慣性的犬儒主義。所以，在整個改革中，戈爾巴喬夫的個人作用顯得格外突出。

---

3   Vladimir Shlapentokh, *A Normal Totalitarian Society: How the Soviet Union Functioned and How It Collapsed*. Armonk, NY: M. E. Sharpe, 2001, p. 190.

戈爾巴喬夫時期的笑話裏有不少是挖苦他種種改革措施的，從反對酗酒到他提出的「改造」。一些本來有利於社會進步的事情都成了笑話的靶子，在蘇聯的語境裏，這些笑話也都被當作了政治笑話。今天，有的人在回顧戈爾巴喬夫的改革時，會將這些笑話解釋為蘇聯人民不贊成他的改革，進而證明這樣的改革是錯誤的。但是，從這些笑話本身來說，它們不過是在取笑一些部分民眾不習慣和覺得「奇怪」的事情。民眾的短視是一個犬儒社會的常見現象，他們不了解新事物，這就足以成為他們懷疑和不信任新事物的理由。戈爾巴喬夫時期的許多笑話都是民眾在拿他們不了解和不信任的新事物開玩笑。即使有的蘇聯民眾對戈爾巴喬夫的改革提出的反對意見是正確的，在一些笑話中反映出來的反對理由也是錯誤的，而錯誤的理由是無法證明反對意見正確的。政治笑話的保守性在這些笑話中表現的非常清楚：

公車司機報站：「這一站：酒店。下一站：買酒隊伍的終點。」

領導和秘書在辦公室裏做愛，「不要關門，人家會以為我們在這裏喝酒。」

在日內瓦有地方報紙記者用德文問戈爾巴喬夫，「你下一本書叫什麼？」
Mein Kampf(我的奮鬥)，戈爾巴喬夫回答。
助手對他耳語幾句。
戈爾巴喬夫接着説，「為了消滅酗酒。」

戈爾巴喬夫對積極分子發表講話：「我們必須從停滯轉變為快速發展。」

大廳裏響起一個聲音：「我們幹雙班。」

戈爾巴喬夫繼續說：「我們必須完成全面改造。」

「我們幹三班」，還是這個聲音。

「我們會盡國際義務。」

「我們會不分日夜地工作。」又是這個聲音。

會議結束後，戈爾巴喬夫找到了說話的人問他，「同志，你在哪裏工作？」

「我是挖墓隊的領班。」

在戈爾巴喬夫之前，從來沒有一位蘇聯領導人像他那樣對本國制度的缺點抱有如此直率的思考態度。他明確承認蘇聯的意識形態在許多方面停滯不前，他號召黨員放棄舊的教條，要加快思想意識的「現代化」。他主張的「公開性」確實讓媒體享受到了從來沒有過的自由，因此形成一股政治力量。以前被死死捂住的醜聞不斷被揭露出來，成為促使蘇聯解體的一個重要原因。然而，即使對一些痛恨蘇聯制度的人們，這樣的變化也來到太快，讓他們措手不及，感到不安。

「部長和蒼蠅有什麼相同的地方？」

「他們都可以用報紙來拍死。」

——為什麼肉丸子是立方形的？

——改造 (perestroika)。

——為什麼半生不熟？

——加速。

——為什麼是苦的？

——要國家批准。

——你為什麼厚顏無恥地告訴我這些？

——公開性。

戈爾巴喬夫在住所和妻子蕾莎 (Raisa) 在一起，他一大早穿着內衣走到陽台上。

「親愛的，快進來穿上睡衣。」

「蕾莎，你在房間裏看得見我在陽台上嗎？」

「看不見，我是聽自由歐洲之聲説的。」

一列穿越西伯利亞的火車開到了路軌的盡頭。不同的蘇聯領導會有怎樣的反應呢？

斯大林會槍斃司機和保鏢。

赫魯曉夫會給他們平反。

勃列日涅夫會命令放下窗簾，再命令一隊紅軍左右搖晃車廂，像是列車在行進。

戈爾巴喬夫則急得跺腳，用拳頭敲着車窗大叫：「同志們，鐵軌不夠用啦！」

蘇聯領導人坐火車旅行。鐵軌到了盡頭，火車停下。

列寧號召：「立即發動無產者搞星期六義務勞動，修鐵路，直通共產主義！」

斯大林抽着煙斗，嚴肅地下令：「給我調100萬勞改犯來，修不通鐵路，統統槍斃。」

赫魯曉夫敲着皮鞋喊：「把後面的鐵路接到前面去，火車繼續開！」

勃列日涅夫揮舞着雙手説：「坐在座位上自己搖動身體，做出列車還在前進的樣子。」

最後，戈爾巴喬夫沉思道：「把火車拆了，到有鐵軌的地方再拼裝起來。」

於是蘇聯解體了。

蘇聯人對戈爾巴喬夫改革的嘲笑和笑話固然有犬儒主義的一面，但另一方面也包含着對體制內改革及其可能成效的不信任評估——就算戈爾巴喬夫這位總設計師再誠心誠意改革，他所要改造的那個「社會主義制度」也已經是朽木不可雕矣。在許多人眼裏，蘇聯那個囿於僵化意識形態的制度是一個不可挽救的「神學制度」，美國記者和蘇聯問題專家大衛·薩特 (David Satter) 對此寫道：「一個神學制度 (theocratic system)……是很難進行教義改革的。戈爾巴喬夫試圖用不改變意識形態的方法來挽救和保存一個意識形態國家，他啟動的改革要麼能達到目的，要麼就是蘇聯滅亡。」[4]

從一開始，許多人就認為戈爾巴喬夫的改革無法達到目的，所以失敗的結局是早已註定了的，正所謂不改革是死，改革也是死。一位匈牙利記者對此開玩笑説：「我有一位親戚問法醫，死者的死因是什麼？法醫回答説：『因為我解剖了他。』」[5]對一個病入膏肓的病人，給他下速愈和痊癒的藥其實是讓他送命的最快方式。美國政治學家，蘇聯史專家保羅·霍蘭德 (Paul Hollander) 指出，戈爾巴喬夫的改革本身就是一個意

---

4 David Satter, *Age of Delirium: The Decline and Fall of the Soviet Union*. New York: Knopf, 1996, pp. 417–418.

5 Paul Hollander, *Political Will and Personal Belief: The Decline and Fall of Soviet Communism*. New Haven, CN: Yale University Press, 1999, p. 281，

識形態的號召，從性質上說，與斯大林的「一國中先建成社會主義」、赫魯曉夫的「20年實現共產主義」並沒有什麼區別。蘇聯人對這種自上而下的號召早就厭倦了，「『改革』並沒有起到它預期的安全閥作用。相反，它更證實了一個大家雖然不說，但心裏都明白的事實，那就是理論與實踐、宣傳與日常生活是脫離的」。[6] 戈爾巴喬夫越是把改革說成是挽救蘇聯制度的靈丹妙藥，許多蘇聯人就越是不相信天下會有這等好事。戈爾巴喬夫時期的蘇聯不只是制度的弊病已經病入膏肓，蘇聯民眾在政治上人心渙散、悲觀絕望、犬儒主義的長年痼疾同樣也是病入膏肓。這是那個時期的蘇聯笑話中透露出來的一個重要資訊。

二 戈爾巴喬夫怎麼看政治笑話

戈爾巴喬夫想要拯救蘇聯的社會主義制度，雖然回天乏術，但他一直相信社會主義是可以改造的。儘管如此，他還是意識到，蘇聯革命從一開始就錯了。他說：「如果俄國人沿着二月革命的路走下去，如果這個國家繼續的是政治多元，那情況就會完全不同⋯⋯也會好得多⋯⋯布爾什維克的主要錯誤是，他們用來應急的暴力手段和方式並不是暫時的，(而是一直沿用下去)⋯⋯馬克思創造的那套人為的模式在布爾什維克手裏變得越加是烏托邦——這是一個用暴力來強加於社會的模式，一個用暴力來迫害人的模式⋯⋯別的國家也和蘇聯一樣經歷了工業化，但卻有基本的規則和民主。但是，在俄國，一切都是用流血在做實驗。」[7] 這是很少見的沉痛、坦率反思。他的坦率也使他沒有顧忌地說關於自己的政治笑話。

6　Paul Hollander, *Political Will and Personal Belief*, p. 281.

7　David Remnick, "The First and the Last." *New Yorker*, November 18, 1996, p. 118.

　　　　　　　　　　　　　　　　犬儒與玩笑

有一個莫斯科人排隊買食品，隊排得很長，他火了，掉轉身對朋友說：「不排了，我要去殺掉戈爾巴喬夫。」說完就走了。兩小時後他又回來了。他朋友問：「你殺了戈爾巴喬夫嗎？」他回答說：「沒有，那邊的隊排得更長。」

這是1995年戈爾巴喬夫在英國BBC廣播公司的克利夫·詹姆斯節目 (Clive James Show) 上推銷他的自傳時說的笑話。這時候表現灑脫的他已經不是蘇共總書記了。本·路易斯 (Ben Lewis) 為了研究蘇聯笑話，想要求證戈爾巴喬夫任總書記時對笑話的真實看法，為此他特意來到了莫斯科。他認為，要了解蘇聯瓦解 (他稱之為天鵝絨革命) 的真正原因，戈爾巴喬夫的想法可能是一個關鍵。他是帶着這樣的問題去莫斯科的：「天鵝絨革命為我提出了一個最後的問題。是玩笑發生了作用嗎？是不是玩笑打下了行動的基礎，發揮完這個作用後，就告別，就死去，如同工蜂為蜂后受精後死去那樣？」路易斯在莫斯科通過各種關係聯繫戈爾巴喬夫，但沒有成功。

路易斯雖然沒有機會聽到戈爾巴喬夫親自說明笑話對他的改革起過什麼作用，但也還是從戈爾巴喬夫基金會的檔案中得到了一些零星的資訊線索。從有關的文獻來看，戈爾巴喬夫把政治笑話看成是蘇聯經濟和政治不良現狀的一種徵兆。1986年12月，他會見黨中央各部門首長時對他們說：「我們應當讓退伍老兵參加生產。他們在庭院裏坐着，玩多米諾牌、說笑話、散佈流言蜚語，這就叫社會主義嗎？」可以想像說笑話在蘇聯是一種多麼普遍的消遣方式，然而，也就跟玩牌、談天一樣，說笑話並沒有政治的危害。1988年4月15日他對地區黨書記們談到蘇聯議會時說：「我們的最高蘇維埃臃腫、僵化、不靈活。他們開會時，我坐在一張高高的桌子邊——你們知道那房

間有多大——我看見的是中央的一大群人，有的在聽，有的在看報紙，有的在相互耳語說笑話。我們真的需要這麼一個議會嗎？」1986年在另一次最高蘇維埃會議上，戈爾巴喬夫告訴與會者，有一位杜馬代表對他說，要是改革不成功，俄國人民就會回到「伏特加和政治笑話」那裏去。[8]

從戈爾巴喬夫基金會的檔案來看，1980年代末連蘇聯最高層領導也承認，從政治笑話中可以看出蘇聯的許多真實情況。戈爾巴喬夫就用政治笑話來要求他的黨進行改革。1988年4月11日，在會見地區黨書記們時，他說了一個戰前的笑話，是關於官員罔顧民眾意見的：「民眾要官員傾聽他們的聲音，但沒有人理睬他們，人民唯一的作用就是擁護官員制定的政策。這就像笑話所說的，勞動階級消費許多幹邑美酒(cognac)——都喝進了代表他們的人的肚子裏去。」其他共產國家領導人對政體笑話的態度也差不多。1987年4月21日，波蘭首腦雅魯澤爾斯基 (Wojciech Jaruzelski) 會見戈爾巴喬夫時，跟他說了一個人浮於事的笑話：兩個人推着同一部獨輪車在走。一個人問他們，為什麼要兩人推一部獨輪車？他們回答道：「因為第三個人休病假了。」1989年在莫斯科郊外會見工人講話時，戈爾巴喬夫說了這樣一句話：「政治笑話是我們的救贖。」[9]

路易斯在檔案中能找到的關於戈爾巴喬夫與笑話的材料不多，但在他看來卻是不可多得的珍貴史料，因為這些材料讓我們看到「那個改革共產主義的人是聽到笑話的，並把笑話解釋為必須改變的信號」。更重要的是，這些材料讓我們可以更好地看到，對笑話的兩種不同理論解釋之間其實存在着你中有我的關係。第一種是比較早期的，也比較傳統的理論解釋：笑話

8　Ben Lewis, *Hammer and Tickle*, pp. 290–291.

9　Ben Lewis, *Hammer and Tickle*, p. 291.

　　　　　　　　　　　　　犬儒與玩笑

顛覆政治權威和它的統治，是「微型革命」。第二種是1960年代後的理論解釋：「笑話是釋放民怨怒氣的安全閥，幫助延長政治壓制的統治」。對戈爾巴喬夫來說，這兩種理論都正確。幽默有冷漠、犬儒的一面，蘇聯公民說笑話就像是在用酒精麻痺痛苦和表達無望。但是，笑話裏也有真實的東西，它們最終成為改革的一種民意依據。[10]

　　玩笑中雖然有民眾對現實的真實看法，也在形成支持改革者的態度中發揮了一些作用，但讓蘇聯瓦解的並不是玩笑。路易斯指出，把蘇聯的瓦解歸功或歸咎於普通民眾或少數政治異見者是缺乏根據的。匈牙利發生經濟改革時並無群眾運動，而在羅馬尼亞根本就沒有政治異見者。共產黨的政治人物只要願意，是可以自己進行一些改革的。蘇聯確實有一些政治異見者，但改革卻並不是由他們推動的，而且，大多數民眾要求改革並不是因為對民主有興趣，而是因為想得到更多的物品享受，消費主義遠比民主對他們有吸引力。

　　有人認為，蘇聯經濟瀕臨崩潰是導致它瓦解的原因。確實有許多蘇聯笑話是針對蘇聯經濟的。戈爾巴喬夫的前任安德羅波夫於1983年就開始了一些經濟改革，允許私人的經濟活動，但他同時也逮捕了許多政治異見者，因此有人猜測，如果他不死，也許蘇聯也能出現中國經右政左的改革局面。蘇聯渡過經濟難關是有經驗的——1930年代初，斯大林強迫農業集體化，1946年又一場饑荒使200萬烏克蘭人喪生，就算這樣也沒有把蘇聯拖垮，甚至都不足以讓斯大林去考慮什麼改革。

　　也許，要了解蘇聯共產黨為什麼垮台，不妨從了解1953年的東德、1956年的匈牙利、1968年的布拉格和1970年的波蘭為什麼沒有垮台入手。後面這些不垮台是因為動用了武力，而

10　Ben Lewis, *Hammer and Tickle*, p. 292.

1989年和1991年的蘇聯卻沒有動用武力。因此，路易斯寫道：「天鵝絨革命的關鍵不在瓦文薩或哈維爾，不在民眾支持群眾運動或經濟困局，而全都維繫在戈爾巴喬夫身上。戈爾巴喬夫拒絕動用蘇聯軍隊去鎮壓蘇聯集團國家內部要求改革的民眾，這才是蘇聯滅亡的原因。戈爾巴喬夫拒絕用暴力、恐怖和流血來對付民眾，因為他真心誠意地相信政治和政治改革。」如果戈爾巴喬夫只是口頭上高唱改革，而心裏並不真的相信改革，他本來是可以運用軍隊或用其他暴力手段來對付要求改革的民眾的。[11]

戈爾巴喬夫有幽默感，也能不帶敵意地看待和理解民間的政治笑話。但是，他說自己的笑話並不是在他當總書記的時候，而是在他不當總書記之後，而這個時候的蘇聯笑話已經完全不能與以前相比了。儘管戈爾巴喬夫時代的笑話已經成為殘花敗柳，無甚可觀，但是，作為一種大眾文化和社會文化，政治笑話卻並未消失。一種永遠不會消逝或死去的獨特文化樣式已經在蘇聯式的極權制度中誕生下來，並落地生根。只要極權制度在這個世界的什麼地方還存在，政治笑話的文化樣式就會以新的形式不斷出現，千變萬化，萬變不離其宗。人們在追溯極權制度下政治幽默的源頭和典型時，也一定會重新說起蘇聯的政治笑話。

11　Ben Lewis, *Hammer and Tickle*, pp. 288–289.

　　　　　　　　　　　　　　　　　　　　犬儒與玩笑

8 普京時代的政治笑話

1990年代初是俄羅斯人最自由的時期，儘管這個轉折時期帶來了許多焦慮、彷徨和不確定，但俄羅斯人從來都沒有像那個時期一樣在言論上不需要再害怕來自國家權力監視、壓制和懲罰。人們無須聚在一起悄悄耳語，無須用說笑的方式表示對現實的不滿，他們可以走上大街，要什麼不要什麼都可以大聲呼喊出來，這時侯，政治笑話也就消失了。

正因為如此，在普京擔任俄羅斯總統的前兩任期間 (2000–2008)，重新又出現了政治笑話便成為一個值得重視的變化。新出現的關於普京的政治笑話顯示出俄羅斯政治的新變化，成為一個不詳的，具有標誌性的大眾文化現象。笑話再次成為國民意識的記錄器和表達形式，開始時集中在2000年的選舉上，這是一個例子：

> 美國2000年總統大選中小布希和戈爾難決勝負，美國人向俄羅斯選舉中央委員會主席維斯尼亞可夫 (Veshnyakov) 問計。在經過周詳的調查後，維斯尼亞可夫告訴美國人，當選的是普京。

一 克格勃出身的普京

關於普京的笑話於2001年他着手取締NTV電視頻道後達到了一個高潮，這個事件本身就是普京控制自由言論的一個標誌

性行動。針對普京的笑話分為兩類，一類指向他的威權統治手法，另一類涉及他與KGB的關係。俄羅斯人對前蘇聯KGB的逮捕和監禁記憶猶新，KGB的聯想是政治恐怖的聯想：

「你聽說沒有，普京命令政府停止貨幣膨脹。」
「嗯，這消息不確實，他命令把通貨膨脹拘捕起來，送進了監獄。」
［按：這是一個雙關語的玩笑，俄語中的zadierzhat有「遏制」和「拘捕」兩個意思］

克里姆林宮一名助理衝進普京辦公室，喊道：「礦工罷工了！」普京說：「好啦，那就答應加薪！」這名助理不久跑了回來說：「教師罷教！」普京再下令：「給他們加薪！」助理又回來說：「農民也罷耕了！」普京還是下令：「給他們加薪！」助理第四次回來說：「礦工、教師和農民都罷工！」普京回答：「給鎮暴警察加薪！」

普京在柏林與德國總理格哈德·施羅德 (Gerhard Schroeder) 會見時遲到了一小時，他很驕傲地對施羅德說，我成功地甩掉了跟蹤的尾巴。

911事件時，美國五角大樓起火，焚毀了許多文件。普京對布希表示，可以用俄羅斯擁有的複製件來彌補美國的這部分損失。

普京所實行的是一種現代開明專制——強人威權統治，有這樣一則笑話：

犬儒與玩笑

普京半夜裏起來，走到冰箱前。他打開冰箱，一盤肉凍顫抖起來了。普京說：「別害怕，我是來拿啤酒的。」

許多俄羅斯人期盼一個英明、能幹、有魄力、有決斷的強人領袖，普京成為他們心目中的英雄偶像。與斯大林去世後所有的蘇聯－俄羅斯領導人相比，普京以他的青春朝氣、健康雄偉和精力充沛一掃老年昏聵、軟弱無能的舊日景象，給人煥然一新的振奮印象。普京也為自己刻意打造硬漢形象——冷靜、果斷、不屈不撓，他是滑雪好手、柔道黑帶級選手；他駕駛坦克、火車、潛水艇、戰鬥機出現在電視螢幕上。關於勃列日涅夫和葉利欽的笑話都是嘲諷他們的年邁昏聵、酗酒糊塗，相比之下，關於普京的笑話簡直是像英雄讚歌。他從不失禮、儀態周全、穿着體面、能言善道、飲酒很有節制，俄羅斯人喜歡這樣的領袖，但能否放心讓他統治國家則又難說：

弗拉迪米爾·普京提出了一個新的改革方案。它的首要目標是讓人民富起來，幸福起來。(先富者名單附上)

有一隻烏鴉在樹枝上，嘴裏叼着一塊乳酪。一隻狐狸在下面走過。「烏鴉，烏鴉，你懂政治嗎？」烏鴉不作聲。「烏鴉，烏鴉，總統大選你投票嗎？」烏鴉還是不作聲。「烏鴉，烏鴉，你投普京一票嗎？」烏鴉再也按捺不住了，他張開嘴喊道：「投！」乳酪掉下來，讓狐狸叼走了。烏鴉站在樹枝上想：「要是我說不投，會不會不是這個結果呢？」

烏鴉的笑話模仿的是一則伊索寓言，主角是普京。但是，

這個笑話與其說是在嘲笑普京，還不如說是在挖苦那些盲目支持普京的俄羅斯民眾。

二　政治強人普京

普京在俄羅斯握有幾乎是至高無上的權力，並不全是因為他政治手腕高明的緣故，而且也是俄羅斯民眾選擇的結果。是俄羅斯人幫助挑選了他們覺得需要的那種強有力的民族主義政治領袖。這種選擇標誌着戈爾巴喬夫時期的新政治思維已經幾乎完全被逆轉了。

在戈爾巴喬夫的「公開」和「改造」時期，蘇聯人對歷史上的重要事件和人物作了新的反思，通過積極評估新經濟政策時期和通過強調某些列寧的講話（如那些支持建立合作社的講話），來證明經濟改革是正確的，並開始為布哈林和赫魯曉夫恢復名譽。這些新政治思維在1987年11月戈爾巴喬夫為紀念革命70周年的講話中明確地反映出來。政治改革伴隨着廣泛批判斯大林的獨裁統治和越來越多對勃列日涅夫時代的批評，這一點在他的講話中也有清楚的表明。蘇聯的外交政策不再以資本主義和社會主義之間的「鬥爭」為主導，而代之以競爭，甚至是在裁軍、生態、第三世界和反對國際恐怖主義等領域中的合作。戈爾巴喬夫的改革本想成就一種「改良共產主義」。但是，他的改革並沒有成功，而是在改革進程中夭折了。

當時，擺在戈爾巴喬夫改革計劃面前的還有另外兩種選擇，他都沒有採取，而恰恰是這兩種選擇的結合成為普京時代政治變化的基本特徵。

第一種是選擇民族主義，它選擇的不是馬列主義，而是一種獨裁主義。1990年代，前蘇聯多個民族地區的民族主義高

漲。普京選擇的是一種與這些民族主義互有聯繫的大俄羅斯民族主義。政治的民族主義與社會中的民族主義遙相呼應，相互推動。在這一選擇中，俄羅斯民族主義國家依靠兩個傳統的權力支持：軍隊和政府，而它的最高公民道德是服從權威和集體認同。在外交政策方面，俄國對西方採取強硬得多的路線。俄羅斯民族主義者認為，西方在經濟上、政治上和文化上對俄羅斯都是一種威脅，尤其是絕對不能認可「西方民主」價值及其主張的自由、平等的公民權利和人權。

> 普京視察冬奧會準備現場，看到冉冉升起的五環雪絨花，扭頭問導演：「當初是誰反對我們舉辦冬奧會來着？」「是美國」！導演義憤填膺地回答。普京望着遠方一言不發，忽然抬手指着五環冷冷的說道：「把北美那個圈兒滅了吧。」

第二種是選擇啟用斯大林統治的有效手段，但需要變換面目，做足門面上「民主選舉」的文章，以此顯示一種富有創意的新型強人治國。新斯大林主義一直是在蘇聯存在着的一股力量，在政府、克格勃和軍隊中都有擁護者。他們堅持為斯大林分子莫洛托夫恢復名譽，第二次世界大戰中的一些老兵則要求將伏爾加格勒重新命名為「斯大林格勒」。1984年夏在契爾年科領導下，蘇聯報刊就曾積極地讚揚斯大林。這些舉動都得到一部分懷舊的俄羅斯人支持。他們深信在斯大林領導下一切都比較好，俄國需要秩序，能依靠的只能是一位意志堅強、行事獨斷的鐵腕領導。

普京結合了俄羅斯民族主義和強人專制這兩種選擇(都是戈爾巴喬夫捨棄的選擇)，造就了一種新的威權統治，而他自己則

成為這種統治形式的化身。許多俄羅斯人期待並要追捧的恰恰也是像普京這樣的政治強人。他們並不在乎普京實行的是專制獨裁。

斯大林出現在普京的夢裏，普京向斯大林請教該如何治理國家。斯大林說：「一、把那些要求民主的傢伙統統抓起來槍斃，二、把克里姆林宮的內部漆成藍色。」普京問：「為什麼是藍色？」斯大林說：「嗨，我早就知道你對第一個建議不會有任何問題。」

有人問普京，是否計劃在俄羅斯實行民主。「當然，但這必須是與西方不同的民主，這就像電椅是與椅子不同的椅子一樣。」

在一次記者招待會上有人問普京：「普京先生，你是否想跟隨公民社會在俄羅斯的發展？」普京答道：「我誰也不跟隨，已經有10年了。」

一名民主黨候選人、一名共產黨候選人和普京輪流在一個競選集會上演講。
民主黨候選人說：「把票投給我，我將讓你們過着像美國的生活！」
共產黨候選人說：「把票投給我，你們將過着像蘇聯時代的生活！」
普京誓言道：「把票投給我，你們才能活下去！」

蘇聯時期，俄羅斯人曾經飽受專制獨裁之苦。蘇聯一夜之

間土崩瓦解，正是專制獨裁制度失去民心的結果。但是，在蘇聯政權垮台10年之後，俄羅斯人又開始懷念過去，再度選擇了一位新的專制獨裁者。民族主義可以成為俄羅斯復興的動力，也可以導致俄羅斯完全偏離民主的軌道。就象當年十月革命一樣，革命者的理想本來是要建立一個完美的共產主義社會，但是，在後來的實踐過程中，卻建成了一個高度獨裁、專制、僵化、封閉、反人道、反人類文明的蘇聯。實踐過程的偏差，不僅釀成了一幕幕人間慘劇，也讓馬克思用畢生精力描繪的共產主義理想最終化成泡影。普京時代的許多俄羅斯人高舉民族主義大旗，把又一位專制強人再次送進克里姆林宮。俄羅斯亞博盧黨創始人格里戈里·亞夫林斯基 (Grigory Yavlinsky) 說：「普京創建了一個制度，一個沒有別人只有他才能當總統，只有他才能統治的制度。這是一個歷史的陷阱。所有的人都意識到不能再繼續下去了。」然而，這只是一部分俄羅斯人的看法，傳統上的俄羅斯人迷戀專制威權，在俄羅斯歷史上，真正開明的統治者並不受人尊重，這是一個民族的悲哀。

2007年12月，美國著名學者阿迪·伊格內修斯 (Adi Ignatius) 在《時代》週刊發表《沙皇誕生了》(A Tsar Is Born) 一文討論年代人物普京，將他稱為「當選的皇帝」(Elected Emperor)。普京執政的頭8年裏，俄國在他的領導下發生了重大的變化，「先是戈爾巴喬夫，後是葉利欽時期，蘇聯經歷了停滯和令人心碎的從希望到失望的劇烈起伏，在這之後，普京恢復了這個國家的穩定，給人民帶來了驕傲感……確實，這部分是拜石油每桶90美元之賜，但是，普京很有技巧地運用了這筆財富，讓人民得益，又有了希望」。但是，「所有這些也都有陰暗的一面。為了穩定，普京及其政府大大限制了人民的自由。他的政府關閉了電視台和報紙，監禁了有財富和影響力挑戰克里姆林宮掌

權者的企業人士」。普京所做的這筆生意——「以安全交換自由」——受到了許多俄國人的贊同，因為他們不再相信普京前任所允諾的民主好處，只要生活安全、富足，他們甚至也不在乎那些可有可無的民主好處。正是這種對民主和民主改革的犬儒主義使許多俄羅斯人覺得普京可以與彼得大帝媲美，普京這才得以崛起成為一位由俄羅斯人選出來的新沙皇。

克格勃出身的普京把國家政治搞成了密室政治。他默認，也很享受一國命運系於他一人的風光。他認為這個國家的最佳繼承人是他自己！普京當總統時的俄國副總理梅德韋傑夫 (Dmitri Medvedev) 不過是他篩選的一個跟班。凡是反對普京或對普京構成威脅的勢力或個人，都將不會有好下場。無論是當年英俊瀟灑的俄羅斯首富霍多爾科夫斯基(Mikhail Khodorkovsky)，還是著名的女記者安娜·波里特科夫斯卡婭 (Anna Politkovskaya)，要麼被關進大牢，要麼死得不明不白。

2018年，普京再次競選俄羅斯總統，他會獲勝幾乎沒有懸念，這不僅是因為他善於玩弄政治手段，而且也是因為許多民眾根本不能設想沒有普京的俄國。俄羅斯國家杜馬主席沃洛金 (Vyacheslav Volodin) 對普京的定論是：「普京就是俄羅斯，普京就是俄羅斯人，任何反對普京的人就是在反抗俄羅斯」。有論者指出，「擅長軍事和強勢外交的普京，能夠為民眾營造一個國家正在被強人治理，一切就緒的假象。2016年11月，接受Levada中心調查的受訪者普遍認為執政當局『堅強而穩定』，這不如說是對普京個人的評價。同一調查中心的另一組調查顯示，甚至有18%的選民會毫不猶豫地把票投給普京總統欽定的虛擬候選人。普京的國內威信可見一斑」。普京把自己打造成俄羅斯力量的化身，而這種力量的幻覺讓許多俄羅斯人願意向他奉獻上自己的選票。正如偉大的心理學家埃里希·弗

犬儒與玩笑

羅姆 (Erich Fromm) 所説，「通過成為力量的一部分，人們感受到強大，永恒和迷人的力量。在這個過程中，人會屈服、放棄力量和自豪感; 但也會從中獲得新的安全感，並參與在被力量淹沒的驕傲之中」。[1] 但是，這並不妨礙普京的不斷「當選」和與梅德韋傑夫的二人轉成為今天俄國的一個笑話：

> 列寧沒頭髮，斯大林有頭髮；赫魯曉夫沒頭髮，勃列日涅夫有頭髮；戈爾巴喬夫沒頭髮，葉利欽有頭髮；普京沒頭髮，梅德韋傑夫有頭髮，……普京沒頭髮，梅德韋傑夫有頭髮；普京沒頭髮，梅德韋傑夫有頭髮；普京沒頭髮……

三 推特傳播的花心普京笑話

蘇聯的政治笑話是一種在民間口耳相傳的大眾文化，蘇聯垮了，政治笑話被收集出版，成為紙媒讀物，不再是口頭傳播，也就從人與人的直接交往中游離出去。互聯網的社交媒體使得政治玩笑的傳播同時具有了人與人直接交往 (雖非面對面) 和紙媒閱讀的特徵，傳播的範圍更廣，也更為持久。推特成為今天俄羅斯人傳播政治笑話的新手段。普京玩弄「民主選舉」，想要當選就能當選，這成為許多推特玩笑的靶子。2013年普京與妻子柳德米拉 (Lyudmila) 離婚，這本來是他的私事，但也成為許多人在推特上諷刺挖苦普京「連連當選」和操縱官員任命的由頭。

1　《普京連任對俄羅斯意味著什麼？》，https://mp.weixin.qq.com/s/A-Nk9pGd6mxIHEOCGQdaIQ.

梅德韋傑夫將娶柳德米拉為妻，並在4年後與她離婚，屆時普京將再與柳德米拉結婚。

2008年，缺乏權力根基的梅德韋傑夫出任總統時，外界就預測普京不會放棄權力，最多讓梅德韋傑夫幹完一屆總統後自己再出來。在2008年選舉法修改後，總統任期將由4年延長為6年，這意味着，普京用聽話的親信過渡一下，再通過合法程序擔任兩屆總統，從而再創造一個至少12年的「普京時代」，至2024年他再次交權時，普京已是一個72歲的政治老人，前蘇聯時期的統治者很少有活到80歲的。

柳德米拉拒絕擔任三屆妻子，她尊重憲法。
［按：指的是普京擔任三屆總統］

普京可以換姓，以爭取再擔任16年總統。

普京接受了他妻子的辭呈，並任命她在選舉出新的妻子之前，擔任「代理妻子」。
［按：這裏指的是莫斯科市長謝爾蓋·索比亞寧（Sergei Sobyanin）2013年6月5日的「辭職」。索比亞寧是普京的親信，他的辭職被普遍認為是為了不讓對手有準備時間，而自己卻能通過提前進行首都市長選舉，爭取連任使出的一個欺騙手段。］

有的笑話嘲笑普京是個花心男子，經常捎帶到他的夫人：

普京的花心是與貝盧斯科尼（Silvio Berlusconi）做朋友的結果。

〔按：意大利總理貝盧斯科尼是個著名的花心男子。〕

「柳德米拉是唯一能從普京那裏解放出來的俄羅斯人。」
〔按：指她與普京離婚。〕

「柳德米拉原來是外國代理人。」
〔按：暗指俄羅斯法令：接受外國資助的非政府組織必須註冊
為「外國代理人」(foreign agents)。〕

「根據法律規定，柳德米拉・普京現在分到半個俄羅斯。」

　　最後這個笑話是用普京的妻子來暗諷普京的權力腐敗和生活奢侈。許多俄國人相信，普京積聚的財產富可敵國。2012年8月28日，俄羅斯反對派領袖涅姆佐夫 (Boris Nemtsov) 發表一份有關普京的報告，指責他濫用職權過着奢華的生活，包括擁有20幢別墅、數十架飛機、直升機以及大量名貴手錶，單是維護費用每年便達到25億美元。

　　這份有關普京作為總統所擁有的資產報告，是涅姆佐夫根據公開資料，例如普京出席公開活動時的照片，統計出來的。報告指普京擁有的飛機多達43架，其中一架伊留申96型客機的客艙以鍍金裝修花了1800萬美元，衛生間也花費了75000美元。另外還有直升機15架。至於別墅、皇宮、豪宅，普京擁有20處，莫斯科、聖彼得堡、黑海和別的地方都有，其中不少內部裝修金碧輝煌。奢侈的程度被形容為足以與沙皇時代相比。另外還有遊艇、遊輪4艘，內裏同樣裝修得美倫美奐，其中部分更是花費了鉅款翻新。

　　普京很喜歡名貴手錶。單是在公開場合所戴的11隻名表估

計便價值接近70萬美元，是普京年薪11萬5千美元的六倍。

　　普京曾經聲稱自己只是一個「廚房的僕人」，從早到晚一直不停工作。不過涅姆佐夫指他一直將自己打扮成一個忠實的國家僕人，其實自從2000年首次出任總統以來卻一直擴大總統名下的財產，包括增加9幢豪宅，又把國家資產當成個人的財富。[2]

　　長期投資俄國，現上了俄國黑名單的對沖基金 (Hermitage Capital Management) 聯合創始人比爾‧布勞德 (Bill Browder) 接受CNN採訪時說，普京的身價至少有2000億美元。如果按這個估值，普京絕對是世界首富。根據2015年1月公佈的胡潤富豪榜，全球首富是比爾‧蓋茨 (Bill Gates)，僅僅坐擁約860億美元。[3]普京與那些在蘇聯垮台過程中偷盜國家資產和人民血汗而崛起的寡頭並無區別，普京既不是窮人的代表，也不信仰馬克思，他實際上就是寡頭資本家的代言人和權貴利益共同體的一部分。

　　《普京政治笑話的傳統和創新》(*Traditions and Innovations in Anecdotes about Putin*)一書的作者之一，俄國語文學家阿基波娃 (Aleksandra Arkhipova) 在2014年7月13日的一次採訪中指出，俄羅斯關於普京的政治笑話一度在互聯網上流傳，而現在則又出

2　方亮：《揭總統普京生活之侈，權力之腐》http://qnck.cyol.com/html/2012-09/05/nw.D110000qnck_20120905_1-08.htm. Leonid Bershidsky, "Vladimir Putin, the Richest Man on Earth." http://www.bloombergview.com/articles/2013-09-17/vladimir-putin-the-richest-man-on-earth. Rob Wile, "Vladimir Putin Could Secretly Be The Richest Person In The World." http://www.recaply.com/with-70billion-vladimir-putin-could-secretly-be-the-richest-man-on-planet-earth.html.

3　張韜，《「曾經的」俄羅斯最大海外投資客：普京才是全球首富身價達2000億美元》，人民網，http://house.people.com.cn/n/2015/0217/c164220-26579278.html.

犬儒與玩笑

現在俄羅斯的街道人群中，預示着某種形式和作用的變化。她認為，網絡上集中在專門網站的政治笑話吸引的只是訪問這些網站的網民，而大街上能聽到的才是真正在民間流傳的笑話。政治笑話是人們應對生活世界中事件的一種方式，政治笑話不斷「回收利用」(recycle) 過去已經有過的笑話，因為這些笑話已經進入了人民的集體記憶。因此，「起先是關於斯大林的笑話，後來成為關於勃列日涅夫和葉利欽的笑話，現在又變成關於普京的笑話。關於斯大林的笑話也許說，斯大林的同志們在清洗中『消失』了；現在俄羅斯人則把這種消失稱作為『不再是朋友』」。[4]

當然新的笑話也在被創造出來，普京入侵烏克蘭後就是這樣的笑話：

> 奧巴馬打電話給普京，普京讓電話自動回話。電話機說：「喂，你接通了俄羅斯總統普京。不巧，我無法在這個時間回答你的來電。如果你要投降，請按1。如果你要用制裁來威脅我，請按2。如果你要討論烏克蘭的局勢，請按3。除了按鈕1，其他按鈕都會直接引發*Topol–M*洲際導彈。祝你好運。」

普京在國際間扮演一個民族主義強人的角色，而在國內他則還豎起反腐打黑的大旗，2011年被普京操縱的大選是俄羅斯人對普京看法發生重要轉變的歷史事件，這一年冬天的民眾大示威期間，普京承諾的政改，但並沒有兌現。越是不願意政治

4　Paul Goble, "Putin Jokes Moving from Internet Back to the Streets, Says Expert." http://www.interpretermag.com/putin-jokes-moving-from-internet-back-to-the-streets-says-expert/

改革，就越是需要用新的手段和措施來作出回應民眾要求的樣子，利用民眾對官貴的妒嫉心和報復心發動反腐，則是最有號召力的一招。他簽署了「對州長工作評估的新標準」，同時由其控制的「統一俄羅斯黨」議員頻頻提出諸如「限制官員在海外擁有賬戶和不動產」的反腐議案。這些都被媒體解讀為普京要借反腐清除權力體制內的某些「敗類」以迎合民意。大權獨攬的普京自己乾淨不乾淨呢？在他實行絕對統治的國家裏，這當然屬於「國家機密」。但是，從他的妻子柳德米拉離婚分得半個俄羅斯的笑話來看，許多俄羅斯人都認可這樣一個事實：俄羅斯的權力體制是腐敗的，而普京則是這個體制中最不受管束，監督最少的那個人。

犬儒與玩笑

9 抵抗與犬儒之間的蘇聯政治笑話

對前蘇聯政治笑話 (Anekdot) 的種種社會文化分析，除了描述和解釋政治笑話的產生和流傳環境、政治文化條件、內容特徵，特別關注的就是如何確定政治笑話的社會作用。普通蘇聯公民說、聽和傳播政治笑話，這是一種什麼性質的日常生活行為呢？對此存在着兩種對立的看法：第一種看法把政治笑話視為專制意識形態高壓統治下的「微型革命」或隱秘抵抗；第二種看法把政治笑話視為一種以苦笑排遣苦難、以諧謔釋放怨懣、以玩世不恭忍受不公不義的犬儒行為。第一種看法強調的是專制統治下被統治者的弱者反抗，政治笑話是弱者反抗的噱戲形式。第二種強調的則是被統治者對統治的屈從和實際共謀作用。

這兩種看法並不一定互相排斥，而是可以你中有我，我中有你。在這兩種看似對立的看法之間，存在着多種不同程度的模糊和混合的可能。相比之下，確定無疑、明確無誤的反抗或犬儒反倒是不那麼典型。政治笑話的這種抵抗和犬儒的交織與混合讓我們看到了壓迫性制度下，假面社會裏普通人的政治意識、生存方式、應對策略及其受到的特殊限制。

本·路易斯 (Ben Lewis) 在《錘子與噱頭》一文中引述了賽斯·班奈狄克 (Seth Benedict) 在《俄羅斯–蘇維埃政治笑話文化分析》(*A Cultural Analysis of the Russo-Soviet Anekdot*) 中所說的，「笑話流行的重要原因是它能以智取勝，用模仿、揭露、瓦解或以其它批判方式介入種種不同種類的文本，它的介入可以發

生在從抵抗到共謀之間所有可以設定的位置」。[1] 這可以理解為，在人們一般認識的「抵抗」(有意識的拒絕與反抗) 和「共謀」(有目的的順從、協助和合作) 之間存在着多種不同的可能。選擇其一並不等於排斥其他，而且，任何一種可能都不完全取決於一個人如何說笑話或聽笑話的主觀意志。這是因為，在專制制度下的假面社會裏，自由的主觀選擇是不存在的。

一　暴力、恐怖和政治笑話

在前蘇聯的壓迫性制度下，普通人說什麼笑話和以什麼方式說笑話，基本上是由大的政治氣候和環境所決定。當然，如何利用政治氣候和環境提供的機會，這在相當程度上也是人們主觀的選擇。蘇聯人大量傳播政治笑話，這究竟是反抗的還是犬儒式的自我適應？這二者如何相互交織或可以作怎樣的區分？我們今天思考這些問題，是事後的分析和判斷，得出的結論並不能代表或代替當事人自己的意圖和感覺。今天不同境況中的「旁觀者」們——那些生活在自由社會，或是仍然生活在別的壓迫性制度下的不同讀者們——重溫前蘇聯的政治笑話，會對說笑話者有不同的認同，因此感覺和理解也會不同。壓迫性制度下的讀者對蘇聯政治笑話會覺得更親切，對說笑話的蘇聯人也更同情，更能理解，這種同情和理解會使他們更傾向於肯定蘇聯政治笑話的弱者反抗意義。這是很自然的，但也可能因此忽略這些政治笑話的犬儒因素——頹廢娛樂的戲謔和消遣、幸災樂禍的嘲諷和惡搞、政治娛樂化的玩世不恭和苦中作樂。

1　Ben Lewis, "Hammer & Tickle." http://www.prospectmagazine.co.uk/features/communist-jokes.

斯大林時期蘇聯就已經流傳政治笑話，到了赫魯曉夫和勃列日涅夫時期，政治笑話更是成為一種具有蘇聯特色是大眾文化。斯大林去世後政治笑話大量湧現，進入千千萬萬蘇聯人的日常生活，主要是因為蘇聯出現了相對寬鬆的政治氣候。除了壓迫性限制的減退，官方意識形態的進一步破產也是政治笑話猛增的一個主要原因。在這兩個因素的合力作用下，整個蘇聯體制的「假」不僅充分顯露出來，而且也有更多的人「敢」說了。然而，這種「敢說」不過是敢說笑話，而非敢於對那個建立在「假」之上的制度直接提出批評或公開有所反抗。

　　政治環境的改變影響了政治笑話的社會功能，政治笑話在斯大林和後斯大林時期的抵抗意義是不同的，政治笑話的犬儒主義因素也因此有所差別。克利斯蒂·大衛斯 (Christie Davis) 在《笑話與靶子》一書中把斯大林時期稱為「大恐怖時期」(The Time of High Terror)，而把後斯大林時期稱為「頹廢時期」(The Time of Decadence)。以「大恐怖」來命名斯大林時期，這個不難理解，但是，為什麼用「頹廢」來命名開始於1956年的整個後斯大林時期呢？

　　在斯大林死後的蘇聯，頹廢有着特定的政治和社會含義。許多人覺得已經不像以前那樣生活在恐怖的重軛下了，物質供應也有了一些改善，生活一下子變得「好多了」。他們滿足於此，安於現狀，不想給政府添亂，更不想沒事找事給自己找麻煩。開始，赫魯曉夫的共產主義許願給許多人帶來了幸福的幻想，他們覺得生活在比資本主義優越的社會主義制度中是一件幸運的事情，生活中遇到的困難和缺陷都是暫時的，可以克服的，玩笑一番也就打發過去了。1970年代以後，人們雖然逐漸看穿了官方宣傳的虛假，也不再相信它所允諾的「幸福生活」，但仍然既不想反抗，也不想改變 (許多人是因為根本看不

到有這種可能)，因此索性漠然處之，一心一意的過好自己的小日子，這便是大衛斯所說的「頹廢」。[2]

在斯大林的大恐怖時代，政治笑話相對較少。當時，冒着被發配古拉格的危險說笑話，這本身就成為一種反抗行為。但是，這種反抗是極其有限的，也是非常扭曲的。這就像「文革」期間有人在廁所偷偷書寫「某某某死了」的「反動標語」一樣。大衛・布萊登伯格 (David Brandenberger) 在《斯大林統治下的政治幽默》一書中指出，當時「最常見的笑話無非是一些悄悄嘟噥的刻薄話，用諷刺、粗俗、小聰明和其他不敬行為的方式表達不滿或沮喪，這些便是斯大林統治下政治幽默最直接的形式。這種短小而不尖刻的玩笑讓說笑者一方面對權威不敬，另一方面卻又便於抵賴 (不，不，我不是這個意思，您剛剛誤會我了)，而更直接的公共抗議是容不得這樣抵賴的」。[3] 笑話經常是無可奈何的自我挖苦，在自我嘲諷中的強顏歡笑、苦中作樂，「這是一種能讓普通人表達情緒，但又盡量減少為出語不遜擔負責任的做法」。[4] 社會學家頓德斯 (Alan Dundes) 指出，這種玩笑為普通人提供了一個可以彼此心照不宣發洩「違禁想法」的孔道。[5] 說這種笑話的人把自己當作笑話的靶子，故意顯出一副可憐可悲的呆像，就像畫家方力鈞筆下的那些大頭傻笑的畫像，或是像「屌絲青年故事會」笑話裏的屌絲青年：

2　Christie Davis, *Jokes and Targets*. Bloomington, IN: Indiana University Press, 2011, pp. 313ff.

3　David Brandenberger, *Political Humor under Stalin*. Bloomington, IN: Slavica Publishers, 2009, p. 11.

4　David Brandenberger, *Political Humor under Stalin*, p. 11.

5　Alan Dundes, *Cracking Jokes: Studies of Sick Humor Cycles and Stereotypes*. Berkeley, CA: Ten Speed Press, 1987, p. vii.

犬儒與玩笑

陰暗潮濕的北京某地下室，一瘦弱青年一手拿了2塊錢一包的煙，一邊看着鳳凰網軍事頻道，愁眉緊鎖的他陷入了沉思……國家下一步該怎麼走？如何突破美國封鎖？如何收復台灣？如何保住南沙釣魚島？如何剿滅反華勢力？一個個難題需要他思索，抉擇。此時，傳來踹門的咣咣聲：「開門！查暫住證！」

　　說笑話的人們看穿彼此在權力面前的順從和奴性。他們看不起這樣的行為和表現，但卻並不想改變，也看不到有改變的可能。他們將此視為命中註定的螻蟻活法，除了聽天由命、逆來順受，別無他法。他們把自己稱作屌絲、草民、賤民，自己輕賤自己，並不覺得羞恥，因為大家都是這樣，不這樣又能怎麼辦？文化批評家尤恰克 (Alexei Yurchak) 在《晚期社會主義的犬儒理性：權力、假裝和政治笑話》一文中指出，開玩笑的那種自嘲能讓弱者獲得一種可以相互溫暖的群體感，他們有共同的軟弱、無助、無奈和性格缺陷，他們用彼此取笑來消遣無奈，揭示的是社會中人人難以倖免的虛偽、偽善和欺騙——官方權力和意識形態用謊言來統治人民，而人民自己則又心甘情願地按照這些謊言來生活。[6]

　　在大恐怖的1930、1940年代，蘇聯流傳的玩笑大多是在極度壓抑狀態下發出的苦澀和辛酸的啞笑，極少有那種由詼諧、急智和諷刺幽默引起的開懷大笑。很多玩笑不過是簡單的文字遊戲。例如有這樣一則笑話，「馬克思說，存在 (bytie) 決定意識，蘇聯囚犯對此有另一種說法，毒打 (bite) 決定意識」。這個笑話利用了bytie (存在) 與bite (拷打) 之間的諧音。(這類似於把

6　Alexei Yurchak, "The Cynical Reason of Late Socialism: Power, Pretense and the Anekdot." *Public Culture* 9 (1997), pp. 178–180.

「官員」說成是「官猿」，把「教授」說成是「叫獸」。）

這樣的笑話並不觸犯官方意識形態的禁忌，並沒有犯「政治錯誤」，因為它引用的是馬克思的話，只是在後一句中玩了一個小小的調侃。調侃雖然在語言中流露對毒刑拷打的不滿，但既沒說馬克思的壞話，也沒有說毒刑拷打不對。這樣的玩笑只有紓解怨氣的作用，並沒有政治反抗的意願和意義。這樣的玩笑不過是吐苦水而已，並非真正的幽默。說笑話的人為了自保，經常會以「我聽有人說……」來開始自己的玩笑，好像是在作事不關己的客觀轉述。這樣的暗中取笑非常拘謹小心，不同於心情輕鬆、放開來說的玩笑。

收集斯大林時期的笑話和甄別關於斯大林時期笑話的真實性要遠比收集和甄別赫魯曉夫和勃列日涅夫時期的笑話來得困難。布萊登伯格在《斯大林統治下的政治幽默》一書中收集的斯大林時期的笑話大部分來自1951年出版的《克里姆林宮與人民》(*Kremlin and the People*) 一書。沒有人知道編纂此書的尤金‧安德列維奇 (Eugenii Andreevich) 是誰，那可能根本就是一個筆名。[7] 安德列維奇在原書的序裏說，大多數的笑話是他和熟人還生活在蘇聯時就聽到的，其餘的也許是從戰後流落到中歐國家的蘇聯難民那裏聽來的。1950至1951年哈佛大學一個研究計劃的研究人員採訪過一些在西德的蘇聯人。研究人員很驚奇地發現，每個人都知道一兩個政治笑話，說明這些笑話確實流傳很廣。他們收集笑話時斯大林還活着，所以，他們收集的斯大林時期笑話是比較可靠的。這些笑話作為「附錄」收在布萊登伯格《斯大林統治下的政治幽默》一書的最後。

斯大林時期笑話的另一個來源是蘇聯政治警察(NKVD)的

7　*Kreml' i narod: Politicheskie anekdoty.* Ed. E. Andreevich. Munich: [Golos naroda,] 1951.

犬儒與玩笑

檔案。著名蘇聯研究專家費茲派屈克 (Sheila Fitzpatrick) 對此寫道：「關於時事的匿名公共交流，像人們在排隊時，在火車站小候車室裏，在市場上，在公寓廚房裏說的事情，是歷史學家最難收集到的那種交流內容。有的蘇聯民俗研究者收集『順口溜』(chastushki) ……但是，1930年代的嚴酷審查使得所有出版物都必須將之完全刪除。我們因此不得不主要依靠那個時代的政治警察『實錄』，它記錄下在排隊時和市場上聽到的笑話和傳言，還有就是依靠俄羅斯人的民間記憶，即使是半個世紀後，還有人記得當年的笑話。」[8]

與費茲派屈克不同的是，布萊登伯格認為，「利用秘密警察檔案或者1953年以後寫成的回憶錄材料重構1930年代的政治幽默文化是一件很成問題的事情。秘密警察所收集在案的笑話經常斷章取義、記錄失實或者根本就是由告密者或警察自己故意編造的。更糟糕的是，這些記錄──從它們的實際情況來看──根本沒有條理系統。」秘密警察記錄政治笑話與歷史學家做實錄的目的完全不同，「很難說秘密警察是在試圖收集當時流傳的政治幽默樣本，事實上，前蘇聯檢察院檔案裏就有1935年發佈的政策指示，要求把所有的政治笑話和其它反革命言論從犯罪指控、審訊記錄和句子裏刪除，免得這些文件變成法院工作人員和其他公務員說笑話的新材料來源」。當然，當時公檢法是否認真執行，這本身也是「一個有待解開的歷史之謎」。[9]

後斯大林時代關於斯大林時代笑話的收集也有歷史可靠性和大眾記憶可靠性的問題。赫魯曉夫時期「解凍」，當時的民

---

8 Sheila Fitzpatrick, *Everyday Stalinism: Ordinary Life in Extraordinary Times: Soviet Russia in the 1930s.* New York: Oxford University Press, 1999, p. 183.

9 David Brandenberger, *Political Humor under Stalin*, p. 23

眾的去斯大林情緒可能影響他們對一些笑話的說法和記憶。這反映在笑話的風格變化上，「別的不說，笑話有了 (以前所沒有的) 巧妙和精緻，這說明，在斯大林去世後數十年裏，說政治笑話越來越被容忍甚至接受」。這種關於斯大林時期的笑話「與其說讓我們看清斯大林時代幽默的性質，還不如說讓我們知道赫魯曉夫和勃列日涅夫統治下的人們是如何記憶斯大林時代的」。[10]

二　頹廢、犬儒的政治笑話

政治笑話的犬儒和反抗都要放到蘇聯的整體社會環境中去理解，因為這二者都是壓迫性制度下民眾生存意識和處世策略的一部分，也都是假面社會裏人們對權力犬儒主義的一種應對。勃列日涅夫時期，蘇聯人比在赫魯曉夫時期對官方統治意識形態更失去信任，更不相信。他們的態度也從懷疑轉變為厭惡。然而，儘管如此，在公開場合下他們卻又不得不仍然戴着假面，做出假裝相信的樣子。統治者以犬儒主義的欺騙和自欺欺人來維持自己的權力，他們在統治意識形態已經失效的情況下，仍然裝模作樣將此奉為圭臬，假裝什麼事都沒有發生，並繼續以此對民眾進行灌輸和洗腦。官員們更是虛偽狡黠、厚顏無恥，他們說一套做一套，表面上正人君子、仁義道德，暗地裏腐化貪瀆、私利當先。這樣的權力犬儒主義對整個社會的犬儒化產生了深遠的影響。

國家政制特徵與民眾的普遍德性表現之間有着緻密的關聯。極權專制統治下的道德敗壞自上而下，從國家政權向社會的各個階層和領域擴散和蔓延。虛假、欺騙、偽善、暴力、殘忍、無節制的欲望和損人利己，蔚然成風。只要能以這樣的失

10　David Brandenberger, *Political Humor under Stalin*, pp. 23–24.

犬儒與玩笑

德獲取個人利益，人們往往不以為恥，反以為榮。這樣的整體道德敗壞，規模之大，程度之深，景觀之不堪，都是其他政制國家無法相比的。

經歷了赫魯曉夫時期一時令人振奮的「解凍」和隨後接踵而至的失望和幻滅，再到勃列日涅夫時期「再斯大林化」的歷史倒退，蘇聯人已經無法再對未來前景的發展抱有積極的希望。社會生活和文化的頹廢化——厭倦、消沉、無聊、腐敗、酗酒、無所作為的快樂主義、自我放縱、無視道德與社會觀范——完全代替了以前的意識形態烏托邦和政治夢想。人們普遍喪失了對將來的求變和改革希望。在勃列日涅夫時期的蘇聯，頹廢與犬儒是共生的。大多數人都明白，反抗和求變都絕無可能，想也是白想，不如好自為之、難得糊塗、及時行樂，過一天算一天。這是一種頹廢的犬儒主義或犬儒主義的頹廢。頹廢時期的政治笑話多了，不是因為人們可以用笑話來反抗或圖變，而是因為笑話能逗樂，給人消遣的快樂。為快樂而快樂是一種頹廢價值：反正也爽不到那裏，能爽一會是一會。就提供快樂而言，說笑話就如同借酒澆愁，一個好笑話又像是一道好菜，在食品供應匱乏的處境中，好笑話更加成為不可缺少的快樂來源。

在這種新環境裏，政治笑話精緻化和娛樂化了。斯大林時期的笑話是苦澀的，「苦澀源於國家本身的壓制。幽默經常是在對不同聽眾的反復言說過程中變得豐富和細緻起來的，在恰當的時刻，以恰當的表達講究遣詞用句。然而，在斯大林統治下，人們對幽默的表演非常小心謹慎，說笑話的人很少有機會講究技巧。今天的讀者也許會覺得那個時代的政治幽默做作而不自然，過份依賴正話反說和諷刺挖苦」。[11] 後斯大林時代的

---

11 David Brandenberger, *Political Humor under Stalin*, p. 13.

政治笑話成為一種精緻的大眾消遣方式，說的人和聽的人在上班之前或休息時間聚在一起，就像出席一場卡巴萊 (cabaret) 表演，在笑話表演中享受樂趣和品味笑料。

　　一旦政治笑話不再是一種遭到暴力禁止的話語行為，這種行為本身的反抗性也就會減弱或消失。反抗是在壓迫者與被壓迫者的衝突中產生的，行為本身並不具有內在不變的反抗或不反抗「本質」。例如，「文革」時期知青中流傳「手抄本」或者偷偷閱讀違禁的「封資修」書籍，在當時是一種具有反抗意義的行為，如果放在「文革」後的時代，那就根本算不得什麼。但是，即使是在壓迫性制度下，許多看似反抗的行為並不真的具有反抗意識。例如，許多知青傳閱手抄本可能是出於好奇，與不滿或反抗並沒有關係。如果不是上綱上線地追查，這種傳閱也並非什麼了不起的「政治」行為。

　　艾倫‧頓德斯 (Alan Dundes) 指出，是壓迫性的統治營造了反抗的環境並在製造反抗行為。政治笑話的反抗意義也是如此，「統治越具壓迫性，政治笑話也就越多」，「意識形態和制度越具壓迫性，政治詼諧就越是機靈，越聰明」。[12]克利斯蒂‧大衛斯不同意這樣的看法，而是認為，蘇聯的斯大林大恐怖時期比赫魯曉夫和勃列日涅夫頹廢時期更具壓迫性，但政治笑話要少得多，而且在質量上也未必就更好。就傳播政治笑話而言，認為政治壓迫越甚，政治笑話越多的看法並不合理。比較合理的解釋也許是，政治笑話未必就是政治反抗，而更可能是像所有其他類型的笑話一樣，主要是給人帶來樂趣，能引人發笑、逗人快樂、提供消遣。[13]蘇聯的頹廢時期是笑話的「黃

12　Alan Dundes, "Laugh behind the Iron Curtain." *Ukrainian Quarterly* 27 (1971) 50–59, p. 51.

13　Christie Davis, *Jokes and Targets*. Bloomington and Indianapolis, IN: Indiana

金時代」，是一個全民説笑話的時代。笑話是一種越説越多、越説越流行的大眾口頭文化。笑話多是因為説笑話的風險小了，而不是因為反抗意識增強了。這就像人們的食品如果先前按嚴格定量供應，那麼，取消定量後，他們對食品自然會有更多的消耗，這並不是因為他們的胃口或飲食習慣一下子有了實質的變化。變化主要是因為取消限制而造成的。

後斯大林時期的笑話在形式和內容上都比斯大林時期有很大的變化，「1960年代，笑話段子接力，俚語稱作為 travit's anekdoty（就像繞成一卷的繩子不斷扯出來），成了隨處可見的社會消遣儀式」。有一位叫貝羅梭夫（Belousov）的俄國人記得，1965年他進入列寧格勒大學，學生們有時在走廊上説政治笑話，笑話接力很受喜愛：「開始的時候大多數笑話是非政治性的，可是後來政治笑話越來越多。關於列寧的系列笑話稱為 Leniniana，就是這時候出現的。在大學的抽煙休息時間，笑話接力成了習慣。不久後我轉到塔圖（Tartu）大學的研究生院，我每次回列寧格勒或莫斯科去，同事們都要我帶些新笑話回來」。[14]

列寧格勒的笑話尤其精彩，並具有特別開放的文化色彩。阿里・贊德（Arie Zand）在《列寧格勒來的政治笑話》一書裏收集的就是來自這個城市的笑話，他説，「列寧格勒——被它的崇拜者親熱地稱為『彼得』——是時髦的；莫斯科則不是。列寧格勒是聖彼得堡，是彼得大帝的景象。這位專制天才的最大夢想就是讓俄國成為文明國家的一員。莫斯科卻帶着像恐怖伊萬這種沙皇的印記，他是典型的暴君，要把俄國拖進一種至

University Press, 2011, p. 229.

14 Alexei Yurchak, "The Cynical Reason of Late Socialism: Power, Pretense, and the Anekdot." *Public Culture* 9 (1997) 161–188, p. 176.

今難以逃脫的神秘的思想孤立和殘廢裏去……列寧格勒是俄羅斯，莫斯科是蘇維埃。」説來自列寧格勒的笑話是一種思想時尚，一種值得驕傲的新潮思維。[15] 這樣的政治笑話「也許已經成為蘇聯文化產生的最重要的新藝術形式」。[16]

勃列日涅夫時期政治笑話大量湧現，流傳廣泛，成為千百萬人的日常消遣。尤恰克指出，這固然與政治氣候的放鬆有關，但是，「從民眾反抗來解釋這一現象卻是將它簡單化了」。統治的放鬆並不等於有了更多的反抗空間，或因此就有了更多的反抗。情況可能剛好相反，也可能是因為統治變得穩固和有效，所以反倒不需要再專門使用強暴的手段，更可能是因為被統治者已經習慣了自己的生存狀態，不覺得有什麼需要他們去反抗的了。在這種情況下，説政治笑話也就成為一種無害的犬儒式玩笑，這便是彼得・斯洛特迪克 (Peter Sloterdijk) 在《犬儒理性批判》一書裏所説的「極權主義的笑」。這種幽默與針對統治者和國家權力的批判的笑是不同的：「它從不揭露官方權力，對此既無知識也無思考。這些笑話同時暴露了每個人行為的兩個不協調的因素——一方面知道意識形態的謊言，另一方面又同時假裝看不到那個謊言。潛台詞是：『我們知道官方的謊言，但有理由裝作不知道或者根本不去想它是謊言。』這是滑稽可笑的，因為這暴露了每個 (説笑話者) 自己的矛盾行為和主觀意識」。[17]

這種矛盾是包含在政治笑話自身中的，「笑話的一部分通

15　Arie Zand, *Political Jokes from Leningrad*. Austin, TX: Silvergirl, 1982, p. 1.

16　D. Fanger and G. Gohen, "Abram Terz: Dissidence, Diffidence, and Russian Literary Tradition." In Terry L. Thompson and Richard Sheldon, eds. *Soviet Society and Culture: Essays in Honor of Vera S. Dunham*. Boulder, CO: Westview Press, 1988, p. 170.

17　Alexei Yurchak, "The Cynical Reason of Late Socialism," pp. 177, 178.

犬儒與玩笑

常表達官方意識形態話語的某些陳套説辭，説得一本正經（好像自然應該如此），而另一部分是用來顛覆這些陳詞濫調。政治笑話有格式化結構，這使人們可以避免去對笑話暴露的東西細加分析。聽笑話的人注意到他們自己的認識與行為之間的矛盾，笑話也因此好笑」。[18] 這是為笑而笑，為有趣而笑，為熱鬧而笑，它的政治抵抗意義是不宜誇大的。例如，

> 什麼是蘇維埃制度最經常的因素？
> 「暫時的彎路。」

> 社會主義比其他制度優越在哪些方面？
> 在於它「勝利克服」在其他制度中不存在的困難。

> 「資本主義處於懸崖邊緣」是什麼意思？
> 意思是説，資本主義站在懸崖邊緣處看我們在懸崖下邊幹什麼。

笑話中涉及的許多官方的陳詞濫調都是暗含的，笑話雖然對之惡搞，但並不構成真正的顛覆和破壞。例如，官方説「共產主義是一個富足的社會」，笑話利用這樣的説辭來製造一個諧謔的問答：

> 問：「如果在撒哈拉沙漠建立共產主義會怎麼樣？」
> 答：「很快沙子就會匱乏。」

諧謔問答的笑話提到「共產主義」，但並不反對它或挑戰

18　Alexei Yurchak, "The Cynical Reason of Late Socialism," pp. 178–179.

它的真理性，只是嘲笑它並不像官方宣傳說的那麼好。

人們說政治笑話，並不是因為他們思考或覺得需要思考笑話可能涉及的政治問題，而是因為笑話本身俏皮、詼諧、有趣。說笑話的可以享受到繪聲繪色的表演樂趣，聽笑話的則欣賞這樣的表演。越有口才的人越能說逗人的笑話。與其他大眾消遣方式一樣，說和聽政治笑話也會成癮，碰到機會就來上幾個段子，在場的人一下子就有了某種彼此親密的感覺。笑聲是人群的粘合劑，在一個什麼都政治化的社會裏，大多數笑話都能成為政治笑話，人們心領神會，似乎卸去了相互戒備的心理負擔。但笑話的這種交際功能並不能造就一種新型社會人際關係，對此，尤恰克寫道，「晚期社會主義嘲笑的策略不是抵抗、揭露或嘲笑官方強加於人民的那種虛偽現實表現，而是擱置對官方話語的信任或不信任，以此來適應這種 (虛偽話語表現的) 現實。」[19]

三　成為歷史記錄的政治笑話

在戈爾巴喬夫時代的蘇聯，政治笑話已經衰落，蘇聯政權崩潰後，政治笑話更是成為一種大眾記憶和蘇聯日常文化在圖書館裏的展品。有論者指出，「當這些笑話口耳相傳時，它們在交流中像是晚餐的甜品一樣令人喜愛，津津有味。今天，笑話反復刊印成小冊子或是大卷集子，在日常生活中反倒完全消失了。」[20] 聖彼得堡公共圖書館俄羅斯文學部的一位館員說：「今天，有許多政治笑話集出版，我們為圖書館購買這些書，但是，沒有新的政治笑話了——都是一些老的蘇聯笑話，很少

19　Alexei Yurchak, "The Cynical Reason of Late Socialism," p. 182.

20　A. Abzats Erokhin, "Iumor v Rossii." *Ogonek*, April 14, 1995, p. 43.

犬儒與玩笑

有戈爾巴喬夫時代和關於葉利欽的笑話。沒有關於今天的笑話，只有少數關於新富人和西方事物的笑話……即使是 (1993年) 10月發生在莫斯科的事件也不再反映在笑話裏了。要是在過去，這樣的事件準定會產生成千的笑話。」[21]

如果把政治笑話直接視為反抗，那麼，就有可能把政治笑話的消失錯誤地解釋為不再有反抗的需要。其邏輯推理是，今天的俄羅斯已經不像是前蘇聯那樣壓迫人民的國家，因此，對壓迫的反抗，包括政治笑話，也就消退了。尤恰克不同意這樣的看法，他認為，「社會主義晚期的政治笑話是蘇聯制度的一部分，不是對那個制度的抵抗。政治笑話之所以消失，其實另有原因。笑話釋放壓抑的焦慮，因此維持了虛假現實的表像，幫助了官方和非官方文化的共存」。這種情況在戈爾巴喬夫時期發生了變化，「由於 (戈爾巴喬夫) 的公開性 (glasnost)，政治笑話就失去了其重要性。到了1980年代末，改造 (perestroika) 代替了嘲諷，成為揭露社會表裏失調的主要話語形式。這種揭露遠比政治笑話來得明確而公開。這種揭露摧毀了官方謊言現實不可改變的神話，其結果便是，蘇聯那一套虛假現實的說辭徹底瓦解了。作為一種話語儀式，神侃政治笑話失去了社會、文化、心理的重要性。笑話的功能完成了。到1980年代末，政治笑話實際上已經絕跡」。[22]

政治笑話的大量產生和廣為流傳離不開兩個相互關聯的根本因素，第一是政治壓迫窒息公共批評的空間，第二是意識形態的失信和名存實亡。這二者都是社會假面化的形成條件。假面化主要是指人們普遍的政治扮相，因為有強制的壓力，卻無真正的信仰，所以才特別需要靠扮相來維持門面。

---

21 Alexei Yurchak, "The Cynical Reason of Late Socialism," p. 183.

22 Alexei Yurchak, "The Cynical Reason of Late Socialism," p. 183.

假面社會的運作原理是，虛假的官方宣傳已經不能再發揮有效的欺騙作用，只是靠着壓迫性的制度才勉強維持對民眾思想和言論的表面控制。統治者對之心知肚明，但卻假裝什麼事都不曾發生，這種權力的犬儒主義造成了無處不在的「社會表裏失調」(the social incongruous)，假面社會裏政治笑話特別善於嘲笑和諷刺的那種乖訛。1960年代後，蘇聯已經開始充分暴露其社會表裏失調的本質。官方話語所表述的現實 (表) 與人們從日常經驗體察到的現實 (裏) 是不協調，不一致的，甚至根本就是矛盾的。人們生活在虛假的謊言世界裏，但迫於壓制或出於習慣，像是共謀串通好一般，假裝謊言就是真實。與斯大林時期相比，這是一個因完全失去真實信仰而徹底犬儒化的假面社會，也成為培植政治笑話的肥沃土壤。

　　俄國革命後不久，共產主義在相當程度上仍然是一種強有力的信仰，1920、1930年代的西方進步人士和大多數蘇聯人仍然相信共產主義代表着人類的未來。當人們對法西斯主義威脅憂心忡忡的時候，共產主義似乎是唯一能與法西斯主義對抗的政治理念，納粹德國的軍事侵略席捲歐洲時，蘇聯也似乎是唯一可靠的抵抗力量。在斯大林統治下，人們也知道官方描繪的現實與他們經驗體察之間不協調和不一致，但是，許多人相信，那只是暫時的現象，是過渡時期必然的「陣痛」。因此，他們願意向「外國人」甚至他們自己隱瞞他們不喜歡的真相，因為他們確實以為美好的未來一定會是真實的，為真實的美好未來付出暫時虛假的代價是一件有價值的事情。斯大林私人翻譯別瓦列金‧列什科夫就在回憶錄裏記敘了自己的這樣一樁往事。

　　1934年，烏克蘭大饑荒的陰影還記憶猶新。一天早晨，列什科夫陪着一對美國夫婦去參觀大寺院，吃過午飯便出發去

參觀集體農莊。這兩位美國客人——比爾和他的妻子蘇西——原來對農業十分在行。比爾是一家美國銀行的經理,同時在紐約附近擁有一個大型牧場。比爾讀了很多關於集體化慘狀的報導,所以想來找到私營農場優越性的直觀證明。列什科夫負責帶領這對美國夫婦參觀「成功」的蘇聯農莊。他記敘道,「要知道,我們帶他去的那間農莊,叫做『模範』,並且看上去真不錯。我們看過了中心院子,在寬敞的辦公室跟農莊主席談了話,並且看過了兩家農莊莊員的家。這兩家按照當時的標準十分完美,然後去看幾公里之外的畜牧場。沿着坑坑窪窪的一條窄道,『林肯』車十分艱難地把我們送到了目的地,一路上司機不停地踩剎車。這裏也是井井有條。客人到來之前打掃得十分乾淨的牛欄裏是一排良種小公牛,時不時低頭在滿滿的食槽裏吃食。這些小牛看上去營養良好。然後看了一個養豬場。淘氣的小豬圍着一個個肥胖的大母豬。」

　　比爾顯然被看到的這一切所震驚。他提了許多專業性的問題,詢問了牲畜的品種、產奶量、種牛的能力等等。列什科夫回憶,當時他想,「對我來說,這是很好的實習機會。並且,雖然我知道一般農莊,而不是模範農場的情況,但這家農場的狀況似乎在說明,集體農莊的事情可以辦好,可以使它成為盈利的。報紙上每天都在報導『米丘林神奇蘋果』,蘇聯育種專家培育出的『奇跡小麥』,以及『創紀錄奶牛』神話般的產奶量。於是,我們相信,再過一兩個五年計劃,到時候我國將成為世界上最富裕的大國,而她的公民將是最幸福的人民。所以,對欺騙這對可愛的美國夫婦,我沒有感到問心有愧」。[23]

　　列什科夫在回憶錄裏反省道:「現在回想那個年代,不禁

23　別瓦列金·列什科夫:《斯大林私人翻譯回憶錄》薛福岐譯,2004年,海南出版社,第171頁。

感歎，需要何等厚顏無恥才能將破產的農業當作繁榮拿給外國遊客看。」列什科夫對美國遊客說謊，不是沒有良心的不安，但官方宣傳語言使他很容易就平息了這種良心不安。所以，他覺得，「欺騙這對可愛的美國夫婦，我沒有感到問心有愧」。我們今天當然可以將此視為列什科夫的自我欺騙，但是，他當時的感覺是真實的，是有信仰支撐的。而且，那確實是他的真信仰，並不是偽裝的。因此，當時他說的並不是一個犬儒主義的謊話。如果他當時就不相信，而偏偏又說自己相信，那麼，他的偽裝和他說的謊話就是犬儒主義的了。

到了勃列日涅夫之後的晚期蘇聯社會主義時代，像1934年列什科夫這樣的蘇聯人即使還有，也是非常罕見的了。官方意識形態的虛偽和欺騙暴露無遺，社會表裏失調已經成為一種常態，而不再是暫時現象。蘇聯人對改變這種常態現狀已經因為看不到希望而不抱希望。在這種情況下，他們只求適應於這個環境，按它的規則安排和處理日常生活。這是唯一可能的規則，因為不可能有別的規則。對官方宣傳裏的那個虛假現實，他們採取的是不拿它當一回事，不屑於理睬它，因此無須也無心積極抵抗的態度。更有的人因為看透這種現實規則，深得其奧秘，因此反而會趁機巧加利用，渾水摸魚、謀私自肥。

表裏失調的社會只能靠強制性的政治高壓才能維持。在這樣的社會裏，大多數人不相信政府和官方的虛假說辭，但卻因為不得不生活在謊言中或已經習慣如此而選擇一種隨遇而安、隨波逐流、不作死不會死的犬儒主義生活方式。他們這麼做是一種偽裝，而且是一種敷衍了事的偽裝——輕佻、兒戲、滿不在乎。在斯大林時期，人們也偽裝，但那是一種嚴肅認真的偽裝，因為一旦偽裝被「識破」(被別人揭發或自行暴露)，偽裝會成為嚴重的罪名(欺騙黨，欺騙組織)，偽裝者必須為此付出

慘重的代價。但是，在後斯大林時代，偽裝只是做做樣子，是一種大家心知肚明的表面偽裝，誰都懶得去認真追究。敷衍了事的偽裝只需要不公然與官方謊言過不去，不要執意去冒犯和公開戳穿它就行。相比起認真的偽裝來，敷衍了事的偽裝更是一種深度的制度性犬儒主義。

四 政治玩笑的政治作用

在壓迫性制度下的假面社會裏，政治笑話是整體犬儒文化的一部分。對這樣的政治笑話，研究者們普遍關注兩個問題，第一，政治玩笑裏包含關於蘇聯制度的真實資訊，這樣的資訊對我們理解蘇聯制度的實質有所幫助嗎？第二，如果說政治笑話有實際的政治作用，那麼，是玩笑促成了蘇聯制度的瓦解嗎？

對於第一個問題，研究者們的看法比較一致。今天，歷史學家們把政治玩笑作為蘇聯時代日常生活史的一部分來加以研究。德國歷史學家阿爾夫·呂德克 (Alf Lüdtke) 指出，「日常生活史研究的主要是那些沒有能留下什麼或者根本沒有留下材料痕跡的人們。很少能發現那些人自己寫的信件或材料 (或有意轉交給別人的)。在對不久前歷史時期的研究中，可以採訪事件參與者。這時候，歷史學家可以產生他們自己的資源材料。」[24] 研究在不太久之前蘇聯人如何傳播政治笑話，政治笑話在他們社會生活中起到什麼性質的所用，或普通蘇聯人如何看待自己的階級和政治身份，如何為適應生存需要營造合適的面目或作何種扮相，便是這樣一種日常生活史。普通蘇聯人極少有用書

24　Alf Lüdtke, ed. *The History of Everyday Life: Reconstructing Historical Experience and Ways of Life*. Princeton, NJ: Princeton University Press, 1989, p. 13.

面形式記錄下這些材料的。這些材料是由歷史學家「重構」的，而這種重構則又產生了一種可供我們研究和了解的「資源材料」。

呂德克還指出，日常歷史研究「對已經存在的材料從不同的角度重新作解釋。許多不同的、有用的材料包含在警察、工廠督察員、教師或教會牧師的記錄裏，也可能在信件、(旅行)筆記、很久或不久前的參與者的親自見證中找到」。[25] 這些材料是為一些與歷史研究不同的目的而收集和保存的，因此需要由歷史研究者根據自己的目的來加以重新解釋。例如，蘇聯秘密警察檔案裏有一些關於政治笑話的記錄，是作為犯罪材料存檔的，也有許多個人檔案，包括當事人自己的敘述、調查表格問答、被揭發的材料、坦白交待，這些材料只是因為經過歷史學家的重新解釋，方才能獲得與他們研究目的相一致的意義。

笑話中包含着普通人對當時社會、政治、文化的經驗和常識感受，這些感受未必百分之百準確或真實，但它的真實程度高於官方宣傳或意識形態虛構的「真實」，這一點是沒有疑問的。笑話是一種在民間流傳的口頭資訊，與其他詼諧、嘲諷的口頭傳媒形式 (如順口溜、打油詩、插科打諢) 一樣，其內容反映的是普通人在街頭巷尾、工廠、商店、飯館酒肆中自願交流的資訊。這裏面的內容由於是自願的，而不是假裝或被強迫的，所以比較真實。因此人們常說，要真正了解真實的世風人心，不妨「上山下山問漁樵，要知民意聽民謠」。

笑話是一種集體性的文學創作，在笑話起到揭露官方謊言的國家裏，國家權力經常以敵對的方式看待說笑話者，甚至立法禁止傳播笑話。因此，笑話的一個作用是對抗宣傳謊言，保存對生活世界的真實意識。這樣的觀點經常以弗洛伊德的《玩

---

25 Alf Lüdtke, ed. *The History of Everyday Life*, pp. 13–14.

笑及其與下意識的關係》(1905) 為依據。弗洛伊德認為，玩笑揭示被遮掩的事實，因此給人的心靈帶來「輕鬆」的片刻。這個理論有政治的意義，因為「有傾向性的笑話特別喜歡針對身居高位、自稱是權威的人士，是一種權威壓力下的解放」。但是，弗洛伊德也認為，笑話不過是暫時讓人放鬆一下而已，政治笑話起到的是「安全閥」的作用，釋放被積壓的不滿和怨憤。[26]

　　對於第二個問題，政治笑話是否加速或造成了蘇聯制度的崩潰，研究者們有不同甚至對立的看法。有的研究者們認為，政治玩笑發生過喚醒民眾和抵抗極權洗腦的作用，他們主要是引用喬治·奧維爾「每個玩笑都是一次微型革命」的說法。布魯斯·亞當斯 (Bruce Adams) 的《俄國的微型革命：20世紀政治笑話中的蘇聯和俄國歷史》一書就直接用這個說法為書的題目，儘管他在書裏並沒有解釋「微型革命」指的是什麼。[27] 頓德斯 (Alan Dundes) 似乎更明確地觸及了「微型革命」的抵抗和顛覆作用，他說，玩笑是「真正的虛構子彈，不斷飛向壓迫性制度及其領袖」。[28] 俄國歷史學家伏爾科戈諾夫 (Dmitri Volkogonov) 也把笑話看成是一種「抗議」，儘管那非常孱弱，他說：「總是有一些自由思想、尊嚴和歷史角度的小小島嶼，有時候是以荒誕的方式表現出來。政治笑話是在情況最糟糕的時候流傳的，傳播也是有危險的……這些孱弱的抗議……在70年間並未對蘇聯制度的至高權力發生任何作用，但是，卻至少說明了一個事實——如果有良心，還是有意義的。」[29]

26　Sigmund Freud, *The Joke and Its Relation to the Unconscious*, 1905.

27　Bruce Adams, *Tiny Revolutions in Russia: Twentieth-Century Soviet and Russian History in Anecdotes.* New York: RoutledgeCurzon, 2005.

28　Quoted by Ben Lewis, *Hammer and Tickle: The Story of Communism, A Political System almost Laughed out of Existence.* New York: Pegasus Books, 2009, p. 21.

29　Quoted by Ben Lewis, *Hammer and Tickle*, p. 19.

英國斯特林大學 (University of Stirling) 教授伊恩・勞克蘭 (Iain Lauchlan) 在《黑暗中的笑聲：斯大林統治下的幽默》一文中指出，喬治・奧維爾的小說《一九八四》裏沒有笑聲，也許給人以極權統治下無笑聲的印象，「但斯大林並未能禁絕『純粹的笑』。正相反，蘇聯幽默不可避免地作為對斯大林的反抗而爆發出來」。斯大林死後，說笑話的「小小反抗行為」變得比較安全了。他甚至認為，政治笑話之所以出現在蘇聯，一個原因是，它是1917年俄國革命餘燼的產物，這種革命精神表現為「鄙視權威、堅持自發創造力、尊重人性常識、人民團結和快樂的同志情誼」。他寫道：「革命和嘉年華幽默很自然地同時出現，因為這二者都要把世界掀個底朝天。說笑話是民眾反抗的最後庇難所，因為警察的監控已經無法滲透它；從來沒有人真的把笑話書寫下來 (雖然每個人都在『改寫』笑話)。因此，你無法逮捕笑話的作者，你不能闖進民宅去搜查笑話。你不能把笑話關進監獄或槍斃笑話。笑話是壓縮了的 (人可以把許多笑話一起儲存在頭腦裏)，也是容易擴散的 (秘密警察曾經做過試驗，發現只要六七個小時，一個笑話就能口耳相傳地從莫斯科的一邊傳播到另一邊)。」[30]

稱讚政治笑話的抵抗性或革命性是一回事，但想要證明政治笑話對蘇聯制度崩潰產生過作用則是另一回事。克利斯蒂・大衛斯指出，研究者經常用兩種說法誇大了政治笑話的政治作用，第一種是「稱幽默是一種有效的抵抗方式，鼓舞了被壓迫者，顛覆了掌權者」；另一種是「把笑話視為幫助專制統治苟延殘喘的安全閥，由於這是有用的安全閥，所以鎮壓它會有適

---

30 Iain Lauchlan, "Laughter in the Dark: Humour under Stalin." In Alastair Duncan, ed. *Le rire européen/European Laughter*. Perpignan University Press, 2009. Retrieved PDF. http://www.masterandmargarita.eu/estore/pdf/eren014_lauchlan.pdf, pp. 6, 7, 8.

　　　　　　　　　　　　　　　　犬儒與玩笑

得其反的效果」。把政治笑話只看作是「微型革命」或「安全閥」都是不切實際的「神話」。大衛斯認為：「笑話並沒有造成蘇聯的崩潰。在政權力量強大的世界裏，笑話的力量是非常、非常微弱的……蘇聯的崩潰是由於多種原因造成的，包括經濟的失敗、僵化老舊的政府制度與社會現代化……之間矛盾衝突、來自外部世界的壓力 (以軍備競賽和周邊影響拖垮蘇聯) 等等。」大衛斯指出，「政治笑話對於深陷於蘇聯社會而無法解脫的個人來說，曾經肯定是，現在仍然是重要的。對他們來說，這是一種不讓想像中世界死去的方式，這個想像中的世界完全不同於官方熱烈宣傳的那個世界。在 (蘇聯) 社會裏，笑話是阿司匹林，人們服用阿司匹林是一時性地鎮住他們的政治之痛，笑話治癒不了疼痛。但是，笑話也不同於麻醉劑，笑話不會模糊人們對疼痛原因的看法。」[31]

本・路易斯在《錘子與噱頭》一書中對蘇聯垮台的根本原因提出了與大衛斯不同的看法。他認為，經濟失敗、制度僵化、官僚統治失效、來自西方的威脅等等對於戈爾巴喬夫時期的蘇聯都不是新的問題。這些問題早就發生於蘇聯過去的各個階段，有的情況還要嚴重得多，但那些都沒有拖垮蘇聯。蘇聯垮台的原因是因為出了戈爾巴喬夫這樣的最高領導，他在民眾公開上街抗議政府的時候，拒絕實行武力鎮壓，這才導致了蘇聯的垮台。[32] 蘇聯裔美國社會學家施拉潘托克 (Vladimir Shlapentokh) 指出，是蘇聯的政治制度造就了官僚體制臃腫不靈，全憑總書記一人說了算的決策體制，而在戈爾巴喬夫做出足以讓蘇聯制度崩潰的種種改革決策時，沒有人想到或採取行

---

31 Christie Davies, *Jokes and Targets*. Bloomington, IN: Indiana University Press, 2011, pp. 246, 248.

32 Ben Lewis, *Hammer and Tickle*, p. 21.

動阻止他，「1991年中，黨內大多數人反對戈爾巴喬夫的國內外政策，但是，卻沒有出現過哪怕一次為抗議戈爾巴喬夫及其改革的集會或辭職」。[33]

本‧路易斯的《錘子與噱頭》有一個副題「共產主義幾乎是被笑死的」，這個「幾乎」非常重要，因為他這本書最後證明的是，蘇聯的共產主義制度並不是被政治笑話笑死的，而是被戈爾巴喬夫所結束了的。有意思的是，路易斯本來非常想要相信，是笑話破壞了共產主義信仰的根基。為此，他在蘇聯和東歐共產國家長期旅行和調查，從事他對政治笑話的實地探究。但是，經過了一番刨根究底的研究，他並沒有找到可以證明政治笑話摧毀共產主義制度的確實證據。他的實地調查原本就是為了尋找這樣的證據，也是想確定政治笑話是「微型革命」或「安全閥」的說法到底有多少合理性。然而，他在探尋的過程中發現，「微型革命」和「安全閥」的解釋都太簡單，都不周全。他自我調侃道，要是早知道探尋如此艱難不易，也許從一開始就應該知難而退。但是，遍遊俄羅斯和東歐諸國還是為他帶來了重要的收穫，那就是，他對共產主義笑話幽默特徵的認識漸漸清晰起來，也不再堅持「蘇聯制度是被笑死的」這個想法。[34] 他認識到，「笑話可以嘲笑壓迫性制度的創立者，也可以嘲笑這個制度的受害者，既可以是反抗的行為，也可以是安全閥，既可以是對體制的厭惡，也可以是對體制的熟悉，甚至溫暖的感情」。[35]

蘇聯政治笑話到底對蘇聯社會和對蘇聯人心理上產生過怎

---

33 Vladimir Shlapentokh, *A Normal Totalitarian Society: How the Soviet Union Functioned and How It Collapsed.* Armonk, NY: M. E. Sharpe, 2001, p. 87

34 Ben Lewis, *Hammer and Tickle*, p. 21.

35 Ben Lewis, "Hammer & Tickle," http://www.prospectmagazine.co.uk/features/communist-jokes.

犬儒與玩笑

樣的作用？該如何評價它的政治作用和意義？這些都是複雜的問題，我們不可能，也不應該期待為一些原本複雜的問題找到簡單的答案。蘇聯政治笑話是壓迫性體制下民眾在假面社會裏生活方式的一部分，在蘇聯垮台之前，政治笑話對蘇聯生活方式，而不是直接對蘇聯的壓迫性體制，起到了或顛覆或支持，或破壞或延長，或兼而有之的作用。正如本·路易斯所說，「笑話或許沒有終結體制的強大力量，但是它們決不僅僅是修辭手段。笑話富有生命力地紮根在蘇聯鐵幕下人們的心中，成為虛偽現實的替代品，減輕了東歐和中歐人在蘇聯40年佔領下的深重痛苦。笑話甚至還可以解釋為什麼體制垮塌得這麼突然」。[36] 這個垮塌雖然不是由這些笑話和說這些笑話的行為所直接引起，但是，這些笑話卻能使我們對這一極權專制統治發生垮塌的種種原因得以一窺虛實：這些原因包括笑話所嘲笑、挪揄和諷刺的物質商品匱乏、領導無能、宣傳無效、普遍的欺騙和謊言、統治權力的強梁和偽善、從上到下的假面社會和扮相遊戲，以及這種國家生活的金玉其外，敗絮其中。即使這樣的體制不突然垮塌，它也無力長期強制維持一種可延續並值得延續的生活方式。這樣的體制必然會製造許多讓正常人類覺得荒誕和滑稽的笑料，並在笑話中留下不光彩的骯髒歷史印痕。

36　Ben Lewis, "Hammer & Tickle."

10 蘇聯幽默和紅色宣傳兩兄弟

1930年代，尤其是1934年之後，蘇聯的幽默便明顯分野為兩路：一路是普通蘇聯人口頭流傳的民間政治笑話；另一路上雜誌或報紙副刊上形諸文字或漫畫的文人作品。如果說民間政治笑話是一種悄悄的反抗，那麼，文人們的幽默作品便是被官方宣傳收編和領導的文藝合作。他們有的命運多舛，甚至招致殺身之禍；有的則名利雙收，得以善終。不同的人生有不同的結果，這經常與他們是否忠誠無關，而只是受到命運的擺弄，他們各自下場的雲泥之別，全在於運氣好與不好的差別。米哈伊爾·科爾索夫 (Mikhail Efimovich Koltsov, 1898–1940或1942) 和伯里斯·葉菲莫夫 (Boris Yefimovich Yefimov, 1900–2008) 是兩位蘇聯時期從事紅色宣傳幽默作品創作的親兄弟，他們從事的是相同的事業，但運氣不同，下場各異。哥哥被斯大林秘密處決，弟弟受到斯大林的寵愛，一直活到了蘇聯崩潰後的普京時代。這兄弟倆看上去不同姓，那是因為他們的名字都是在1920年代改的，他們的父親是Yefim Moiseyevich Fridlyand (1860–1945)，兩個兒子都改掉了他的姓。

一　被斯大林處決的哥哥

1932年斯大林批准成立蘇聯作家協會，但那並不是作家們自己的協會，而是官方用來控制作家們的協會。長期研究蘇聯幽默的文化研究者本·路易斯 (Ben Lewis) 在《錘子與噱頭》

(*Hammer And Tickle: A History Of Communism Told Through Communist Jokes*, 2009) 一書裏指出，蘇聯作家協會的作用在於「從儀式上加強國家對蘇聯文學創作的控制，包括壓制獨立的諷刺雜誌，改變幽默創作，使之為宣傳某種世界觀服務。社會主義現實主義——描寫共產主義『受到全世界讚揚的蘇聯英雄主義奇跡和組織紀律』……——被宣佈為官方認可的唯一是共產主義的藝術『主義』」[1]。

1934年，蘇聯召開了第一屆作家大會，參會者可以說是人才濟濟，高爾基、帕斯捷爾納克（《日瓦戈醫生》的作者）、愛倫堡、卡爾·拉德克（Karl Radek，後被處決）、伊薩克·巴別爾（Issac Babel，後被處決）都參加了。科爾索夫也出席了這次文藝界的盛會，他是當時極富盛名的布爾什維克記者，擔任《真理報》的編委。

科爾索夫是一位老資格的布爾什維克。他1917年參加了俄國革命，1918年加入布爾什維克黨，並參加了內戰。他很快成為蘇維埃的文化精英，以他的諷刺作品在記者群中成為鶴立雞群的人物。他諷刺當時蘇聯的官僚主義和不良現象，創辦多種大眾雜誌，其中包括1922年創辦的著名諷刺雜誌《鱷魚》（該雜誌一直延續到今天）。

科爾索夫以黨性強、文筆犀利著稱，幽默在他手裏是真正的戰鬥武器，也就是所謂的匕首和投槍。成為他諷刺靶子的，不僅是那些對黨的事業不能盡心盡力的低效官僚，而且更是帝國主義、基督徒、流亡到國外的沙皇殘餘分子、貪婪的商人。例如，1924年元旦他在《真理報》上發文嘲笑那些機會主義的知識分子，其中有一位從1914至1924年，年年發表新年祝詞，

1　Ben Lewis, *Hammer And Tickle: A History Of Communism Told Through Communist Jokes*, p.44. 本章引文除另外表明出處外，皆出於此書，在括弧中標明頁碼。

犬儒與玩笑

從保皇黨變成激進的共產黨員，又變成移民海外的反共人士。科爾索夫的諷刺是有節制的，例如，他從不觸碰黨內那種見風使舵、對領袖唯命是從、奉承討好的風氣和人物，而是把他的幽默武器安全地對準了「真正的敵人」。

即使如此，到了1934年，科爾索夫的幽默寫作也已經讓一些人覺得很不高興，因為幽默在蘇聯制度中的作用從一開始就是有爭議的。蘇聯劇評家布洛姆 (Vladimir Blium, 1877–1941) 在1920年代就提出了這樣的問題，在一個理想社會裏還需要開玩笑嗎？他在《最不抵抗的防線 (論蘇維埃諷刺)》(The Line of Least Resistance (On Soviet Satire)) (1925) 中提出，共產黨政權還很脆弱，經受不起諷刺批評，「用陳舊的諷刺方式嘲笑無產階級國家，動搖其基礎，笑話新蘇聯社會的起步——即使是蹣跚和不穩的——也是不明智和欠考慮的」。布洛姆反對諷刺的觀點在1920年代並沒有受人重視或支持，那個時代甚至可以說是蘇聯諷刺文學的黃金時期。可是，到了1930年代，在1934年的第一次作家大會上，布洛姆的觀點已經成了響噹噹的左派觀點。[2]

這時候，蘇聯文化人對幽默的現實和未來形成了兩種主要觀點。第一種認為，可以對舊社會殘餘的醜惡現象進行諷刺，但對美好的新社會，諷刺不僅是不適宜的，而且會變得越來越不適宜，因為蘇聯正在創造的是一個完美的社會，一個沒有什麼事情好嘲笑的社會，所以政治的和社會的諷刺之笑都會消失。第二種觀點是，在蘇聯，工人階級已經得到解放，人民大眾把幽默的笑從少數精英那裏奪了過來，新社會也會有笑。持這個觀點者中，還有人認為，在未來的共產主義制度中仍然會

2　Robert Russell, "Satire and Socialism: The Russian Debates 1925–1934." *Forum for Modern Language Studies*. Vol. xxx. No. 4, pp. 342ff, 348.

有笑，但那是一種建立在全新幽默意識上的笑。

　　科爾索夫在1934年的作家大會上所持的是第二種觀點，他提出，蘇聯制度一旦完美，便不再需要有笑，但現在還不完美。他認為，現在的諷刺與沙皇時的舊式幽默有相似之處，但並不反動，按照馬列主義的理論，在無產階級社會得到實現之前，勞動階級是最後的階級，「在階級鬥爭的歷史中，勞動階級一定會笑到最後」，如俗話所說，誰笑到最後，誰就是勝利者。

　　今天回顧起來，這種對幽默和笑的「辯證法」爭論本身就很可笑，是玩政治正確的概念遊戲，雖然有不同的說法，但都是從同一種教條推導出來的，都不敢逾越「思想正確」的雷池一步，看上去是在對「幽默」提出不同的理論，其實，正如路易斯所指出的，是在小心翼翼地揣摩一個令知識分子心有餘悸的問題：「在蘇聯制度下可以批評什麼？批評到什麼程度？誰被允許作批評？」(43)

　　蘇聯作家羅曼諾夫 (Panteleimon Romanov) 對未來的笑提出了大膽的理論預測，提出了他的新理論：「我想表達的願望是，在蘇聯，第一個五年計劃完成的時候，諷刺將會消失，那時候只會有一種幽默的需要，那就是快樂的笑聲。」這種笑被稱為「正能量幽默」(positive humor)。到那個時候，蘇聯已經培育了「共產主義新人」。劇作家基爾匈 (Vladimir Mikhailovich Kirshon) 更是樂觀地提出，蘇維埃人不僅對工作、家庭、信仰和社會有了新的觀念，而且還有了一種新的幽默感。他充滿激情地展望道，「在蘇聯土地上，一種新的戲劇正在被創作出來——正能量英雄的喜劇 (a comedy of positive heroes)。新喜劇不是嘲笑它的主角，而是歡快地描述他們，用愛和同情加強他們的正能量素質，讓觀眾發出快樂的笑聲，學習他們的榜樣，因而以同樣的輕鬆和樂觀主義面對生活中的問題。這並不意味我

們的文學中不再有諷刺批評的一席之地。在我們的生活中仍然
會有醜陋的東西，還會有資本主義的殘餘，那是諷刺作家筆下
批判的對象。但是，勝利者的笑聲，像做早操一樣讓人神清氣
爽的笑聲將越來越響徹我們的舞台。」[3]

今天讀起來，這樣的文字猶如癡人說夢，但在當時的政治
形勢下，卻是振振有詞的睿智遠見，表現出作家應有的理論素
養、政治覺悟和對意識形態話語的嫻熟運用。這是典型的意識
形態文藝理論，意識形態是一個無需經驗論證的概念和話語的
封閉體系，它具有永動機一般的自我解釋和演繹功能，可以讓
說話者按照自己的主觀意願解釋世界上的一切，永遠頭頭是
道、左右逢源，永遠能自圓其說，永遠是真理。它的條件是意
識形態的信仰還在起主導作用，至少是所有的人都在裝着相信
這個信仰還在起作用。所有的人都以虛假的熱情投入裝扮自己
和蒙蔽對方的遊戲中去，直至除了盲信這個意識形態，不知道
還能相信什麼自己或別人的思想、願望和感情。

1934年蘇聯作家大會時，蘇聯的諷刺文學早已風光不再──
雜誌關閉，作家噤聲。1936年科爾索夫以《真理報》通訊員的
身份去西班牙報導正在那裏發生的內戰，人們普遍以為他是斯
大林特別派遣的報導員。他的《西班牙日記》於1938年出版，
同一年他被莫斯科從西班牙召回，並以反蘇和恐怖活動的罪名被
捕。他的逮捕是蘇聯大清洗的一部分，他後來被判處死刑並秘密
槍決，一直到今天都無法確定他是死於1940年還是1942年。

二　受斯大林寵愛的弟弟

科爾索夫被捕的時候，他弟弟葉菲莫夫──有時也用西瑞

3　Robert Russell, "Satire and Socialism," p. 350.

爾字母(Cyrillic)拼作Efimov——做好了因為牽連而被捕的思想準備。2007年，107歲的葉菲莫夫在與路易斯的採訪中告訴路易斯，他當時準備了一個放着換身衣服的包裹，隨時準備有政治警察來敲門。他說：「他們逮捕了我哥哥，我就準備好被捕了，因為我跟他一樣是有罪的。但是，事情並未發生，我還是自由的。我只是失業了一年半，他們把我從我供職的報社和雜誌社開除了，因為我哥哥是人民之敵。我哥哥的案子結束了，他也被處死了，這之後，我被覆職。這真令人噁心，我應該拒絕的，我應該對他們說：『不！你們殺了我哥哥，我不回去工作。』但是，他們能把我送到跟我哥哥一樣的地方去。我有妻子，還有一個幼子，我不能這麼做，否則就得死。所以我就回去工作了。」但是還好，他躲過了這一劫，這是他一生中的最低點。

葉菲莫夫一生都與漫畫相伴，漫畫讓他施展了藝術才能，也是他以政治服務換取榮華富貴的本錢。他1900年出生在基輔，是家裏的老二，父親是一位猶太人鞋匠，根本不可能為他提供良好的童年教育。但是，葉菲莫夫自幼喜歡漫畫，在學校時就喜歡閱讀當時的漫畫週刊《諷刺》(Satyricon)，這是一份俄國革命前的刊物，葉菲莫夫學習《諷刺》的漫畫時常描摹。他第一次創作政治漫畫是革命勝利後不久，刊發在基輔的紅軍新聞傳單上。隨後，他跟哥哥一起去了莫斯科，他哥哥在《真理報》任職，給了他一份創作政治漫畫的工作。

葉菲莫夫告訴路易斯，「當時很時興為著名的政治人物畫善意、無害的漫畫」，但是，有一天卻碰上了一個難題：是不是也可以畫斯大林的漫畫，「我們知道，斯大林討厭玩笑，但我偏偏接到了為他畫漫畫的任務。我像創作其他漫畫一樣，畫好了斯大林的漫畫，盡量突出了斯大林外貌的所有特徵。大家

　　　　　　　　　　　　　犬儒與玩笑

覺得不事先詢問斯大林就刊登這漫畫可能會有麻煩，所以找列寧的妹妹問問她的意見。她看了漫畫，臉上一絲笑容也沒有。她說，我吃不準，還是給斯大林的助手看看吧。兩天後，我們接到了指示：『不要刊登。』所以也就沒有刊登出來。」

1930年代初，葉菲莫夫的漫畫諷刺的是美國資本家和西方政治領袖，極具醜化之能事，他把英國首相張伯倫畫得如此不堪，以致英國大使館照會蘇聯政府提出抗議。1930年代末，隨着蘇聯外交政策的改變，葉菲莫夫開始畫專門諷刺納粹的漫畫。他的漫畫一直受到斯大林的關注，1937年斯大林的助手列夫·梅利斯 (Lev Mekhlis) 打電話給他，要他速來克里姆林宮。葉菲莫夫猜想，可能是要發生最壞的事情了。他謊稱患了流感。但是，斯大林仍然堅持要他前來，最多只能向後推遲一天。事實上，斯大林只是想要告訴他，他給漫畫裏的日本人畫上齙牙是種族主義。聽完斯大林的談話後，這位漫畫家答道：「肯定沒問題，他們以後不會再有牙齒了。」1938年，葉菲莫夫因兄長被捕而短暫失業，複職後，從二戰到冷戰，他創作漫畫更加積極配合蘇聯的官方政策。

他在與路易斯的訪談中回憶道，1940年代末，有一次文化部長、政治局委員日丹諾夫叫我去一趟。他很和善地同我打招呼，讓我坐下來，對我說：「我們想麻煩你一件事。你也許從新聞裏知道，美國要派軍隊去北極，想從那裏對蘇聯造成威脅。」我說：「是的，我知道。」他說：「所以斯大林同志指示，我們要用笑來對這事開戰。斯大林同志推薦你，要我們跟你討論一下，看你是否願意為這件事畫一個漫畫。」我聽他說「斯大林推薦你」這幾個字的時候，血都要凝固了。斯大林記得誰，注意誰，誰就有了性命之憂。這就是說，你稍微犯了一點錯誤，如果他對你有任何失望，你就會被殺掉。

日丹諾夫把斯大林如何構思漫畫詳細跟我說了：艾森豪率領大軍衝進北極，身旁有一個旁觀的美國人問他，出了什麼事嗎？艾森豪說：「你沒看見那邊有蘇聯的威脅嗎？」

　　當然，我當即作出這是我最大的榮譽，非常自豪的樣子，但只是簡單地問了一句：「請問要何時畫好呢？」日丹諾夫說：「我們不催你，但你別拖延⋯⋯祝你好運。」我起身離開，回家的路上一直在揣摩他說的是什麼意思：「我們不催你，你也別拖延。」如果我明天或後天就畫好，他們會說，「他急急忙忙畫好了，根本不理解斯大林交待給他的任務的重要性。」這會非常危險。如果我過三四天才交畫，他們又可以說，「他拖延，是因為不懂斯大林同志交待的任務的迫切性，是怠忽職守。」

　　第二天，我開始工作，中飯時草稿就打好了。我用幽默的方式表現了艾森豪想像的，但實際不存在的「俄國威脅」。我把艾森豪畫成站在一輛坦克車上，帶領大軍來到北極。按照斯大林的建議，我畫了一個愛斯基摩人用冰塊建成的圓頂屋，屋旁站着一個愛斯基摩人，惘然地看着美國大軍，他身旁還有一個愛斯基摩小孩，手裏拿着一塊當時蘇聯人愛吃的那種「愛斯基摩」雪糕冰棒。

　　日丹諾夫在他的大辦公室裏很熱情地接見了我，手勾着我的肩膀，把我領到放着我那漫畫的大桌子前，他說：「畫得很好，我們看過了，還需要做些修改，沒有批評的意思。有的政治局委員覺得，艾森豪的屁股畫得太誇張了，但斯大林同志認為這個不重要。但是圖畫下面的說明文字是斯大林同志親自寫的。」我俯身看那文字。我的畫上的艾森豪身邊有一個普通美國人，他問艾森豪：「將軍，為什麼在這麼一個和平的地方佈設戰鬥部隊？」艾森豪問答：「你沒有看見蘇聯人在這裏威脅

　　　　　　　　　　　　　　　　　　　犬儒與玩笑

着我們嗎？有一個敵人正在朝我們拋手榴彈。」我說的手榴彈就是那個愛斯基摩小孩手裏的雪糕冰棒。斯大林同志把手榴彈那句劃掉了，另外寫上了一句，「你沒有看見即使在這裏也有對美國自由的威脅嗎？」斯大林修改了的文字不如原先的幽默，但斯大林是不會錯的。葉菲莫夫把斯大林親手改過的畫稿配上鏡框，一直掛在自己的家裏。

二戰結束後，葉菲莫夫調到《真理報》任職，一直到80歲時退休。和所有在斯大林時代活下來的人們一樣，葉菲莫夫不願意提起自己不光彩的往事，1930年代大清洗的時候，他用漫畫把被審判的被害者諷刺挖苦成毒蛇，其中就有他自己的哥哥。

葉菲莫夫是一位國際知名的漫畫家，他一生都身處蘇聯文化精英的圈子裏。他兩次榮獲斯大林獎，其他榮譽頭銜更是數不勝數。他是蘇聯詩人馬雅可夫斯基的朋友，但馬雅可夫斯基對他的畫作並不以為然。倫敦的《晨星報》(The Morning Star)曾報導過馬雅可夫斯基這麼議論葉菲莫夫的漫畫：「畫的不怎麼樣，對吧？應該說，畫的很糟糕。」但托洛茨基喜歡葉菲莫夫的漫畫，1924年，葉菲莫夫出版了他的第一部漫畫集，托洛茨基為他寫了前言。那時候托洛茨基已經開始在走揹運，蘇聯《消息報》的編輯居然刊登了他的這個序言，因為這個錯誤，編輯後來被槍斃掉了。1920年代末，托洛茨基徹底失勢，葉菲莫夫立刻反戈一擊，用自己的漫畫犀利地諷刺了托洛茨基這個「叛徒賣國賊」和「法西斯分子」，這是斯大林所樂於看到的。

從事官方宣傳的畫家充當的是畫師、畫匠而非獨立或自由思考者的角色。對他來說，思想簡單是一種幸福，而自由思想就算不帶來殺身之禍，也未必是一種幸福。自由思想事實上並不會給所有的人都帶來幸福和滿足。對從事某些職業的人們來說，有一項專門的技藝，再加上一點小聰明，根本不需要有思

想，就是出色地做好他的本職工作，並以此獲得很高的榮譽和豐厚物質獎賞。葉菲莫夫可以說是達到了這種工作的最高境界。他對此總結道，「如果你是一位政治漫畫家，那你就必須跟得上政治變化的步伐。」路易斯問葉菲莫夫，如今怎麼看待自己為蘇聯宣傳服務的歲月，他回答說，「那時候比現在好，給我一種尚未改變的共產主義觀點。那時只有一種宣傳，所以人民只有一種事情可以相信。現在這麼多不同來源的宣傳，大家都搞糊塗了。」

三　思想簡單是極權統治製造的「幸福」

葉菲莫夫覺得斯大林統治的時代比較好，有這樣感覺的蘇聯人當然不止葉菲莫夫一個。像他這樣曾經朝不保夕、提心吊膽地捱過極權統治的恐怖歲月，連親哥哥都死於這種統治的人，怎麼還會懷念那個黑暗的時代呢？他說，那時候自己有一種「尚未改變的共產主義觀點」。這是一種能讓他活得比較簡單、踏實的信仰，能為他帶來個人自由思想無法給予他的幸福和滿足。這樣的信仰是他的精神需要，有這種精神需要的當然也不止葉菲莫夫一人。

美國社會學家，哈佛大學教授丹尼爾‧貝爾 (Daniel Bell) 在一篇論知識分子的文章中寫道，「共產主義已經落下了帷幕，但一個謎團問題還沒有答案，那就是，為什麼革命的馬克思主義吸引過這麼多熱情的知識分子？是什麼樣的信仰……召喚這麼多人去為它的事業獻身？從某個方面來看，答案很簡單：曾以上帝之名感召的，如今換上了歷史的旗號……馬克思主義是世俗的宗教。」[4] 對許多人來說，宗教能讓他們把複雜、艱難

4　Daniel Bell, "The Fight for the 20th Century: Raymond Aron Versus Jean Paul

犬儒與玩笑

和充滿困惑的日子過得簡單而幸福，因為宗教能為所有的生活難題都提供現成的答案。馬克思主義意識形態是極權統治的教義，無論是在蘇聯還是在其他共產國家，都是包辦人民所有問題解答的全能話語。習慣了極權統治及其意識形態話語，突然獲得自由是一種災難性的痛苦經驗。許多人由於從此之後必須事事為自己做主，而遭遇前所未有的困惑和無助，猶如失去父母的兒童，不知所措，驚慌不已。這是專制統治下許多臣民的一種奴民通病，經過20世紀的現代極權專制統治，更成為一種可怕的痼疾。

20世紀出現的極權統治是一種新型的專制，用阿倫特的話來說，是一種多變而無定形 (shapeless) 的專制。曾任哈佛大學教授的歷史學家梅爾文・里希特 (Melvin Richter) 在給大型參考書《觀念史詞典》撰寫的「專制主義」文章中指出，專制有不少同義詞：暴政、獨裁、絕對主義、極權等等。專制是這些政治術語家屬中的一員，它變得特別重要，乃是17、18世紀的事情。它是作為「自由」的對立概念而出現的，因此成為政治比較或比較政治學的一個分析工具。專制這個概念取代以前的「暴政」說法，是因為專制特指一種與自由為敵，全面主宰人的思想和行為的政治權力。專制「很少單獨用於無傾向性的純粹分析」，基本上都是用來否定和譴責某種「與政治自由相對立或不符合的政治制度」。啟蒙運動時期，孟德斯鳩從貴族政治的自由觀念出發，將專制提升為三種基本政府形式之一。今天，人們從民主自由的觀念出發，把專制確定為「獨裁」或「極權」。[5]

孟德斯鳩對專制政體的分析包括兩個方面。一方面，他把

Sartre." *New York Times Book Review*, February 18, 1990, p. 1.

5　Melvin Richter, "Despotism." In *Dictionary of the History of Ideas: Studies of Selected Pivotal Ideas*. Volume II. New York: Charles Scribner's Sons, 1973–1974, p. 1.

專制列為政體的一種，像其他政體一樣有自身的原則；另一方面，他又把專制政體與其他政體區分開來，君主政體，貴族政體和民主政體都是合法的政府形態，而專制政體總是壞的政體。專制政體是一種「可怖的」政府形態，它以「輕視生命來換取榮耀」。專制政體的原則是恐懼，而這個原則卻有一個形似美好的目的，那就是安定 (秩序和穩定)：「安定絕不是太平，而是敵人即將佔領的那些城市前的緘默」。專制政體以前用宗教，現在用意識形態代替宗教來強化恐懼，「它是添加在已有恐懼之上的又一種恐懼」。專制政體讓臣民非政治化，把人當動物，把反復無常的陌生法律強加給他們，使他們置身於腐敗和殘酷的監管之下。

作為社會學家，孟德斯鳩認為有必要分析專制現象 (同亞里士多德)，承認在某種情況下這種政體似乎有一定的存在理由。但是，作為一個社會批評者，他卻看不出有什麼道義與道德的理由，非要讓專制這樣的政體──包括它的恐懼原則、暴虐政策、不人道結果、欺騙手段、卑鄙權術──存在下去。不管專制把自己的目的說得如何天花亂墜，也不管它如何信誓旦旦承諾什麼改革，孟德斯鳩說，那「絕不是為了縮小美德與邪惡之間的巨大差距，但願大家不要有所誤會！」[6]

孟德斯鳩分析和批判專制的經典意義在於，他指出了專制政體對人民最嚴重，最根本，也是最難以消除的一種殘害和摧殘，那就是把本該成熟的人變成不能思想的動物，或者說，變成在思考能力上永遠長不大的巨嬰和媽寶。20和21世紀，由於習慣了現代極權的統治，許多人變成了離不開黨的呵護、政府的疼愛和權力監護的大齡兒童，連許多本該有思考能力的知識

6　轉引自彼得·蓋伊：《啟蒙時代》下卷，王皖強譯，上海人民出版社，2016年，第307–308頁。

　　　　　　　　　　　　　　　　　犬儒與玩笑

分子也不例外。葉菲莫夫就是這樣一個知識分子，他這個幽默專家卻不能察覺自己生活於其中的荒誕境況——這是多麼具有諷刺意味的乖訛！

專制和極權制度都可能產生「偉大」的明君或領袖，他們能有效地保持社會穩定，給人們提供安全感，他們也能有效地發展生產，使國家變得強大，讓人民在世界上「從此站起來了」。看上去，他們實現了不少人所期待的那種強人開明專制。

但是，這樣的專制獨裁只會加劇孟德斯鳩所警惕的那種對人民自由意識和獨立思考能力的摧殘。早在啟蒙運動時期，當有的啟蒙哲人（如伏爾泰）把社會改革的希望寄託在開明君主和開明專制身上的時候，另一些啟蒙哲人就已經在警告，開明專制只會讓原來不自由的人們陷入更深的奴役。專制雖然也講改革，也想表現出它的開明和仁慈，但是，專制不會讓人民獲得政治自由，開明和仁慈只是一種加強和鞏固專制的權術。盧梭不信任這種仁慈的專制，有不信任任何仁慈的家長式統治，並把這種懷疑置於《社會契約論》政治理論的核心，這種懷疑也成為狄德羅在1770年代的突出主題，「一個自由國家可能遭遇的最大災難之一，就是有兩到三個公正而開明的專制君主相繼在位」。由於這些專制君主是最優秀的人，「整個民族將習慣於盲目服從，在他們的統治下，人們會忘記自己擁有不可剝奪的權利。他們將墮入一種致命的信任和冷漠，他們不再感受到捍衛自由所必備的持續的不安」。這些專制君主猶如能幹的牧人，把臣民降格為動物，「讓他們享受一個長達十年的幸福，代價是20個百年的痛苦」。他告訴俄國女皇葉卡捷琳娜，假如英國接連有三位伊莉莎白女王那樣的君主，這個國家就會墮入奴役狀態。[7]

7　轉引自彼得·蓋伊：《啟蒙時代》下卷，第456, 458頁。

斯大林的確是一個能力超凡的領袖，但他更是一個極權專制的獨裁者，希特勒也是一樣。這兩個獨裁者都掌握着絕對權力，也都毫不猶豫地運用暴力恐怖。但是，單憑這樣的權力還不足以讓他們在國人眼裏成為崇高無比的權威，他們還必須成為睿智英明，如神一般偉大而超凡的領袖。黨的意識形態便是打造他們崇高神性的世俗宗教。

極權獨裁者是意識形態的教主和唯一權威解釋者。在蘇聯，極權獨裁者的神化還有俄羅斯傳統文化的潛在作用。對此，有評論者指出，「共產主義將自己變成新普世宗教的嘗試也得到了傳統宗教很多因素的支持。再三在列寧墓前表達對黨的路線的忠誠非常舒服地吻合世紀之久的俄羅斯東正教對於修道院和其他神聖場所的朝聖熱情，對於聖人和神聖隱士遺跡的尊敬是因為他們相信這些東西具有神秘的威力。有些共產主義獨裁者甚至贏得了接近神的崇高地位，雖然他們仍然是走在地球上的凡夫俗子。」[8] 有斯大林這樣像神一樣偉大的英明領袖替人民思考，領袖思想難道不應該成為所有蘇聯人民的思想嗎？這個邏輯自然而然地造就了極權統治特有的宣傳原則。

猶太裔德國政治活動家和政治學者弗朗茲·紐曼 (Franz Neumann) 在他對德國納粹極權主義的批判中指出，宣傳和暴力 (恐怖) 是極權統治的兩大支柱，是「同一種發展的兩個方面：它把人變成一股裹挾一切的力量中的被動一員，既恐嚇他，又討好他；既可以把他捧為英雄，也可以把他投進集中營」。暴力恐怖與宣傳必須雙管齊下，因為宣傳本身就是一種暴力，「一種對人心靈的暴力」。[9]

8　小阿布拉姆·巴克希恩 (Aram Bakshian Jr)：《獨裁者及熱愛獨裁者的思想家》，吳萬偉譯，http://www.aisixiang.com/data/107557.html.

9　Quoted in Roger Boesche, *Theories of Tyranny: From Plato to Arendt*. The

犬儒與玩笑

宣傳把思想和文化扭曲成宣傳，不斷重複陳詞濫調的口號和套話，「窒息群眾的思考」。納粹黨魁希姆萊說，德國人的教育只要數字能數到12，會拼寫自己的名字就可以了，「超過這個程度，教育就有危險」。這也正是紐曼所指出的，極權統治的基本策略就是「操控群眾，為了控制、分裂和恐嚇他們，就必須用宣傳俘虜他們」。這樣的群眾才會亦步亦趨地緊跟領袖，回應黨的任何號召，積極投入黨領導的任何運動或活動。這種看起來熱烈的投入其實是無思想的行動，「必須受制於指揮和操控，才能保證無思想行動……這是一種假行動，真正的行動者不是人，而是權力機器」。[10]

與紐曼一樣，阿倫特也把意識形態認作極權主義的一個主要特徵，「它自稱洞察整個歷史進程的奧秘——過去的秘密、現今的複雜、未來的不確定」。意識形態使得極權主義不同於歷史上的任何其他暴政和專制，過去的暴政和專制尚未能滲透到個人的私生活中去，但是，極權的意識形態卻是侵入了人們的私人生活和思想，取代他們的常識思考，操控他們的心靈，「意識形態思維摧毀了人與真實的關係……人們就此失去體驗和思考的能力」。[11] 極權意識形態就是這樣創造了一種不思考，因為思想簡單而獲得的滿足和幸福。這是一種保護性愚蠢。這種起保護性愚蠢作用的意識形態正是葉菲莫夫所懷念的「共產主義觀點」。在這架靠恐怖和欺騙支撐和運作的意識形態機器裏，葉菲莫夫既是它的受害人，也是它的合謀者。

Pennsylvania State University Press, 1996, pp. 416.

10 Quoted in Roger Boesche, *Theories of Tyranny: From Plato to Arendt*, p. 417.

11 Hannah Arendt, *The Origins of Totalitarianism*. New York: Harcourt Brace Jovanovich, 1973, pp. 469, 474.

11 蘇聯階級鬥爭時代的假面社會

　　1917年俄國革命勝利後，有了「蘇維埃」的國家，但一直要到差不多20年之後，1936年蘇聯有了「斯大林憲法」，才算有了國家政權承認的「蘇維埃人」——一個每個蘇聯人都能從自己的國家歸屬所獲得的「公民身份」。在這20年間，國家政權給予蘇聯人的是怎樣的身份呢？他們又是如何在國家強制的新身份秩序中努力適應，並為自己打造適合這個新秩序的新「面目」呢？蘇聯人的「新身份」和「新面目」意識是如何在影響他們的日常行為和心態的呢？這些便是希拉·費茲派屈克(Sheila Fitzpatrick) 在《撕掉面具！20世紀俄國的身份與扮相》中要回答的一個問題。[1]

　　她在書的第一章《變成蘇維埃》中開宗明義地寫道：「這是一本關於個人在社會中再造身份的書，這個社會被革命拋入混亂之中。我要探究的是，在這樣的環境中，個人如何應對身份 (帶來的) 問題——主要是，他們如何為自己打造新的面目 (persona) 以適應新的生活環境，在相當長的一段時間內，新面目又是如何使許多人困惑迷茫、不知所措、無以應對。」費茲派屈克同時還關注新面目的社會後果：「當個人忙於重新設計自我，保全重新設計的自我，並且知道鄰居都在這麼做的時候，他們便會有哪些社會行為 (洗涮自己、自我批評、揭發別

1　Sheila Fitzpatrick, *Tear off the Masks! Identity and Imposture in Twentieth–Century Russia*. Princeton, NJ: Princeton University Press, 2005, 本章中來自此書的引文皆在括弧中注明頁數。

人) 和哪些心態 (猜疑、身份焦慮)」。(4) 驅使這種日常行為的
是每個生活在無產階級專政制度下的人都必須具備的自我身份
意識 (階級成份) 和生存狀態認識 (階級鬥爭)。

一　身份與個人面目的「微觀歷史」

費茲派屈克所關注是一種微觀文化史，與人們所熟悉的
「蘇聯史」有所不同。微觀文化史可以說是一種日常生活史
(Alltagsgeschichte)，因為日常生活史本身就是一種微觀歷史。德
國洪堡大學教授沃爾夫岡·卡舒巴(Wolfgang Kaschuba)指出，
日常生活歷史的「日常生活」本身並不是一個「具有獨立結構
或某種自足性的 (歷史或社會) 領域」。「日常」(Alltag)「代表
的是一個經驗性的，植根於生活世界的空間。在這個生活世界
裏，個人的需要和社會『常識』必須不斷在價值觀上形成新的
一致認識和秩序。這種價值觀是在歷史中構建的，也是按照在
歷史中規定的標準評價的」。[2] 在早期蘇聯，個人「階級身份」
這種被統治權力區別對待，被社會中他人不同看待，最後自己
也以此看待自己的「自我」和「面目」觀，是一種普通人在日
常生活中的個人經驗和「常識」。它包含的榮辱、尊卑、好壞
(紅黑) 價值觀是在歷史環境下被規定的，是在蘇聯特殊歷史時
期形成的某種「新的一致認識和秩序」。它只適用於當時蘇聯
的政治制度的歷史環境，在其他歷史時期或其他制度中並不適
用。所以，研究蘇聯人的「階級身份」形成了一個研究蘇聯特
定歷史時期的特殊視角。

2　Wolfgang Kaschuba, "Popular Culture and Workers' Culture as Symbolic Orders:
Comments on the Debate about the History of Culture and Everyday Life." In Alf
Lüdtke, ed. *The History of Everyday Life*. Trans. William Templer. Princeton, NJ:
Princeton University Press, 1995, p. 170.

卡舒巴還指出，與日常生活歷史相聯繫的是「一種特別從『文化』來看待歷史」的方式，「它關注的是歷史中人 (主體) 的文化實踐 (cultural praxis)，並將文化實踐視為複雜的歷史現實。這種研究深入到人 (主體) 塑造生活的可貴能力和在特定生活世界裏爭取行動的可能性。它也試圖說明這種生活世界體系中廣大而普遍的象徵秩序──人們體驗 (現實) 的方式、行為的原則、意義和價值」。把個人的階級身份經驗和應對生存處境的方式 (營造面目、假面扮相、順從、反叛) 當作「複雜的歷史現實」的一部分，相比起「廣大而普遍的象徵秩序 (無產階級與資產階級你死我活的的鬥爭，共產黨領導無產階級戰勝和消滅資產階級) 來，只能算是「微觀」的個人「文化實踐」。[3] 但這種着眼於個人的微觀文化研究卻能讓歷史學家從一個特殊的角度去發現，像「無產階級專政的社會主義制度」這種宏觀歷史的概念是怎樣通過普通人「作為經驗和行為的大眾文化」而變成一個「歷史現實」的。

　　費茲派屈克關注的是蘇聯國家社會裏的個人如何體驗他的「階級身份」，這種身份如何影響他在生活中的「面目」，他如何在一個由外力強加的身份秩序中尋找適用、變通的途徑。這種個人的日常生活史或微觀文化史不是人們一般了解的那種關於蘇聯國家政權演變和領導人更迭的宏觀正史。許多文化研究所關心的身份 (identity) 都是集體性的，如國民性、男女有別的社會文化、社會弱勢群體、第三世界或後殖民身份等等，但費茲派屈克關心的是個人的身份。她認為，「一旦把身份聚焦到個人，身份研究必須包括『面目』(imposture) 便是不言而喻的了。一個偽裝面目者 (imposer)，假冒的是他沒有資格擁有的

3　Wolfgang Kaschuba, "Popular Culture and Workers' Culture as Symbolic Orders," p. 172.

身份。在革命環境中，假冒革命身份的人必須予以揭露，這是非常重要的。」(4) 但是，真的或假的面目並不總是那麼容易分辨的。偽裝面目是「犯罪行為」，自我改造是「積極表現」，一個是「壞的」，另一個則是「好的」。但是，又有什麼辦法來真正區別它們，或者在它們的行為後面有效地察覺不同的真實意圖呢？

革命號召所有的國民以嶄新的面貌投入新的生活，那些來不及更換面目的人為了生存只能假裝如此。他們雖然是在用自己的方式響應革命的號召，但在「革命者」眼裏，這是一種犯罪行為的偽裝。在如何分辨國民真面貌與假面目的問題上，革命為自己出了一個難題。早期蘇聯的個人面目是由每個人的「社會－政治身份」來確定的，它的「科學根據」便是「階級屬性」。布爾什維克是以無產階級的名義奪取政權的，他們認為，「無產階級」是那些支持蘇維埃政權的人們，而「資產階級」(按1920年代的用法，包括舊制度中的所有上層階層) 則是反對這個政權的。這形成了一種「階級屬性」循環論證：無產階級支持革命，支持革命的是無產階級；相反，資產階級反對革命，反對革命就是資產階級。(5) 從理論上說，無產階級包括工人階級和無土地的貧苦農民，無產階級的領導者是布爾什維克黨，一個實行無產階級專政的先鋒隊組織。資產階級包括殘留的舊貴族、資本家、城市業主和商人 (1921年「新經濟政策」時曾一度是合法的)、富農。儘管這些人群事實上既無組織也無領導，但「資產階級專家」的「資產階級知識分子」被看作是他們的「象徵性領導」。

在整個布爾什維克革命和斯大林時期，蘇聯人的無－資階級身份一直在變化，雖然「成份劃分」自稱具有「客觀性」和「科學性」，但其實是跟着「政策」走的，始終是專政和暴力

犬儒與玩笑

統治的工具。在1917年至1920年間，列寧的布爾什維克把鎮壓內部敵人的革命手段表述為一種階級鬥爭的理論信念，並變成一種區分國民不同政治忠誠度的制度。布爾什維克建立了「契卡」，它的使命便是鎮壓任何對新政權的反抗和消滅新政權的敵人。1918年9月5日的「紅色恐怖法令」規定建立一些集中營，作為隔離「階級敵人」(但還不是強制勞動) 的地方。

工人和農民擁有「無產階級」的成份，也是革命的基礎，但是，工人和農民同樣可以成為「階級敵人」。當工人和水兵1921年初在彼得堡港的克琅施塔得島上升起「沒有布爾什維克的蘇維埃」的旗幟、發起反叛時，他們便成為遭到革命武力粉碎的階級敵人。少數比較富裕的叫做「Kulaks」(富農) 的農民，被定義為「鄉村資產階級」；列寧簽署的1918年的一份政府文告宣佈對他們發起「無情的戰爭」。他提出一份反富農法令具體說明，不把餘糧賣給國家糧站的糧食所有者將被宣佈為「人民之敵」，被沒收財產，並將永遠驅逐出社會。

無論是以職業、與舊制度的關係，還是政治忠誠或階級出生來確定一個人的身份，「階級身份」都不能像膚色、面相、性別那樣一眼可見，也不能像一個人的姓氏或地方口音那樣來加以辨認。與絕大多數其他可辨認身份不同的是，「階級身份」是可以隱藏和偽裝的身份。

在蘇聯制度中，一個人要隱瞞自己的政治身份或者改變已有的政治面目，並不是一件容易的事情。這是因為，每個人的政治身份和面目都是有備在案的，這個案就是「檔案」。用檔案來嚴格控制每個人的政治身份，這使得蘇聯成為一個名副其實的「檔案國家」。費茲派屈克以她的研究證實，在每個人的檔案裏，政治身份最重要的部分便是「簡歷」(人生記錄)。她就此寫道：「個人檔案包括個人經歷的自我敘述和專門設計的

個人情況問答，用以弄清一個人的政治和從業歷史，以及他階級立場性質的詳情，包括在過去變化的情況。」一個人的檔案身份對他的生活處境和前途有着至關緊要的影響。國家政權對國民的就業、住房、升學、提幹等等都公開實行階級歧視的政策，因此，「在個人經歷中隱瞞『壞的』階級背景，將階級性模糊不清的部分盡量說得好聽，是每個人的利益所在。這種隱瞞和改編……變成了蘇維埃公民們的第二天性」。(5) 假面社會一旦形成，即使在不需要時刻戴好假面的時候，扮相也仍然是大多數人的一種處於活躍狀態的本能。這與俗話說的「一朝被蛇咬，十年怕井繩」是一個道理。

生活在蘇維埃「合理歧視」的制度下，每個人的生存偽裝本都變得特別發達，也特別善於偽裝和說謊。這種生存本能是費茲派屈克所說的「蘇維埃意識形態」(Soviet ideology) 的一部分，「它是由統治權力強行灌輸給國民的」，即使這種意識形態的統治權力消失之後，它的殘餘影響還會長期地「揮之不去」。(5)

在早期蘇維埃話語中，最接近「身份」說法的用詞是litso，意思是「臉」。身份的限定詞差不多總是「階級」和「政治」，階級的和政治的面目是密切聯繫的，都必須明明白白，叫做vyiavleno，也就是顯出它的真顏色來。在很長的時期內，在中國也是一樣，一個出身「黑」的人 (黑五類、黑七類)，他的階級或政治「顏色」是絕不容含糊的。說到身份就離不開偽裝和隱瞞的問題，因為革命使得某些政治身份成為人生的嚴重殘缺，等於在鼓勵和助長人們隱瞞這樣的殘缺。隱瞞的身份是必須「揭露」的。蘇聯的報紙經常痛斥「兩面派」，就像「文革」時的中國報紙總是在宣傳要揭穿走資派或剝削階級的「真面目」一樣。

一個出身不好，階級成份顏色為「黑」的人，在新制度中時時處處以黨的標準來要求自己，他是在真心要求「進步」(塑造「新我」) 呢，還是在「偽裝積極」(犬儒表現) 呢？費茲派屈克認為，在這二者之間並無明確的界限區別，「事實上，一種表現可能以『犬儒』開始，而以『真誠』告終，也可能是以真誠開始，以犬儒告終」。這兩種情況都不罕見，一個人可以久假不歸，先是假戲真做，後來人戲不分；也可以先是滿腔熱情，把角色當作自我，後來發現自己是在按別人的腳本做戲，但既已入戲，便由不得自己，但總算是明白，自己不過是在演戲而已。費茲派屈克認為，有的社會中人比其他社會中人更能自覺自己是在做戲，「革命的俄羅斯 (蘇聯) 社會，由於彌漫在社會裏的階級和政治身份的焦慮，以及多種多樣的戴面具和揭面具行為，無疑是一個人們知道自己在做戲的社會」。而在這個社會裏，「處於邊緣的 (成份不好) 的人們則又更不得不偽裝和扮相」，因為「這麼做無疑更與他們的切身利益有關」。(13)

　　偽裝、扮相、演戲成為蘇聯的社會文化景觀，官方話語和普通民眾都在運用這個社會文化景觀中各種與「表演」有關的元素。好的壞的都可以是「表演」。例如，對「人民之敵」的公開審判 (Show Trials) 被用作「教育」人民的「政治劇場」，也稱「舞台和銀幕上的蘇維埃法庭」。[4] 1932–1933年的大饑荒 (官方不承認發生過這次饑荒) 則被官方指責為是敵人故意「上演」饑荒鬧劇，「導演」農民絕食示威。[5] 一方面要揭露敵人

4　Julie A. Cassiday, *The Enemy on Trial: Early Soviet Courts on Stage and Screen.* De Kalb, Ill, Northern Illinois University Press, 2000; Elizabeth A. Wood, "The Trial of Lenin: Legitimizing the Revolution through Political Theatre, 1920–1923." *Russian Review* 61: 2 (2002) pp. 235–248.

5　Sheila Fitzpatrick, *Stalin's Peasants: Resistance and Survival in the Russian Village after Collectivization.* New York, Oxford University Press, 1994, p. 75.

的「表演」，一方面又要用「表演」去打擊敵人。這令人想起中國政治生活中頻頻上演的訴苦會、聲討會、鬥爭會、檢討會戲碼。就連學習、改造、脫胎換骨這樣人人必須參加的政治活動，也無不包含着「學習角色」和「好好表現」的意思。政治活動成為一個每個人都必須站在上面表現自己的舞台，在這個舞台上，讓別人看到你是怎麼一個人要比你真的是怎樣的人(真我)來得遠為重要。對一個人的處境和前途來説，這種表現更是不可缺少，以致許多人最後索性把「表現」用來完全代替了「真我」，徹底融化到面具人生的假面社會文化中去。

二 「檔案人」和「假面人」

國家權力建立人們的檔案，原來的意圖是確定每個人是怎樣一個「真實的人」，記錄他的「真實面目」。但是，在「階級鬥爭」目的驅使下建立的檔案卻經常成為各種造假、偽證、誣陷、歪曲材料的集萃。人們害怕這樣的檔案，知道這種檔案的可怕，因此會千方百計在可能往自己檔案裏放材料的人們面前竭力表現和表演，當然，也一定會對他們隱瞞所有可能有害的事情。這種制度中每個人都必須隨着政治風向和權勢人物的好惡來當好善於自保的變色龍。每個人都必須學會察言辨色、見風使舵、隨波逐流，以便勝任表演和扮相之需。他這麼做，無非就是為了把自己營造成一個好的「檔案人」。

費茲派屈克從英國哲學家和心理學家哈萊 (Rom Harré) 那裏借用了「檔案自我」(file-selves) 的概念，我們不妨將此稱為「檔案人」。哈萊所説的「檔案自我」指的是以一個人的名字所標記的，由敍述和經歷構建，由官僚機構存檔的社會個體。「自我」的概念通常是指「那個本質的、真實的人」，也就是剔除

　　　　　　　　　　　　　　　　　犬儒與玩笑

了一切外在偽飾和假裝的人。蘇維埃政權為每個人貼上了一個標誌他本質的階級和政治標籤，這就是他的「官定」、「法定」的「正式」身份，他可以用「表現」(如爭取進步、要求入團入黨、與「壞」家庭劃清界線、揭發別人、自我批評) 來改善「自我」，但最終不能改變他的正式身份。這就像「文革」期間出身不好的人，再努力爭取表現，也仍然是「可以教育好的子女」，與根正苗紅的工農兵或幹部子女永遠是不同類的。

　　檔案的目的是確定每個人真正的「本質」，為政府提供關於這個人的「真實」情況 (資訊)。從一開始，這就是一個自悖的、無法達到的目的。因為「檔案人」是由文字敘述出來的，顧名思義，是由某個敘述者根據有限的局部資訊來描繪的「畫像」。而且，在形成「檔案人」的不同的階段裏，前前後後會有多個不同的敘述者在描述他。他們各說各的，使檔案人不能不是一個支離破碎、無法一致，甚至充滿矛盾的「拼合」。對此，哈萊寫道：「雖然一個人只有一個真實的自我，但在他的一生中卻會陪伴着一群陌生程度不等的檔案自我，每個檔案自我都是由某個建檔者為他描述的一個方面。」[6] 羅馬尼亞前政治犯茲爾柏 (Herbert Zilber) 說，「社會主義的第一事業就是建立檔案……在社會主義陣營裏，人和事只存在於他們的檔案裏。我們的存在掌控在掌握檔案者手裏，也是由那些設立檔案者們所編造的，一個真人不過是他檔案的鏡影罷了。」[7] 檔案自稱是「客觀」的，但是，作為官僚統治的工具，檔案記錄一個人的「真實的自我」，從一開始便是出於統治者主觀私利的需要，

6　Rom Harré, *Personal Being: A Theory for Individual Psychology*. Cambridge, MA: Harvard University Press, 1984, p. 70.

7　Quoted by Katherine Verdery, *What Was Socialism, and What Comes Next?* Princeton, NJ: Princeton University Press, 1996, p. 24.

因此不能不依靠某些人戴着有色眼鏡來操作和完成。

蘇維埃國家從一建立開始，設立檔案的工程便隨之啟動。1920年代，蘇聯開始了大規模的社會統計，參加這項工程的許多人員並非布爾什維克或馬克思主義者，他們以為自己從事的是一項「科學工作」。1930年代社會統計工作基本上停止，而以「監督個人和保障國內安全為目的」的檔案工程則繼續進行。在蘇聯。有「個人檔案」的人包括所有的工資收入者、工會會員、黨團員。每個人的檔案內容包括個人情況問答 (情況表格)、社會立場、個人經歷、個人問題材料 (他人揭發和秘密警察提供的材料)。費茲派屈克寫道：「在斯大林統治時期的蘇聯，個人檔案中的『污點』或『疑點』材料可能許多年都沒人去注意或者永遠沒人去注意，但是總有可能被發現，並被用作對付他的致命武器。」(15)

每個人都知道，「上頭」掌握着他的檔案，但卻不知道檔案裏究竟被塞進了什麼。他不可能去修改自己的檔案，所以不斷被恐懼心理驅使着「爭取表現」，期待有人會因此在自己的檔案裏添上幾句好話。「被記入檔案」的焦慮時時提醒每個人要以正確的面目出現在別人面前，因為說不準什麼時候就會落下把柄，被揭發的材料就會放進檔案，在那裏落地生根。如果幸運，隨着政策的改變，一個人檔案中有些內容也是有可能改變的，例如，先前被國家所定的某個罪名因為某種緣故被「平反」了，但是，這總是發生在當事人已經因為檔案而吃足了苦頭之後。

檔案對於一個人的一生都有嚴重影響，這驅使一些人想盡辦法讓自己的檔案裏能有一個「好」的檔案人。他們不見得能在檔案材料上打主意，所以只有在自己身上動手腳，那就是，在自己進入檔案之前就先把自己打造成合乎「政治標準」的檔

　　　　　　　　　　　犬儒與玩笑

案人。費茲派屈克對此寫道：「因此，建立檔案不光是國家的事，而且也是個人的事。為營造檔案人而『塑造自我』便成為每個人營造蘇維埃身份的一件要事。」(16)

營造檔案人對許多人來說都是一種為生存而欺騙的能力訓練，適者生存的原則也同樣適用於這種欺騙能力的自然選擇。費茲派屈克寫道：「蘇維埃公民是如何營造他們的檔案人的呢？最粗糙的辦法便是編造材料和使用假文件。」她在研究中發現，1930年代這種造假甚至是相當普遍的，人們可以在黑市市場上買到各種假證件和證明，也可以賄賂地方官員出具假證明。這麼做的人都是自知有「歷史問題」或「身份問題」的人，一旦被揭發，便是罪上加罪。所以，這種欺騙往往是鋌而走險的無奈之舉。

更為巧妙和保險的辦法是「爭表現」。例如，出身不好的女子可以嫁給工人或革命軍人，在社會主義國家裏的「這種『下嫁』相當於一般社會裏的『上嫁』」(出生貧窮的嫁進富裕家庭)。出身於知識分子家庭的孩子可以在中學畢業後到工廠當幾年工人，然後以工人 (無產階級) 的身份申請上大學；富農的孩子如果想上大學，則可以先爭取進入工人大學預備班改善身份；鄉下牧師則把子女送給成份較好的親戚領養，以改善他們的身份。類似的情況在階級鬥爭為綱時的中國也相當普遍：家庭出身不好的委屈自己找一個「大老粗」出身的當配偶；巴結成份好的同學或同事，爭取入團入黨；與家庭或父母一刀兩斷、劃清界線、老死不相往來。凡此種種，可以說是在表現階級和政治覺悟，也可以說是在想方設法改變自己原來的身份和面目。人們不得不戴上面具生活，以各種奇妙的方式裝扮和編造自己，共同造就了一個謊言文化特別精緻和發達的假面社會。(16)

「假面目」被揭露的人們，他們的命運是很可怕的。根據

情節的嚴重程度，可以受到不同的懲罰，「失去工作、開除學籍、開除黨籍團籍等等，而在政治形勢嚴峻時，後果還更加嚴重」。一些並非存心隱瞞的小過錯也有可能被誇大為敵對的陰謀。有一位名叫拉太恰克 (Stanislav Rataichak) 的化學工業幹部，僅僅因為在「簡歷」中是德裔還是波蘭裔含糊不清，1937年在莫斯科被判處死刑，判決書這樣寫道：拉太恰克是「德裔或波蘭裔特務，身份不明，但其特務身份確實。因為他是特務，所以他是一個說謊者、騙子和惡棍。他承認有一份舊履歷，還有一份新履歷，根據形勢的需要，偽造和篡改這些履歷」。(19)拉太恰克的審判是「莫斯科審判秀」(1936–1938) 中的一椿，這些都是司法機關早已確定被告人有罪的公開審判，審判的目的是將指控和裁決作為殺雞儆猴的警告傳遞給公眾。拉太恰克審判要傳遞的警告便是，不得偽裝，但這個警告的恐懼效應卻迫使每個偽裝的人都不得不更處心積慮、巧妙周全地偽裝自己。

任何社會中的人都需要在一定程度上營造自己在公共生活和社會秩序中能被他人接受的某種面目。但是，政府權力用建立檔案的方式來規定社會中每個人的面目，這需要依靠極權統治的制度力量。費茲派屈克指出，當每個人的「面目」是好是壞皆由國家權力在「階級對立」和「階級等級」中完成時，人們的面目「也就總是會在裝假的邊緣徘徊」，「如果一個社會裏許多人都積極地營造自己的面目，那麼社會裏就可能擴散着大面積的假裝和對假裝的疑懼。就蘇維埃社會而言，個人的身份是擺脫不了假裝的」。(19)

三 「階級鬥爭」的壓迫和歧視

蘇聯政權給每個人劃定一個成份，雖然是以「社會統計」

為「科學依據」，但卻主要是用階級的話語「規定」下來的一種「話語建構」。一個人有幾頭奶牛或多少耕地就算是「富農」，說他「富」，根據的是政策的條文，而不是任何「科學」意義上的「富」或「不富」標準。出生在「富農」家的孩子，一天也沒有沾過「富」的光，卻不得不背上「富農子女」的身份；而養尊處優的「幹部子弟」卻被稱作「無產階級」。中國的階級劃分也是同樣性質的話語建構，它的「話語規定」與現實的生活水平存在許多矛盾。「文革」時，我親眼目睹我家不遠處一家公共浴室在街上開鬥爭會，被鬥的人當中有一位年長的搓背工，他脖子上掛着一塊「打倒資本家XXX」的牌子。他解放前就在這家浴室學徒，打雜，給浴客搓背，也在浴室入了股，因此解放後他每月有幾毛錢的「定息」。他幹的還是替浴客搓背的辛苦活，但卻有了「資本家」的成份。

在定階級成份的國家裏，人們總是把國家權力加於他們的階級身份當「事實」來接受，很少有質疑階級成份話語武斷和荒唐的。人們把革命的階級話語內化為看待自己的唯一方式，他們不能想像，不用這個方式還能用什麼別的方式來看待自己。階級話語也形成了人們彼此看待的心態和目光，以及相互對待的方式。階級成份決定了人們的自尊和自卑，影響着他們彼此間的羨慕、攀比、歧視、仇恨、猜疑、害怕、出賣、揭發、監視。費茲派屈克對此寫道：「布爾什維克是蘇聯階級話語的唯一創造者……但是，在革命之後，階級的想像卻也讓社會和個人為之着迷。可以說，布爾什維克發明階級，給蘇聯社會的所有階層都帶來很強的階級意識——階級意識因此真的成了一個關注點和問題——這是其他社會無法相比的。」(34) 階級分析成為時興的話語，「普通人——更不要說知識分子——迷上

了這種『蘇維埃語』」，他們對此運用自如，「就像黑幫社會的切口暗語」一般。(35)

1920年代末，蘇共號召加強階級鬥爭，稱其為「階級戰爭」(class war)，部分原因是因為感覺到來自外部(資產階級國家列強)的顛覆危機，部分原因則是因為國內的集體化和第一個五年計劃遭到抵抗。在這種情況下，黨認為到了「無產階級與一切階級敵人算總賬的時候。無產階級當然就是國家政權和共產黨」。以「戰爭」來想像不同階級之間的關係，國家政權也就可以名正言順地「侵犯社會的一部分人」，對他們實現暴力壓迫。1920年代末蘇聯的「文化革命」就是在這種敵情觀念的支配下發生的。(35) 這與中國「文革」緊接着大講「階級鬥爭」之後發生有着驚人的相似，這種轉變背後的統治邏輯是一樣的。

蘇聯的「文化革命」是要把文化權從資產階級那裏奪過來，掌握在無產階級手中。在公開審判秀中，有對舊知識分子和「資產階級專家權威」叛國和破壞案件的公審，特別強調暴露他們的「反動面目」。蘇聯文化革命的目標是實現讓無產階級和黨員幹部知識分子(「新鮮血液」)取代舊知識分子。由此可見，知識分子作為一個階級並不在「消滅」之列。相比之下，「富農」和「耐普曼」(Nepmen，列寧新經濟政策時允許存在的城市工商業主)階級的下場就要悲慘得多。斯大林階級戰爭最酷烈的一幕就是「消滅富農階級」，不只是剝奪他們的財產，而且還把他們中的許多人發配到極邊遠的地區。神職人員也在「消滅富農」的範圍內，教堂被關閉，神父被逮捕法辦。城市裏那些在新經濟時期合法經營的工商業主也被勒令關掉鋪子，有的遭到逮捕。蘇聯城市的整個經濟全部「國有化」了。

隨着蘇聯文化革命階級戰爭的弦越繃越緊，「階級敵人」

(lishenets，被剝奪投票權的蘇聯人) 的處境越發艱難。屬於「階級敵人」的人群不斷增加 (這就像中國「文革」期間，「四類分子」增加到「黑七類」、「黑九類」一樣)。對「階級敵人」的專政不僅是剝奪他們所有的政治權利，而是還可以對他們實行各種歧視和打擊。費茲派屈克寫道，他們可以被「開除工作、趕出住房、不供給糧食定量，他們的子女不得上大學，不得入團，甚至不得加入少先隊 (年齡從10至14歲)。1929–1930年政府機關、學校、大學、黨團組織刮起了清除的風暴。在農村，有的教師因為出身神職人員家庭而失去了工作。逃離農村到工廠打工的富農被揭發出來。沙皇時代舊軍人們已經年老的寡婦被『剝去畫皮』，公開當眾羞辱。鄰居和同事們相互檢舉揭發隱瞞的階級污點。出身不好的人們有的公開譴責父母，以求稍稍擦去自己身上的污跡」。(38) 這些都是中國「文革」時也司空見慣的歧視和迫害現象。

按照官方的說法，1920年代末無產階級與資產階級進行「殊死決戰」，結果是無產階級取得了決定性的勝利，「無產階級的領導權得到了牢固的確立，資產階級作為一個階級被消滅了。從馬克思主義的理論來看，由於經濟基礎和生產方式的徹底改變，資產階級復辟再也沒有可能⋯⋯無產階級國家空前鞏固，工業化使得無產階級的隊伍壯大了。工人階級再也不用害怕被囤積居奇的富農和商人要脅了」。(39)

1930年代中期，黨的「階級戰爭」政策一下子發生了改變，原因是多方面的，其中包括打擊富農和實現集體化的目的已經達到、蘇聯社會因階級鬥爭而人心惶惶和分崩離析、監獄裏人滿為患、經濟代價過於高昂等等。階級鬥爭政策改變讓整個蘇聯社會有機會喘了一口氣，「成份不好」人群的生存處境也因此有所改善。學校入學開始逐漸平等地對待出身不同的學

生。1935年底有了新規定，大學和中等技術學校「招收通過考試的所有男女公民」。(就像1977年中國開始不講成份，以考試分數來招收大學生。) 富農的子女 (不包括富農本人) 也恢復了包括投票權在內的一些公民權利。

　　階級成份在列寧和斯大林時期一直是既模糊又靈活地被運用着的，階級政策完全是為鞏固統治權力的需要和目的服務。1935年蘇聯階級政策發生變化，為之一錘定音的是斯大林本人。1935年12月，斯大林説，「兒子不能為父親負責」。這成為對蘇聯階級成份和階級鬥爭政策轉調的「最高指示」。共青團和共產黨吸納新團員和黨員的政策也開始發生變化，1936年4月21日的《真理報》宣佈，新政策將於1937年執行，共青團、共產黨組織將吸納蘇聯社會的「最優秀人才」，而不是像以前那樣只吸納無產階級。1937年蘇聯頒佈了「斯大林憲法」，承認所有蘇聯人，包括以前被劃入「階級異己」類屬的人們，都有選舉蘇維埃代表的公民權利。斯大林宣佈，在建設社會主義的階段，蘇聯只存在「兩個半部分：工人階級、農民和知識分子階層」，其中，知識分子只是「階層」，因此只能算是「半個」。

　　蘇聯階級政策的改變是出於斯大林在一國中先建成社會主義的需要：要在最大程度上動員蘇聯的人力資源，而不是讓它無止境地在內鬥中消耗掉。這是一種功利主義的轉變，並不是因為這個政權對人的自由、平等、尊嚴有了根本性的新認識，也不是因為國家制度的性質有了轉變。在民主憲政的政治制度裏，國家內部沒有敵人，只有違法犯罪者。因此，國家才不會用敵我思維和鬥爭哲學來對待自己的國民，而是基於法治的程序正義來調處公民共同體與違法犯罪者之間的關係。蘇聯階級政策的改變並不是為了實現這樣的制度轉變，而是為了繼續鞏固一黨統治的國家政權。既然如此，政權就還是會需要用敵人

的存在來證明專制的合理和正當。社會中總會有些個人和群體被政權當作它的敵人或潛在敵人。在社會主義/資本主義的對立鬥爭哲學中，確定敵人不可能徹底擺脫階級的想像。階級鬥爭的需要既然存在，暫時不提只不過是出於統治權術的需要，階級鬥爭只是由大張旗鼓轉變為明鬆暗緊而已。

四　沒有階級的階級鬥爭

1936年，唯階級成份論和階級鬥爭為綱的調子在蘇聯已經降了下來，但是，階級敵情的觀念依然存在。這可以從蘇聯國家檢察官克里蘭珂 (Nikolai Krylenko) 1936年對司法幹部們的講話中清楚地看出來。他說：「現在 (階級敵人) 的情況如何呢？地主階級是否還存在呢？是的，它被清除和消滅了。資產階級呢？看上去不存在了！錯！錯錯錯！這些人還在……我們並沒有從肉體上消滅他們，他們還在，他們的階級愛和恨、傳統、習慣、主張、世界觀等等還在……儘管地主階級清除了，但代表這個階級的活人還在。」費茲派屈克稱此為根深蒂固的「共產思維」(Communist mentality)，儘管官方文件對階級有了新說法，但這種頑固的習慣性思維在繼續影響和左右幹部們看問題的方法。而且，階級鬥爭早已形成了一種寧左勿右的思維惰性，不只是幹部，連一般民眾也是如此，因為他們覺得這樣更安全，對自己也更有好處。(47) 在中國也有類似的情況，雖然「四類分子」或「黑七類」的出身歧視看上去消失了，但某些家庭出身仍然是最優越的身份，在政治上最可靠，對現政權最有感情，利益最一致，因此成為事實上的「特殊階層」。一般民眾似乎也都同意這樣的看法，也覺得有特殊家庭出身的人就是應該高自己一等。

階級的想像一旦變為某些人的思維習慣和觀念現實，便在他們頭腦裏根深蒂固地留存下來。即使官方的政策已經轉向，舊思維仍然會繼續支配他們看待自己和他人的方式。一般的官員，乃至普通民眾下意識地在階級問題上因循守舊，死死抱住他們以前被灌輸的那一套，不敢鬆手。費茲派屈克在研究中發現，1930年代蘇聯階級政策發生了變化後，「不只是在黨內，黨外的各社會階層」人士也仍然以警惕階級敵人的眼光注視着他們周圍的人，「斯摩棱斯克市檔案中有大量黨的調查材料，都是關於有人被揭發『與階級敵人有聯繫』的，這類揭發從四面八方湧來——農村、城市、非黨員公民和黨員積極分子都有。令人吃驚的是，不僅普通人告發他們中間暗藏的『階級敵人』，共產黨官員也鼓勵他們這麼做，非常嚴肅認真地調查這些檢舉揭發」，而調查的「無非就是某集體農莊 (Kolkhoz) 幹部娶了前牧師的女兒，或某共青團員企圖隱瞞他叔父的富農身份」。(48) 在他們眼裏，即使不再講階級成份，也還是繼續存在階級鬥爭。

　　這樣的社會人際關係裏充滿了勢利、妒嫉、懷疑和不信任，成為人們的陰暗心理和鬼祟行為的滋生地。成份好的瞧不起成份差的，成份差的既羨慕成份好的，又對他們懷有本能的妒嫉和怨恨，看到成份好的在政治上倒了霉，便幸災樂禍，暗暗高興。成份好的人就算實際上身處社會底層，也會在成份差的人面前表現出一種莫名其妙的優越感。他們就怕一旦「去成份」，成份差的人能與他們平起平坐。他們害怕失去自己好成份的優越感，所以碰到機會，就會檢舉揭發。這麼做即使是對自己沒有直接好處，至少在心理上也能覺得稍微平衡一些。

　　處境好的被人妒嫉，處境差的被人欺侮，人們互相看笑話，沒有同情心，這些成為階級鬥爭社會留下的人際文化遺

產，長久地影響着人們待人處事的心態和行為方式。為什麼歷史學家們應該好好回顧1920–1930年代蘇聯的階級身份和階級戰爭呢？對此費茲派屈克的回答是，這是一段有「代價」的歷史，「布爾什維克在1920年代『發明階級』，也許至少是起到了(對國家)有用的組織和重構作用，但是也有必須付出的代價」。(49) 可以從兩個方面來認識「發明階級」的負面代價。

首先，被發明的階級身份「可能會有某些欺騙的因素」，階級成份制度中的人民遠比在別的制度中更遭受懷疑和不信任之害——「政權不信任其公民，公民之間也互不信任」。不僅如此，人們還可以利用政權對公民的不信任，為了一己的目的，以冠冕堂皇的公共理由，相互檢舉揭發，相互出賣和背叛，久而久之便形成了一種功利、陰險、自私、虛偽的人際關係和社會文化。這樣的人際群體必然是散沙型的，人人只為自己打算，防備別人，妒嫉和算計別人。他們各人自掃門前雪，不顧他人瓦上霜，在自己遭難時孤立無援，在別人受難時落井下石。階級鬥爭在社會文化和社會心理中大劑量地注入偽裝、欺騙、猜疑、不信任、檢舉揭發等不良因素，使這個社會難以擺脫懷疑主義和犬儒主義的困擾。(49–50)

其次，「與階級觀念密不可分的便是『敵情』觀念。這在蘇維埃社會粘合劑中摻入了瓦解的因素，它的致命毒素在大清洗 (Great Purges，又稱「肅反」) 中爆發出來了」。(50) 大清洗的頂峰雖然是在1936年9月到1938年8月之間，但大規模的殘暴迫害卻早就開始了，1930年政治保衛局逮捕了2.08萬人，創下了新的「紀錄」。這與剛剛開始的農業集體化有直接關係，許多農民因為反抗強制集體化，被當局遷往人煙稀少的地區，開荒或是建設新城市。同時，蘇共黨內的反對派幾乎全部被捕，1931、1932、1933年的相應數字是180700人、141900人 和

239700人。費茲派屈克寫道，大清洗是制度和法律的產物，「可以視為一種布爾什維克發明。說到底，布爾什維克是新蘇聯國家的統治者，也是階級歧視立法的制定者，而馬克思主義則是他們自稱的意識形態」。(85)

劃分階級不只是區分各階級之間的不同差別和相互關係，而且更是設想哪些階級在政治上可信任，更可靠，而另外一些階級則相反。這種「階級區分」是排斥性的，對立性的，助長的是「敵對意識」。不僅如此，這樣營造的敵對意識只有一個目的，那就是加強一種被稱為「專政」的專制統治。實行專政的並不是被稱為「無產階級」的工人、農民，而是永遠代表他們的某個「先進政黨」。因此，無產階級專政便名正言順地成為一黨專政。只要這個黨還在執政，無論它犯下過什麼錯誤，哪怕是駭人聽聞的罪行，它也永遠是先進的，只有它才能有效地領導人民對付敵人。蘇聯共產黨的一黨專制合法性和正當性來自「代表」無產階級，消滅「資產階級」的偉大歷史使命。

至少從理論上說，1930年代中期蘇聯去階級成份和階級鬥爭以後，蘇聯共產黨所實行的專政，代表的已經不再是無產階級，而是全體蘇聯人。「蘇聯公民」也就成為無產階級和前資產階級共同擁有的個人身份，共產主義這個「無產階級夢」也就成為「蘇聯夢」。但是，這並不能改變蘇聯制度永遠會對某些「蘇聯人」保持的敵情觀念。開始於1934年「基洛夫事件」的「肅反」便是在這種敵情觀念作用下發生的大規模迫害、監禁和殘殺。從理論上說，即使是那些被迫害、監禁和殘殺的蘇聯人，也是由蘇聯共產黨所代表的，以致有這樣一則蘇聯政治笑話：問：「全體蘇聯人都發達的第六感覺是什麼？」答：「對黨的深切感激。」[8]

8　Ben Lewis, *Hammer and Tickle*, New York, Pegasus Books, 2009, p. 216.

　　　　　　　　　　　　　　　犬儒與玩笑

「敵情觀念」支配下想像出來的「敵人」在蘇聯的後階級鬥爭時代不再是無產階級的敵人，而變成「人民的敵人」、「民族的敵人」、「國家的敵人」、「代表外國勢力或西方價值和民主滲透陰謀的『第五縱隊』」。發現和揭穿這些敵人與消滅階級敵人是一脈相承的。正如費茲派屈克指出的，「不管他有無特別行動或個人動機，一個階級敵人總是會對社會有害，而且總是戴着面具，隱藏着自己的真面目。不管他自己知不知道，他都是某個被想像群體的一員，這個群體的利益就是反對蘇維埃權力。從被想像的階級的一員到被想像的陰謀的一員，這種觀念跨越，一小步便能完成」。(50)

如果一個社會中許多人都以這樣的觀念來看待與自己不同的人群，並以排斥異己的方式來敵視他們，那麼，這個社會便會陷入無休止的「揭發陰謀」和無止境的偏執、多疑、妄想和仇恨之中。大多數人在對重大問題有所反應和作出判斷時，會部分訴諸想像，部分訴諸恐懼。他們會相互懷疑和猜測意圖，因而無法理性思考問題本身。如果把不同意見的真實想法視為「陰謀」，必然導致對批評者意圖、身份的懷疑或臆測，極易導致人人鉗口避禍、沉默不語，從而事實上被剝奪人民參與公共事務的權利。在這樣的環境中，必然不可能有自由、真實的言論或意見表達。為了保全自己，不被懷疑成或當作「敵人」，為了不讓自己成為陰謀論的犧牲品，每個人都必須隨時小心謹慎，對自己的言行自覺地自我審查，把「錯誤」的真實想法隱藏起來，一刻也不鬆懈地戴好「正確」的虛假面具。階級鬥爭的年代雖然過去了，但人們仍然生活在假面的時代，仍然在延續假面時代的犬儒文化和人生哲學，這正是階級鬥爭時代對我們今天的一個最大的禍害。

12 「檢舉揭發」的時代變化

　　2014年5月有一篇《檢舉最主動的是情婦揭發，最堅決的是小兄弟》的報導，從中紀委公佈的2012年全國資料來看，立案調查的案件中，線索來源於群眾舉報的佔到41.8%，在各種線索來源中最高。原吉林省檢察院反貪局局長姜德志接受媒體採訪時曾經總結：「往往檢舉得最主動的是情人，揭發得最堅決的是小兄弟。」這令人想起另一篇報導《建國後被查辦的最高級別軍官因情婦揭發落馬》，說的是海軍原副司令王守業和安徽省宣城市原市委副書記楊楓，都是因情婦(還不止一個)的揭發才被查處的。

　　說實在的，讀這樣的報導，很難讓人有「正義得到伸張」的感覺，原因之一是，「檢舉揭發」的手段與動機似乎都與「正義」在道德意義上相去甚遠。自古以來，人們對熟人，尤其是親朋家人之間告發、揭發、檢舉、舉報的道義價值就存有懷疑和不信任，因此總是設法在「好的」和「壞的」揭發之間加以區別。

一　道德揭發和政治揭發

　　中國有春秋戰國時期的「直躬救父」故事。楚國有一個名叫直躬的人，他的父親偷了別人的羊，直躬將這件事報告荊王，荊王派人捉拿直躬的父親並打算殺了他。直躬請求代替父親受刑。直躬將要被殺的時候，他對執法官員說：「我父親偷

了別人的羊，我將此事報告給大王，這不也是誠實不欺嗎？父親要被處死，我代他受刑，這不也是孝嗎？像我這樣既誠實又有孝德的人都要被處死，我們國家還有誰不該被處死呢？」荊王聽到這一番話，於是不殺他。孔子聽了後說：「直躬這樣的誠實奇怪了！一個父親一再為他取得名聲。」所以直躬的誠實，還不如不誠實。

古代羅馬時代，有一種叫「檢舉者」(delator)的人們，他們的任務開始是起訴或密告那些逃避向皇帝納貢的人，後來則告發其他對皇帝不利的事情。「檢舉者」經常是皇帝出錢僱傭的，接受皇帝的酬勞或在被沒收的財產中抽取成頭。這種工作雖然油水很足，但遭人鄙視。由於有私利的因素，他們的檢舉很難弄清是為國家利益還是為一己的犒賞。喬治‧吉本在《羅馬帝國興衰史》中說，康茂德 (Lucius Aurelius Commodus Antoninus，西元161–192年) 當羅馬皇帝的時候，因為害怕被人暗殺，對整個參議院都抱有疑慮的恐懼和仇恨，把他們視為隱秘的敵人，「在前朝已經不再鼓勵，幾乎絕跡的告密者又捲土重來，既然皇帝想要發現參議院的不滿和陰謀，告密者們也就又成為可怕的人們」，他們的任務便是為皇帝個人充當耳目和鷹犬。

法國啟蒙思想家狄德羅在他的《百科全書》裏按不同的動機區分出三種「揭發」，「一般認為，檢舉者(delator)是腐敗之人，控告者 (accuser)是憤怒之人，指責者 (denouncer) 是怨忿之人」，「而這三種人在人們眼裏都是醜惡可憎的」。

如果我們把狄德羅所說的三種檢舉看成是可以相互交叉重疊的檢舉三動因三動因 (貪婪、憤恨、妒忌)，那麼，「情婦和小弟」的檢舉便是由其中的一種或不止一種動因所驅動，人們對此有特別醜惡可憎的感覺也就是可以理解的了。

社會文化歷史學家希拉‧費茲派屈克 (Sheila Fitzpatrick) 對

　　　　　　　　　　　　　　　犬儒與玩笑

前蘇聯檢舉和揭發行為的研究和分析也能為我們理解「情婦檢舉」提供一個有用的歷史視角。[1] 她區分了1920–1930年代蘇聯盛行的三種檢舉。第一種是「揭發反動思想」，主要是對蘇聯制度和政府的不滿、反革命行為或陰謀。這種揭發主要是為了表現自己對黨和政府的忠誠，因此經常會誇大揭發內容的嚴重性。朋友間的閒聊被誇大為反革命串連或反黨集團的陰謀活動。有的揭發者似乎是純粹出於「義憤」，例如，1936年有一位年青的工程師寫信給伊佐夫 (Nikolai Ezhov) (後在蘇聯大清洗中成為政治警察NKVD的首腦)，要求他「嚴重關注」列寧格勒「紅旗」工廠領導「令人髮指的行為」，這些行為包括嘲笑年青的共產黨員工程師，嘲笑黨委會，幫助被政治警察追捕過的壞分子，這個壞分子出身剝削階級，是一個舊時代富商的兒子。

檢舉揭發是表明自己立場堅定的重要政治表現，費茲派屈克寫道，「在大清洗的年代裏⋯⋯任何人，尤其是黨員，若不檢舉，就會有嚴重的後果。1937–1938年的檔案中有許多共產黨員寫的檢舉信，顯然是因為恐懼，或者是為了明哲保身，而不是出於責任心或義憤，甚至也非出於惡意。」有一份1935年寫給紅軍政治部加馬涅克 (Gamarnik) 的揭發信，事情是1934年夏天一次喝酒聚會的事情，當着揭發人 (還有許多其他同志) 的面，「史米爾諾夫同志喝了點酒後就為季諾維也夫 (Zinoviev)，特別是為托洛茨基辯護」，他說，「要是列寧還活着，托洛茨基、季諾維也夫、布哈林等等就會是政治局委員，也會對黨作出貢獻，這樣，歷史的車輪就會朝正確方向運轉了。」他還說，「托洛茨基特別有才能」，僅次於列寧。揭發者寫道，「就算那只是個喝酒聚會，說話的人也有點醉了，但作為一名

---

1 Sheila Fitzpatrick, *Tear off the Masks! Identity and Imposture in Twentieth-Century Russia*. Princeton, NJ: Princeton University Press, 2005. 本章中來自此書的引文皆在括弧中注明頁數。

黨員，我還是有責任舉報這件事情。」

告發私人談話是一種相當普遍的「向黨彙報」，從這樣一則蘇聯笑話就可以看出來：有一個人被逮捕了，關進獄中，獄友問他是犯什麼罪被關進來的。他說，「犯的是懶罪」。獄友說，「沒聽說這種罪也會進監獄。」這個人解釋道：「我前一天晚上跟幾個朋友喝酒，其中一個說了政治笑話。我回到家因為很累，所以就睡覺了，想明天一早就去揭發。沒想到，一起喝酒的朋友中有一個當天夜裏就搶先報告了。我就因為知情不報被抓了進來。」

在蘇聯盛行的第二種檢舉是揭發某人隱瞞真實階級成份或歷史問題。這類揭發在農村和城市都有。費茲派屈克在研究中發現，城市裏的揭發者中非黨員多於黨員，這些非黨員的揭發者經常要求黨不要姑息暗藏的階級敵人。許多檢舉信都是揭發某黨員或幹部出身敵對階級，所以應該清除出黨或撤銷職務。例如，1935年一位自稱是非黨員的檢舉者寫信給列寧格勒黨委會說，地方蘇維埃裏混入許多階級敵人：有一個遭逮捕並死在牢裏的官員，他的兩個女兒居然在教育局工作。還有一個地主的女兒擔任法院的秘書，在農業局中有兩個富農分子，在蘇維埃銀行裏更是有「不止三個富農分子」。

1934年有9名「老共產黨員」給莫洛托夫寫信揭發克里米亞地區黨組織裏混進了階級敵人：四個是資本家的兒子，兩個是牧師的兒子 (其中一個還是沙皇軍官)，三個是毛拉的兒子 (其中一個在擔任黨校校長)。揭發者們說，這是盡人皆知的事實，但都不聲張，他們自己不署名是因為害怕報復。如果莫洛托夫不回復他們的檢舉，「我們就向斯大林同志檢舉，如果斯大林同志不採取行動，我們就只能說，我們的政權不是社會主義，而是富農政權」。

犬儒與玩笑

一位西伯利亞的礦工給地方黨書記寫信揭發，他聽說地方工會主席是大商人出身，娶了富農的女兒，改名換姓，混入黨內。這位揭發者寫道，「應該把這個狗娘養的逐出工會，如果你不採取行動，我就直接報告黨中央委員會。」費茲派屈克指出，「許多對隱瞞成份的揭發都有怨忿的動因」，被揭發的「他們」，以前日子過得比「我們」好，現在還是過得比我們好，「還像過去那樣對待我們」。(214)

揭發階級敵人的真實成份和隱瞞歷史在1920年代的階級鬥爭時期尤其盛行，1936年蘇聯的階級政策有了轉變，承認所有的蘇聯人都是「蘇聯公民」，但舊的階級烙印和懷疑一直到1930年代末都未消除，對階級敵人的揭發也一直延續到1940年代。

第三種常見的揭發是檢舉「濫用權力」，包括貪污、受賄、通姦、婚外情，等等，「這類檢舉信往往介於『揭發』(重點在於某人的錯誤行為) 和『申訴』(重點在於揭發人自己所受的冤屈) 之間」。因此，這類揭發也常被用作「弱者的武器」。1930年代有不少農民揭發集體農莊 (Kolkhoz) 領導的惡行 (欺壓農民、偷盜公共財物、克扣口糧)，這與「文革」中有人檢舉農村幹部利用職權多吃多佔、姦污女知識青年類似。農民檢舉使用的是「蘇維埃語」(他們從報紙上或從幹部、積極分子那裏學來的「官話」)。例如，有一份檢舉集體農莊主席F. A. Zadorozhnyi的信說他「不讓別人暢所欲言，壓制批評與自我批評」。在大清洗時期，稱被揭發者為「人民之敵」、「恐怖分子」、「托洛茨基分子」。有一封檢舉信是這麼寫的：「我們集體農莊的情況 非常糟糕。同志們，請告訴我們如何伸張正義。我們經常在報紙上讀到，也親眼見到，托洛茨基右派的那些蘇聯敵人如何肆意作惡，流毒極廣，如何破壞農業，馬和奶牛都死了⋯⋯我們已經多次向集體農莊委員會和地區蘇維埃主

席報告關於Savoni的情況，他是一個已經暴露出來的人民的敵人，也報告過警察局長Arkhipov，他曾被NKVD逮捕過，但都沒有結果。」(221) 農民們不滿集體農莊或其他領導平時對他們的欺凌，但又沒有反抗的權利或手段，所以只好用「揭發」的辦法，企圖借上級的手來除掉他們。在一個沒有法治的國家裏，這似乎是唯一可行的辦法了。

二　充當奸細與借刀殺人

普通蘇聯人揭發大大小小的權力人物通常是運用政治的理由，費茲派屈克在研究中發現，1936年官方不再提「階級鬥爭」以後，許多揭發便改為與「性道德」有關的理由，如通姦、婚外情、家庭暴力，等等。在蘇聯，幹部的性道德 (還有酗酒、暴力等) 問題一直被當作「小節」問題，即使處分，也不過是「嚴厲批評」而已。性道德問題可大可小，在政治鬥爭中涉及這個問題經常是因為不便提及更重要的其他原因。妻子向黨組織揭發丈夫的婚外情，有的是為了在離婚後更有利於爭奪房產 (蘇聯時期住房嚴重緊張)，或是為了報復丈夫，費茲派屈克稱這些為「怒妻」(angry wives)。有一位妻子給組織寫信，揭發丈夫虐待她和兒子，還強迫她墮胎 (在蘇聯是違法的)。還有一位黨員的妻子給拉脫維亞中央委員會寫信說：「我丈夫的行為根本不配一個共產黨員：他醉醺醺地回家，在家無事生非，說髒話污辱我，還動手打人。他經常夜不歸宿，說是工作忙。但是，據我了解，他並不好好工作。」她揭發道，她丈夫跟廠裏的女工睡覺，把肚子都搞大了，還強迫打胎。現在他完全不管自己和二歲的兒子，使他們母子衣食無着。這個丈夫後來受到了地方黨組織的「批評」。(225)

費茲派屈克的檢舉研究只發現「怒妻告狀」的例子，但沒有「情婦告狀」的例子，我們似乎可以推測，1920–1930年代蘇聯的官員「濫權」還遠沒有達到中國今天的程度。我們對蘇聯有過的三種檢舉自然一點也不陌生，但「情婦檢舉」卻是頗具中國特色的檢舉種類。

費茲派屈克在對寫給領導和組織的檢舉信——她稱之為「與權威的書面溝通形式」——的研究中提出了兩個富有啟發的問題，第一個是，一個政權可以從檢舉中得到什麼？第二個是，檢舉人可以通過檢舉得到什麼？(235–238)

對於第一個問題，費茲派屈克引用摩爾・芬薩德 (Merle Fainsod) 在《蘇聯統治下的斯摩棱斯克》一書裏的話說，這是一種極權統治的形式，「統治政權發明的重要手段就是把人民變成了相互之間的奸細探子，以此來報告地方官員的濫權，來紓解民怨，在需要的時候加以改進」。[2] 這也就是說，揭發是極權的一種內在因素，是極權統治所製造的警覺和相互懷疑氣氛所致，也是對堅持正統意識形態、隨眾、忠誠和打擊敵人的一種反應。這可以稱為揭發的監督作用。1930年代的少年英雄巴甫列克・莫羅佐夫 (Pavlik Morozov) 因監視和告發階級敵人 (他自己的父親) 而遭殺害，他被廣為宣傳，成為蘇聯人民學習的榜樣。這種始終繃緊「階級鬥爭」之弦，不給敵人以任何輕舉妄動機會的英雄事蹟在中國也有，同樣受到廣泛宣傳，最有名的便是1960年代的少年英雄劉文學。

第二個問題是揭發者能從揭發行動得到什麼？最重要的當然是「立功」的表現和榮譽。波蘭裔美籍歷史學家、社會學家揚・格羅斯 (Jan T. Gross) 在《論蘇聯極權本質》一文中說，統

---

2 Merle Fainsod, *Smolensk under Soviet Rule*. Cambridge: Cambridge University Press, 1956, p. 378.

治權力接受普通人的揭發，這就給了他們利用國家權力謀取私人好處的機會，檢舉的機制使「每個公民……都可以有機會直接進入國家的強制權力機器，讓他有可能迅速地在個人爭執中快速得到好處」。[3] 許多檢舉都有私人目的，在一個物質和資源匱乏的社會裏，經常被用作擊退競爭對手 (爭住房、提升、上學機會等等) 的捷徑，告密經常成為誣告和借刀殺人的手段。

檢舉揭發，尤其是有效的檢舉揭發都是與環境和形勢的需要緊密配合的，在具體環境中寫給權威當局的揭發信件有其規則、慣例、取向和行動範圍。人們寫某種揭發信是預先估計當局會聽得進什麼，會採取什麼行動。他們揭發的是當局痛恨並會懲罰的事情。所以揭發乃是一種個人與國家之間互動和相互利用的關係。在斯大林統治時期，揭發一個人是「敵對分子」、「階級敵人」、「富農」是因為這些人必然會受到懲罰，大清洗的時候，揭發集中在「托洛茨基分子」、「人民公敵」、「搞破壞」和「特務奸細」也是一樣。在中國長期存在着類似的情況，一直到「文革」結束前，遭到揭發的種種「問題」——隱瞞成份、歷史問題、反對毛主席、反動言論，甚至資產階級思想、搞投機倒把行為——都是因為當作嚴重政治「罪行」而受到嚴酷懲罰的。現在已經極少有人會揭發這些「問題」了，就算揭發，一是不知道該往哪裏送這些揭發材料，二是也無從起到引發懲戒的結果。「情婦揭發」的大環境是老虎蒼蠅一起打的「反腐」，這是一種新的揭發環境，但是由於並非所有的老虎蒼蠅都有情婦，所以到目前為止，這種揭發對反腐、防腐的相關作用確實還很有限。

3　Jan T. Gross, "A Note on the Nature of Soviet Totalitarianism." *Soviet Studies* 34: 3, (1982), p. 375.

　　　　　　　　　　　　　　　犬儒與玩笑

13 蘇維埃語和蘇維埃騙子的政治扮相

　　歷史學者丁東寫過一篇《牟宜之識破李萬銘》的文章，説的是解放初期一個名叫李萬銘的身份騙子，偽造了「幹部簡歷表」，到西北局組織部換得了給中南局組織部的介紹信，將其履歷編造為1936年參加革命，並列舉羅瑞卿、王震、陳賡、陳伯達、胡喬木等為證明人。中南局組織部深信不疑，將其介紹到中南軍政委員會農林部，分配至中南農業科學研究所任秘書主任，並參加了中國農民訪蘇參觀團。後來又升任人事處副處長、機關黨總支書記。李萬銘還稱自己是志願軍一級戰鬥英雄，參加過解放漢城、平壤的戰鬥，當地機關、企業、學校紛紛邀請他作報告。他便戴上獎章，到各種集會上侃侃而談。後經中南農林部向中央林業部請示，於1953年9月將李萬銘調至林業部任行政處長。李萬銘的騙局只是因為偶然才被牟宜之識破。事情敗露後，老舍響應公安部長羅瑞卿的號召，寫成話劇《西望長安》，中國青年藝術劇院演出，轟動一時。《人民日報》也發了通訊《一個大騙局的前前後後》。李萬銘案一時成為街談巷議的話題。

　　看得出來，李萬銘是個善於作「革命扮相」，十分能説會道的人，而且他説的又總是普通人聽了準會深信不疑的革命語言。人們經常憑常識以為，什麼樣的人説什麼樣的話，所以，但凡見到不認識的人，除了面相體態、行為舉止，他怎麼説話，説什麼話經常就成了猜測和判斷他身份的依據。當然，準確不準確那就難説了，因為説什麼話，怎麼説是可以裝的，也

是可以假扮的。要理解李萬銘為什麼能成功地進行「政治行騙」，不妨回顧一下他的一位早期蘇聯先驅和同道——政治行騙的經典人物奧斯塔普‧班得爾 (Ostap Bender)。

一　成功的騙子

奧斯塔普‧班得爾是1920年代蘇聯諷刺小說《十二把椅子》裏的一個人物，這個年輕人出生和成長在舊俄時代，但卻很快地諳熟了「蘇維埃語言」。他憑着這套語言功夫，與政府機關和官員打交道已經遊刃有餘。但這還不算，他還自稱是1905年俄國革命英雄施米特中尉的兒子，他將「革命後代」的身份元素符號與「蘇維埃人」的語言元素符號完美地結合在一起，在社會裏左右逢源、處處「有貴人相助」，所以得以心想事成，是一個成功的「蘇維埃騙子」。

以研究俄羅斯–蘇聯社會文化著稱的俄裔美國批評家，社會學家費茲派屈克 (Sheila Fitzpatrick) 在《撕掉面具！20世紀俄國的身份與扮相》一書中有專門一章討論早期蘇聯社會中的「奧斯塔普現象」——那種用「蘇維埃的那一套」在蘇維埃社會中的成功行騙。

在「蘇維埃的那一套」中，最重要的是「蘇維埃語言」。1920–1930年代，在蘇聯專制官僚主義的社會裏，誰要想玩得轉混得開、要讓人服服帖帖為你辦事，誰就得會說新的「蘇維埃語」。「蘇維埃語」是一種用意識形態教義支撐起來的名詞、概念、術語、革命形象、英雄象徵等等混合體。一般人習慣了對權威人物畢恭畢敬，光憑你說話的「蘇維埃官派」腔調，就會覺得你有來頭，有身份有背景，因此不僅會對你唯命是從，而且還會主動巴結你，討好你。「蘇維埃語」是一個政治扮相

的道具，也是一個面具。「奧斯塔普現象」因此也成為蘇聯權力本位制的等級勢利和權力崇拜的象徵。在1920–1930年之後的蘇聯，「奧斯塔普現象」延綿不絕，變化發展，成為蘇聯犬儒主義社會文化的一個有代表性的現象。「奧斯塔普現象」成就了最早一代的假面蘇維埃人，開創了蘇聯人的假面文化傳統。但是，奧斯塔普的子孫和傳人卻並不只是在蘇聯繁衍，李萬銘不過是奧斯塔普無數子孫和傳人中的一個而已。

「奧斯塔普現象」是一種聰明人歡迎和利用革命改天換地的方式。革命是顛覆固有身份和面目的強大動力。新社會的光榮身份代替了舊社會的尊貴身份，造就了新的身份等級。在新的身份等級支配下，舊時代過來的人必須換上新的面目。對於特別機靈，善於改換門庭的人們來說，這是一個渾水摸魚、謀求進身的好機會。整個社會開始學習使用一套標誌新社會的新語言和新身份符號。奧斯塔普是個頭腦靈光的人，他比別人更快地學會了新語言，佔了先機。

雖然蘇聯從一開始就講究「階級成份」，但一直要到1933年底才開始實行國內身份證 (1932年12月31日頒佈在國內恢復身份證的命令)。1920年代至1930年代初是騙子施展身手的好時機。費茲派屈克在研究中發現，最容易得逞的辦法就是「冒充幹部，說一套令人敬畏的，大多數人尚未學會的『蘇維埃』官話」，再配上「過得硬」的政治身份證明，有了這兩樣，那就一準能產生奇效。[1]

1920–1930年代蘇聯有很紅火的證件黑市，在那裏可以買到各種各樣的假公章和公用信簽、假身份證、黨員證和團員證、

1　Sheila Fitzpatrick, *Tear off the Masks! Identity and Imposture in Twentieth-Century Russia*. Princeton, NJ: Princeton University Press, 2005, 本章中來自此書的引文皆在括弧中注明頁數。

工會會員證、工作證、護照、居民證、蘇維埃地方政府出具的身份或成份證明等等。1933年實行個人身份證後，購買假證件變得更困難了，也更危險了，但仍然還能夠買到。(271–272)

在蘇聯，假冒身份是犯罪行為，蘇聯刑事法規定，謀財詐騙和偽造證件都是違法的。費茲派屈克指出，造假之所以不難成功有三個主要原因：第一是官僚制度辦事樣樣都要求證明文件；第二是官員只看證明文件，不管別的，因此容易受騙；第三是取得偽造的證明、文件相對比較容易。(272)

在當時的蘇聯社會裏，有的證明文件特別有用，所以也是騙子的最愛。有一個1925年捕獲的騙子，25歲，擁有一張革命前即已入黨的黨證、一張工會會員證、老布爾什維克協會的會員證、沙俄時期政治犯協會的會員證，還有證明他參加1905年革命的官方文件。擁有假證明、假證書的不都是騙子，許多誠實的普通人也不得不用假證明來掩蓋自己的壞成份或不良社會關係。(272)

果戈里的《巡按使》是一個經典的俄國身份騙子故事，但故事裏的騙子並不是一開始就自己設下了騙局，完全是地方官吏巴結討好成全和造就了這位騙子。與這個被動的騙子相比，蘇維埃的新騙子要主動得多，也更有創新精神。早在17、18世紀，俄國就有冒充名人、要人和他們的親屬，甚至冒充沙皇的騙子先例。他們的傳人在革命勝利後的蘇維埃時代綿延不絕，但那些是按新的政治標準在新的社會環境中設下的新假面騙局。新騙子故事或傳奇是1920年代不少蘇聯作家喜愛的題材，當時蘇聯社會中有很多真實事例，報刊上時有報導。《十二把椅子》的兩位作者說，「馬克思的假孫子，恩格斯子虛烏有的外甥，盧那查理斯基的哥哥弟弟，還有著名無政府主義親王克

魯泡特金的後代」都跑出來四處遊蕩。更不要說某烈士的兒子，某司令某政委的養子了。

米哈伊爾·布林加科夫 (Mikhail Bulgakov) 的諷刺小品《假的迪米特里》(The False Dmitri) 講了一個身份騙子的故事，他冒充是教育人民委員盧那查理斯基的弟弟到一個外省的政府機關去詐騙，自稱是莫斯科派來到這個機關當領導的，不幸在來上任的路上被小偷盜走了證件、錢包和公事包。地方幹部知道，「我們機關的領導剛被召喚到莫斯科去⋯⋯新領導馬上就來了」。他們殷勤地為他提供衣物，還預支給他50盧布的薪水，這之後，這個騙子也就逃之夭夭。1926年，《真理報》刊登了一篇報導，說有一位自稱是霍加耶夫 (Faizull Khodzhaev，烏茲別克中央執行委員會主席) 的騙子，到南方多個城市巡察，從市執行委員會的主席們那裏騙得了錢財。上面來的領導，下面的官員自然不敢懷疑他的身份。他們只顧着諂媚和孝敬，讓冒充上級領導的騙子有了鑽空子的機會。(273)

身份騙子冒充得最多的是名人親屬。光伏羅希洛夫 (紅軍將領，政治局委員) 一個人收到的「失散親屬」來信就足以在他的檔案中成為一個專門的「部分」。冒充「老布爾什維克」和內戰英雄的也大有人在，以這種身份行騙當然都不是奔「革命光榮」而去，老革命和老同志能享受到一般民眾所沒有的「待遇」，更不要說社會榮譽和地位了。還有利用人們知道幹部有待遇來行騙的。有一位名叫伊諾澤姆采夫 (Leonid Inozemtsev) 的騙子，他行騙的辦法是專門給一些去世後不久的中層幹部的家屬們打電話，告訴他們，政府為表彰他們親人的革命貢獻，讓他們可以在「特供商店」以低價購買食品和其他商品，這些家屬覺得挺光榮，又有便宜可討，自然信以為真，於是訂了貨，把錢交給騙子等着拿東西，可是騙子拿了錢之後就再也不回來了。

二　久假不歸的假面社會

費茲派屈克研究1920、1930年代的騙子故事，不是為了在故紙堆裏找稀奇古怪的故事，而是為了透視當時的「革命社會」形態。假冒身份一定是假冒有利可圖的身份。假冒者的身份可以是假的，但他假冒的身份卻一定是真的，而且是真的「好身份」——模範、標兵、英雄、某某長官、革命幹部的子弟或家屬。一個人擁有了這種身份，不管實際上是個怎樣的人，都能自動得到許多人的諂媚和巴結，在人群裏受到羨慕或敬重。有這麼一個蘇聯笑話：

> 地區黨員會議慶祝偉大的十月革命。主席致辭：「親愛的同志們！讓我們看看革命後黨的成就吧。這邊坐着的瑪利亞，革命前怎麼呢？一個不識字的農民，只有一身衣服，沒有鞋子也沒襪子。看看現在的她吧，是我們全區的擠奶能手。再看看伊萬，以前是村裏最窮的人，沒有馬，沒有奶牛，連斧子都沒有一把。現在呢？一個有了兩雙鞋子的拖拉機手！再看看托諾芬·斯米諾維奇·阿列克西耶夫——以前是一個無惡不作的流氓、醉鬼、敗家子，冬天鏟雪都沒人肯借一把鐵鏟給他，因為他見啥偷啥。今天，他是我們區的黨書記！」

在舊俄時代，誰如果想要假冒有身份的貴族，就得假冒貴族的教養、社交習慣、談吐舉止，那是極不容易的。但是，假冒那些庸俗、低能、愚蠢的中小官僚卻並非難事。在蘇維埃時代，有利可圖的假冒對象是革命烈士、老革命、老幹部和他們的子女、後輩或家屬，無須假扮什麼教養、禮儀，只要能嫻熟

　　　　　　　　　　　　犬儒與玩笑

地用「蘇維埃的那一套」說話就行。身份騙子不僅嫺熟「蘇維埃語」，而且對官場文化和官僚素質弱點瞭若指掌。那些最容易上當的官員都是缺少教育、唯命是從、僵化服從的中下級官員。他們機械地照章辦事，認的只是官方的證明和文件，誰的來頭大就怕誰聽誰，既不會獨立思考，也無從獨立判斷。

除了精明狡猾，善於觀察和利用別人，這些蘇維埃騙子們的最大特色便是充分了解周圍的人會怎樣對待他們，他們極大地調動了人們的蘇維埃想像力。不只是奧斯塔普‧班得爾成為最受歡迎的小說人物，現實生活中的騙子故事也讓大眾津津有味，經常讓記者甚至官員覺得甚是佩服。戴上官方意識形態為你準備的面具，用它那一套「正確語言」侃侃而談，就能把你打造成一個在制度中如魚得水、左右逢源、名利雙收的「成功人士」。費茲派屈克寫道，「騙子是一個以他自己的方式對社會做出精明觀察的人。騙子成功的訣竅在於能夠熟練掌握當代社會和官僚行為的規則，取得別人的信任。」(269)。騙子並不生活在一個普通人所知甚少的隱秘世界裏，對於許多人來說，「騙子奧斯塔普‧班得爾的世界——那個騙子行騙，法律不遺餘力追捕和懲罰騙子的世界，正是他們自己的生活世界——在這個世界裏，為了生存，每個人都必須學會一點作假和扮相的本領」。這樣的社會一定是一個犬儒的社會。(271)

在一個社會裏，如果政治身份騙子能大行其道、左右逢源，那麼一定存在着許多很容易欺騙的上當受騙者。上當受騙不一定是因為智商低、沒頭腦、教育程度不高，而恰恰可能是因為他們有政治頭腦、有思想覺悟高、崇拜革命文化、信任英雄模範、熟悉革命語言、對「革命前輩」懷有真摯的崇敬。在一個講究政治原則、思想正確、革命路線的國家裏，人們習慣於用這些來進行他們的日常思考，這就會從四面八方形成由騙

子和受騙人共同協作的騙子文化。騙子不一定就是奧斯塔普‧班得爾或李萬銘這樣的人物，也可以是持有真實「履歷表」或「真實背景」證明的人們。他們是歷史上沒有問題的扮相者和假面人，高職位和低職位的都有。

在存在騙子社會文化的環境中，騙子可以很方便地利用人們普遍的服從和討好心理，無須很高明的欺騙手段就能達到目的。李萬銘的騙術就是相當拙劣的，據知情人回憶，「他在武漢市冒充志願軍戰鬥英雄，在機關、學校到處作報告，由於沒有鑲紅線的志願軍軍褲，就用紅鉛筆在綠褲上畫一條紅線；沒有勳章、獎章，就把當時蘇聯畫報上刊登的勳章獎狀畫面剪下來，包上一層玻璃紙，縫在上衣上；李本人有嚴重的口吃病，竟說成是在朝鮮戰場上被美方毒氣熏的。」就憑這樣的騙術，李萬銘便能在社會裏和官場上暢通無阻，官運亨通，甚至他天生的缺陷也能成為傲人的政治資本。他為自己缺陷提供的藉口雖然拙劣，但符合一般人的「革命想像」。欺騙這樣的一群人，騙子甚至都不必顧慮說的話是不是真實，只要能利用他們的想像，讓他們用自己的想像把它認定為真實的，那就可以了。那些上當受騙的人們，他們的生活中本來就有許多這種「被想像的真實」，他們習慣於接受這種真實，這是他們所接受的意識形態教育的結果。他們確實是輕信易騙的，但他們並不天生如此，他們是被訓練成這個樣子的。

1920年代初部分蘇聯人學習扮演或假扮「蘇維埃人」的面相，那是蘇聯假面文化的一個形成期。費茲派屈克指出，這種假面文化要經過不止一代人才能充分完成。在蘇聯，一直要到1960年代，整個社會的「蘇維埃人」化才算告成。1920–1930年代，最初是少部分人「先蘇維埃人起來」的那種假面文化試驗，40年之後的1960年代，蘇聯意識形態已經成為一個很少有

犬儒與玩笑

人還真相信的權力擺設，但也是在這個時候，這一意識形態恰恰已經儼然成為所有蘇聯人獨一無二的「政治信仰」。這時候，假面和扮相已經成功地發展為幾乎全體蘇聯人的第二天性和自然稟性，成為他們共同的社會特徵或「國民性」。降生在他們那個「蘇維埃人社會」裏的嬰兒不再需要改造，他們會在這個假面社會裏，像在自然環境中那樣長大成人，自動地成為下一代的蘇維埃人。他們甚至也不再需要經過一番刻意的改貌或扮相，因為這就是他們與天生無異的貌和相。假面和扮相的文化因為自然如此，而成為蘇聯人所知道的唯一真實文化，整個社會都已經進入了久假不歸的自動再生狀態。

到了1960年代，所有的蘇聯人說的已經都是「蘇維埃語」了，蘇維埃語就是他們所知道的俄語，而在這之前的俄語在他們耳朵裏則一聽就是陌生的了。他們聽到那些早年僑居海外的俄國人說話，一下子就能聽出不是「自己人」。費茲派屈克說，1960年代的蘇聯社會「已經不再是由正在學說『布爾什維克語』的個人所構成的了……老一代人已經學會了這套語言，而對年青人──也就是社會中大多數的人──來說，這就是他們的母語」。對在「新社會」裏出生和長大的蘇聯人來說，除了「布爾什維克語」（「蘇維埃語」）之外，他們不會說任何其他語言，就算他們會說英語、法語、西班牙語，而不只是俄語，在他們的頭腦裏，也都會自動翻譯成「蘇維埃語」。(25) 1991年蘇聯制度崩潰，人們首先察覺到的並不是政府機構的變化或者政治路線的改變，而是「蘇維埃語」不再被使用了，當人們不再需要說「蘇維埃語」，也確實不再說「蘇維埃語」的時候，他們才真正意識到，蘇聯完了。

14 俄羅斯文化中人看俄國犬儒主義

　　在中國，普京擁有不少支持者，因為他支技反腐，對外強硬，有時又不按常理出牌。這些中國支持者們認為，也不斷在強調，普京是一個在俄國深得人望的政治領袖，在他的領導下，俄國重新成為在世界上能大聲說話的強國。俄國人擺脱了蘇聯後時期的彷徨和失落，對國家的未來又重新獲得了信心和希望。情況究竟如何，不妨從俄國和俄裔學者對普京時代的俄國犬儒主義研究中去探尋一個究竟。

　　在一些俄國和俄裔學者那裏，在「蘇聯後」時期 (尤其是在普京時代) 的俄國，犬儒主義是一個透視政治和社會文化的特殊窗口。這個時期的俄國政治、社會、經濟和文化都不斷在發生劇烈的變化。政治立場和經濟利益不同的群體從不同角度得出「找到出路」、「時好時壞」和「很難預料」的概括性結論。在一些人看來是好的，帶來希望和克服犬儒主義悲觀情緒的發展，在另一些人看來，恰恰是一種機會主義、只圖眼前利益、急功近利、無信仰或理想追求的犬儒主義，這種安於現狀、得過且過的犬儒主義繼承了蘇聯時代國民人格分裂的那種犬儒主義。儘管許多俄國人都同意，犬儒主義是一種社會道德和國民性病灶，但是他們在一些有關犬儒主義的主要問題上仍然意見分歧：哪些社會現象、民眾意向和選擇是犬儒主義的？哪些政治、經濟因素造成了什麼犬儒主義的負面國民心態、素質和行為？對這樣的問題，不同的俄國 (裔) 學者有不同的看法，他們

的不同看法中包含了對俄國政治制度和社會形態的多種評價，也包含了他們對犬儒主義的獨特認識。

一 犬儒的順從和犬儒的反抗

馬克・列波維特斯基 (Mark Naumovich Lipovetsky) 是俄國最有影響的文化史專家之一，在《俄國犬儒的輕率魅力》(The Indiscreet Charm of the Russian Cynic) 一文中，他對「蘇聯」和「蘇聯後」這兩個不同時期的犬儒主義作用做了比較研究。[1] 他認為，在今天的俄國，民間犬儒主義仍然是對官方權力犬儒主義的一種應對方式，它還是無法擺脫蘇聯時代無權者的那種既不滿又順從的大眾犬儒主義。他以2012年的「暴動小貓」(Pussy Rioters) 對俄國官方犬儒主義 (official cynicism) 的示威行動為例說明，無權者的犬儒主義並不是具有實質意義的政治反抗。

「暴動小貓」是一支俄羅斯女性主義朋克樂隊，樂隊成立於2011年8月，由約12名成員組成，她們頭戴顏色鮮豔的頭套，在露面時只使用化名。她們經常在未經政府批准的情況下舉辦有關俄國政治生活的行為藝術表演，並在互聯網上流傳。2012年2月21日，樂隊的5個成員在莫斯科救世主大教堂的祭壇舉行了一場反對普京和俄羅斯正教會的名為「朋克祈禱——聖母啊，趕走普京！」("Punk Prayer – Mother of God, Chase Putin Away!") 的演出，遭到保安人員制止。3月3日，她們的表演視頻上網後，樂隊的兩名成員娜傑日達・托洛孔尼科娃和瑪麗亞・阿廖欣娜被控犯有擾亂公共秩序、冒犯宗教信徒和「流氓

---

1 Mark Lipovetsky,"The Indiscreet Charm of the Russian Cynic."https://www.opendemocracy.net/od-russia/mark-lipovetsky/indiscreet-charm-of-russian-cynic (n. pag.) 網絡文獻無法注明頁碼，下同。

犬儒與玩笑

行為」等罪名而遭到逮捕。3月16日，另一名成員葉卡特琳娜‧薩穆特瑟維奇也被逮捕。8月17日莫斯科塔干斯基地區法院作出判決，分別判處3名成員2年徒刑，罪名是在教堂實施「流氓行為」。10月10日，上訴後，葉卡特琳娜‧薩穆特瑟維奇被緩刑釋放，另外兩名成員維持原判。[2]

列波維特斯基認為，「暴動小貓」的玩笑和諷刺並不具有政治反抗的意義，它只是在政權允許的範圍內犬儒式地搞笑一下罷了。「暴動小貓」的朋克式滑稽雖然在中國人看來已經非常「大膽」、「出格」和「不安份」，但表演者們還是出於自我審查的意識，把表演限制在「藝術」的範圍之內，以此來自我保護。後來只不過是因為「輕率」和「不小心」，才不慎越過了紅線，但在國外卻被當成了一次勇敢的反抗。實際情況是，壓迫性制度下的犬儒表演並不從事積極的抗爭，犬儒者只是在消極嘲諷，但權勢是不在乎嘲諷的，「你笑你的，我幹我的」。而且，你笑得知道分寸，越過分寸不要怪我不客氣。我可以讓你笑，也可以讓你不笑，你必須心裏有數，不要讓我老提醒你。犬儒的笑總是一種時刻在進行自我審查的笑，「有節制」的小品、相聲、二人轉或別的幽默表演都是典型的犬儒之笑。

列波維特斯基討論普京時代的犬儒主義，運用的是《蘇聯大百科全書》裏對犬儒主義的定義。蘇聯百科全書裏有關於犬儒主義的知識，這說明，蘇聯－俄羅斯人對犬儒主義是有認識的。《蘇聯大百科全書》對犬儒的定義是：「從社會的角度來看，犬儒的來源首先是權力的犬儒，其特徵是掠奪性的統治群體公然以無道德的手段行使權力和達到自私的目的，如法西斯、個人崇拜，等等。其次是個人化群體的反抗觀念和行動（如

2　參見：《暴動小貓》https://zh.wikipedia.org/wiki/%E6%9A%B4%E5%8B%95%E5%B0%8F%E8%B2%93.

破壞公物），這些個人和群體忍受着不公和無權的制御，忍受着剝削階級的意識形態和道德偽善，但卻毫無改變現狀的希望，因此陷入了精神空虛的泥淖。」按照這個對犬儒主義的認識，「共產主義道德」應該反對任何形式的犬儒主義。

然而，從二十世紀70、80年代開始，「共產主義道德」在蘇聯已經不能起到抵制犬儒主義的作用，相反，它正是產生犬儒主義的一個主要原因。這是因為，口頭上高喊共產主義道德的當權者們經常恰恰是最沒有道德的。他們只不過是在用主義的幌子來鞏固自己的權力，謀取私利，欺騙民眾。統治者這種無道德的偽善和欺騙成為權力犬儒主義的主要特徵。民眾心知肚明，知道當權者在欺騙他們，是在跟他們玩掛羊頭賣狗肉的偽善和欺騙把戲。但是，他們卻沒有辦法公開戳穿這個把戲，所以只能默默忍受。而且，他們還知道，要想在這樣的制度裏安身立命，盡可能為自己撈取一些好處，他們自己也必須戴上假面加入這個欺騙遊戲。因此，他們雖然鄙視和看穿這種假面遊戲，但仍然會認真投入、假戲真做。他們知道自己在做什麼，但卻仍然心知肚明地坦然為之。當權者們知道民眾心知肚明，民眾也知道當權者們知道他們心知肚明。但大家都在客串一個所有人都坦然為之的假面遊戲，編織起一張籠罩全社會的犬儒主義大網。

列波維特斯基引用《蘇聯大百科全書》的犬儒詞條，似乎是為了表明，一個社會可以有關於犬儒主義的知識，知道犬儒主義的害處，卻照樣上上下下奉行犬儒主義，不僅如此，還裝出在反對犬儒主義的樣子。這種明白人的知行不一，根本不在乎真實與虛假的道德區別，不是個人的，而是集體性的。這樣的犬儒主義從蘇聯時代到蘇聯後的普京時代並沒有實質性的改變。今天的俄羅斯似乎已經用「道德」代替了蘇聯時代的「共

產主義道德」，但權力的犬儒主義和民眾的犬儒主義卻是照樣在支配俄羅斯的社會文化。

俄國社會學家列夫・葛德考夫 (Lev Gudkov) 在《俄國犬儒主義：僵化社會病症》(Russian Cynicism: Symptom of a Stagnant Society) 一文中，表達了相似的看法。[3] 他指出，「犬儒主義標誌着傳統價值體系的崩潰，過去的信仰和規範遭到了破壞，社會裏正在開始出現深層的社會文化變化，不同的價值觀之間發生了衝突。但是，犬儒主義本身卻並不是一種新制度關係的因素。犬儒主義並不產生變化，這是犬儒主義與觀念創新、突破、發現不同之處。只有新觀念、意義、道德觀才是決定社會和文化進程未來方向的決定性因素，而犬儒主義則不是這樣一種積極因素。犬儒主義充其量只是暴露主流觀念的虛謬，或者不過是一種機會主義的流行看法。」在民間擴散的犬儒主義沒有定向，隨時在變換懷疑和不信任的對象，它沒有自己要堅持的原則，因此實際上是一種貌似激進的機會主義。

葛德考夫從1980年代末就開始研究前蘇聯的「公共倫理」，那是一個蘇聯正面臨社會危機和面臨轉變的時代，他從大量的研究證據中發現，「蘇聯人對主流道德觀失去了信心⋯⋯千百萬蘇聯人在政客越來越嚴重的 (權力) 犬儒主義面前感覺到無助」。葛德考夫指出，這種無助和徹底失望是普通蘇聯人犬儒主義的主要原因與表現。權力的犬儒主要表現在政客們為一己私利公器私用，最後毀掉了任何一個公正社會都必須尊重和依靠的「權威公器」，包括制度、理念、權力、道德、價值觀。犬儒主義的政客們憑藉手裏的權力，要麼公然破壞法

3　Lev Gudkov,"Russian Cynicism: Symptom of a Stagnant Society, "https://www.opendemocracy.net/od-russia/lev-gudkov/russian-cynicism-symptom-of-stagnant-society (n. pag.)

制秩序，無視起碼的道德準則；要麼便是口是心非地對待法制和道德，說一套做一套。公然破壞是「無道德」(amoral)，而口是心非則是偽善，二者都是權力犬儒主義。對權力犬儒主義，普通民眾唯一可能的反抗便是反感、厭惡和徹底不相信，這是一種絕望而無效的徹底看穿，它不抱改變的希望，只是以笑話嘲弄來獲得一時的紓解和消氣。

葛德考夫指出，蘇聯政客的犬儒主義對社會的腐蝕和敗壞也同樣發生在今天的俄羅斯社會裏。今天在俄羅斯呼風喚雨的是像日里諾夫斯基 (Vladimir Zhirinovsky) 這樣的政客，他們雖然精明強幹、有能力也有煽動力，但卻毫無道德，無所不為，民眾不信任這樣的政客和公眾人物。日里諾夫斯基是俄羅斯下議院副議長，其所屬的自由民主黨在俄羅斯議會中佔據多數席位，多數黨員支持俄羅斯總統普京。日里諾夫斯基經常是普京的喉舌。他為人粗暴強梁、仗勢欺人、不講道德，從他在2014年4月的一次記者招待會上的表演便可見一斑。懷孕的女記者杜波維茲卡雅 (Stella Dubovitskaya) 問，對烏克蘭禁止俄羅斯男性入境，是否應制裁。此問題並未偏向烏克蘭，卻讓日里諾夫斯基勃然大怒，罵她是「女同志」。他挖苦烏克蘭愛國女記者法拉恩 (Irina Faraon)，說她「對俄國充滿仇恨」，但「喜歡俄國人」，「因為她是色情狂」。接着又嘲笑杜波維茲卡雅「也是一樣」。一名男記者指摘日里諾夫斯基說：「她是孕婦，你為何攻擊她？」日里諾夫斯基答：「懷孕就不該來工作，應在家帶小孩」。又稱基輔獨立廣場的示威者也有不少孕婦，「都是毒蟲」。他又把兩名男助理推向杜波維茲卡雅，要他們「狠狠強暴她」，又喊：「基督復活了！快親她。」一女記者痛批日里諾夫斯基「太侮辱人」，日里諾夫斯基說：「你為何插手？你是女同志嗎？走開。」

像這樣的政客活躍在俄羅斯的政壇上，讓許多俄羅斯人對政治和政治人物極端失望，失去信心。這種犬儒主義也讓許多民眾對民主政治和社會改革的前景不抱希望。葛德考夫指出，民眾的犬儒主義是因為俄國政治、社會現代化受阻和開倒車而引發的。俄羅斯人不是不曾有過希望，只是由於希望幻滅才轉向厭惡、憤怒和冷嘲熱諷。他們譏諷和嘲弄所有那些他們信任過並期待有改革作為的政治黨派和人士——民主派、自由派、普京的執政黨。政治人物不斷向民眾保證，要比蘇聯時代給人民多得多的權利和自由待遇，但是，現實太令人失望。葛德考夫的民意調查發現，民眾的憤怒和敵意與他們的挫折感、自卑和無能為力感成正比增漲。他們看穿並且不相信的既包括政治領導者和權威人士（看穿他們的偽善），也包括所有被權威利用過的美好價值觀念（道德價值虛無主義）。接受民意調查的民眾有的表示，他們對其他「正常」國家裏發生良性變化仍抱有希望，但他們認為，俄國永遠不可能成為那些正常國家中的一個。

　　葛德考夫所做的民調還顯示，俄國社會意識和觀念中犬儒主義的另一個特徵是鄙視所有的公眾人物和權威——不僅是政府人員和政治人物，而且也包括非政府組織、學者、公職人員、工商人士，甚至教會神職人員。在許多民眾眼裏，這些都是口是心非、道貌岸然、道德低下的人，都在利用自己的身份、地位、權威、名聲、職權謀取私利。俄羅斯民眾眼裏的這種精英群體集體道德淪落，令人想起了中國類似的情形。被民眾視為無道德的，不僅是權貴、富豪、商人，而且還有教授、醫生、僧尼、主播、作協和科協的文化人。據2009年中國一家雜誌的民意調查結果，最講誠信的三個群體是農民、宗教職業者和性工作者，其可信性遠高於科學家、教師和官員。

　　這種情況證實了葛德考夫的結論：「民眾怨憤並不只是

俄國才有，而是任何一個不能成功過渡的國家都有的社會因素」。當然，這還只是犬儒社會比較表層的現象。還有更深一層的原因，就俄羅斯而言，那就是從蘇聯時代培養起來的「蘇維埃人」(Homo Sovieticus) 已經形成了一種延續至今的普遍犬儒國民人格。這種犬儒主義特別適合於壓迫性國家裏的民眾生存。他們非常善於運用奴性生存策略，將之美化為一種識時務和精明的生活方式。他們不以此為恥，反而自以為得計，以此為榮。這種犬儒主義還有一些其他特徵，包括對自己和對國家低期待、倫理雙重思維、機會主義、誇張地表現對政權的忠誠。葛德考夫指出，俄羅斯正處在一個「不成功的過渡」之中。遙遙無期的改革讓許多俄羅斯人看清，政府的改革承諾只是拖延的託辭，是不立刻行動、不馬上兌現的藉口和幌子，所以永遠停留在「過渡時期」。「過渡的改革」失去了號召力，變成一種口惠和說辭，對俄羅人斯不僅毫無行動的推動力，而且成為他們嘲笑和諷刺的對象。

二　蘇聯犬儒和蘇聯後犬儒

　　馬克・列波維特斯基在《犬儒理性的魅力：蘇聯和蘇聯後文化中的騙子》一書中指出，蘇聯時代培養起來的「蘇維埃人」，其人格和精神實質都是「蘇維埃騙子」(Soviet trickster)。[4] 他說的騙子不是那種騙財詐色的罪犯，而是在壓迫性制度下帶着政治假面，當明一套暗一套的雙面人。「蘇維埃騙子」的文學原型來自蘇聯文學家伊里夫 (Ilya Ilf) 和彼得羅夫 (Yevgeni Petrov) 的小説《十二把椅子》(1928) 中的奧斯塔普・

4　Mark Lipovetsky, *Charms of the Cynical Reason: The Trickster's Transformations in Soviet and Post-Soviet Culture*. Boston, MA: Academic Studies Press, 2011.

班得爾 (Ostap Bender)。《十二把椅子》的故事在蘇聯和俄羅斯都家喻戶曉，而「奧斯塔普・班得爾」在俄語中也成為「身份騙子」和「假裝面目」的代名詞，就像魯迅筆下的「阿Q」在中文裏是「精神勝利可憐蟲」的代名詞一樣。奧斯塔普・班得爾不是「蘇維埃人」，他出生和成長於沙俄時代，在蘇聯新政權下，他不得不以新的面目 (有欺騙性的假面) 來適應新的生存需要，也就是我們熟悉的「自我改造」。陳徒手的《故國人民有所思》一書裏有許多這種從舊時代過來的知識分子。他們在新的政治環境裏，戴上面具變換自我，並非一定是真的已經被改造，而只是學會了玩一種由於生存需要而不得不玩的「把戲」。由於奧斯塔普・班得爾世故圓滑、精明機靈，善長蘇維埃成功人士的那套恭維、諂媚、說假話、勢利，他成為蘇聯人犬儒公民人格的文學典型。

「蘇維埃騙子」在蘇聯後的俄羅斯並沒有絕跡，而是有了新的面目。這是蘇聯國民分裂人格和犬儒主義的延續。美國加州大學伯克利分校人類學教授阿列克賽・尤恰克 (Alexei Yurchak) 是一位俄裔教授，他在《完蛋之前一切皆萬歲：最後一代蘇聯人》(獲2007年Wayne S. Vucinich 圖書獎) 中，分析了蘇聯社會文化中的分裂人格：一個人可以一面參加共青團的會議，一面在桌子底下偷偷閱讀索爾仁尼琴的《古格拉群島》。尤恰克稱此為社會主義文化的「表演性切換」(performative shift)。[5] 在會議上開口發言，是正兒八經馬列主義，私底下卻並不信這一套。這兩種狀態可根據需要隨時切換，套上和取下假面都極為方便，不覺得麻煩，也毫無內疚。在1970年代的蘇聯，官方意識形態已經完全成為一種形式主義的官話和空洞的

5　Alexei Yurchak, *Everything Was Forever, Until It Was No More: The Last Soviet Generation*. Princeton, NJ: Princeton University Press, 2006, pp. 252, 256, 264, 289.

套話。運用意識形態話語不過是一種儀式性的表演，以表現自己的政治忠誠。至於這種忠誠是否真的有信仰的內涵，已經不重要了，或者就算重要，也因為太多人戴着這個假面而無法驗證了。

從1970年代開始，在蘇聯，黨的意識形態和政治化文化雖然佔據統治地位，但已經開始出現了一些以前不允許，也不存在的社會和文化現象，如列寧格勒的「西貢」知識圈 (以那裏的一家咖啡館而得名)、理論物理學家聚會、像美特客(Mitki，一個活躍在聖彼得堡的藝術組)那樣的地下藝術等等。這些社會和文化活動的參與者是一些「局外人」，他們與當局和政治異見者同樣保持距離。「局外人」拒絕隨大流，但卻不像政治異見者那樣疏離和批評官方政治。不同的「局外人」之間沒有明確的共同政治見解或主張，但他們有一個重要的共同特徵，那就是善於對現狀合法性和合理性的符號誇張地表示認同，乃至「過度認同」。

俄語中的「過度認同」(Styob或stiob) 一詞是從動詞stebat (stegat 的同義詞，意為用鞭子抽打) 而來。這是一種有破壞效果的嘲弄，也是一個俚語說法，人們更熟悉的漢語說法也許就是「惡搞」，所以姑且叫它惡搞。美國俄裔女學者斯維特蘭娜‧博伊姆 (Svetlana Boym) 在《懷舊的未來》一書裏解釋說，「惡搞 (stiob) 是一種搞笑的，政治不正確的話語，利用引文和粗俗、不正規的說法，不觸犯禁忌 (除非特別頂真的管制)，但從來不脫離俄國–蘇聯的語境⋯⋯惡搞訴諸熟悉化而非陌生化的效果，把每一個事件危機轉化為玩笑的機會⋯⋯惡搞介於『同語重複』和 『戲仿』之間，但避免任何政治諷刺或社會批判，用令人驚駭的語言避免與令人驚駭的事件正面衝突」。[6]

6　Svetlana Boym, *The Future of Nostalgia*. New York: Basic Books, 2001, p. 154.

犬儒與玩笑

惡搞是對權威話語的一種滑稽挪用，誇張地運用於那些被權威高高捧起的象徵符號和儀式，將之置於完全不同的語境中，是一種板着臉的搞怪。這使得它對權力壓迫或迫害有某種自我保護的能力和自我辯解的可能——瞧，我是在用您的話說事，如果不準確達意，請多多包涵。惡搞不是反主流，而是不入主流的入主流，是一種不恭順的順從，一種陰陽怪氣的附和，因此是一種典型的陽奉陰違式的犬儒。陽奉陰違（如「文革」中所謂的「打着紅旗反紅旗」）的「陽奉」其實是在支持它所「陰違」的那個權威的合法性，使得陰違不具有實質的反抗意義。

　　紐約大學俄羅斯和斯拉夫研究教授波倫斯坦（Eliot Borenstein）在《重新介紹俄羅斯》（Reintroducing Russia）一文中稱styob是「起侵蝕作用的反諷」（corrosive irony）。[7]「惡搞」不一定有顛覆的意圖或目的，它甚至可能是為了恭維，但是這種恭維讓人有「諷刺」之感，覺得又像是在挖苦和侵蝕它在恭維的對象。波倫斯坦以一位俄羅斯文化中人的身份說，「styob是一種俄國式幽默，以過份認同某對象來嘲笑它……西方人看不清styob；在西方對俄羅斯的論述裏是找不到styob的，因為西方人不能確定那是一個玩笑」。用我們熟悉的大眾文化術語，這是一種相當隱蔽的「搞笑」或「惡搞」，文化外人看不出來，但文化中人就定能體會，並覺得滑稽可笑。西方人看俄羅斯人的「過度認同」，難以辨別那到底是在諂媚當局還是在嘲諷它的意識形態。同樣，西方評論經常也看不清中國式「惡搞」的性質。

　　不管有心無心，惡搞的「過度認同」都能產生荒誕可笑的

7　Eliot Borenstein, "Reintroducing Russia." http://jordanrussiacenter.org/news/reintroducing-russia-2/ (n. pag.)

效果。有的過度認同可能是「認真」的，並不是為了製造可笑的效果，但由於認同過度，也同樣會有滑稽和可笑的效果，例如，2014年陳光標「紐約慈善行」時自稱雷鋒，他自己說，與雷鋒相比不過就是少了一個題詞。又例如，2014年2月20日，安徽籍青年張藝冬在安徽合肥某醫院接受了微整形注射手術，整容成「雷鋒臉」。3月3日，他召開新聞發佈會，身着軍裝，以雷鋒形象公開亮相說，整容能使他「照照鏡子就想起雷鋒，起到督導作用」。2014年8月15日《市場星報》報導，8月14日上午張藝冬來到渦陽縣公安局義門鎮派出所，申請改名為「雷到底」。這樣對待雷鋒，看上去雖然是一本正經，但卻因過度和反常而顯得十分可笑。

文化研究者經常把「惡搞」視為一種後現代文化現象，其實在1970、1980年代的蘇聯就已經出現了這種「大眾後現代」的新生事物。尤恰克認為，「最後一代蘇聯人」(大多出生於1960年代初) 之所以能夠如此順利而自然地從蘇聯的社會主義過渡到蘇聯後的資本主義，在很大程度上得益於從1970到1980年代文化的悄悄轉變。具有諷刺意味的是，共青團在其中起了不小的作用。共青團本來是為共產主義事業準備可靠接班人的，但正是從共青團系統出來的人物成功地扮演了蘇聯後的大亨 (oligarch) 角色。共青團所起的是助產婆的作用，它幫助誕生了那些善於在後來國家資本經濟中渾水摸魚和擁權自肥的能手和幹將。

有研究者指出，「俄羅斯寡頭階層中相當一部分來自前蘇聯時代的組織體系內部，比如共青團 (米哈伊爾·霍多爾科夫斯基、弗拉基米爾·維諾格拉多夫) 和科研機構 (別列佐夫斯基)，而其中一部分人的「第一桶金」來自俄羅斯1991年實行的第一輪私有化」，「這一輪私有化結束後，一些了解企業內部情況又掌握金融資源的人得以以很低的價格購買大多數個體外部人

　　　　　　　　　　　　　　　　犬儒與玩笑

手中的私有化券：因為對後者而言，單張票券的實際價值微不足道。尤其是一部分前蘇聯晚期國有企業的所謂『紅色經理』因成功搜羅到大量私有化券而致富，成為寡頭階層另一個重要來源」。[8] 這些從原有體制中冒出來的新富們，他們在自己曾經效忠的政權倒台時，沒有一個挺身而出「誓死捍衛」。相反，他們反倒是充分運用了體制殘留的資源和人脈發了大財。

從高調共產主義一下子「自然過渡」到貪婪的資本主義，並不只是在蘇聯－俄國才有的現象。這種現象的一個原因就是，原本看似「永遠」的東西其實是會一下子就崩潰的。在蘇聯制度 (突然) 崩潰之前，人們都似乎相信它會永遠存在下去。可是，它突然崩潰的時候，卻並沒有多少人感到意外和吃驚。尤恰克在《完蛋之前一切皆萬歲》中寫道，許多蘇聯人「很快發現了一個奇特的事實。蘇聯的崩潰似乎發生得很突然，但蘇聯人好像對此早有準備似的。這些年來，一個奇怪的吊詭越發顯露出來：在崩潰發生之前，這個制度的崩潰是不可想像的，但是，當它發生的時候，卻並不顯得令人驚奇」。[9]

蘇聯制度崩潰後，俄羅斯寡頭階層利用自己在體制內的優勢迅速發跡 (如同中國的「讓一部分人先富起來」)，繼而利用黑勢力和非法手段來保護其既得利益。這加深了民眾的反感和厭惡，也讓普京政府有機會堂而皇之動用國家機器對這個階層以「貪腐」、「逃稅」的罪名來進行打擊，消除其政治影響力。老百姓痛恨貪腐和政商勾結，大多數都站在政府這一邊，但是，他們同時也是抱着旁觀和觀望的態度，看一幕幕惡鬥惡的「好戲」。民眾自己並沒有參與政治行動的權利和機會，他

8　張昕：《俄羅斯告別寡頭》，《中國改革》2013年第5期)。引文來自財新網http://www.wusuobuneng.com/archives/2617.

9　Alexei Yurchak, op. cit., p. 1.

們只能游離於事件之外，看狗咬狗表演。這種犬儒形態的觀望態度在強人推動的自上而下的反腐時刻是常有的。但是在俄羅斯，它還有特定的歷史淵源。尤恰克稱其為俄羅斯政治文化中的「不搭界」(living vnye，「活在外面」) 特色，即犬儒式觀望或旁觀。[10]

早在蘇聯時期，犬儒式觀望或旁觀就已經相當普遍，旁觀者疏遠官方統治意識形態，但那並不是真的政治反抗或政治「異見」。犬儒觀望同樣與政治異見「不搭界」。正因為犬儒並不真的是持反對立場，所以才能玩世不恭，滿不在乎地表面認同他們心裏未必贊同的東西。波倫斯坦指出，惡搞的過度認同也是一種游離式的旁觀，它「並不以異見的面目出現。蘇聯的異見者是一本正經的，有他們那一套一本正經的道理。但是，異見者的一本正經 (並不討人喜歡)，政治異見雖有反蘇維埃的內容，但用的卻是蘇維埃的形式」。[11]與政治異見不同，游離在外的「不搭界」既疏遠官方統治，又不與政治異見者沾邊。這是一種「局外人」的生活態度，官方意識形態也好，政治異見者的民主和人權要求也罷，都不關我的事，我只是個路過看熱鬧的，用時興的話來說，就是「打醬油」的。這種犬儒心態在當今中國也很普遍。

「不搭界」從社會中游離出來，獨身自處，不是為了堅守自己的信仰或信念。而是根本沒有信念、信仰或立場。「不搭界」純粹是逢場作戲，幸災樂禍，有機會甚至還可以順手牽羊，撈上一點好處。這成為犬儒主義的入世哲學。馬克・列波維特斯基在《俄國犬儒主義的輕率魅力》中把這種蘇聯後期社會文化中的「不搭界」與蘇聯後期「灰色經濟」中的「走路

---

10 Ibid., pp. 126 ff.
11 Eliot Borenstein, op. cit.

　　　　　　　　　　　　　　　　　犬儒與玩笑

子」(blat) 視為同類的現象。Blat指的是「哥們關係」(old brother network)，類似於中國1980年代的「倒爺」。有背景的生意人，他們的資本不只是金錢，而且更重要的是路子。他們乘經濟改革的順風船，既無政治立場也無政治理想，他們對經濟改革需要配合怎樣的政治改革毫無興趣，更不想與積極參與政治爭論的任何一方有「搭界」的聯繫 (他們是最奉行「不爭論」的)。他們關心的只是如何趁着有機會就好好地撈它一把。「背景商人」都在不同程度受官方保護，也為這種保護付出高額的酬勞。他們是政商腐敗的一部分，他們自詡的「在商言商」是一種偽善、功利、有奶便是娘的犬儒主義。[12]

在英國任教的俄裔政治和社會學教授阿麗娜‧列德尼伐 (Alena Ledeneva)，在《俄國的人緣經濟》一書裏揭示，依靠「路子」的人緣經濟 (關係經濟) 一直存在於蘇聯的人際關係之中，並非只是出現在蘇聯的衰亡時期 (理論界「新左派」所持的觀點)。[13] 在蘇聯後期經濟改革中，「人緣經濟」愈發成為一種特色，它經常是一種既不合法又不違法的經濟。由於國家仍在實行「社會主義經濟」，這種異類經濟有時會遭到來自官方的譴責或限制，但是，官員們能從這種灰色經濟中得到好處，所以他們根據自己的利益需要，對它採取的是睜一隻眼閉一隻眼的犬儒主義態度。上上下下的官員們一方面大聲堅持社會主義經濟，另一方面又在非社會主義的灰色經濟中漁利自肥，由他們執行的整頓管理總是雷聲大雨點小。普通民眾看在眼裏，心裏明白，知道這不過是裝裝樣子。他們根本不相信政府官員會動真格的，這種不信任和不相信符合民眾對政府政策的習慣性

12　Mark Lipovetsky, op. cit.

13　Alena Ledeneva, *Russia's Economy of Favors: Blat, Networking and Informal Exchange*. Cambridge: Cambridge University Press, 1998, p. 1.

懷疑，自然也就又成為彌漫擴散於社會之中的大眾犬儒主義的一部分。[14]

三　來自蘇聯時代的犬儒主義慣性

蘇聯犬儒主義的制度性原因是政府權力用僵化的意識形態來進行高壓統治，民眾在這種統治方式下每天看到的都是虛偽、欺騙、不道德、無公義、沒出路、無希望。在蘇聯後的俄羅斯，雖然以前的意識形態已經放棄，但是，犬儒主義的制度性條件依然存在。葛德考夫認為，蘇聯後俄羅斯的許多不同形式的犬儒中，「統治者的犬儒」和「被統治者的犬儒」仍然是最突出的兩種。它們都是來自蘇聯時代的「慣性」所致。可以從兩個方面來認識這種「慣性」：一、持續的犬儒文化心理；二、沒有得到根本改變的專制司法和官員任用制度。

首先，俄羅斯人持續的犬儒文化心理在很大程度上是客觀因素造成的。佛里達·吉提斯 (Frida Ghitis) 在《俄國人走出冷漠和犬儒了嗎？》(Have Russians Moved beyond Apathy and Cynicism?) 一文中指出，蘇聯崩潰後，俄國人並沒有沉浸在勝利的喜悅中或對民主未來抱有太熱切的希望，他們仍處於一種習慣了的漠然狀態，蘇聯的政權並不是因為人們受到某種新政治理想或觀念的鼓舞而被推翻的。和東歐國家一樣，這個政權的垮台是因為一直被鼓吹的意識形態烏托邦給人民帶來了許多災難，而且破產了。1991年末，當蘇聯的旗幟最後一次在克里姆林宮降下來的時候，「見證這一歷史時刻的俄國人感到的是沮喪、疲憊和失敗」。[15]

14　Alexei Yurchak, op. cit. pp. 154–155.

15　Frida Ghitis, "Have Russians Moved beyond Apathy and Cynicism?" http://www.

許多俄羅斯人在革命時期曾經對這個如今敗落的政權貢獻過忠誠，這個政權曾允諾他們有幸福的生活和美好的未來，但又使他們一次次失望，直至連對希望本身也不能再抱有希望。他們終於陷入一種犬儒主義的無動於衷和冷漠麻痹之中。他們當然也不是一點都不希望，然而，如今連那一點並不太高的希望也變得過於奢侈。戈爾巴喬夫之後，葉利欽從一個充滿勇氣，帶給人民信心的領導者變成了一個酒鬼，當眾失態、昏聵無能，令俄國人感到丟臉。俄羅斯經濟改革失策，誤入歧途，渾濁不清的變革大潮讓少數大亨（億萬富豪寡頭）能夠隨心所欲地渾水摸魚，鯨吞國家財產，讓許多普通俄國人陷入貧困和絕望，粉碎了他們成為中產階級的夢想。葉利欽的最後傑作就是讓普京成為了他的總理，普京很快進入了角色，打着復興俄羅斯的大旗，用暴力鎮壓了車臣的獨立要求，並抓住國際油價高漲的機會用石油和天然氣的高額收入，穩定了俄羅斯的經濟。

但是，普京也營造了一個腐敗和威權的新帝國。在這個新帝國裏，少數大亨可以斂取巨額財富，但絕不不允許挑戰普京的政治權威。在這個局勢終於穩定下來的時刻，俄國民眾似乎真的有了擺脫冷漠和犬儒的機會。他們用選票為普京按自我意志打造對他有利的制度開了綠燈。俄國公眾對普及不擇手段打擊政治競爭對手眼開眼閉，默認接受，這是一種新的犬儒主義。由於憲法有限制兩屆總統的規定，普京把總統職位讓給了梅德韋傑夫（Dmitry Medvedev），自己擔任了總理。但是，2011年9月，普京和梅德韋傑夫宣佈，他們將互換職位，民眾的犬儒主義的極限也似乎受到了挑戰。許多俄國人覺得不能再這麼觀

cleveland.com/opinion/index.ssf/2012/02/have_russians_moved_beyond_apa.html (n. pag.)

望下去，他們害怕讓普京得逞，從而成為俄國在四分之一個世紀裏擁有最高權力的絕對統治者。2011年的阿拉伯之春也似乎給俄國人帶來了新的政治信心，2011–2012年許多俄國人走上街頭，他們的抗議沒有能阻止普京成功當選並擔任他的第三任俄國總統。俄羅斯人再一次陷入了普遍的絕望、冷漠和政治犬儒主義。

俄羅斯人的犬儒主義慣性與這個國家沒有得到改變的專制司法和官員任用制度直接有關。葛德考夫指出，這種慣性存在於蘇聯後的武力壓制和脅迫性制度之中——公檢法和警察，「這些都與蘇聯時代沒有多大變化」。這種制度性特徵的延續存在反映了一個令許多民眾失望的事實：俄國當局的治國理念仍然沒能擺脫蘇聯時代陰影。蘇聯時期的政府權力過度依靠暴力，對社會進行嚴厲的微控，對民眾進行強制性的思想和行為操控。當時所使用的理由是維持穩定、有效動員民眾建設「新社會」(社會主義)、實現美好未來 (共產主義)、時刻準備打仗、應對緊急突發狀態。蘇聯崩潰以後，政治制度失去了來自革命時代諸如「共產主義」、「社會主義」、「與資本主義對決」這樣的意識形態支持。在這種情況下實行專制，只能是「赤裸裸的專制」。這樣的專制既不承認個人的價值和權利，又無法提供群體認可的價值共識，它空洞地訴諸民族主義和大俄羅斯主義，成為一種為權力而權力、為政權而政權的統治。

葛德考夫還指出，「犬儒主義深嵌在普京式權力結構之中，這是一個至上而下的垂直結構，上面委任下去，下面聽從和效忠上面，官員們無須特別能幹或專業。這是一個逆向選擇的機制，被挑選出來加入權力結構的是那些最沒有原則，最具靈活性和適應能力的人員。那些有幸在各級權力中成為官僚的人員不僅享受種種好處和待遇特權，而且心理上也能特別得到

滿足，因為他們佔據着別人羨慕卻無緣染指的職位。但是，這種權力結構的制度性惡果是，政治體制本身不斷在遭受人員素質的損失，無論是議會還是政府成員，總體而言都是如此。」[16] 被選拔的人都是一心討好和巴結上司，他們的成功全在於上司的賞識和信任。他們只對上司負責，完全不需要為民眾負責，他們基本上都是口是心非的平庸官僚。

這種選拔制度的後果是腐敗叢生，每天都有腐敗的醜聞，民眾開始感到憤慨，但後來漸漸見怪不怪、習以為常，只剩下麻痺冷漠和機械的習慣性犬儒反應：「天下烏鴉一般黑」、「反正好不了了」。除此之外，民眾要麼敢怒不敢言，要麼就根本不去多想，也無從多想。他們抱的是看熱鬧和看笑話的心態，把腐敗當成是荒誕世界的常態。當腐敗人物被揭露出來的時候，他們會感到一種幸災樂禍的痛快，甚至還會稱之為「大快人心」，但他們對制度性的反腐並不抱希望。他們有自己從犬儒主義早已形成的看法和結論：打擊腐敗只不過是做做樣子，其實是打擊政治對手的方便藉口，普通民眾未必能從中得到什麼實際的利益。有人在腐敗問題上栽跟頭，是因為有腐敗之外的其他原因，像是跟錯了什麼人、得罪了什麼人、與不該作對的人作對，或者根本就是「倒霉」和走揹運。這樣的反腐不能終止腐敗，因為它的制度土壤還在，所以對它不能也不必寄予實質性改變的希望。

四　政治專制與民眾生存策略的犬儒主義

俄羅斯社會裏的犬儒主義有着長久而根深蒂固的政治制度原因，其中最重要的是不允許存在針對執政者的有效制度性遏

16　Lev Gudkov, op. cit.

制和權力平衡。由民眾的力量來對政府權力形成監督和進行約束，一直是一個可望不可即的夢想，而這個夢想的長期無法實現使得許多人最後選擇放棄，而代之以政治犬儒式的「政治現實主義」，那就是期盼和支持國家主義的強人政治。普京便是這樣一位政治強人。事實證明，寡頭階層不是他的對手，這更顯示了普及具有以強制手腕果斷解決問題的能力。

普京是用查稅官來對付石油寡頭米哈伊爾·霍多爾科夫斯基 (Mikhail Khodorkovsky) 的，沒收他的尤科斯石油公司，並把他投入大牢。普京越是強勢，寡頭階層就越是軟弱 (就像反貪越強勢，貪官們越弱勢一樣)。寡頭階層中沒有一個敢出面公開為霍多爾科夫斯基鳴冤叫屈或者表示支持。這凸顯了寡頭們之間的脆弱政治聯盟，更體現了專制統治的一貫犬儒主義伎倆在他們身上所發生的持續效應。專制犬儒主義的重要特徵就是將人性惡和人性弱點利用到極致，因此把人性的優化視為它的天敵，也會竭力堵塞人性優化的可能和途徑，如自由的教育、民主、憲政、公民社會的自我管理。普京對付俄羅斯寡頭們，將對手各個擊破，利用的就是他們事不關己明哲保身的自私心理。這種統治手段不僅在俄羅斯，而且在任何一個「各人自掃門前雪，莫管他人瓦上霜」的犬儒社會裏，都是非常見效的一招。

普京對待政敵霍多爾科夫斯基的犬儒伎倆還不止於此。2013年12月，在冬季奧運會開始之前，普京突然宣佈赦免霍多爾科夫斯基。正如俄國記者瑪莎·格森 (Masha Gessen) 在《被赦免囚禁的犯人》一文中所指出的，宣佈赦免霍多爾科夫斯基 (同時也提前釋放了「暴動小貓」的成員) 並不標誌普京專制有了變化。她寫道，「如果非要說有變化，那就是普京在演變為獨裁者的道路上，又取得了一項新的特權：他允許自己出爾反爾。過去，他讓自己與霍多爾科夫斯基的命運拉開距離，還說

案件是法院的事務，而他聲稱自己對法院沒有影響力。克里姆林宮說，要得到總統的赦免，霍多爾科夫斯基首先需要承認自己有罪。然而，隨着霍多爾科夫斯基一個接一個的刑期結束，總會有新的指控不斷湧現。不過，普京在明顯感覺釋放霍多爾科夫斯基對自己的益處多過損失之後，就輕而易舉地改了主意。畢竟，他不需要向任何人負責」。[17] 這種馬基雅維裏式的政治手段是毫不掩飾的專制權力犬儒主義。

霍多爾科夫斯基重獲自由，並不意味着反對派的勝利，也不表示俄羅斯人在普京之外有了別的政治選擇。他接受普京恩賜的自由，這加深了許多不滿普京的俄羅斯人對異見政治的失望和政治犬儒主義。霍多爾科夫斯基已經獲釋，普京的反對者並不能說這是民主的勝利。令他們難堪的是，普京「自動」表示大度，有了向世界顯示他「開明」的機會。更令他們難堪的是，霍多爾科夫斯基在重獲自由的頭兩天裏就已經表示，自己不會成為普京的替代者。在發表於俄羅斯獨立雜誌《新時代》(*The New Times*)上的第一份採訪中，霍多爾科夫斯基承認，他同意在可預見的未來遠離俄羅斯 (他現在身在德國)。他還表示自己曾向普京承諾，不會挑戰他的權力，雖然他會投身公民運動，但會遠離選舉政治 (又是一種令人失望的政治見解)。瑪莎·格森指出，霍多爾科夫斯基的表態，「讓許多俄羅斯自由派感到失望，也讓他們失去了過去與其他反對克里姆林宮的人士共同追求的最後一個清晰目標」。[18]

普京以他的民族主義立場和強硬反腐使許多俄羅斯人覺得他是繼斯大林之後的又一個「硬漢」領袖。但是這樣一個領袖並不能改變俄羅斯政治制度本身的腐敗，這是一種比官員貪圖

---

17 Masha Gessen, "Prisoners of Pardon." *New York Times*, December 27, 2013.

18 Masha Gessen, "Prisoners of Pardon."

金錢和女色更嚴重的腐敗。葛德考夫在《俄國犬儒主義：僵化社會的病症》一文中對此寫道，「政治制度選擇人員材料中的次品，調動的是人性中最低下的本能和對他人的羞辱」，這種依仗「絕對權力」的政權對社會造成的一個嚴重不良影響就是「社會價值遭到徹底破壞——倫理價值、宗教價值和公民價值無一倖免」。他還指出，「今天，這種權力結構的後果就是負面地、不斷地使正常倫理價值失效，不只是道德倫理，而且更是政治必須限制使用暴力和防範專制的基本倫理。」葛德考夫認為，今天俄羅斯社會中的「民眾犬儒」(mass cynicism) 是政府犬儒主義 (governmental cynicism) 消極影響的產物。他寫道，「當民眾不能自主，也不能獨立的時候……社會退回原始的狀態。政府犬儒主義的另一個問題是，它產生的犬儒思維和犬儒意識極具毒素，人們最後會因此而失去對政治和社會制度腐敗作出反應的能力，把忍受專橫的威權統治，陷於冷漠麻痺不能自拔當作一種宿命。久而久之，這樣的民眾犬儒主義就會讓整個社會變得不思進取，而只是安於現狀——這是惰性十足、停滯不前的社會的病症和特點。」[19]

司法不公，公器私用，不公不義的現實長期得不到改變也沒有改變的前景，這使得許多人對法律和法治既不相信，又覺得滑稽。政府權力犬儒主義地對待法治，把法治用作管制社會和人民的工具，而不是用法治來維護人民的公民權利和看管政府和官員的權力。政府越強調法治，人民的公民權利就越沒有保障。這種「乖訛」(incongruity) 讓所謂的「法治」成為一個笑話，也加劇了民眾對法本身的大眾犬儒。

徒有其名的「法治」使得民眾對「法」完全失去信任，葛德考夫認為，「這種大眾犬儒主義在對俄國司法制度的深度不

<hr />

19　Lev Gudkov, op. cit.

犬儒與玩笑

信任中表現得特別明顯。這也是司法制度以犬儒主義對待法治所造成的。最嚴重的問題在於有法不依，法律規定的和實際執行的根本就是兩回事。以機會主義和無道德的態度對待法律，不利於自己的，有法也不執行，有利於自己的則過度執法或不通過正當立法程序，隨意立法，有的法朝令夕改，有的則是選擇性地執行。在這樣的現實面前，民眾相信，公檢法是為限制和懲罰他們而存在的，是政府用來對付老百姓的。這就不可避免地使公民鄙視法律，鄙視一切與正義、是非有關的觀念。」其後果是嚴重的，許多人把法律的不公和偽善當作自己不守法的理由和藉口，既然法律只懲罰好人，對壞人無可奈何。那麼只要不被抓住，任何違法的事情都沒有什麼不可以去做的。葛德考夫指出，「民眾眼裏的社會秩序一方面是不公正的，另一方面又是殘酷和強制的，這就造成了群眾犬儒主義和無道德，也使人們普遍認為，生活中強權說了算，在社會關係中起作用的唯有暴力。暴力有各種不同的社會形式，造成了人與人之間普遍的壓迫關係。」[20]

五　多形態的犬儒主義

俄羅斯社會中的犬儒主義是多形態的，不同的階層和行業會有不同的表現。對此，葛德考夫寫道，俄羅斯社會中「犬儒主義蔓延，犬儒主義針對的對象發生變化，研究者應該把這些看成是一個信號，說明不同群體或社群的價值體系是多樣化的。同時，在本該穩定的社會或國家裏，有傳統代表性的道德規範，以及人們對穩定的看法都在喪失以往的意義和重要性。

20　Lev Gudkov, op. cit.

價值觀念正在消失」。在這種情況下，公共價值和信仰「被等同為統治者用來維護霸道權力的空洞偽善說辭，用來強加於被統治者，並壓迫他們」。

在一個犬儒主義蔓延的社會裏，需要區分不同種類的犬儒，因為每一種犬儒都有它自己針對的對象和主要表現形式。最主要的區分是有權者(政府)的犬儒和無權者(民眾)的犬儒，但在這二者內部又可以區分成不同的種類。例如，民眾選擇犬儒，有的是為了分一杯羹，有的沉默，有的嘲諷，有的冷漠，有的勢利。對普京的專制統治，有的人追捧，有的人眼開眼閉，有的人不滿而無反抗行動，有的人則一心過小日子，兩耳不聞窗外事。

馬克·列波維特斯基也指出，大多數俄羅斯人的犬儒主義是一種生存策略和應對權力犬儒主義的方式。蘇聯社會中的犬儒主義不是一種簡單意義上的倫理缺失或道德淪落，不僅僅是許多個人的寡廉鮮恥、藐視道德、無禮、強梁、暴戾(中國關注道德危機的批評者們討論的往往就是這類道德問題)，而是一種具有普遍社會特徵的意識狀態，一種「明白人的錯誤意識」。列波維特斯基引述德國思想家彼得·斯洛特迪克 (Peter Sloterdijk) 在《犬儒理性批判》一書裏對犬儒主義的定義：犬儒是一種「經過啟蒙的錯誤意識」。[21]但是，列波維特斯基同時指出，「斯洛特迪克對蘇聯的經驗幾乎什麼都沒說，因為他考察犬儒主義，是把犬儒主義視為現代資產階級社會的產物」，而壓迫性制度下的犬儒主義則要複雜和隱蔽得多。列波維特斯基認為，西方思想家對蘇聯的觀察經常會霧裏看花，憑印象隨意解釋，例如，英國哲學家羅素1929年在《論青年的犬儒主義》

---

21 Peter Sloterdijk, *Critique of Cynical Reason*. Minneapolis, MN: University of Minnesota Press, 1987, p. 5.

犬儒與玩笑

(On Youthful Cynicism) 裏就曾斷言，「蘇聯青年精神飽滿，充滿了熱烈的信仰」。

列波維特斯基認為，斯洛特迪克對犬儒主義的批判對俄羅斯人認識犬儒主義有用，在很大程度是因為出生於斯洛維尼亞的批評家斯拉沃熱‧齊澤克(Slavoj Žižek) 將斯洛特迪克的一些理論思考運用於斯大林時代的蘇聯，從而指出了一種在蘇聯早就存在的「權力邏輯」。齊澤克曾經是一位共產黨員，在《有人說過極權主義嗎？》(Did Somebody Say Totalitarianism?) 一書裏，他針對那個他所熟悉的制度寫道，斯大林時期的那種「信仰」不但不能解決，而且會加劇犬儒主義的問題。齊澤克指出，打着共產主義旗號的統治者其實並不真的是想要民眾相信共產主義的價值觀。民眾只是裝模作樣地相信共產主義價值 (犬儒式的假信仰)，那才是統治者求之不得的，「民眾對官方意識形態的犬儒態度，那正是 (蘇聯) 政權所需要的——要是大家把這個意識形態當了真，或者讓他們有機會實現它，(對統治者來說) 那才是最大的災難」。例如，社會主義/共產主義意識形態的核心價值是平等，是勞動人民當家作主，要是蘇聯人都真的堅持這樣的道義原則，他們還會容忍實際存在的官貴民賤和無處不在的「官本位等級制」嗎？豈不是又要發生一場革命？

齊澤克是一位著名的左派人士，他對蘇聯統治者用權力犬儒主義糟蹋馬克思主義的揭露是從捍衛馬克思主義的立場出發的，所以更顯得獨具慧眼、一針見血。蘇聯統治者打的是馬克思主義的旗號，但是，真正的共產主義和社會主義價值對蘇聯統治者是一種威脅。齊澤克所捍衛的馬克思主義價值觀並不支持那些騎在人民頭上作威作福的權力官僚和專制統治者。官僚統治者對此心知肚明，他們只是打着馬克思主義的道義旗號，但並不希望民眾真的把馬克思主義當作指導正義政治和社會行

動的信仰原則。當權者所說的馬克思主義是一種必須，也只能由他們自己代表和解釋的「馬克思主義」。只要權力在手，他們隨便怎麼解釋這個馬克思主義都是正確的。他們決不允許任何人對此有所批評或異議。他們害怕民眾真的將馬克思主義信仰付諸行動，希望民眾只是在那裏說一套做一套，是一些戴着假面裝裝樣子，其實什麼信仰都沒有的犬儒之徒。犬儒主義是有利於壓迫性統治的，是符合專制權力利益的。民眾越是什麼都懷疑，什麼都不相信，完全喪失行動的能力，就越不可能對統治者形成具有真正威脅的集體反抗。這樣的犬儒主義往往是非假面社會中人難以察覺的。

這樣認識蘇聯的犬儒主義，犬儒主義便不再只是蘇聯民眾個人的心態或處世特徵，而是他們共同的生活方式和生存狀態，用彼得‧斯洛特迪克的話來說，是一種集體性的「經過啟蒙的錯誤意識」——明白人的錯誤生存方式和狀態。犬儒主義不是單純的個人或群體道德問題，而是每個人成為犬儒社會成員，並在這樣的社會裏變成「正常」、「合格」成員和「自己人」的過程和結果。犬儒主義不再只是一個倫理問題，而更是一種精神病態和人格扭曲的社會文化。犬儒的社會塑造了「犬儒的自我」，這個「自我」的特徵是多重假面和因此形成的自我分裂。在正常的社會裏，人格、價值、精神的多重假面和自我分裂都會被當作需要治療的疾病，因為自我分裂使得個人無法在理性的公共社會裏找到一個合適的位置。但是，在犬儒社會裏，多重假面可以相安無事地共存，而自我分裂不是一種異常，而成為一種常態，一種集體性的，具有某國特色的國民人格。

社會歷史學家希拉‧費茲派屈克 (Sheila Fitzpatrick) 在《撕掉面具！20世紀俄國的身份與扮相》一書中提出，蘇聯國民性

的人格分裂和假面從1920年代布爾什維克革命給蘇聯人「劃分階級成份」，人人都不得不以最有利的方式表現自己的「成份面孔」時，就已經開始了。[22] 俄國聖彼得格勒歐洲大學教授奧列格·卡克霍丁 (Oleg Kharkhordin) 在他的《俄國的集體與個人：實踐研究》一文中則認為，殘酷的暴力統治是造就假面社會更直接的原因。蘇聯社會中人的多重面目和自我分裂是斯大林殘酷「大清洗」造成的恐懼後遺症。卡克霍丁指出，「蘇聯人的兩面人生並不是迄今為止統一自我的痛苦分裂；恰恰相反，對他們來說，這種分裂是正常的人生狀態，因為他們作為個體的存在從一開始就是分裂的。」這是因為，從降生到這個制度中，並在其中接受教育的一開始，統一的自我便不是一種正面的人生價值。當然，分裂的自我是一個逐步形成和發展的過程，青少年時期的人比較理想主義，把真實的自我看得較重，而年齡越長，則越老於世故，越知道什麼時候該戴上怎樣的假面。政治的多變會產生多種、多重假面的需要，經驗越豐富，才能越勝任假面的不斷自我調整。卡克霍丁寫道，「在『個性』發展的長期過程中，必須的一步就是個人學會在親密稔熟與公事公辦之間熟練轉換。」這完全是一種社會生活自我教育的結果，學校不提供這種教育，官方也並不直接強制民眾必須怎麼做，但每個人都會自覺地這麼做，卡克霍丁稱之為「非正式自我訓練」(unofficial self-training)。[23]

對俄羅斯人這種「非正式自我訓練」和與此有關的種種犬儒主義，恐怕只有俄羅斯文化中人才最有深切的體會，也最有發言權。波倫斯坦教授以俄羅斯文化中人的身份，語帶諷刺地

---

22 Sheila Fitzpatrick, *Tear off the Masks!* Chapters 4 and 13.

23 Oleg Kharkhordin, *The Collective and the Individual in Russia: A Study of Practices.* Berkeley, CA: University of California Press, 1999, p. 278.

評地說，西方人帶着有色眼鏡看待蘇聯後的變化，但是，站在俄羅斯文化之外，而且又缺乏對俄羅斯文化中人的透徹理解，「西方媒體在冷戰後的幾十年間對俄羅斯一直在瞎子摸象、隔靴搔癢。他們一直是在對幾個猜得出來的老一套敘述結構作不斷部分輪換：先是『對共產黨殘餘進行英勇鬥爭』(葉利欽退休後銷聲匿跡)，『俄國黑手黨』(mafiya)(『我們為什麼要害怕俄國』)，『普京在俄國有人望』(『俄國在走回頭路』)，而最近，反普京示威遊行(兩種現成解釋：『互聯網會帶來自由』和『俄國式的阿拉伯之春』)」。[24] 俄羅斯文化中的學者們對俄國犬儒主義——權力的犬儒主義和民眾犬儒主義——的分析讓我們看到，俄國非民主制度及其社會、政治文化比西方媒體老一套敘述結構所概括的要複雜得多。普京的中國支持者們也有他們自己的老一套敘述結構，其中之一便是，對內反腐對外強硬便是好的制度，就能鼓舞人民，給他們希望。這樣的結論在俄國至今難以擺脫制度性犬儒主義的現實面前是否站得住腳呢？在武斷下結論之前，不妨也參考一下俄羅斯文化中人對今天俄國犬儒主義的批評意見。

24　Eliot Borenstein, op. cit.

15 政治幽默的作用與局限

　　政治幽默引人發笑，但引人發笑並不是政治幽默唯一的目的。政治幽默經常包含一個甚為嚴肅的目的，那就是「批評」，政治幽默可以說是用幽默包裝起來的政治批評。壓迫性制度下的「政治幽默」(political humor)又叫「政治笑話」(political joke)。「笑話」可以作動詞也可以作名詞。作為動詞和由動詞詞義轉變而來的名詞，「笑話」不只是輕鬆的戲謔和說笑，而且更是有批評和攻擊意圖的取笑和嘲笑 (嘲弄、諷刺、挪揄)。具有批評意圖和作用的政治幽默才是政治笑話。政治幽默和政治笑話的批評作用在壓迫性制度下的假面社會裏尤其重要，那裏的人民被剝奪了起碼的公民言論自由，在公共空間中無法發出批評的聲音，只能利用民間玩笑來表達不滿和反抗。玩笑本身便成為帶着戲謔假面的嚴肅批評。

　　在正常的非假面社會裏，政治幽默經常為非批評性的政治用途服務，例如，政治家用幽默來顯示親民、友善、寬容大度、富有教養。為這類目的運用的政治幽默不包括在對壓迫性制度下和假面社會裏所特有的那種政治笑話的討論範圍之內。納粹德國或前蘇聯及其衛星國裏的政治笑話是壓迫性制度下具有批評性的政治幽默，它的主要形式是故事、段子、軼事、問答、文字遊戲。這些國家裏幽默的政治批評除了笑話和玩笑，還有其他的表達形式，如漫畫、塗鴉、卡巴萊表演，在特定場合下，甚至一個表情、一個動作或身體姿勢也都可以成為暗含批評意味的幽默表示。

在壓迫性的制度中說政治笑話是一件犯禁和危險的事，人們為什麼要冒險去說這種笑話呢？是因為政治幽默能逗笑和有趣嗎？有許多安全的話題可以供人說笑——傻子和窮人、丈母娘、暴發戶、吝嗇鬼、酒鬼、自以為是的學究、性和性癖好、地域偏見——為什麼偏偏要用有風險的政治話題來說笑呢？看來，政治幽默並不只是為了逗笑和娛樂，而且還是為了以某種含蓄和隱晦的方式來表達意見和看法。然而，它雖具有政治批評的意味，但卻又不同於嚴肅的政治批評。因此，它最合適的社會功能定位應該是介於政治批評和大眾娛樂之間，二者兼而有之。在壓迫性的制度下，政治幽默成為許多人應對生存困境的自救策略。他們生活在一個信仰無效、宣傳虛假、統治嚴酷、思想和言論不自由的沙漠世界裏，政治幽默是為他們提供片刻紓解和喘息機會的綠洲，讓他們不僅可以發洩不滿和憤怒，而且還可以用笑來超脫不滿和憤怒。

一　幽默的乖訛與隱秘言說

政治批評並不總是需要有幽默的形式，許多政治批評都是不運用幽默的。政治批評經常是以嚴肅的方式來進行的。政治人物抨擊和打擊對手、指責他們的行為或政策、抹黑對手抬高自己，凡此種種都是用嚴肅的辯論 (邏輯和法理的論斷) 來進行的。論之有據、言之有理的嚴肅批評能讓公眾感覺到批評者講道理和真誠可信。

為什麼要用幽默來包裝批評呢？為什麼不能明明白白地把批評表示出來呢？在什麼樣的環境條件下尤其需要這樣的包裝或遮掩呢？在人們擁有言論自由權利的國家裏，用幽默來批評往往是為了取得比直語批評更有效的修辭效果，或者是為了避

犬儒與玩笑

免因直接對抗和冒犯而引起敵意和衝突。這些都是文明社會需要的説話教養和言語禮儀。但是，在人們言論不自由，思想受限制的國家裏，幽默的批評就不是一個説話教養的問題，而是為了尋求發言機會和免受言論迫害了。在這樣的國家裏，批評權力和權力人物是不被允許的，因此也是危險的。用幽默來包裝或用玩笑來掩護批評是為了躲避權力對批評言論的鉗制和迫害。有批評意味的笑話也就成為一種言嚴肅話語所不能言和不可言的言論方式。這是假面社會裏笑話和幽默的一種特殊社會功能。

美國社會學家伯克利加大教授頓德斯 (Alan Dundes) 在討論羅馬尼亞政治笑話的《鐵幕後的笑聲》一書中説：「在鐵幕國家裏的政治笑話中，我們經常能發現一些許多人都有同感，但都不敢直説的事情。」[1] 頓德斯還説：「批評只能以悄悄 (sotto voce) 的方式發出，這就是為何政治笑話在東歐如此重要的原因⋯⋯人們在笑話裏説他們無法以其他方式來説的話⋯⋯在東歐，關於政府不好的話是不能説的。所以，東歐的政治笑話比美國要多得多。」[2] 以研究政治幽默聞名的美國作家查理斯‧舒茲 (Charles E. Schutz) 在《隱蔽的笑話：政治笑話的破壞性消息》中説：「幽默是隱蔽交談和寫作的最原初、最自然的形式⋯⋯喜劇的形式隱藏了我們要直截了當説出或寫下的意思⋯⋯這層意思越是可能引起衝突，喜劇的面目就遮掩得越加嚴實⋯⋯拐彎抹角和顧左右而言他的幽默往往是因為害怕、不

---

1   Alan Dundes, "Laughter behind the Iron Curtain: A Sample of Romanian Political Jokes." *Ukrainian Quarterly* 27 (1971) 50–59, p. 51.

2   C. Banc and Alan Dundes, *First Prize: Fifteen Years! An Annotated Collection of Romanian Political Jokes.* Rutherford, NJ: Fairleigh Dickinson University Press, 1989, p. 10.

方便、出格或意欲逗樂才有的。」[3] 人類學家唐・亨德曼 (Don Handelman) 則指出，說笑話是為了避免「公開挑戰官方 (所描繪) 的現實」，並以此傳達對一些嚴肅問題的批評看法。[4]

把政治幽默視為對嚴肅政治話題的意見表達，是言一般言論之不可言和不能言，這與弗洛伊德關於性笑話的理論非常相似。弗洛伊德認為，「只是在社會上升到一個更為精緻的階段時，才形成笑話發揮作用的正式環境。這時淫詞穢語變成了笑話。淫詞穢語也只有以笑話的形式出現，才能被社會容忍。性笑話的技術手段是暗指 (allusion)，也就是說，用某個小細節和某件只有遙遠關係的事情來把『性』替換掉 (replace)。性笑話讓聽笑話的人在自己的想像中重構一個完整而且明確的淫穢場景。」一個性笑話說的事情越顯得與性無關，而述及的場景越富有細節暗示，就越成功，「這樣的笑話就越精緻，越高檔，也越能進入體面社會」。[5] 以色列心理學家茲夫 (Avner Ziv) 指出，即使不用社會禁忌來解釋，而是從修辭審美來說，性笑話也是暗示遠勝於直說。笑話顯然直接與性有關，而又偏偏不說出來，那才是特別巧妙、逗樂的性笑話。[6] 這種因巧妙而逗樂的性笑話在各種文化裏都有。

3　Charles E. Schutz, "Cryptic Jokes: The Subversive Message of Political Jokes." *Humor: International Journal of Humor Research* 8 (1995) 51–64, pp. 52–54, 62.

4　Don Handelman, "A Note on Play." *American Anthropologist* 76 (1974) 66–68, p. 67.

5　Sigmund Freud, *The Standard Edition of the Complete Psychological Works of Sigmund Freud.* Translated under the general editorship of James Strachey in collaboration with Anna Freud. Vol. 8. London: Hogarth Press and the Institute for Psycho-Analysis, 1960, p. 100.

6　Avner Ziv, *Personality and Sense of Humor.* New York: Springer Publishing Company, 1984, p. 22.

犬儒與玩笑

有一個年輕女子經常對某個浪漫電影男明星念念不忘，有一次在好萊塢的公園裏睡着了。她一睜開眼睛，看見自己的夢中情人站在眼前。

她對明星説：「你是我的夢中王子。」

明星回答道：「那好吧，我讓你實現三個願望。」

女子説：「我只有一個願望，但你可以讓它實現三次。」

有一個新來的太監怕睡着了聽不見皇上的吩咐又怕耽誤皇上和娘娘的好事，自作主張藏在床底下，第二天早上被發現。

皇上道：「好你個奴才在朕的床底下待了幾個時辰？」

太監跪倒在地答道：「回皇上的話奴才在床下過了五更天。」

「你都聽到了什麼？」

一更天您和娘娘在賞畫。

「此話怎講？」

「聽您和娘娘説……『來讓我看看雙峰秀乳。』」

「二更天呢？」

「二更天您好像掉地下了。」

「此話怎講？」

「聽娘娘説：你快上來呀！」

「三更天呢？」

「你們好像在吃螃蟹。」

「此話怎講？」

「聽您在説：把腿掰開！」

「四更天呢？」

「四更天好像您的岳母大人來了。」

「此話怎講？」

「奴才聽見娘娘高聲喊道：『哎呀我的媽呀哎呀我的媽呀！！！！』」

「五更天呢？」

「您跟娘娘在下象棋。」

「此話怎講？」

「奴才聽娘娘說：『再來一炮再來一炮。』」

　　性笑話運用的是暗示和聯想，這是一種與政治笑話不同的幽默機制。政治幽默主要不是利用暗示和聯想，而是借助「乖訛」(incongruity) 來形成認知上的滑稽和荒謬感，並喚起人對乖訛的鄙視和厭惡。「乖訛」指不和諧、不協調，源自德國的一種關於喜劇性產生原因的解釋。凡是乖訛的事物都會被正常人視為荒唐、荒謬、不倫不類，因此顯得特別可笑。乖訛的事情常常出乎人們的預料之外，讓他們的心理期待突然轉化為失望、虛無的感情，因此又稱「預期失望」。預期的失望、理想的失落和信仰的喪失同樣也是造成犬儒主義的主要原因。

　　人們對政治幽默有多種多樣的聯想：滑稽、反諷、諷刺、嘲笑、戲仿、惡搞、鄙屑、挖苦、嘲弄。希臘政治學家維莉·沙克納 (Villy Tsakona) 和羅馬尼亞政治學者戴安娜·艾麗娜·波帕 (Diana Elena Popa) 指出，這些聯想都有一個共同點，那就是乖訛，「也就是說，在特定情況下，突然出現了某種意外的因素或事情。把乖訛視為幽默之本可以追溯到亞里士多德、貝蒂(James Beattie, 18世紀的蘇格蘭詩人，倫理學家和哲學家)、康德、祁克果、叔本華，也在當代主要的幽默理論中被接受和發展」。乖訛破壞和違反「在特定環境中被視為正常的事物」，因此顯得離奇可笑。令人覺得好笑的乖訛「有兩個重疊但對立的部分」：「乖訛逗樂」(enjoyment of incongruity) 和「安全旁

觀」。第一，人們對乖訛的可能反應不只是笑，而且還可能是害怕、痛苦、焦慮、驚慌、憤怒、恐懼、好奇、厭惡等等。幽默不同於這些完全負面的情緒反應，幽默在這些情緒之外還能產生樂趣，並能以此逗樂。第二，幽默者需要在覺得自己安全和不受到威脅的情況下，才能安然在一旁看笑話。他們總是偷偷取笑，在他們認為是信得過的人們之間傳播笑話，最大限度地減少被可能有敵意的「他們」發現，以降低說笑的危險。[7]

幽默察覺並揭示常態秩序中的乖訛，看清和識穿其中的矛盾、偏離、不協調、虛偽和欺騙。由於幽默的這一特徵，它成為一種有批評意向和糾正作用的評估行為。幽默的批評經常暗示某種沒能實現的理想觀念和原則，某種被虛偽和偽善所破壞的承諾或期許。這些觀念、原則、承諾、期許來自幽默批評的那個特定群體，因此，幽默有一種辨認「我們」和「他們」的作用。最能懂得幽默之妙的是這個群體內部的人們，幽默讓「自己人」能心領神會地會心一笑，而外人則未必能懂。例如，蘇聯人最能理解蘇聯的政治笑話，許多蘇聯笑話只有他們能懂並體會出妙處。最微妙的幽默笑話經常是最無法翻譯成其他語言的。而且，蘇聯笑話所嘲笑、揶揄的蘇聯制度乖訛，其滑稽可笑並不能用西方自由民主的鏡子去映照，所以西方讀者會覺得陌生。蘇聯笑話需要用蘇聯人熟悉並在某種程度上認可的共產主義和社會主義價值視鏡來透視。與蘇聯人處境相同或相似的他國讀者因為熟悉這樣的價值視鏡，所以也比較容易理解和欣賞這些蘇聯笑話。

7　Villy Tsakona and Diana Elena Popa, "Humour in Politics and the Politics of Humour: An Introduction." In Villy Tsakona and Diana Elena Popa, eds. *Studies in Political Humour: In between Political Critique and Public Entertainment*. Amsterdam/ Philadelphia: John Benjamins Publishing Company, 2011, pp. 3–4.

二 政治幽默與主流文化

政治笑話察覺的是政治事物的乖訛，也就是從一個新的角度來看待習以為常的眼光平時所看不到的東西。這種政治性的新角度功能可以從幽默一般具有創新功能得到解釋。19世紀末法國心理學家奧格斯特·龐榮 (Auguste Penjon) 就指出，「笑是自由的表現——從嚴密理性思考的律則中解放出來，可以自由自在地產生新的觀念」。[8] 善於幽默的人較頭腦靈活、機智通達、有急智，能看到不同事物之間的聯繫和規律。岳曉東對此寫道：「人們在研究創造力的特質時，會發現幽默感是高創造力的一個基本指標，一個人的幽默審美能力與創造力直接構成一種相輔相成的，不可分割的關係……幽默的影響包括富想像力、有變通力、開放的心胸、感受力敏銳、具洞察力、寬容等，這些都與創造力的概念極為相似」。[9] 岳曉東說的主要是審美的幽默，然而，與審美的幽默 (尤其是文學、藝術) 相比，政治幽默中的創新和變革是非常有限的。

政治笑話的幽默是為批評的目的服務的，在政治笑話裏，人們由笑來發現幽默的存在，但幽默的政治價值卻並不僅僅是因為能逗笑，而且還在於它要求回歸某種優於乖訛的狀態。這樣的狀態有兩種不同的可能。一種是被乖訛破壞和背叛了的原初狀態；另一種是與當前狀態 (乖訛就是在這種狀態中產生的) 不同的未來狀態。例如，人們說政治笑話，諷刺挖苦眾多貪腐官員說一套做一套，嘴上主義高尚，行為男盜女娼，嘲笑者一定是在心目中有某種不同於遍地貪官，比這要好的秩序或狀

8　Auguste Penjon, "Le rire et la liberté," *Revue Philosophique* 36 (1893) pp. 113–140.

9　岳曉東：《幽默心理學：思考與研究》，香港城市大學出版社，2012年，第33頁。

態。對好的狀態可能有兩種不同的設想，一種是期望回歸以前「賢人治理」的毛澤東時代，另一種是展望一個能把權力關進籠子裏去的憲政法治制度。民眾説貪官的笑話，笑話有批評作用，也確實察覺並揭示了貪官乖訛言行的偽善和欺騙。但是，如果那只是為了回到「清廉人治」的狀態，而不是進入憲政法治的未來，那麼它在政治上便是保守的。

沙克納和波帕在對不同制度下的政治幽默研究中用政治幽默的「雙重作用」來説明它的保守性。政治幽默「傳遞對政治現狀的批評，但同時也再生和加強政治的主流價值和觀點。第一個功能 (批評) 很容易從政治諷刺、政治漫畫等得到證實，但第二個功能會與一般人的本能感覺不符。有研究表明，政治幽默是一種很受歡迎的交流手段，但時常會強化對政治事物的通常觀點，而不是積極地去改變這些觀點」。[10]

政治幽默有助於穩定而不是動搖現有秩序，順應而不是挑戰主流價值，這被稱作幽默維護現有秩序的安全閥作用，也是一種政治高壓下產生的犬儒主義。頓德斯在肯定政治幽默在羅馬尼亞的隱秘反抗作用的同時也看到，羅馬尼亞的政治幽默「為釋放民眾情緒提供了非常需要的管道」。[11] 美國人類學教授斯坦利‧布蘭迪斯 (Stanley Brandes) 在討論弗朗克統治下的西班牙政治笑話時，也指出了笑話為「釋放反政府怨氣提供安全閥」的作用。他説：「所有的幽默都有一個重要特徵，那就是混雜着憤怒和害怕，敵意和自保，幽默的這個特徵在政治領域表現得特別明顯……生活在政治壓迫下的人們傾向於通過笑話……或類似的形式……來發洩憤怒和委屈，為自己逃脱無所

10　Villy Tsakona and Diana Elena Popa, "Humour in Politics and the Politics of Humour," p. 2.

11　Alan Dundes, "Laughter behind the Iron Curtain," p. 51.

不在的、嚴酷無情的言論鉗制尋找一條出路。」[12] 匈牙利裔英國作家喬治‧麥克斯 (George Mikes) 認為，普通民眾的笑，是他們「對付壓迫者唯一的武器。笑同時既是武器又是安全閥」。[13] 還有論者指出：「反權威的幽默證明了這樣的理論：人們運用幽默，通過嘲笑壓迫他們的環境來紓解壓力。」[14]

減壓和安全閥的幽默理論基本上都是針對壓迫性制度下的政治笑話而提出的。沙克納和波帕更進一步指出，幽默的保守性不只是表現在專制制度下，在民主制度下也有類似的體現。但是，這兩種不同制度下的政治幽默並不是一回事，政治幽默在「在愛沙尼亞、波蘭、羅馬尼亞這樣的前蘇聯式國家，與德國、希臘和意大利這些民主國家的情況是不同的」，因此幽默的保守性特徵也會有所不同。[15]

在民主國家裏，幽默往往被政治人物用作政治手段，並在這個意義上被稱為「政治幽默」，這與壓迫性制度下民間笑話的政治幽默有着不同的含義。民主政治的原則是堅持多元和寬容，因此政治家在抨擊、指責、矮化、抹黑對手時經常會運用幽默。不少批評者指出，用幽默批評對手比直接攻擊會顯得比較文明，不那麼粗暴，對手也比較容易接受。例如，議會是一種特殊的話語環境，對發言形式有比較嚴格的制度化限制，在這種制度環境下運用幽默來發表見解更能見出發言者的智慧得體，也可以避免與不同意見者形成正面衝突。這種實際的話語

---

12 Stanley Brandes, "Perfect Protest: Spanish Political Humor in a Time of Crisis." *Western Folklore* 36 (1977), p. 345.

13 George Mikes, *Laughing Matters: Towards a Personal Philosophy of Wit and Humor.* New York: Library, 1971, p. 109.

14 Alleen P. Nilsen and Don L. F. Nilsen, *Encyclopedia of 20th Century American Humor.* Phoenix, AZ: Oryx, 2000, p. 36.

15 Villy Tsakona and Diana Elena Popa, "Humour in Politics and the Politics of Humour," p. 2.

犬儒與玩笑

需要轉變為對政治人物應有素質的要求。這樣的幽默在民主社會的普通人際交往或辯論中也是同樣需要的。在比議會更廣大和更多樣的發言場合，政治人物的幽默還會有親民和拉近與聽眾距離的優良效果，選民會有這樣的印象，政治家說的是普通老百姓的語言。幽默因此同時起到兩種作用，一是提升民眾對政治的興趣和參與程度，二是讓他們比較容易接受政治人物的觀點和價值。[16] 這樣的幽默會避免激進的政治觀點，而趨於妥協和保守。

　　幽默雖然有利於民主政治話語的溫和與文明，但也可能給民主政治帶來一些問題和負面影響，例如，有論者指出，幽默可能成為政治人物轉移問題焦點的手段。以說笑代替問題討論，這有可能把嚴肅的公共問題娛樂化，把公共辯論變成一種娛樂化的政治 (entertaining politics)。[17] 更重要的是，「幽默的政治批評經常迎合 (民眾) 對政治已有的看法，而不是提出新的見解或倡導變革」。[18] 這是因為，要以幽默打動和說服民眾，讓他們能夠笑起來，那就必須借助他們已有的想法和價值，否則他們是笑不起來的。運用幽默，讓幽默產生說服的效果，不只是要有說笑話的技巧，還需要把握一般人的接受心理，了解主

16　Villy Tsakona and Diana Elena Popa, "Humour in Politics and the Politics of Humour," p. 7.

17　Diana M. Martin, "Balancing on the Political High Wire: The Role of Humour in the Rhetoric of Ann Richards." *Southern Communication Journal* 69 (2004) 273–288. Argiris Archakis and Villy Tsakana, "Informal Talk in Formal Setting." In Villy Tsakona and Diana Elena Popa, eds. *Studies in Political Humour*, pp. 61–82. Marianthi Georgalidou, "'Stop Caressing the Ear of the Hooded': Political Humour in Times of Conflict." Ibid, pp. 83–108. Marita Dynel, "Entertaining and Enraging: The Function of Verbal Violence in Broadcast Political Debates." Ibid, pp. 109–135.

18　Villy Tsakona and Diana Elena Popa, "Humour in Politics and the Politics of Humour," p. 9.

流聽眾喜歡怎樣的說笑，而這樣的笑話經常會是在有意無意地迎合、討好民眾。英國社會學家邁克‧墨爾基 (Michael Mulkay) 因此認為：「幽默主要是保守而非解放和創新的。」[19]

俄亥俄州立大學圖書館教授希爾頓‧卡斯維爾 (Shelton Caswell) 通過對美國時評漫畫 (editorial cartoons) 的研究指出，幽默「既形成意見，也反映意見」。漫畫是個人的創作，發表的是個人的看法，以此影響讀者。但是，漫畫創作者「不能疏離報紙、雜誌或讀者」，「漫畫作者了解他們所在的群體，尊重這個群體的價值」，這個過程會對他們產生自我審查的影響。[20] 任何一個群體的價值觀都有積極的和消極的部分，與挑戰主流價值相比，「尊重群體價值」在政治上是保守主義的。儘管幽默包含批評，但能得以傳播的意見一定是主流群體覺得可以接受的意見，過於激進的批評會被篩除出去。幽默並不只是存在於個人的言論和言論方式中，而且還存在於特定的環境中。幽默能否起作用，在相當大的程度上決定於產生和傳播的社會政治環境、主流大眾文化，以及群體價值觀為之預設的內容限度。

民主制度中的政治幽默主要是一種發生在政治人物之間、公眾之間或公眾與政治人物之間的日常言論互動方式，而壓迫性制度下的民間幽默和笑話則主要是無權者針對權力和有權者的一種批評和異議形式。政治笑話最重要的批評就是「揭露政策決定和政客行為的不當、領導人的無能、不擇手段和腐敗」。它經常在點明真相並指出真相的荒誕與可笑，「政治事件和政治人物都不是他們該有的樣子」。[21] 所謂「該有的樣

19　Michael Mulkay, *On Humour: Its Nature and Its Place in Modern Society*. Cambridge, MA: Polity Press, 1988, pp. 211–212.

20　Lucy Shelton Caswell, "Drawing Swords: War in American Editorial Cartoons." *American Journalism* 21 (2004) 13–45, p. 14.

21　Villy Tsakona and Diana Elena Popa, "Humour in Politics and the Politics of

犬儒與玩笑

子」，其實就是政治權力和政治人物自己標榜的那一套堂而皇之的主義和原則，政治笑話嘲笑的是，你做的跟你說的不一致。政治笑話往往不管那一套堂而皇之的主義和原則本身是否謬誤或者根本就是一種欺騙說辭。因此，就在政治笑話拿原有的主義和原則來作為衡量「乖訛」的標準時，它起到的正是順應、維護和加強這些主義和原則的作用。這是無助於推動產生新理念、新原則和新價值觀的。

三　壓迫性制度下的政治笑話

　　如果說，在民主國家裏，幽默的保守性和缺乏創新是受制於現有的群體價值觀，那麼，在壓迫性制度下，影響和限制幽默的外在力量便主要是來自統治權力的意識形態。意識形態一部分被內化為群體價值，這是相對溫和的限制；更具強制性的限制是依靠國家機器 (言論鉗制、思想管制、官方話語、警察、監獄、勞改營) 的運作來維持的。強制性的限制必然形成一種有壓迫感和對立情緒的「在上者」與「在下者」的關係。壓迫性制度下，流傳於民間的政治笑話批評針對的是在上者的統治意識形態、權力、政策和統治方式。許多這樣的政治笑話一方面暴露在上者的乖訛，但另一方面又對在上者用以統治的主義、觀念、原則有所認同或順從，因此在政治上是保守的。這種保守性是很微妙的，有的明顯，有的則不明顯，因此不易察覺。許多說和聽政治笑話的人們以笑話為娛樂，並不在意笑話在政治上是否保守，也不會去留心察覺或辨析。蘇聯政治笑話中有許多這樣的例子。

Humour," p. 4.

蘇聯的一次大會上，主持人突然説：下面請認為社會主義好的同志坐到會場的左邊，認為資本主義好的同志坐到會場右邊。大部分人坐到了左邊，少數人坐到右邊，只有一個人還坐在中間不動。

主持人：那位同志，你到底認為社會主義好還是資本主義好？

回答：我認為社會主義好，但是我的生活像是資本主義。

主持人慌忙説：那請您趕快坐到主席台上來。

〔按：笑話認同，至少不否定官方所説的社會主義比資本主義好。〕

列寧快去世了，叫趕快把繼承人斯大林召進克里姆林宮來，臨終有幾句話要囑託：「不瞞你説，我還有一個隱憂啊，斯大林。」

「説吧，親愛的伊里奇。」斯大林專心地聽着。

「那就是，人們會跟你走嗎？不知你想過了沒有？」

「他們一定會跟我走的。」斯大林強調説，「一定會！」

「但願如此。」列寧説，「我只是擔心，萬一他們不跟你走，你怎麼辦？」

「那只好讓他們跟你走！」

〔按：笑話對列寧神話不構成挑戰。〕

在蘇共二十三次代表大會上，勃列日涅夫作報告，他問：「我們這裏有沒有敵人？」一個人回答：「有一個，他坐在第四排第十八號位子上。」勃問：「為什麼他是敵人？」回答：「列寧説過敵人是不會打瞌睡的，我發現全場只有他一個人沒有打瞌睡！」

〔按：列寧説的並沒錯。〕

犬儒與玩笑

數學和科學社會主義有什麼區別？

在數學上，如果給出什麼東西，都需要證明，而科學社會主義什麼都能證明，就是什麼也不能提供。

［按：笑話只是說社會主義沒有兌現，並不是說社會主義不好。］

馬克思想在蘇聯發表廣播演說。勃列日涅夫對他說：「雖然您是奠基人，但是我一個人不敢決定那麼重大的問題。我們是集體領導。」

「我只想說一句話！」

最後，勃列日涅夫只允許他說一句話，並且要他自己負責。馬克思湊近話筒，大聲說道：「全世界的無產者，請原諒我！」

［按：笑話的言外之意可以是：蘇聯不是真正的馬克思主義，但馬克思主義並不錯，馬克思永遠是正確的。］

斯大林在大會上引經據典地說：「馬克思和列寧說1+1=2，而托洛茨基和布哈林說1+1不等於3。是托洛茨基和布哈林說的對呢？還是馬克思和列寧說得對呢？」下面聽眾一臉疑惑，「毫無疑問，是馬克思和列寧說得對！」底下熱烈鼓掌，「托洛茨基和布哈林是帝國主義派來的間諜，說1+1不等於3的人罪不容赦……」

［按：都是斯大林的錯，要是他堅持馬克思列寧主義就好了。］

壓迫性制度下的民間幽默（主要是政治笑話）與現實秩序的關係一直是研究者們所關注的，一個富有爭議的問題是，政治

笑話所起的是怎樣的社會-政治作用？爭議主要發生在「抵抗說」(微型革命、弱者反抗、隱秘的反對) 和「適應說」(以逗樂釋放不滿情緒、把政治問題娛樂化、發洩憤怒的安全閥、應付壓抑、犬儒式忍耐) 的二元對立之間。用二元對立的方式來看，不是抵抗就是順從，不是順從就是抵抗，沒有別的可能。

然而，實際情況要比這複雜得多。第一，壓迫性制度對批評言論的管制程度並不是一樣的，而是有嚴有鬆。第二，官方意識形態的實際影響和有效控制也是在變化的，這些都會形成對政治笑話有不同影響的不同社會政治環境。就拿蘇聯來說，斯大林時期的政治笑話與赫魯曉夫或勃列日涅夫時期的就有很多不同。第三，不同專制國家的政治傳統、價值觀念、國民素質等因素也會反映到政治笑話的社會作用中來。例如，捷克斯洛伐克的政治笑話就比蘇聯的更具有反抗意識。

正因為反抗或順從的程度差異有許多變化與不同，對政治笑話性質的分析可以用「原型」(prototype) 來代替「二分對立」(binary)。原型不是非此即彼的，而是可以借助兩個或更多的原型。每個具體的政治笑話都可能與不止一個原型有遠近不等的關係，呈現出多重的相似或不同。一個笑話如果與某個原型非常相似，我們可以認為它屬於這一類型，如果與某個原型非常不一樣，我們則可以認為它不屬於這一類型。但是，大多數都是「有些相似，又有些不一樣」的情況，所以既可以這麼看，又可以那麼看。隱秘的「抵抗」和犬儒式的「順從」是兩個最常見的原型，即使如此，抵抗還可以有不同程度的「隱秘」，而順從也可以有不同形式的犬儒表現。用心思考的讀者不難在上面的蘇聯笑話例子中發現這些細微的變化。

對今天閱讀蘇聯政治笑話的讀者來說，社會功能性質只是思考這些笑話的一個方面，而不是全部。正如英國社會學家克

　　　　　　　　　　　　　　　　　犬儒與玩笑

利斯蒂・大衛斯 (Christie Davies) 所說，政治笑話並不具備長期功效或效應，它們的「重要性並不在這些。它們之所以重要，是因為它們讓我們對產生和流傳笑話的那個社會有所了解」。對那些傳播笑話的人們來說，「笑話是人們彼此交流的方式，是他們表達對整個政治、經濟和社會制度疏離和厭惡的一種方式……笑話也是一種測試和獲得人際信任的方式。笑話不是微型的革命，但它們是微型的自由領域，是一種在無靈魂情境中存在的人的靈魂」。[22] 民俗學家里希・萊奈斯特 (Liisi Laineste) 指出，新一代的俄國人還在說前蘇聯時代的笑話，儘管那個現實已經離他們遠去，「笑話成為人們社會記憶的一個部分。現在流傳的蘇聯笑話已經失去了強烈的伴隨情緒——害怕、憤怒、沮喪。當今流行的新笑話，話題在不斷變換，引起的討論有嚴肅的也有輕鬆的……但是，蘇聯時期的那種笑話衝動已經不復存在。這就是為什麼許多人覺得現今的笑話太一般、太膚淺乏味，對他們來說，只有舊的蘇聯笑話才稱得上是『真正』的政治笑話」。[23]

只有在壓迫性的制度下才有真正能稱得上是「政治笑話」的民間幽默，也只有在這樣的制度下，這樣的民間幽默才會被人們真正當作政治笑話來聽，因為民間幽默本身就經常是一種戴着假面的隱秘政治。這樣的政治笑話永遠有它隱秘抵抗的價值。這樣的價值經常會被自由世界裏的人們忽視或低估。大衛斯說，蘇聯的政治笑話能讓「那些生活在自由世界裏的人們聽了開懷大笑，但是，這些笑話並不與他們的日常生活相關。同

---

22 Christie Davies, "Jokes as the Truth about Soviet Socialism." *Folklore: Electronic Journal of Folklore* (January) 2010, pp. 10, 11.

23 Liisi Laineste, "Political Jokes in Post-Socialist Estonia (2000–2007)." In A. Krikmann and L. Laineste, eds. *Permitted Laughter: Socialist, Post-Socialist and Never-Socialist Humour.* Tartu: ELM Scholarly Press, 2009, p. 68.

樣，當西方讀者說這些笑話時，他們並沒有一種越規犯禁的真實感覺。這不僅是因為這些笑話逾越的規限和觸犯的禁忌是屬於另一個社會的，而且是因為在他們的社會裏沒有類似的規限和禁忌，他們在自己的社會裏可以自由地批評政治人物和政治－社會制度，以及與之相關的意識形態信條」。[24] 中國讀者與西方讀者不同，他們熟悉那些規限和禁忌，就算他們想要把那些蘇聯笑話只是當作消遣的玩笑來對待，也難以輕鬆辦到。蘇聯政治笑話所針對的種種乖訛都還存在於他們自己的生活世界，讓他們覺得荒誕、可笑或啼笑皆非，也使他們感到無奈、沮喪和憤怒。正因為如此，他們不能不帶着一份特殊的歷史沉重感和悲劇感來傾聽和回顧那些蘇聯政治笑話。這也許是他們的不幸，但又何嘗不是一種讓他們因此能格外有所體會和思考的經驗財富。

---

24 Christie Davies, "Jokes as the Truth about Soviet Socialism," p. 11.

16 笑話是怎樣的社會現象

　　中國文化傳統中有「笑不至矧，怒不至詈」(笑不露齒，怒不罵人)、「不苟訾，不苟笑」(不非議人、不苟言笑)(《禮記·曲禮》)的古訓，把笑當作不雅和不嚴肅的事情。古代中國的儒家之徒，以進德修業為終身事業，以「優入聖域」為人生目標，無不有着對嚴肅性的追求。就連大古文學家韓愈因一時興起寫下的詼諧作品《毛穎傳》也被裴度指責為「不以文立制，而以文為戲，可矣乎？可矣乎？」(《寄李翊書》)韓愈的弟子張籍兩次致信批評他「尚駁雜無實之說」，在他死後，嚴厲地指責《毛穎傳》「譏戲不近人情」，乃「文章之甚紕繆者」。明清之際的大儒劉宗周曾引宋儒張載語：「戲謔不惟害事，志亦為氣所流。不戲謔，亦是持志之一端。」(《聖學喫緊三關》)幽默和玩笑被視為諧謔、戲謔，是不持志、不入流、不登大雅的「小技」和「小道」，只配在街頭巷尾、田間地頭、茶樓酒肆中流傳。

　　當然，還是有人為笑提出了賞心、怡情、明世相、知民情的辯護：「宇宙內形形色色，何莫非行樂之資？天壤間見見聞聞，孰不是賞心之具？」(《笑林廣記·序》)「雷霆不能奪我之笑聲，鬼神不能定我之笑局，混沌不能息我之笑機。」(《題古今笑》)「嗚呼！世情鬼域，機械百端，權勢所不能爭，口舌所不能辯，亦惟付之一笑而已。」(《嘻談錄·序》)明代文學家袁中道記李贄，曰：「滑稽排調，衝口而發，既能解頤，亦可刺骨。」(《李溫陵傳》)如果説抒情言志、褒貶時風、議論時政、

抨擊時弊、表達愛憎是幽默 (玩笑和笑話) 的一些主要社會功能，那麼，這些社會功能又是如何在幽默中成為可能的呢？

一　幽默和「笑話」

　　長期研究幽默的以色列心理學教授茲夫 (Avner Ziv) 對幽默作了這樣一個簡明扼要的定義：「幽默是一種旨在逗樂，但又包含認知和情緒因素，能產生心理效果的交際形式。」這個定義包括三個因素：逗人笑、社會交往、認知和情緒效果。[1]

　　第一是引人發笑。發笑是幽默的心理效果。幽默會引人發笑，「笑」是看得見、聽得到的，而「幽默」則是一個抽象的概念。因此，人們更熟悉的是笑，而不是幽默。笑是人的天性，每天都能見到。對笑有各種不同的描述性說法：微笑、大笑、苦笑、獰笑等等。各種各樣的笑有的是對幽默的反應，但也有的是別有原因。一個人搔另一個人的癢，父母用這個法子逗孩子，雖然有笑，但未必有幽默。

　　第二是社會交往。即使是搔癢的笑也是有社會交往因素的。搔癢是一個動作，並不總是會有引發笑的效果。你如果搔自己的胳肢窩，你並不會笑。你如果隨便找一個陌生人去搔他，他也不會發笑，不僅不會發笑，還會討厭你去騷擾他。因此，笑是搔人的和被搔的人之間特殊關係的產物，這是一種互相親密和信任的關係，「對幽默直接有關的行為來說，社會關係也是很重要的」。[2]我們在朋友之間比與陌生人一起笑得更多也更自在，如果陌生人和我們一起笑，彼此的關係一下子就能

1　Avner Ziv, "Instruction." In A. Ziv, ed. *Jewish Humor*. New Brunswick, NJ: Transaction Publishers, 1998, p. 9.

2　Avner Ziv, "Instruction," pp. 10–11.

· 324 ·

犬儒與玩笑

拉近許多。因此。幽默是一種社會交際的資訊，它能增加人與人彼此的信任感和親近感，在群體中形成一種好的氣氛和「我們」的感覺。幽默的資訊是有意為了讓別人覺得快樂、開心、有趣，因此，無意間或無心的滑稽或荒唐行為不能算是幽默。例如，一個聲名狼藉的公共人物一本正經大講仁義道德，或者一個外行煞有介事地對某學科的專家們亂發指示，聽他們說話的人覺得好笑，但這並非說話者的原意，因此不能算是幽默。

第三是認知和情緒因素。這兩種因素經常是結合在一起的，例如，認知發覺的不協調（乖訛，incongruity）或反諷會造成鄙視和厭惡的情緒（玩笑者下意識的「優越感」）。笑話經常在認知上有出謎解謎的特點，在認知上是出其不意，在情緒上則是因獲得解答而得到滿足。幽默還能察覺被掩蓋的問題，發覺邏輯錯誤或混亂，給人心理上的觸動和頓悟。

幽默的認知與價值意識（價值判斷）是聯繫在一起的。例如，我們察覺「邏輯謬誤」（logical fallacy），不僅僅是認識到邏輯說理中的矛盾和不符合，而且是作出不在理或無理，甚至是欺騙和作假的評價。又例如，我們說不協調，不只是客觀描述地指相互矛盾和說一套做一套，而且也是對虛偽和偽善的道德批評。從社會交往、認知和價值觀來理解幽默，是把幽默既當作一種社會交際的手段，又當作一種人際交流的資訊和看法。幽默中的認知和價值觀既是個人的，也是群體的。所以笑話經常揶揄和非議違悖常識、常情、常理的事情。

笑話是幽默的一種形式，在中文裏有時也叫玩笑。在英文裏，笑話和玩笑都是joke。昆德拉的小說《玩笑》說了這麼一個發生在1950年代捷克斯洛伐克的玩笑故事：

路德維克是一個因為時髦、機智而受歡迎的學生和黨派支持者。他和大多數朋友一樣，狂熱地支持二戰後捷克斯洛伐克

尚屬新鮮的共產主義政權。暑假期間,他給班上的一位總是有點太嚴肅的女生寫去一張明信片:「樂觀主義是人們的鴉片!健康的氛圍因為愚蠢而發臭!托洛茨基萬歲!」這件事被他的同事和年輕的黨領導人帕維爾知道了。帕維爾卻並不認為這張卡片只是想要表達幽默。於是,在他的告發下,路德維克被開除出黨,並被送到軍方負責的,由顛覆革命分子組成的勞動隊去。路德維克在礦山中工作了好幾年,他不能忘記,讓他吃盡苦頭的人是帕維爾。

儘管路德維克遭受了這樣的挫折和打擊,他後來仍然成了一名成功的科學家。但他對仇人帕維爾一直耿耿於懷,後來終於有了一個結識帕維爾妻子埃萊娜的機會。路德維克成功地勾引了埃萊娜,完成了他報復帕維爾的心願。但是,他發現,帕維爾早就想甩掉埃萊娜,巴不得有一個藉口和機會。路德維克費盡心機,不但沒有得到自己夢寐以求的報復,反而成全了仇人帕維爾的好事。命運開了路德維克一個玩笑。

說命運開了路德維克一個玩笑,或者說路德維克的復仇計劃本來就是一個笑話,「玩笑」和「笑話」的意思其實是差不多的。然而,命運對路德維克開的玩笑不是幽默,路德維克復仇計劃無意造成的笑話也不是幽默,因為它們並沒有引人發笑的意願。與此不同,「說笑話」的笑話是一種意願行為的結果,說笑話是一種有意識的,以博人一笑為目的的行為,在這個意願的主導下,說出來的笑話才是幽默。

二　嚴格意義上的「笑話」

笑話 (joke) 是幽默中常見的一種,說笑話也是開玩笑的一種主要方式。幽默有許多其他的表達形式,如相聲、小品表

　　　　　　　　　　　　　　　犬儒與玩笑

演、諷刺漫畫、插科打諢的滑稽、諷刺小品文、酒吧或電視表演的脫口秀、批評社會現象的說唱短劇卡巴萊 (cabaret)。古往今來有許多對幽默的不同理解和論述，但是，有一點似乎是共同的，那就是，幽默經常是 (雖然並非總是) 伴隨着笑的怡人體驗。然而，幽默不只是能逗笑，還能起到許多別的作用，例如讓人難堪、攻擊和傷害他人、熱絡人際關係、顯示智慧、消除緊張壓力、轉換思考角度等等。相比之下，說笑話 (玩笑) 的目的就比較單純，它的目的就是逗樂，引人笑，當然，它的笑也時常包含着某種批評。

文化程度不高的普通人聚在一起，或獨自在網絡上流覽，最逗他們樂的恐怕就是各種各樣的玩笑——這包括笑話、怪話、牢騷話、插科打諢、瞎胡調。在嚴格意義上說，這些玩笑並不都可以稱為笑話。嚴格界定的笑話指的是一個以妙語來結束的簡短段子或故事。[3] 所謂「妙語」(punch line)，意思是「猛擊一下的那句話」、一個精彩的「話鋒一轉」或「急轉彎」。

流行的智力遊戲「腦筋急轉彎」也有急轉彎的部分，儘管有的也逗人笑，但更像是謎語而不是笑話。笑話急轉彎的目的是逗人笑，不是發人深省或出其不意。「妙語」是笑話的關鍵部分，它擊中要點，讓人發笑，缺少了這個關鍵部分，笑話便不可笑。

笑話有一些比較容易辨認的「套路」，笑話的人物、場景、主題也非常程序化，不需要新鮮或獨創。可以說，笑話都是一些利用陳套元素的「故事填充」，誰覺得某個笑話新鮮，是因為他以前還沒有聽過這類笑話。而且，聽過一次的笑話，如果沒有變化地再聽第二遍，就不那麼好笑了。不過，套路不

---

3 Giselinde Kuipers, *Good Humor, Bad Taste: A Sociology of the Joke*. Berlin: Mouton de Gruyter, 2006, pp. 4–5.

同，套路是允許變化的。例如，笑話經常運用「幾個國家人比較」的模式，下面就是一個例子：

> 一架飛機上坐有一個美國人一個德國人一個日本人和一個中國人，飛機飛到一半突然沒油了，機長宣佈必須有一人跳機以減輕重量，於是那美國人就發揮其個人英雄主義精神走到飛機艙口高呼一聲：美利堅和眾國萬歲！！然後就跳下去了！飛機繼續飛......這時機長又宣佈：飛機還是太重了，還得跳下去一個人！於是德國人就站出來，走到飛機艙口，高呼一聲：德意志帝國萬歲！也跟着跳了下去！飛機繼續飛......這時機長又宣佈説：不行，還是重了，必須再跳下去一個人！中國人看了日本人一眼，站起來走到了飛機艙口，日本人趕緊走過來緊緊握住中國人的手：好兄弟，我不會忘了你的！中國人高呼一聲：中華人民共和國萬歲！！接着一腳把日本人給踹下去了！！

笑話的程序化與笑話的口頭傳播是密切有關的，笑話可以用文字記錄下來，但是大多數的笑話是從口頭文化中來的。程序使得笑話易記易傳，也可以讓説的人在故事的某些部分舊瓶裝新酒，做一些改變，尤其是改變妙語部分。例如，跳飛機的笑話就有不少類似的版本，大同小異，可以簡單地更換人物，尤其是妙語部分。下面就是兩個例子：

> 在大戰期間一架運輸機上載了5位乘客，分別是美國人，英國人，日本人、一個中國小學生和一個牧師。當飛機正接近戰區時，飛機被流彈打爆了引擎，機長宣佈棄機後就先跳傘逃跑。這時飛機上的降落傘只剩4個，美國人説：為

了美國人民我要活下去，説完抱着傘就跳了。英國人説：為了大不列顛我要活下去，説完也抱着傘跳了。日本人手忙腳亂地説：為了大日本帝國我要活下去，説完也跳了。這時中國小學生冷靜地説：牧師先生，這兒還有兩個降落傘，我們快走吧！牧師就問：不是應該只有一個嗎？？中國小學生就説：不是啦！剛剛那個日本人拿去的是我的書包啦！！

勃列日涅夫，杜布切克(捷克總書記)，英國首相和美國總統，4人乘坐氣球。氣球漏氣了，抬不動4人，開始下墜，萬分危急，必須有人犧牲自己跳出。先是美國總統喊了聲「為了自由世界！」然後跳了出去。氣球下墜暫緩，但過一會兒漏氣更多，下墜又加快，必須再跳出1人。於是英國首相喊：「為了女王陛下！」跳了出去。暫緩一會兒又不行了，於是勃列日涅夫喊道：「為了社會主義大家庭！」説着就把杜布切克扔出去了。

笑話都是聽來的，説笑話者可以添鹽加醋，但絕少有他自己創作出來的。他説的笑話是否有笑料固然重要，但繪聲繪色的「説」(表演)也是笑話聽上去好不好笑的關鍵。在笑話流傳有了網絡手段之前，説笑話，尤其是在有危險的逆境中説一些可能讓人禍從口出的政治笑話，經常是一種讓人們可以互相親近和信任的私密社會行為。

與其他的幽默形式不同，笑話不是「幽默家」的創作領域。笑話是平頭百姓説的。任何人，無論是什麼身份地位，都可以加入説笑話和聽笑話者的行列，但就在加入的時候，都成了平頭百姓。在笑聲中，所有人的身份都往下拉齊。這和在台

上由藝術家表演相聲、小品、滑稽說唱是不同的。台上的幽默表演引起的笑聲是單向的，台下的人可能笑也可能不笑，可以大聲或小聲地笑，但不能像人們聚在一起聊天說笑時那樣，你一個，我一個，像笑聲聯歡一般地說笑話。文字、廣播、電視的幽默表演則更是連笑聲都聽不到的，有時勉強加一些笑聲配音，一聽就能覺出是假的，不但不好笑，還惹人討厭。

三　有人說的笑話才是好笑話

笑話是一個有妙語結尾的故事，這是笑話比較嚴格的形式界定。但是，一般人很少這樣嚴格地說笑話或看待笑話。「笑話」一詞經常是被當作多義的「玩笑」來使用的。玩笑有的是口頭的，有的是用文字寫下來的，可以有多種不同的形式：問和答、順口溜、打油詩、對聯、詩句、諧音、軼事、故事，而嚴格意義上的笑話只是笑話的一種。玩笑的手法 (如諷刺、嘲笑、揶揄、嘲諷、挖苦) 也可成為玩笑的代用語。惡作劇也是一種玩笑，但那經常是一種用做而不是用說來開的玩笑 (如在糖罐裏放鹽)。

民間流傳的笑話大多是巧妙運用語言的玩笑 (與漫畫、塗鴉、圖畫等等不同)，起先都是口耳相傳，後來被人收集起來，印成文字，成為讀物。在網絡時代，新的媒介手段使得笑話的流通有了全新的管道，笑話也讓我們真正有機會見識到作為社會互動交流的幽默。笑話首先是一種社會現象。笑話不僅要有人說，而且還要不斷有人說，那才是好笑話。和其他口頭文化形式一樣，沒人說、沒人傳的笑話就自然被淘汰了。一個笑話必須不斷有人重複，才算是有人氣的笑話。每一個新笑話的意義都體現在它的「流傳」上，正如弗洛伊德所說，「每一個新

笑話的作用都像是一個能引起人們普遍興趣的事件：它像剛傳來的勝利消息一樣，在人們中間流傳。」[4]因此，觀察或研究笑話不能只盯着笑話本身，而是必須關注，為什麼有些笑話不斷有人在説？產生這些笑話和使這些笑話流傳的是一種怎樣的生活環境？人們以怎樣的心態、心情和感受在説、聽、傳笑話？他們從笑聲中又得到哪些不能從公共言談中得到的東西？

關注和研究幽默的最早是哲學家和心理學家，後來語言學家也加入了他們的行列，社會學家把幽默作為社會現象來研究則是比較最近的事情。哲學家們經常把幽默視為內在於某個文本或事情的特殊「質量」，哲學提出的問題是，幽默的實質內涵是什麼？本質又是什麼？幽默、笑、喜劇有什麼特質？心理學的研究則多以個人為着眼點：幽默的心理機制是什麼？幽默與人的情緒、心理 (意識的和下意識的) 需要、性格等等有什麼聯繫？語言學的幽默研究則關注幽默文本的特徵：幽默運用什麼樣的語言修辭手法？具有怎樣的審美效果？借助怎樣的邏輯漏洞？等等。

社會學的幽默研究關心的是，幽默是怎樣一種受特定政治、社會、文化環境制約的交際形式？特定環境中的幽默顯示怎樣的特定人際關係和交往方式？反映了社會中人與政治權力統治的什麼關係？他們的言論自由程度如何？受到怎樣的限制？玩笑中可以看到人們普遍關注的哪些問題？這些問題在怎樣的政治制度下會變得尤其突出？等等。例如，勃列日涅夫時期的蘇聯是一個政治笑話廣為流傳的社會，同時也是一個普遍彌漫着犬儒主義的社會，這二者之間有着怎樣的聯繫？同樣在蘇聯制度下，斯大林時期的政治笑話與烈日涅夫時期的笑話在

4　Mark Holowchak, *Freud: From Individual Psychology to Group Psychology*. Lanham, MD: Jason Aronson, 2012, p. 141.

內容上有何差別？在傳播機制和社會功能上又有什麼不同？之所以有差別和不同，又是為什麼？

社會學家柯塞爾 (Rose L. Coser) 指出，「笑，或者通過幽默和機智來讓人笑，就是邀請在場的別人變得更親近。」[5] 文化社會學家基普斯 (Giselinde Kuipers) 對此寫道，「笑表示接受這樣的邀請。與其他的接受邀請一樣，接受邀請同時也是接受發出邀請的人。因此，幽默和笑——幽默的伴侶和回報，是社會團結和合為一體的最有力的信號。」[6] 幽默會拉近人與人的距離，增強他們的親近感，但也可能拉開人際距離，對他人產生排斥的效果。種族笑話、地域攻擊的笑話就是如此。專制統治者們限制或懲罰民眾私下流傳政治笑話，就是因為害怕笑話使民眾更加不相信他們，討厭和排斥他們，以至於有所反抗行動。

幽默和笑話並沒有固定的社會功能。它們的功能是隨人際關係的多樣性而不斷變化和發展的，變化的性質是曖昧的，變化的方式則難以預測。笑話可以使人愉悅、令人清醒，但也可以侮辱人、傷害人；可以傳遞嚴肅的資訊，也可以瑣碎無聊；可以寄寓批評，也可以用作藉口或遁詞。基普斯對此指出，「笑話的多義讓人無法斷定它到底起到什麼作用或說笑者到底有什麼意圖：幽默顧名思義就是一種交際的曖昧形式。」[7] 關於笑話只有一點是確實無疑的，那就是笑話要引人發笑。笑話針對的經常是有禁忌的、令人不快甚至痛苦的事情。這就意味着，笑話經常會逾越某些道德的和政治的界限，但這並不等於說笑話是一種挑戰、批評或對抗。就挑戰、批評或對抗而言，

5　Rose L. Coser, "Some Social Functions of Laughter: A Study of Humor in a Hospital Setting." *Human Relations* 12 (1959) 171–182, p. 172.

6　Giselinde Kuipers, *Good Humor, Bad Taste*, p. 8.

7　Giselinde Kuipers, *Good Humor, Bad Taste*, p. 9.

犬儒與玩笑

笑話永遠不能與嚴肅話語相提並論，這就是為什麼在言論不自由，意識形態控制非常嚴格，嚴肅批評話語被禁絕的國家裏，政治笑話還能在嚴密管制的夾縫中勉強存在的緣故。

四　常識與笑話

昆德拉小說《玩笑》裏的路德維克無意間鬧了一個笑話，這個笑話故事本不是幽默。但是，昆德拉知道這個故事會引人發笑，所以他把這個故事說出來讓別人笑，這就是幽默了。無論是對無意識的「鬧笑話」還是有意識的「說笑話」，一個人只要不是傻乎乎地自己瞎笑或跟着別人瞎笑，他的笑裏就必然包含着對某些事物的認知和評價。這種認知和評價是以某種「常」的觀念 (常識、常理、常情) 為依據的，因為有了「常」的標準，才能感覺到可笑對象的反常——荒唐、滑稽和悖謬。昆德拉的那個故事裏有一個隱含的「常理」——一個人的妻子被勾引會讓他很難受。但是，路德維克勾引了帕維爾的妻子，帕維爾非但不難受，反而很高興，這就「反常」了，所以好笑。

有了常，才有反常，反常引人發笑。不過，笑的人並不是經過深思熟慮才覺察到對象的反常，笑有突如其來的特點，這就和幽默感覺總是出其不意、猝不及防、瞬間爆發一樣。深思熟慮的人反倒不會覺得可笑，因為深思熟慮的結果是邏輯思考、仔細分析和理性批判，而不是不加思索、近乎本能反應的發笑。

「常」有多種不同的説法：常情、常理、常規、常態，這些又經常被籠統地稱為「常識」(common sense) 也就是普通知識。被稱為普通的「識」(sense) 不是指狹義的知識，而是指廣義的意識、情理、道理。例如，稱一個人是a man of sense，是稱讚他為一個通情達理的人。說一件事makes sense，是說它有

道理。常識是所有平常人看待、理解、評價事物的能力，也是普通人都能弄明白的道理和能被一般人接受的事情。拉丁文的sensus communis，法語的bon sens和英語的另外一個說法good sense都與常識的一個重要特點有關，那就是「明智」。

亞里士多德在《修辭學》裏說：一個明智的說話者要考慮到聽眾的看法 (doxai)，與之一致。說話者和聽眾之間的「一致」也就是說理中可稱為常情常理的部分，亞里士多德稱之為「共同信念」(common beliefs)。他說：「在大庭廣眾下說話……我們的論據和說理必須以為眾人接受的原則為基礎。」[8] 羅馬演說家西塞羅在《論演說》(De Oratore) 中也說：「在演說中，最大的錯誤就是違悖由群體的情理所認可的日常語言和用法。」群體共同認可的常情常理便是西塞羅所說的「常識」。[9]

常識是一種個人看法與群體共識的結合方式，這種共識同時包含認知 (看法) 和評價 (是非)，用普林斯頓大學教授海勒–羅森(Daniel Heller-Roazen)的說法，「指的是人們都有的明智(sensibility)，個人由此推導出一些理性思考無須質疑或不能質疑的基本的判斷」。[10]「常識」因此是一些先於理性深思熟慮的人類信念 (human beliefs)，不僅關乎人之常情，人之常理，而且關乎人的得體、正派、體面。一個人說了不得體的話，別人會笑話，做了不得體的事，別人會恥笑和瞧不起。笑話或恥笑的「笑」都是緣起於事情的有悖常理。

雖然常識關乎「是人就不能不是這樣」，但人是在群體裏

8　Aristotle, *Rhetoric* 1355a.

9　Cicero, *De Oratore*, I, 3, 12

10　Daniel Heller-Roazen, "Senses, Imagination, and Literature: Some Epistemological Considerations."In Stephen G. Nichols, Andreas Kablitz, Alison Calhoun, eds. *Rethinking the Medieval Senses*. Baltimore, MD: Johns Hopkins University Press, 2008, p. 33.

犬儒與玩笑

學會常識的。英國作家和文學批評家C. S.路易斯 (C. S. Lewis) 在《字詞研究》一書裏指出，羅馬教育家和修辭家昆體良 (Quintilian) 説，孩子上學比在家裏跟私人老師讀書要強，如果他不與眾人 (congressus) 在一起，那他又怎麼能學到可以稱為「常人」(communis) 的見識 (sensus) 呢？常識使人懂事，懂事才能得體 (tact)。得體的事情不是一個人自説自話，而是要顧慮到別人的反應。羅馬詩人賀拉斯説，如果你想安靜一會兒，而另一個人卻對你絮絮叨叨，那個嘮叨的人便是缺乏「常識」(sensus communis)。[11]

但是，英國哲學家休謨對羅馬人所説的常識抱有懷疑，他認為，常識並不總是正確的，也不是沒有例外地合情合理。[12] 休謨是有道理的，因為眾人都認為對的未必都對，普通人都認為得體的未必都好。常識是對某個特定人群來説的常識，不同的人群會有不同的常識。因此，對一件事情是不是反常 (或因為反常而好笑) 的看法是不同的。例如，現今有的地方和學校搞復古，讓孩子們穿上所謂的漢服，對父母行跪拜禮，在學校操場上表演給父母洗腳的孝道。有的人覺得這是弘揚傳統文化的正經大事，但有的人就會覺得反常，因此滑稽可笑。高級黑也是一樣，看上去十分尊重和敬佩的恭維，看着旁觀者眼裏可能是明褒暗貶、笑裏藏刀，不僅讓人噁心厭煩，也讓人忍俊不住。

五　能笑的社會就有希望

常識不僅是相對而言的，而且也是可以改變的。馮驥才

---

11 C. S. Lewis, *Studies in Words*. Cambridge: Cambridge University Press, 1967, p. 146.
12 David Hume, *Essays, Moral, Political, and Literary*. Ed. Eugene F. Miller. Indianapolis, IN: Liberty Classics, 1985, Chapter: Essay XVIII: The Sceptic.

《三寸金蓮》裏的裹小腳就是一個例子。以前裹小腳是合情合理的「常事」，今天回頭看去，正常的人會有一種光怪陸離、匪夷所思的感覺，難以理解為什麼這種怪癖會如此大行其道。如一位評論者所説：「那一切看似匪夷所思，卻隱隱有着熟悉的感覺。漸漸想來，那尖尖的金蓮竟與一件東西是如此地相像，那就是意識。意識是原本以動物出身的人所沒有的東西。意識之形成，正如金蓮之成型，皆是扭曲為之。書中金蓮的評價標準有尖、瘦、窄、彎、小等，在現在的角度看來簡直是不可思議，荒唐無比，但在當時的情境之下卻是人人習以為常，不覺絲毫怪異，甚至於有的追捧讚歎，有的模仿攀比，好一派趨之若鶩轟轟烈烈的熱鬧景象！意識的境遇何嘗不是如此？在時過境遷之後，『荒謬』與『正常』的差別，僅在一線之間。」[13]

　　隨着常識的改變，正常會變成荒謬，荒謬也可能變成正常。常識的內容雖然變化，但作用卻並沒有變化，普通人還是把逾越和悖離正常的人和事看成是荒謬和可笑的。以前，大臣們看到皇帝就磕頭自稱奴才，老百姓看到當官的就下跪自稱草民，這曾經是合情合理的常事，但是在新的情況條件下都改變了。現代人有了人格平等的常識，所以看見對權貴拍馬屁、説肉麻話和自我糟踐的行為會視為反常，因此會覺得滑稽和可笑 (當然也會覺得噁心和厭惡)。對常識與滑稽感的關係，休謨的同時代哲學家湯瑪斯・里德 (Thomas Reid) 寫道：「如果某些原則是人就不能不相信，在共同的生活中必須遵循，那麼，對它們的正確性也無法全用理由來説明——這些就是我們稱為常識的原則。那些明顯違背這些原則的，我們就稱為荒誕 (absurd)。」[14]

13　《一朵奇異的「金蓮」》，http://book.douban.com/review/5530274.

14　Terence Cuneo and René van Woudenberg, eds. *The Cambridge Companion to*

犬儒與玩笑

里德所説的是被人們稱為「自然正當」的，具有高度普遍性的原則，例如不可殺人、不可對父母不孝、不可姦淫、不可偷盗、不可作假見證陷害人、不可貪圖他人財物和鄰人的房屋。現代人更在這些傳統的普遍原則之外添加了適用於所有人類的人格平等、自由權利、人的尊嚴，也就人們常説的「人權」。違背這些普遍原則（它們是「是人就不能不知道的原則」）的事情或言行會被絕大多數人視為「荒謬」。人們對荒謬的情緒反應不一定是笑，也可能是憤怒、害怕、厭惡，大多數人對剝奪人的自由和平等，侵犯人的尊嚴和違背人權的正常反應就是憤怒、害怕和厭惡。

　　然而，對有些事情，人們一面憤怒、害怕和厭惡，一面還會感得滑稽、荒唐和好笑。例如，明明自己也是人，卻口口聲聲在反對普遍人權。又例如，這幾年連續有武漢華中師範大學學生「紅衛兵」扮相拍畢業照，廣州大學生着「紅衛兵」裝在街頭賣冰棒這樣的事情發生，讓許多經歷過「文革」的人們覺得時光倒轉，又好笑又好氣，又滑稽又害怕。按照常理，一個民族在經歷過巨大的災難後，人民會吸取教訓，不會是非不分地以苦難的過去為樂。今天一些年輕大學生的「紅衛兵」行為是反常的，正因為反常，才讓人覺得憂慮、害怕和滑稽可笑。

　　當然，反常的事情發生得多了，也會讓人變得麻木冷淡，見怪不怪，不以為意。更有人會覺得，不值得去理睬這種事情，任何情緒波瀾都是多餘的。這是一種以犬儒主義對待荒謬的態度，也是一個不正常社會的病灶。在一個正常的社會裏，荒謬的事情再多，人們還是會對這樣的事情有所反應。

　　笑是人類對荒謬的多種反應中的一種。不管是笑還是不笑，也無論是以什麼方式發笑，人察覺到事物的荒謬，表示對

Thomas Reid. New York: Cambridge University Press, 2004. p.85.

它已經有了某種認知和負面評價。荒謬、荒唐、荒誕，這些都包含着謬誤、錯誤、乖張、不合理的東西，荒謬的人或荒唐的話在流行的說法裏叫「雷人雷語」，雷人雷語被絕大多數人看成是笑話，也被拿來當笑話說。不少名人和要人的雷人雷語在網上流傳，人們拿他們當笑料，因為覺得他們很反常——按照常理和常情，受過教育又有身份的人是不該說出像雷人雷語那麼奇怪、荒唐的話來的：

> 張曙光 (北京天則經濟研究所理事長)：「腐敗和賄賂是權力和利益轉移及再分配的一個可行的途徑和橋樑，是改革過程得以順利進行的潤滑劑，在這方面的花費，實際上是走向市場經濟的買路錢，構成改革的成本費。」

> 任正隆 (全國人大常委)：「起征點太高就剝奪了低收入者作為納稅人的榮譽。」

> 王煒 (國家「暢通工程」專家組組長，東南大學交通學院院長)：「中國城市污染不是由汽車造成的，而是由自行車造成的。自行車的污染比汽車更大！」

> 王旭明 (教育部新聞發言人)：「教育就像買衣服，買不起就不要買」、「媒體呼籲援助窮孩子是無知」、「沒錢就別接受高等教育」。

> 吳博威 (全國政協委員，山西醫科大學教授，副校長)：「『紅包』也可看做醫患感情交流的一種方式，這種可利於醫患關係和諧發展的良性互動應被社會認可。」

犬儒與玩笑

魏翔 (中國人民大學商學院博士):「在休息與休閒時間方面,中國人已經處於國際領先水平。在閒暇時間保有量方面,已經超過了美國和英國。」

田文昌 (北京市首屆「十佳律師」):「對於公費出國旅遊,我認為很難輕易就説它完全符合貪污罪,現在這種公費旅遊、公款吃喝的現象太普遍了,如果都簡單地往貪污上靠,貪污罪的發案率得有多高啊?」

朱軍 (全國政協委員):「大學生從事掏糞工作可能會改變中國的掏糞現狀,並且無論是在思維,還是掏糞工具的使用上,大學生都具備優勢。」

陳同海 (原中國石化董事長,中國石油化工集團公司總經理):「每月交際 (公款吃喝玩樂) 一、二百萬算什麼,公司一年上交稅款二百多億。不會花錢,就不會賺錢。」[15]

這些有知識有地位的人物,他們都是在一本正經地就一些重要的公共問題發表意見,並不是在説笑話。但是,像這樣的言論卻在網絡上被當作謬誤、錯誤、乖張、不合理的笑話流傳。是普通網民太愚蠢,無法領會這些高人言論的智慧呢?還是這些言論太離譜,因此難以獲得普通人的認同?即使人們在把這類言論當作笑話的時候,也不應該忘記,它們並不是一般的笑話或傻話,而是在特殊的病態環境中產生的「聰明話」。僅僅以看笑話和説笑話的心態看待這樣的現象是不夠的,重要的是要知道,為什麼一個社會裏會出現這樣的笑話?當人們對

15 http://www.secretchina.com/news/14/04/01/535868.html.

這些雷人雷語發笑的時候，他們察覺和評判的是哪些乖謬、荒唐的事情？儘管他們對這樣的事情無可奈何，只能苦笑，但他們至少還在笑。這就說明，他們還沒有完全麻木。而且，在他們所生活的那個扭曲的世界裏，某種可以稱得上是「共同原則」的常情常理，那種個人在群體中可以用來辨別是非、善惡的「自然正當」還沒有完全泯滅和消失。因此，這個社會向善的良性轉變仍有可能。這就是笑話帶給社會的希望，也是笑話的一項重要社會功能。

犬儒與玩笑

17 笑是一種溫和的政治

　　20世紀上半葉對思想界非常有影響的法國哲學家亨利－
路易士・柏格森 (Henri-Louis Bergson) 在《笑：滑稽的意義》
(*Laughter: An Essay on the Meaning of Comic*) 中提出，凡是在本該
有生命活動、活躍的想法、靈活變化的地方出現了機械、僵
化、迂腐、死板、抱殘守缺的東西，也就有了笑。笑是一種對
人的精神生命力的觀照，當活的靈魂發生了腐朽的病變，變得
僵死、停滯、冥頑不化的時候，生活也就成為一潭死水，人也
就變成了機械的玩偶和機器人。柏格森因此定義了他的滑稽法
則：「一個人的身體越是只像是機器，他的姿態、形體和動
作也就越可笑。」他又說，「滑稽是鑲嵌 (encrusted) 在活東西
上的機械物」，當「身體變得比靈魂更優先，物質試圖取代思
想，文字排斥了精神」的時候，引人發笑的事情也就發生了。[1]

一　快樂木偶

　　有一種神經性疾病，叫「快樂木偶綜合症」(happy puppet
syndrome)，又叫「天使綜合症」(angleman syndrome)。罹患此
症的患者缺乏語言能力、過動、智慧低下、臉上常有笑容，這
種無緣無故的笑就像是畫在木偶臉上的笑，所以被稱為快樂木
偶。人們看舞台上的木偶表演時會哈哈大笑，笑是木偶表演所

1　Wylie Sypher, ed. *Comedy: An Essay on Comedy (by) George Meredith. Laughter (by)*
　　Henri Bergson. Baltimore, MD: Johns Hopkins University Press, [1956] 1980, p. 86.

追求的效果，沒有笑的木偶表演是失敗的，而且也是多餘的。但是，在劇場裏能夠欣賞木偶戲的人們，當他們目睹生活中的木偶或傀儡行為時，即使有的會笑，笑的反應也會遲鈍得多，更不要說還有根本不會笑的。

在我們的社會裏有許多對權貴人物唯唯諾諾、點頭哈腰、拍馬奉承的人，操縱他們行為的細繩掌控在別人手裏，他們的行為猶如木偶和傀儡。有的人會覺得這樣做人很滑稽可笑，但也有許多人並不這麼覺得。不覺得可笑的人們又可以分為兩類。第一類人察覺不到生活中的木偶與戲台上的木偶有什麼類似，他們對於做人的木偶是麻木的。第二類人能有所察覺，但覺得活人像木偶般地被擺佈，成為形似「活東西」的「機械物」，實乃環境所逼，情有可原。「情有可原」便是理解，一旦理解了，也就不好笑了。

對於人的機械化、殭屍化、木偶化、傀儡化，並不是什麼人都有滑稽感，也並不是什麼人碰到這種情況都會笑的。因此，伯格森所論述的笑便不只是具有美學的意義，而且包含了某種對笑的社會性意義的評價。他實際上對笑的主體提出了這樣的問題：什麼樣的人才會笑？他認為，能笑者必須能理解其他正常人能理解的東西。而且，能笑者必須能對某些事物作出旁觀者的觀察，並對事情該怎麼樣，不該怎麼樣有所判斷。他舉的一個著名的例子便是，有一個人在街上跑，被絆了一下，摔了一跤，見到的行人笑了起來。如果一旁看見的人們設想這個人是一時異想天開，自己在街上坐了下來，那他們是不會笑他的。他們之所以發笑，正是因為他不是自由自主坐了下來的。因此引人發笑的並不是他姿態的突然改變，而是導致這一改變的不由自主。

一個人「不由自主」地跌倒，不僅是身體失去常態，而且

　　　　　　　　　　　　犬儒與玩笑

是對自己完全失控，成為某種外力的俘虜。被外力徹底操縱，變得身不由己，這便是機械和僵化的根本特徵。因此，泛而言之，某事物之所以滑稽，是因為它具有僵化的特徵，而笑作為一種潛在的社會活動，是對這種僵化的蔑視和處罰，在心理上獲得了優越感。就能笑的主體而言，滑稽性就是一種被他意識到了的僵化，而笑，則代表一個正常的社會成員，一個有自我意識的不僵化的主體，對僵化的否定與貶視。

美國心理學家布里斯·悉德斯 (Boris Sidis) 在《笑的心理學》一書中把柏格森「可笑起因於機械和僵化」的論斷更往前推進了一步。他指出，「柏格森只是抓住了可笑的一個因素⋯⋯但那並不是唯一的因素。而且，他還沒有追溯到問題的根本源頭」。悉德斯認為，生活中的機械和僵化之所以可笑，不僅僅是因為呆板、愚鈍，而且還因為那代表了一種低劣的生存狀態。機械和陳套之所以滑稽，乃是因為那些都呈現出畸形、平庸、低劣、瑣屑、低下、輕浮和劣質。我們不但覺得變成了對象的人可笑，也覺得有的人像某些動物而可笑，如呆鵝、蠢驢、豬。當我們把別人與這類動物聯想時，覺得好笑的是人形下面藏着的某些與人不相配的東西。[2]

當我們覺得某些「人上人」好笑的時候，我們也是在這些優越者的表像之下察覺到了某種低下的東西，也是因為在優越者的偽裝下看出了卑劣和可恥的東西。那些道貌岸然、一口一個為人民服務的「大人們」，當他們男盜女娼、貪婪無度的事情敗露出來時，人們不只是因為被偽善者欺騙而感到憤怒，而且還會覺得好笑。「人上人」的表面和內在的差別形成了諷刺。他們的厚顏無恥、飛揚跋扈、貪婪狡詐都成了普通百姓的

2　Boris Sidis, *The Psychology of Laughter*. New York: Appleton and Company, 1913, pp. 150–151.

笑料。普通人飯桌上的「段子」和民間流傳的諷刺挖苦的玩笑都是以笑，而不是直接表白的憤怒來發洩不滿情緒和表達道義指責的。人們常說「嬉笑怒罵」，就是這個意思。

　　民間幽默的那些引人發笑的段子、笑話、順口溜、打油詩運用的往往是戲劇誇張(貧嘴、油滑)、調侃(正話反說，反話正說)、插科打諢、戲仿(既仿君子，也仿痞子)、戲謔(沒正經、故作粗鄙和粗野)，這些也都是弱者抵抗常常使用的話語手段。

　　2013年7月2日網易新聞的《內蒙古統戰部長被曝包養女學生 遭情婦聯名舉報》爆料內蒙古自治區統戰部部長王素毅被情婦聯名舉報貪污受賄近億元，包養女大學生女記者數名。此項消息馬上引來網友的調侃和嘲笑：

情婦小三是長期鬥爭在反腐一線最堅強的戰士！向你們致敬！

玲導［「領導」的諧音］帶老婆去德國先進養豬場考察。飼養員指著一頭豬說：「這是我們場內最好的種豬，一天可以交配六次」。玲導夫人用胳膊捅捅領導，小聲說：「你看看人家。」玲導馬上轉過頭問飼養員：「它是和同一頭母豬交配六次嗎？」「是和不同的母豬交配，」飼養員回答道。這時玲導轉回頭看看老婆說：「你看看人家！」[3]

3　這種性笑話有個心理學的學名，叫「柯立芝效應」(Coolidge effect)。美國總統喀爾文·柯立芝(Calvin Coolidge)和妻子參觀了一個家禽農場。在參觀時柯立芝太太向農場主詢問，怎樣用這麼少數量的公雞生產出這麼多能孵育的雞蛋。農場主解釋道，他的公雞每天要執行職責幾十次。「請告訴柯立芝先生，」第一夫人強調地回答道。總統聽到後，問農場主「每次公雞都是為同一隻母雞服務嗎？」「不」，農場主回答道，「有許多隻不同的母雞。」「請轉告柯立芝太太，」總統回答道。也有將家禽農場換成養牛場的。Avner Ziv, *Personality and Sense of Humor*. New York: Springer Publishing

你從床上走來，春潮是你的風采。你向貪官奔去，輕鬆解下了褲帶。你用甘甜的乳汁，哺育一群貪官；你那洶湧的波濤，淹沒貪官的腦袋！我們讚美二奶，反貪如拔白菜，我們依戀二奶，你是難得的人才！你用青春的肚皮，推動新的時代。我們讚美二奶，你關乎反腐的成敗！

玩笑都是有針對性的。例如，「帶套強姦」針對的是警察：

某官員被舉報強姦婦女，到警察局接受詢問。警察：您帶套了麼？官員：沒有。警察：手套呢？官員：沒有。警察：事發時，床上有被套麼？官員：沒有。警察：枕套呢？官員：也沒有。警察：……您炒股嗎？官員：炒啊，用公款。警察：有股票被套嗎？官員：有啊！警察鬆了口氣：有套就不算強姦！

官員和警察是公共權威和公權力的象徵，他們的偽善比他們的頤指氣使和作威作福更可笑。電影裏反面角色的「壞警察」敲詐勒索、魚肉鄉里，可恨但未必可笑。但是「好警察」也是這樣，那就不僅可恨而且可笑了。這是因為對「警察叔叔」的正面宣傳與他們的實際不良行為之間有了乖訛的矛盾對比。可笑的感覺就是從乖訛來的。

康德為乖訛與笑的關係提供了清楚的說明，「在所有引人發笑的事情裏一定有荒誕的東西（也就是說，人們無法對它得到滿意的理解）。笑的感受來自從期待到期待落空的突然轉變。」[4] 叔本華則指出，人發笑是因為觀念（所說的）與它所要

Company, 1984, p. 19.

4　Immanuel Kant, *Critique of Judgment.* J. H. Bernard, Trans. New York: Hafner,

解釋的對象 (實際發生的) 是脱節的，笑的一個因素是「意想不到」，「越是出乎意料……就越顯得乖訛，越讓人笑得厲害。」[5] 越是道貌岸然的人物做出卑鄙齷齪之事(如自詡為「先進領導」的官員貪腐)，就越是一個令人十分好笑的「意想不到」。卑鄙齷齪導致道貌岸然發生自我否定，這樣的情況就會變得很可笑。這樣的笑包含着批評和批判。社會學家彼得·伯格和安東·澤德瓦爾德在《疑之頌：如何信而不狂》中把這樣的笑稱為一種「溫和的政治」(a politics of moderation)。[6] 如果説譴責和打擊官員的腐敗是一種「嚴肅的政治」(拍蒼蠅，打老虎)，那麼，民間的幽默玩笑則是以看似輕鬆而溫和的方式來對待它：

> 《白字秘書的日記》
> 今天上午，上級通知要來一個解饞團 (檢查團) 説要煙酒 (研究) 橫向聯合。我們常委 (腸胃) 立即為此召開會議，雖然每個人苦惱得滴下眼淚，但還是決定宴 (咽) 到肚裏。

我們不只是——如柏格森所説——笑話機械、刻板之人，而且更是笑話另外一些人。當我們發現一些平時體面、尊貴、講道德、重信仰的人其實是流氓、惡棍、匪徒的時候，會覺得更加可笑。當我們發現蒙在現實表面上的不過是虛幻的假象的時候，當我們看到那些品格低下的傢伙在我們面前裝得人模人樣、高人一等的時候，也會覺得更加可笑。令我們發笑的是他

1951. I. I. 54.

5　Arthur Schopenhauer, *The World as Will and Representation*. (1818) I, Sec.13

6　彼得·伯格和安東·澤德瓦爾德：《疑之頌：如何信而不狂》，曹義昆譯，商務印書館，2013年，第143頁。

們的貪婪、卑鄙、平庸、虛榮和欺騙。這個時候的笑已經不再只是一種輕蔑，而且也是一種譴責和具有政治意義的行為，雖然看上去不過是輕鬆而溫和的政治。

二　笑的政治

奧地利裔美國社會學家彼得‧伯格 (Peter Burger) 和荷蘭社會學家安東‧澤德瓦爾德 (Anton Zijderveld) 指出，在笑的溫和政治裏，政治介於兩種不同的極端政治之間，一種是「忠實信徒」的政治，另一種是「絕對懷疑者」的政治。「忠實信徒」堅持形勢一片大好，堅持官員腐敗不過是個別現象，盲信是忠實信徒的特徵。「絕對懷疑」又叫犬儒主義，它「將懷疑昇華為一種思維模式和生活樣式」，不相信世界上還有什麼判斷對錯、是非的標準。這兩種極端的政治代表着不同的刻板、僵化思維。他們共同的特點是毫無幽默感。「溫和的政治」與它們不同，它是一種幽默式的懷疑，在玩笑中得到表達。[7]

笑的政治色彩來自於它對權威對象的負面性察覺，也來自於對這一權威的負面評價。在幽默研究中，這被稱作為幽默的「優越感」(superiority) 和「蔑視」(disparagement) 因素。岳曉東在《幽默心理學》一書中指出，「優越/蔑視論起源於古希臘和羅馬的古典修辭學理論，主要包括那些基於怨恨、敵視、攻擊、蔑視、優越的幽默理論。古希臘哲學家柏拉圖認為，相對於滿足的笑而言，嘲笑才是笑的主要形態。因此，笑的意義主要在於否定、鄙夷，或幸災樂禍。從這一意義上說，笑是邪惡的。亞里士多德認為笑的刺激因素可以是對醜的模仿，而笑帶

7　彼得‧伯格和安東‧澤德瓦爾德：《疑之頌：如何信而不狂》，第143頁。

給我們的是一種快感。英國哲學家霍布斯 (Thomas Hobbes) 認為，笑是『一種突然的榮耀感，產生於我們與別人的弱點或先前的自我的比較』」。[8]

幽默通常是明眼人看穿、看透假象和假話，以婉轉曲折的方式道出的真實，同時給別的明眼人以聲援和呼應。幽默的笑聲成為他們之間的秘密聯絡暗號，是他們心照不宣、盡在不言中的一種交流方式。這是幽默的「社會聯絡功能」(social function)中的一種。瑞士蘇黎世大學心理學家維利鮑特·里克 (Willibald Ruch) 指出，如果一群人能為同一件事發笑，表示他們有共同的社會經驗、體會、態度或信念。人總是喜歡接近與自己擁有相似態度或看法的他人。同為一件事心領神會地一起發笑，彼此自然而然就拉近了關係。另一方面，笑也能在「我們」和「他們」之間劃出界限，如果一個人不能與我們一起笑，那他就是一個外人。[9] 那些討厭和壓制政治笑話的人是不會對那些笑話發笑的。這在壓迫性制度下表現得尤其清楚。伯格和澤德瓦爾德舉了一個蘇聯時代的人們分享共同生活經驗和體會的政治笑話例子：

> 當城裏有食物而鄉下沒有時，意味着什麼？
> 托洛茨基左派的偏差。
> 當鄉下有食物而城裏沒有時，意味着什麼？
> 巴枯寧右派的偏差。
> 當城裏和鄉下都沒有食物時，意味着什麼？

8　岳曉東：《幽默心理學》，香港城市大學出版社，2012年，第15頁。

9　Willibald Ruch, "Forward and Overview: Sense of Humor: A New Look at an Old Concept." In W. Ruth. Ed. *Human Research 3: The Sense of Humor: Explorations of a Personality Characteristic*. Berlin & New York: Mouton de Gruyter. 1998. pp. 3–14.

犬儒與玩笑

正確的黨的路線。

那麼，當城裏和鄉下都有食物時，又意味着什麼？

資本主義的恐怖！

能說這樣笑話的人和聽了這個笑話覺得好笑的人，都是保持了相對完整主體性 (稱之為「人性」亦無不可) 的人，他們不會是政治上的狂熱分子。伯格和澤德瓦爾德指出，「狂熱分子很少有幽默感，實際上他們把幽默看作是對其所宣傳的確定性的一種威脅。幽默通常揭穿那些所謂的『確定性』的真實面目，援助反對狂熱分子的人們。這就是為什麼在政治壓迫的條件下，笑話很活躍。蘇聯和它的衛星國家是大批笑話滋生的淵藪，既揭穿這種政權的虛偽面紗，同時也鼓舞了反對它的人們。」[10]

對於生活在前蘇聯式制度下的人們，幽默感是對抗生活中壓迫力量和精神困境的緩衝器，雖然無法改變現實的環境，但卻可以自我調整對它的關係，減小它所造成的傷害。這可能會成為一種犬儒主義的應對現實方式，在實際的妥協與接受過程中，幫助維持它所不喜歡的現實。對現實既不滿意又能適應，這樣的矛盾性和兩重性是存在於幽默本身的紓壓功能，而不只是政治笑話中的。一方面，幽默感可以改變人們對壓力環境的認識，讓人從一種新的的角度去應對壓力，避免因面臨的困境而徹底陷入沮喪、焦慮、恐懼和絕望。另一方面，幽默也特別容易為一個人在遭遇困境時採取躲閃問題和逃避現實方式製造藉口。幽默的機智和輕鬆為這種逃避營造了一種智慧、情致、藝術的假象，使得逃避者不僅不覺得無奈和遺憾，而且甚至還會洋洋得意，自以為得計。

看到幽默政治的保守甚至犬儒主義趨向，並不是要否定它

10 彼得·伯格和安東·澤德瓦爾德：《疑之頌：如何信而不狂》，第143頁。

在壓迫條件下存在的合理性和正當性，而是要看到，與對現實的揭露和譴責相比，這樣的笑話是相對溫和的，這種溫和是出於自我保全的需要而不得不如此。這種幽默政治的作用是非常有限的，但不應該被低估。在其他批評言論受到嚴格控制，不能發聲的環境中，笑話成為批評言論的代替品，正如伯格和澤德瓦爾德所說，也能「揭穿整個的一類意識形態的真實面目」。[11] 人們總是認為只有那些短小精悍的雜文，才是抨擊邪惡、針砭時弊的利器。其實，一幅生動的漫畫或一則幽默的笑話，往往能抵得上一篇萬言討伐檄文。

笑是一個人在普遍喪失理性的環境中保持思維清晰和頭腦健康的一種獨立狀態，美國小說家肯・克西 (Ken Kesey) 的《飛越瘋人院》(*One Flew Over the Cuckoo's Nest*) 裏的麥克穆菲 (McMurphy) 在剛被關進進瘋人院的時候發現，沒有一個人是會笑的。他的笑聲成為他自己和瘋人院同伴共同反抗強制和壓迫的武器。用笑的武器，麥克穆菲並不是要發動一場革命。笑聲是一種溫和的反叛，它改變的是瘋人院裏人們的意識，以及他們的沉默和看待自己的方式，帶給他們一種精神上的化蛹為蝶。麥克穆菲反叛「大護士」(她代表制度性的權力) 付出的代價是，他被作了腦葉切除術，不再會笑了，成了真正的廢人。只要一個人還能笑 (當然不是傻笑)，他就還活着，還沒有成為廢人，還沒有成為只能對周遭世界做機械條件反射的木偶或機器人。昂山素季稱這種木偶為「吃米飯的機器人」。

三　笑是一種個人在群體中的行為

當一個社會中人看到某種常識與謊言和偽裝發生衝突時，

11　彼得・伯格和安東・澤德瓦爾德：《疑之頌：如何信而不狂》，第144頁。

犬儒與玩笑

當這種衝突頻頻發生並強烈到了某種程度之後，同時出現兩個結果：其一，个人感知一種滑稽性質的不協調；其二，感知這種不協調的個人意識到，許多別的人一定與他一樣感知了這種滑稽衝突。這個時候，笑的衝動就迸發了，不僅是個人的笑，而且是集體的笑，這便是具有政治意義的笑，因為這種笑揭示了某種也許隱而不見的實際社會狀態、政治環境狀態和民眾心理。

在壓迫性制度中，由於個人的公共言論權利受到限制，批評的聲音很難在公共討論的空間發出，民間流傳的笑話便成為一種人與人之間的意見表達和傳遞，引發的是具有社會意義的笑。對於任何一個個人來說，參與這種具有社會意義的笑，也就是讓笑成為一種政治並參與其中。但是，這並不是一件容易的事情，不僅不容易，而且可能是一件很危險的事情，因為政治笑話一直就是專制極權監控、彈壓和禁止的目標。

人會發笑，會笑別人，也害怕自己成為別人笑話的對象。笑不是憑空發生的，而是發生在某種與他人的關係和與此有關的規範意識中。引人發笑的是那些被視為偏離正道，因而淪為低下異類的人或事。誰代表了規範，誰就有了笑的權利。因此，笑也可能成為一個社會、階級、種姓或專業逼迫個人循規蹈矩的利器。在許多情況下，個人害怕社會嘲弄，會達到恐懼的程度。例如，講究階級出身是「文革」時的社會規範，出身不好的個人不僅不能嘲笑這種血統陋見，而且會成為持這種陋見者的嘲笑對象。黑七類、狗崽子便是由嘲笑演變而成的階級和政治標籤。

大眾心理的一個特徵就是嘲笑某種與眾不同的個人，與眾不同有兩種情況，一種是由於特別優秀而與眾不同，如聖人、天才、英明領袖；另一種是由於被某種社會標準當作低人一等而與眾不同，如前面提到的黑七類、狗崽子。第一種與眾不同

對大眾來說是神秘、高高在上、遙不可及的。大眾對第一種與眾不同者們膜拜、尊敬，唯恐不夠虔誠。他們經常只是對第二種與眾不同者們才予以無情的嘲笑。

在相當長的時間裏，幹部、領導、首長都是老百姓眼裏的第一種與眾不同者，他們的所言所行和政策決定都是當然正確的。今天，那些曾經被如此仰視的人物成了老百姓嘲笑的對象，這種變化只有在權威嚴重跌落時才會發生。這在歷史上有許多先例。悉德斯對此寫道，「當古代的信仰在希臘–羅馬的民族中已經死去的時候，人們便津津有味地品嘗琉善 (Lucian，約125–180年) 對神的嘲笑。當天主教信仰在許多歐洲國家一蹶不振的時候，人們便開始欣賞那些專門嘲諷教士和宗教的故事和雜談。當中世紀的觀念和信仰體制開始崩潰的時候，偉大的法國哲學家和諷刺作者便無情地對它投以嘲笑，法國和整個歐洲都會笑翻了」。[12] 要領會一個笑話，聽的人一定是已經不再對笑話的對象抱有敬意。人們一定已經在下意識中把笑話對象看得非常低下。[13]

嘲笑者所笑的是許多人已經有所感覺的東西——那些金玉其外、敗絮其內的秩序看上去還原封不動，其實早已是千瘡百孔、搖搖欲墜，成了空虛脆弱、外強中乾的空架子了。在它們真正強盛的時候，是沒有人敢這麼笑的，而且，所有被逗笑了的人們，他們也一定都是同情嘲笑者的。曾經一度被尊崇的人物被放到今天的哈哈鏡面前，成了引人發笑的對象，「那些以前曾經是重要和嚴肅的事情和人物，如今變得既不重要又很淺薄。換言之，看到優越的變成為低劣的，我們就會發笑」。如果不能看到或不承認這種變化，硬要裝得什麼都沒有發生 (如每

12　Boris Sidis, *The Psychology of Laughter*, p. 60.

13　Boris Sidis, *The Psychology of Laughter*, p. 57

　　　　　　　　　　　　　　犬儒與玩笑

三月間的「學雷鋒」），那就更加顯得滑稽可笑，因為這本身就是一種機械、僵化的模仿。把不優秀的冒充為優秀是可笑的，「這也是為什麼模仿神聖、崇高、嚴肅、偉大、莊嚴和儀式常會遭到揶揄和嘲笑」。[14] 所謂的神聖原來是掩人耳目，所謂的嚴肅原來不過是裝腔作勢，所謂的崇高遮掩着卑鄙，所謂的偉大其實是裝神弄鬼，所謂的莊嚴不過是道貌岸然，而華麗的儀式原來不過是許多傀儡在一起做戲。

　　與許多其他的笑相比，溫和政治的笑的最重要的特點就是它的時效性、當下性和群體性，這與一個國家裏的公共政治、政策以及人們普遍關心的社會和政治問題是聯繫在一起的。一個特定人群認為好笑的東西，在另外一群人看來可能卻不是這麼回事；一個特定時期好笑的東西，過一段時間也就不再好笑。例如，文藝復興時期人文學者們收集或寫作的那些那些嘲諷教士和教會、勢利商人和愚昧農人的笑話，在今天的讀者看來，就會有的好笑，有的並不好笑。同樣，那些前蘇聯的政治笑話也已經有不少對我們並不好笑，而那些仍然好笑的則是因為還能引起我們聯想到自己身邊的類似政治現象。溫和政治的笑是一種在特定時間，特定地方，由特定人群在相互默契中分享的「詼諧」。

　　修辭學一般區分兩種不同「詼諧」，一種是敘述性的（講述某件事情、軼事、故事、段子等等）；另一種產生於特別的語言運用方式（正話反說、諧音、比喻、對聯、排比等等）。語音學家羅常培先生寫過一本小書《語言與文化》，用一整章來討論「語言借貸」，他認為，在融合借字、借詞、借音、借譯等不同手段的語言借貸現象裏，「借音」現象尤為繁雜：「自從海禁大開後，中國和歐美近代國家的來往一天比一天多，語言上

14　Boris Sidis, *The Psychology of Laughter*, pp. 54–55.

的交通自然也一天比一天繁」在「語言交通」背後 的是日益繁雜的「情感交通」，而在社交頻繁、泛媒體盛行今天，種種語言借貸、語音借貸，其實質莫不基於「情感借貸」，比如，憑藉語詞挪移、文字遊戲，宣洩、破悶、推諉、調戲、玩耍，便已成為現代人業餘精神生活的特別需要。

　　無論是今天人們熟悉的事情 (如紅歌歌手李雙江的兒子李天一衙內行為、重慶官員雷振富不雅視頻事件、內蒙古統戰部長王素毅遭情婦聯名舉報包養女學生、薄熙來妻子谷開來的殺人滅口事件)，還是今天人們運用的謔戲流行語 (如「草泥馬」、「帶套」、「打醬油」、「俯臥撐」、「輪流發生性關係」、「宇宙真理」、「淘寶體」、「高鐵體」)，它們的噱頭、滑稽和致笑作用都是當下性的，不可能彌久如新。過了若干年以後，這些笑料有的會變得不那麼好笑，甚至都不那麼好理解了——這就會需要研究歷史的人來專門加以解釋。然而，只要這些玩笑被記錄下來，它們就會成為一種集體性的共同記憶。這些笑料在歷史上留下的痕跡有許多都會讓後世的人們唏噓不已，讓他們驚訝，也讓他們感慨——原來歷史上發生過這等荒唐的事情，怪不得當時的人們曾覺得那麼好笑。他們的笑也許並不能改變什麼，但笑聲裏卻分明已經包含了某種覺醒了的政治意識。

18 真實的和虛構的笑話

　　讀到兩位年輕學生（王璐和楊璐）寫的一篇論文，題目是《荒誕的現實化與現實的荒誕化——中國當代喜劇電影兩種創作思路初探》。文章說，當下中國喜劇電影很受歡迎，創作有兩種思路：「其一為荒誕的現實化，此類影片可稱為荒誕喜劇電影，是以荒誕架空的故事為基礎力圖表現其現實主義的價值，代表電影如《讓子彈飛》、《大笑江湖》、《武林外傳》等;其二為現實的荒誕化，此類影片可稱為現實荒誕電影，是以現實主義為基調轉而尋求其故事內容的荒誕性，代表電影如《非誠勿擾2》、《瘋狂的賽車》、《人在囧途》等」。簡而言之，這兩種喜劇思路，一種是「荒誕的現實化」，把有明顯虛構成份的「荒誕」寫得像是生活中的「真實」。另一種是「現實的荒誕化」，把生活中本來的「真實」處理得像是藝術的「虛構」。

　　喜劇在中國受歡迎，想來與中國人在生活中經歷了許多荒誕（不正常）的事情，也有很多荒誕的感受有關，所以荒誕藝術也就特別能打動他們的心弦。其實，無論哪一種喜劇思路，都必須借助普通人能夠用以感覺和辨認「荒誕」的某種正常標準——常識、常情、常理、常規、常態。有了正常，才有「荒誕」的不正常。荒誕可能讓人覺得好笑，但是，笑並不是荒誕的唯一藝術效果，荒誕也可以給人們帶來害怕、厭惡、噁心、壓抑、憤怒、焦慮和不安。與藝術殿堂裏的電影相比，笑話這個大眾文化的「小玩意」，它的目的和效果要單純得多，笑話

只是為了引人發笑。然而，即使如此，笑話也有兩種情況——現實像笑話或者笑話像現實。

一 來自生活的真實笑話元素

2009年12月25日有一則《四川資陽精神病醫院舉行唱紅歌比賽》的報導說，11月26日下午，四川資陽市精神病醫院舉行了一次歌詠比賽。醫護人員和精神病人同台演唱，「由於病人不能在卡拉OK樂曲伴奏下演唱，因此一律清唱。但是令人吃驚的是他們的歌聲整齊、嘹亮、悅耳、動聽。他們豪情滿懷，飽含深情，用自己的歌喉歌唱祖國，展示了對黨的忠誠之心，熱愛之情。」報導還附有一張照片，前排是身穿白大褂的醫生、護士，後面兩排是身穿條紋病員裝的神經病患者。

這則消息難免給人以「荒誕」的感覺。按常理、常情和常態來判斷，如果病人能「整齊、嘹亮、悅耳、動聽」地清唱，又能對紅歌的革命精神如此「豪情滿懷，飽含深情」，她們幹嘛還非要呆在神經病院裏不可呢？通常醫生護士憑藉他們受過的專業訓練或一般人憑他們的常識，都會覺得荒誕，為什麼這家醫院的醫生和護士連這個都不明白呢？試想這樣一個笑話：

> 薄熙來同志訪問四川資陽市精神病醫院，醫護人員和精神病人同台演唱。薄熙來見有一位護士站在一旁不唱歌，就問，你為什麼不唱歌。這位護士說：「因為我是護士」。

這個笑話是按一個現成的德國笑話編出來的，許多笑話都是按已有的套路翻陳出新地生產出來的，原來的笑話是：

希特勒訪問一個瘋人院，所有的病人都向他行希特勒禮。希特勒看見一個人沒有舉手行禮，就問：「你為什麼不像別人那樣行禮。」這個人回答道：「報告元首，我是服務員，不是瘋子。」

薄熙來的唱紅笑話一看就是虛構的，是編出來的，不僅因為它有可辨認的笑話敘述結構 (尤其是最後那句令人出其不意，但卻富有回味的「妙語」)，而且，更重要的是，笑話裏的情境不可能是真的。在現實生活中，如果薄熙來真的在那裏，沒有人敢不唱歌。一個小小護士，就算是不唱歌，被問到的時候，她也絕對不敢暗諷那些唱歌的醫生和護士都是有病之人，或顯示只有她自己才神志正常。在今天的中國，恐怕滿世界都找不出幾個像這位護士那樣大膽的人。

人們可以憑常識斷定，這個「故事」一定是為挖苦和嘲笑什麼事情而虛構出來的。許多文學家都曾就文學對現實生活的加工和增添作用有過評說，例如，英國文學家C. S. 路易斯(C. S. Lewis)說「文學不只是描述現實，而且是給現實作添加。文學增強人們在日常生活中所需要的能力。就此而言，文學澆灌着我們生活已經變成的那個荒漠。」蘇聯小說家、《日瓦戈醫生》的作者伯里斯‧帕斯捷爾納克(Boris Pasternak)則說，「文學是發現普通人不普通之處的藝術，是用普通的字詞說出不普通之事的藝術。」虛構的笑話雖然只是「小玩意」，但多少也有這樣的作用。這種作用最明顯的時候是，就算明明是虛構的笑話，聽起來卻像是真的發生過一樣。相聲《如此照相》裏有這麼一段：

甲：破私立公，照幾寸？

乙：革命無罪，三寸的。

甲：造反有理，您拿錢。

乙：突出政治，多少錢？

甲：立竿見影，一塊三。

乙：批判反動權威，給您錢。

甲：反對金錢掛帥，給您票。

乙：橫掃一切牛鬼蛇神，謝謝。

甲：狠鬥私字一閃念，不用了。

乙：靈魂深處鬧革命，在哪兒照相。

甲：為公前進一步死，往前走。

最後一句是相聲的「抖包袱」，也就是笑話裏的「妙語」 (punch line)，說到這裏人們才能聽出，這是一個經過創作，也就是編出來的笑話。

事實上，所有的笑話都是編出來的。但是，我們現在聽起來既可笑又荒誕的故事，卻未必是為了說笑話而編出來的。上面這種「語錄對話」在不少個人回憶裏都出現過，記憶的細節未必每一處都真實，這是因為，講出來的記憶都是經過某種敘述加工的。相聲《如此照相》就是根據人們敘述的「文革」回憶創作出來的。

今天，「語錄對話」已經成為有關「文革」文藝作品的一種敘述元素 (其他類似的敘述元素包括紅衛兵、侮辱性的批鬥場面、抄家、關牛棚、早請示晚彙報、忠字舞、武鬥等等)。電視劇《金婚》裏就運用了「語錄對話」這個敘述元素。

《金婚》中的主角佟志，帶着夫人文麗出差住招待所時，由於他是個老實巴交的小知識分子，在單位只知道幹活，毛主席語錄會背的不多，所以沒有用對毛主席的語錄，惹惱了接待的值班員。還好，沒有出別的事，正像值班員所說：「我看你

這個人還老實，不然我叫紅衛兵把你抓起來。」結果只是沒有讓他們住上招待所。

佟志夫妻倆又找到了一個小旅館，這次他接受了教訓，拿出了毛主席的語錄，精心準備了有關的語錄，進入了旅館。他採取了用毛主席的語錄「說話」的辦法。旅館的值班員正趴在服務台上睡覺，佟志小心地敲了敲窗玻璃，女值班警察覺地站起來說：「最高指示：『我們都是來自五湖四海！』」

佟志馬上用毛主席的語錄接答：「為了一個共同的目標走到一起來了」！回答得很準確，然後他又討好地說：「小同志，你的最高指示選得真準，真棒！毛主席的語錄都會背吧？」

經佟志這麼一捧一拍，女值班員得意地說：「老三篇我都會背，為人民服務、愚公移山、紀念白求恩，你說哪個？說吧！」

佟志趁勢用驚訝的語氣說「真的？那我得好好向你學習學習。」說着翻開了老三篇，說：「咱們來個愚公移山吧？」

女值班員很認真的背起了愚公移山，佟志也跟着背。這時候，值班員停了下來說：「我在背，你在哪兒搞啥亂！都叫你給攪亂了。」

佟志馬上很歉意地說：「哦，對不起，那我們背紀念白求恩，怎麼樣？一個外國人不遠萬里來到中國，這是什麼精神？」

女值班員馬上搶答：「國際主義精神！」

佟志很高興的，討好地說：「哎呀，你真棒！真是太棒了！」

毛主席的語錄和老三篇的「溝通」起了作用，值班員高興地問「你是來住宿的吧？」

佟志馬上說：「是，是！」並拿出了出差證和工作證，兩個人順利地住上了旅館。

夫妻倆剛洗漱完畢，發現他們隔壁房間住着紅衛兵小將、造反派，把他倆嚇得趕緊熄燈睡覺。年輕的夫婦晚上睡覺免不了會有動靜。當時的旅館條件是很差的，就一張破桌子兩張四條腿的小單人木床，不要說兩個人睡，一個人睡，翻個身小床就會咯吱咯吱響。可能是兩個人睡覺時動靜大了點，突然房門敲得咚咚響，門外紅衛兵高喊：「開門，開門！最高指示：『掃除一切害人蟲，全無敵！』」

文麗又羞又怒地說：「我們是合法夫妻，有結婚證的！」

紅衛兵小將也憤怒的說：「看你那妖精樣，一看就是搞破鞋的！結婚證是假的！」

佟志說：「小同志。」

紅衛兵小將馬上反問：「什麼？」

佟志馬上改口：「啊，紅衛兵小將，毛主席教導我們說：『沒有調查就沒有發言權。』我們確實是夫妻。」

紅衛兵小將很乾脆地反駁：「什麼兩口子？是搞破鞋的！最高指示：『打倒一切反動派！』」然後要給他倆坐飛機（那時的坐飛機，是批鬥人時，兩個人把被批鬥的人兩個胳膊向後邊架起來，再把被批鬥的人的頭按下去，像飛機一樣，叫坐飛機）。

佟志也高聲背誦毛主席語錄：「最高指示：『要文鬥，不要武鬥！要團結一切可以團結的力量！』」

紅衛兵更憤怒了，高喊毛主席語錄：「凡是反動的東西，你不打他就不倒！」

紅衛兵的揪鬥救了他們夫婦，他們兜裏掉出了全家照片。紅衛兵們看到照片上是他們夫婦和兩個女兒，確認了他們是夫

　　　　　　　　　　　　　犬儒與玩笑

妻，最後把他們放了。夫妻倆很委屈地虛驚一場！

文藝作品裏不斷出現「語錄對話」的敘述元素（當然還有狂熱、野蠻的紅衛兵元素），因為它現在已經成為一個笑話元素，也就是一個「笑點」。與所有的其他笑話元素——關於性、窮人、智力低下者、殘疾人等等——一樣，第二次運用就不如第一次好笑，反復運用，必然變成不好笑的老套子。現實生活裏出現的笑話元素會不斷地新陳代謝，一些原本可笑的元素，會隨着時代的變化，因變得陌生而不再可笑。這在歷史上的笑話裏是屢見不鮮的。

二　笑話與趣聞軼事

語錄笑話可以幫助我們看到笑話和趣聞軼事 (anecdote) 之間的一些關聯。當作笑話來談的趣聞軼事經常是一些奇聞怪事，因為奇怪、不合常理，所以才引人發笑。講述趣聞軼事運用的都是敘述的方式，與簡短、警策的機智妙語 (witticism) 有所不同。有的趣聞軼事帶有幽默，讓人覺得好笑，可以當一個笑話來敘述，這就和笑話的敘述差不多了。例如，北宋名臣張味以脾氣古怪著名，他有時意氣用事，急躁武斷，不過人很正直，官譽不錯。他在湖北做縣令的時候，有一次發現一個管錢的小吏偷了一枚錢藏在頭巾裏帶出庫房，於是令打板子作為懲戒，小吏不滿，辯解說：「我不過是偷了一文錢，你竟因此打我，但你能夠殺我嗎？」張味聽了大怒，寫了四句判詞：「一日一錢，千日一千；繩鋸木斷，水滴石穿」，居然把那小吏殺了。還有一個關於張味「請吃餛飩」的笑話，他在益州任知州時，有一次在街上吃餛飩，頭巾沒有戴好，上面的帶子垂落到碗裏，他用手往上攏，攏一次又掉下來一次。他氣壞了，一把把頭巾

扯下來，狠狠扔進餛飩碗裏說：「你請吃吧。」說完氣呼呼地起身走了。

有一件如今上了年紀的人可能記得的軼事。「文革」時，37歲的女工吳桂賢 (九至十一屆中央委員，第十屆中央政治局候補委員) 成為建國以來第一位女副總理，有一次，她作為主管衛生的副總理接見外賓，對方出於對中國中醫的尊重欽佩地談到李時珍的醫術高明，吳副總理問在座的中國官員：「李時珍來了嗎？」「文革」後主管科學的領導人方毅說，「吳桂賢問李時珍來了沒有，確有其事」。

趣聞軼事之所以好笑，是因為它發生在真人身上 (到底是否真實另當別論)。聽的人會覺得，居然有這樣的事，真是可笑。要是編出來的，就沒那麼可笑了。像張味這樣的軼事雖然有趣，雖然有人會覺得好笑，但未必人人都會把它當笑話來聽，聽了也未必會笑，因為他們會把這個故事當作規勸人應該有耐心，不要衝動行事的教諭故事來聽。一般的「笑話集」裏往往會有不少軼事趣聞，有的不容易分辨是笑話還是軼事。有時候一則逗樂的笑話會被編書的人添上一個嚴肅的結尾，作為對故事嚴肅涵義的曉喻。其實，趣聞軼事之所以流傳，不過是因為有趣，加上這樣的結尾往往會很勉強，但是，也有的軼事令人難以沒有這樣的聯想。

在現實生活中，說趣聞軼事會惹禍上身，經常是因為好笑的事情被添加和引申出它本身並不具有的「曉喻」。這就變成了「影射」，在中國，單憑影射就可以構成嚴重的罪名。例如，誰要是在「文革」時敢公開說吳桂賢的笑話，那就一定會被扣上「攻擊國家領導人」、「反對文化大革命」的罪名。

「反右」的時候，有不少人都是因為說笑戲謔而惹禍上身的。作家王躍文在《寫作「官場小說」讓我丟了飯碗》中回憶

犬儒與玩笑

道：「我父親有一點文化，土改的時候參加工作。縣委書記的夫人臉上長了麻子，他就在她的扇子上寫了一首打油詩，『妹妹一篇好文章，密密麻麻不成行，有朝一日蜜蜂過，錯認他鄉是故鄉。』當時就是一個玩笑，一笑而過，但是縣委書記的夫人心裏挺不舒服。到1957年反右的時候，縣委書記夫婦就抓住這個事伺機報復，把我父親打成右派。因為這個原因，1978年之前，家人一直被籠罩在右派分子家庭的陰影中。」王躍文說的這段軼事，你可以當荒誕的時代笑話來聽，也可以當作歷史災難的一個見證。

王躍文父親的打油詩是一個表現自己機智、詼諧的玩笑，如果他只是說，縣委書記夫人臉上有麻子，那便不好笑了。雖然不難在幽默種類上界定「機智語」(witticism)和「笑話」的區別，但在具體的玩笑中它們的區別往往是模糊的。機智語是一個人在特定情境下對特定情況所做的幽默反應或應答，雖然幽默，但目的不只是為了好笑，有的是為了表示瀟灑或與他人熱絡感情，有的是為了藉以擺脫窘境或自我解嘲，還有的則是用以挖苦、嘲笑、回嘴攻擊。

許多名人的幽默語後來與原先的情境分離開來，成了單獨的笑話。馬克・吐溫的不少機智語原來是嘲諷當時美國金融界人士和國會議員低能、假愛國主義的玩笑，現在人們說起來，就成了單獨的笑話。聽的人覺得機智、好笑，與這些話是不是馬克・吐溫說的已經沒有關係，這些話如果是現在什麼人說的，也是同樣機智、好笑。例如：「銀行家是那些出太陽時借傘給你，但下雨天問你要回去的人」、「愛國者是那些不知道自己在吼叫什麼但吼叫得最響亮的人」、「永遠要忠於國家，忠於政府，如果它們配得上的話」、「如果你不讀報紙，你頂多不知道。如果你讀報紙，你就會被誤導」。

三 玩笑和機智語

機智語的好笑是與特殊的情境聯繫在一起的，時過境遷，許多機智語就會變得不再好笑。人們還記得一些不再可笑的機智語，那是因為知道和佩服說機智語的人特別有急智，例如，有一個買東西，不買南北的幽默故事：

> 一個人在路上遇見友人提著籃子上街，問「上哪兒？」回答說「上街買東西。」此人又問：「為什麼不能買南北？」回答說不能，因為按照五行與東、南、西、北、中相配，東屬木，西屬金，凡屬金木類，籃子可盛，而南屬火，北屬水，籃子不可盛，所以只能買「東西」，不能買「南北」。

這個故事有不同的版本，作此「巧答」的有宋代的王安石、宋代理學家朱熹的老朋友盛溫如和清代名嘴紀曉嵐。他們不可能都是真正的事主，也可能誰都不是。這個故事之所以幽默，並非因為它真的好笑，而是因為它的回答雖然是強詞奪理，但卻巧妙、有趣。許多「腦筋急轉彎」也是這種性質的「幽默」。

把機智語記在某名人名下，可以讓故事聽起來更真實，這似乎比較適合中國人聽笑話的習慣。一般人對真實笑話的興趣似乎大於編出來的笑話，即使笑話明顯是編出來的，也會用真實的或熟悉的事來充當笑話裏的角色或事件。這樣可以讓說笑話和聽笑話的人都感覺到是與自己或實際生活有關的笑話。有些笑話是「罐頭笑話」(canned jokes)，也稱「通用笑話」(generic jokes)，可以移植到類似但不相同的情境中，例如，納粹德國有這樣一個笑話：

犬儒與玩笑

有一個人走過一棵大樹，看見有人在樹上張望，於是問道，「你在那裏幹什麼？」樹上的人說：「等待從東線傳回來的勝利捷報。」「你這麼辛苦，一個月掙多少？」「20馬克。」「怎麼才這麼一點？」樹上人答道，「雖然不多，但卻是一份不會失業，終生有靠的工作。」

蘇聯有一個相似的政治笑話，把樹上人的工作換成了「等待共產主義實現」。如果放到中國，也可以把這個工作換成「等待摸完石頭過河」。

有生命力的笑話是能傳播的玩笑，有人說有人聽的笑話才是好的笑話。只是當玩笑的「問題」還存在的時候，玩笑才會傳播，一旦問題解決，不再存在，玩笑也就停止了。雖然有的還可能被記載在文章或書裏，但卻已經失去了自發傳播的生命。玩笑特別有生命力的時候，必定是玩笑的問題看上去永遠難以解決的時候，除了拿它開玩笑，似乎完全沒有其他的應對方法。處於完全失望狀態中的人們，他們不僅拿問題開玩笑，而且還拿自己的玩笑開玩笑，這是一種對待玩笑的奇特的犬儒主義方式，甚至無法形成真正的玩笑，而只是一些散亂無序的、近似於無厘頭的「機智語」。應該成為我們關注問題的不只是這樣的遊戲，而且更是造成它的環境條件。這種遊戲是以前從來未曾有過的，是今天網絡傳媒的新發明。微博的廣泛運用使得這種「你一句，我一句」的玩笑具有了新傳媒時代的明顯特徵，形成了一種起哄式的機智語接力和擊鼓傳花遊戲。下面便是一個例子：[1]

終於摸到那塊石頭了。不斷地丟棄，是為了不斷地將它找

1　http://www.weibo.com/1422308692/BsWDeg8kc

回來，也不斷驚喜地告訴大家：「找到啦」。接着再丟棄、再找……

摸到了，但說還沒摸到，怕大家不再跟着。不過要真的不跟了，他會拿石頭砸你。

「摸石頭摸上癮了，卻連河也不想過了。」

賴在河裏玩石頭，這是什麼精神？

「為人民服務」的精神！

讓自己與到手的權力說再見是最最痛苦的事情，無疑是一場革命。

哈哈，政治家耍起無賴來遠勝過地痞流氓。

摸啊摸，最後摸到自己褲襠裏那G點，驚叫，終於找到啦！

結局大家都知道，被金蓮弄死在床上。

假裝在河裏摸石頭，其實是在摸自己蛋蛋。

想都不用想，這幫東西肯定是在河裏摸到金子了。

水深不透明，上岸光屁股。

這些開玩笑的人們看起來嘻嘻哈哈，其實心情並不輕鬆。玩笑者們相互應答，彼此唱和，在那些調侃和油嘴滑舌的挪揄、挖苦的戲謔中，他們感覺和傳遞的不是幽默一般應該帶給人們的歡笑，而是酸澀、無奈的苦笑和沒有前景的茫然、無望和不知所措。美國幽默諷刺作家和漫畫大師詹姆斯·瑟伯 (James Thurber, 1894–1961) 在他的作品中把城市人描繪為渾渾噩噩的芸芸眾生，這種人沉溺於幻想而逃避現實，他們是糊裏糊塗地逃避現實。笑話的逃避現實與糊裏糊塗的逃離是不同的。如果說人們在玩笑中逃避現實，那是因為他們還在努力保持一種清醒的狀態，還在對現實作出是非和善惡的判斷。他們逃避現實是因為不願意在醜惡的現實裏隨波逐流、應聲附和，更不

願意掘泥揚波、黑白顛倒。瑟伯說，「幽默是在沉靜中觀照情感的混沌。」[2] 越是在茫然、無望和不知所措的混沌情緒和不安心境裏，幽默越能幫助人們觀照自己的內心和評估自己的處境，雖然自嘲，但不自卑，更不自我糟踐，自甘墮落。這樣的幽默觀照帶給人某種笑的喜悅，也讓我們更加認識到人在困境中笑的意義和價值。

2 Quoted by Don L. F. Nilson and Alleen Pace with Ken Donelson, "Humor in the United States." In Avner Ziv, ed. *National Styles of Humor*. New York: Greenwood Press, 1988, p. 181.

19 中國古代的犬儒與玩笑

中國古代沒有「犬儒」這個概念，即使孔子這位大儒曾因處處碰壁而自嘲說「如喪家之犬」，也沒有人會想到「犬儒主義」這一層意思上去。孔子是個嚴肅的人，他居然也開這種玩笑，想來玩笑在中國古代是普通常見的。從犬儒和玩笑的聯繫來觀照中國古代文化中的一些精神價值和被提倡的處世方式和行為取向，一則是因為玩笑——任誕、戲謔、調侃、猖狂、玩世不恭——經常是犬儒的特徵，中西皆然；二則是為了說明，中國在歷史上其實早已形成的三種與犬儒相近或有關的文化元素：看穿 (和識透)、逃避 (和解脫)、順從 (和接受)，這三種元素都可以兼容玩笑的憤世嫉俗和遊戲人生，也可以方便地運用種種戲謔和搞笑的手段——諷刺、挖苦、嘲諷、誇讚、戲仿、作怪等等。

一 徹底的看穿和徹底的無望

有一個收在「古代笑話」裏的叫「華而不實」的故事：

齊景公對晏子說：「東海裏邊，有古銅色水流。在這紅色水域裏邊，有棗樹，只開花，不結果，什麼原因？」
晏子回答：「從前，秦繆公乘龍船巡視天下，用黃布包裹着蒸棗。龍舟泛游到東海，秦繆公拋棄裹棗的黃布，使那

黃布染紅了海水，所以海水呈古銅色。又因棗被蒸過，所以種植後只開花，不結果。」

景公不滿意地說：「我裝着問，你為什麼對我胡謅？」

晏子說：「我聽說，對於假裝提問的人，也可以虛假地回答他。」

閱讀這個故事的人，未必都真的會笑出來。先秦的古代笑話中不少是像「華而不實」這樣的「笑話」，如自相矛盾、削足適履、買櫝還珠、杞人憂天、刻舟求劍、守株待兔、東施效顰等等。這些笑話都談言微中，能透徹入微地擊中某個問題的要害。有的人聽了會笑，但也有的人會認為，這些故事不是逗笑的，而是發人思考的，它們包含的不是笑料，而是智慧。就「華而不實」的故事而言，有的人會覺得齊景公可笑，居然煞有介事地提出一個不是問題的問題。有的人會覺得晏子很智慧，幽默地以其人之道反治其人之身。但是，也有的人會覺得晏子有些犬儒，明明知道齊景公在瞎問，卻還一本正經地跟着瞎胡調、搗漿糊；要是齊景公不接着再問他為什麼胡謅，那晏子回答的「智慧」豈不就成了「附和」和「諂媚」？

其實，在現實生活裏，並不是所有的王者都像齊景公那樣明白或願意承認自己是在瞎說，而下屬在順應着他的喜好隨聲附和時，也很可能並不是為了提醒王者的謬誤，而反倒是鼓勵他更過份地瞎說。毛澤東搞大躍進，錢學森用「科學」方法證明能畝產萬斤。要是當過農民的毛澤東問這位科學家，「我假裝相信，你怎麼也跟着胡謅」，也許錢學森可以給毛澤東一個晏子那樣的回答：「我聽說，對於假裝相信的人，也可以虛假地為他提供科學證明。」可是，毛澤東並沒有這麼問他，所以，錢學森的附和行為只能到此為止，只能是一次無原則的諂

　　　　　　　　　　　　　　　犬儒與玩笑

媚、巴結和瞎胡調。這麼一來，大躍進畝產萬斤糧這件荒唐事情就成了一個笑話。

「華而不實」的故事之所以被看成是一個「笑話」或一則「幽默」，是因為它被認為是一個「譎諫」——用幽默的方式在規勸王者，雖然齊景公有什麼是需要勸諫的其實並不清楚。譎諫是一種受到稱讚的和時而有效的戲謔。有這種能力與作為的不乏有伶人 (如優孟、優旃) 和廷臣 (如東方朔、紀曉嵐)。他們「譎諫」的成效取決於王者的容忍和好心情。所以，他們以說笑的婉轉方式提出的批評與古希臘的犬儒其實是不一樣的，而更像是今天那種無原則瞎胡調、玩笑人生、模稜兩可的犬儒。這是兩種完全不同的犬儒，也是中國古代犬儒與古代希臘犬儒有所區別的一個方面。

在中國歷史上，與古代希臘犬儒最為相似的恐怕要數莊子了。古希臘被稱為「犬儒」的狄奧根尼認為人應該自然地生活，「自然」構成了他批評和攻擊一切「不自然」惡習的道德平台，包括世人的道貌岸然、裝腔作勢、循規蹈矩、權勢財富。迪克‧基耶斯 (Dick Keyes) 在《看穿犬儒主義》一書中指出，「所有的犬儒，無論古今，都需要站在理想的平台上才能向他們批評的靶子投石塊。一個自己處於墜落中的人投石塊既使不出勁道，又沒有準頭。」[1] 在古希臘的犬儒那裏，「自然」與其說是「萬物自然」(elemental nature)，還不如說是「人性自然」(human nature)。唯有使人性自然擺脫社會地位、財富、等級、榮華觀念的束縛，人才能從對未知因素 (神念、神力、來世) 的恐懼和焦慮中解脫出來。這一觀念影響了古希臘的斯多葛學派，它的創始人芝諾 (Zeno，約西元前336–約前264年) 認

1　Dick Keyes, *Seeing through Cynicism: A Reconsideration of the Power of Suspicion.* Downers, IL: InterVarsity Press, 1996, p. 21.

為，自然首先是人的道德準則，與自然相一致的生活，就是道德的生活，自然指導我們走向作為目標的道德。自然的原理也適用於人際關係：不動怒、不妒忌、與人無爭。就是對奴隸，也應該平等對待，因為所有的人類都是自然的產物。自然的原則讓我們能看穿違背自然的文化規範、法律、傳統，這些都是虛妄不善的。自然的人會對外在的「好東西」無動於心。這是獲得更真實、更確實、更自由的滿足和幸福的不二之途。

莊子所說的「常然」與古希臘犬儒的或斯多葛學派的「自然」頗為相似。他在「駢拇」篇裏說，「天下有常然。常然者，曲者不以鉤，直者不以繩，圓者不以規，方者不以矩，附離不以膠漆，約束不以墨索。故天下誘然(油然)皆生而不知其所以生，同焉皆得而不知其所以得」。這是說世界上有一種「常然」(自然)的存在狀態，曲直方圓是無法度量規定的，仁義禮智是無法束縛限制的，只要讓其自然，做到「無為」，便可「油然而生」，「同焉皆得」。莊子的無為思想主要是繼承了老子的「無為而治」，他和老子同樣看穿制度的繁縟和政治的腐敗對人的純真本性有着極大的束縛和扭曲作用。

正是站在「無為」的理想平台上，老子向苛刻的法令投石塊：「天下多忌諱，而民彌貧；民多利器，國家滋昏；人多技巧，奇物滋起；法令滋彰，盜賊多有。故聖人雲：我無為，而民自化；我好靜，而民自正；我無事，而民自富；我無欲，而民自樸。」(《老子》五十二章「為政」)老百姓的貧窮、偷盜、賊行、當兵戰死、土地荒蕪、糧倉空虛，國家昏暗，都是被制定繁文縟節的統治者給逼的。

莊子也是站在「無為」的理想平台上向「聖人」投石塊：「舉賢則民相軋，任和則民相盜。之數物者，不足以厚民。民之於利甚勤，子有殺父，臣有殺君，正晝為盜，日中穴 。」

　　　　　　　　　　　　犬儒與玩笑

(《莊子‧雜篇》〈庚桑楚〉第二十三篇) 莊子聲稱越是任用賢良智慧的人，社會就變得越加混亂，甚至「聖人不死，大盜不止」。這話似乎說得特別透徹，但在一般人聽起來未免不合情理、荒誕可笑，因此並不會有實際的說服效果。這是憤世嫉俗的驚世駭俗之語，是犬儒式的誇張，它的怪戾、激憤和嬉笑怒罵令人聯想到古希臘狄奧根尼住在舊木桶裏和他的各種搞怪行為 (如故作粗魯和在大街上手淫)。古代犬儒以嬉戲為樂，喜好諷刺和嘲笑。戲謔乃人性的天然喜好，古代犬儒主張「依照自然生活」，也就當然會拿用滑稽和玩笑來表現或表達自己的觀念。

看得特別透徹明瞭，說得特別斬釘截鐵，這往往會導向絕對化的結論：除非回到最純粹的理想狀態，任何其他向比較好的方向轉變都是完全沒有希望的。這是一種犬儒主義看待事物的方式，它主張的實際上是一種善惡不分的無所作為。莊子把「無為」當作最純粹的理想狀態，除此之外，聖人與惡人，比較好的「為」和很惡劣的「為」之間的區別都不在他的考量之中。不僅如此，由於聖人的偽裝，聖人比惡人更惡，由於較好的作為比顯然惡劣的作為具有欺騙性，所以較好的作為反而更壞。

這種「看穿」也是現代犬儒主義的一個重要特點。齊澤克在對現代犬儒主義的批判中指出，「犬儒智慧的模式是把誠實和正直當成不誠實的至高形式，把道德當成放蕩的至高形式，把真實當成最有效的謊言形式。」因此，在現代犬儒主義眼裏，正直與卑鄙、誠實與虛偽、道德與墮落、真實與謊言之間並沒有實質的區別，只不過是一個比另一個合法，掩飾得更好而已。齊澤克因此說，碰到強盜打劫勒索斂財，犬儒主義者的反應是，合法的賺錢其實是更有效的打劫和斂財。[2] 德國戲劇家布萊希特 (Bertolt Brecht) 在《三毛錢歌劇》裏說，「搶劫一家銀

2　Slavoj Zizek, *The Sublime Object of Ideology*. London: Verso, 1989, pp. 29–30.

行比起新開一家銀行又算得了什麼？」

按照這樣的犬儒主義邏輯，不民主國家裏人民的民主期待根本就是一場愚蠢的白日夢——今天世界上是有民主，但那是「西方民主」，而西方的民主都是偽裝的，是少數有錢人在實行更隱蔽、更有效的專制。既然如此，何必還要那麼頂真地要求民主和人權？在犬儒主義者眼裏，世界上只有兩種人，真壞人和假好人，假好人比真壞人更壞，好人的良心都是假裝出來的，良心對人根本不可能有引導善行的作用。

二　從逃避到無從逃避

在中國古代，為求精神解脫和身體逃遁的躲避被稱為「隱」，冷成金在《隱士與解脫》一書裏詳細討論了中國古代之「隱」的七個階段——孔子之隱、莊子之隱、朝隱、林泉之隱、中隱、酒隱、壺天之隱。它們各具自己的時代特徵和不同的側重點，但都有一個共同的內在特點，「即通過各具特色的方式從僵化的價值觀念中解脫出來，尋找一種更加富有活力的自由價值觀念」。(6)³ 由於這種對塵世束縛和煩惱的厭倦，人們對人間解救的失望可能導向兩種可能，一個是尋求宗教的解脫，另一個是在宗教解脫不可尋求時，投向犬儒主義。正如冷成金所見，中國人「很難像西方人那樣通過信奉超越的神的價值去實現對現實的解脫，而一般採用隱逸這一更為現實的解脫方式。通過隱逸所獲取的精神解脫有着十分豐富的文化內涵，也有着複雜的精神機制」。現實的解脫也就是世俗的隱逸。(7)

世俗隱逸的文化內涵和精神機制中特別值得關注的便是犬

3　冷成金：《隱士與解脫》，作家出版社，1997年，源自此書的引文皆在括弧中標明頁數。

犬儒與玩笑

儒主義。在西方，像基督教這樣的宗教信仰是一種精神力量，它保護人類希望和終結信念，克服徹底的懷疑主義和虛無主義、抵制世俗犬儒主義。當然，即使在基督徒中，也還是會滋生一種動搖宗教信念的犬儒主義。基督教作家安德魯·貝爾斯(Andrew Byers) 在《沒有幻覺的信仰：跟隨犬儒聖人耶穌》一書中指出，有的基督徒對上帝和教會產生失望、懷疑和幻滅，會投向犬儒主義，但不會拋棄原來的宗教信仰成為一個無神論者。如果一個人從來沒有信過上帝，他也就談不上像基督教徒那樣懷疑或不相信上帝了。[4] 與基督徒的犬儒主義相比，世俗犬儒主義是沒有宗教信仰的犬儒主義，他所針對的權威不是上帝，而是世俗人間的權力。中國人隱逸的犬儒主義特徵也是在與世俗權力的關係中顯現出來的。

中國的隱逸文化可以追溯到孔子，孔子當然不是隱士，甚至還明確地反對隱逸。可是。他也還提倡過「無道則隱」，這開始可能只是一種策略性的退卻，但也會習慣成為自然，久假不歸，變成一種習慣性的犬儒主義。孔子還進一步提出明哲保身、存身以成仁的觀點，作為他隱居求志、待時而動的必要補充。因此，冷成金認為，「孔子的隱逸思想有無道則隱、存身求仁為內核，以審時而動、明哲保身為外在表現形式，構成了一套積極入世者的極高明的處事策略。」(4) 儘管如此，說起中國的隱逸文化，大多數人首先想到的不是孔子，而是莊子。

可以說，莊子在中國隱逸文化中的地位大致相當於狄奧根尼在古代犬儒主義文化中的地位。莊子本身就是一位大隱士，就是他全面總結了中國的隱逸理論，使隱逸成為一種哲學。正如冷成金所說，莊子的隱逸包含了內心、責任和情緒：「莊子

4　Andrew Byers, *Faith without Illusion: Following Jesus as a Cynic-Saint.* Downer's Grove, Ill: InterVarsity Press, 2011.

的隱逸思想首先是一種面對社會精神牢籠的覺醒，他否定一切世俗的功名利祿，使之不擾於心，並進一步卸載了一切社會責任，使自己成為一種純粹的自我存在。這還不夠，他不但要隱身，更重要的是隱心，通過艱苦的修煉，徹底蕩除自己喜怒哀樂的情緒，即使『大浸稽天』也不感到潮濕，『大旱金石流』也不感到炎熱，純粹的自我存在昇華到了純粹超然的精神存在」。(4)

對莊子這種全面、徹底的隱逸——清靜無為、心如止水、自我放逐、永遠的局外人——的社會作用，一直有不同的評價。冷成金認為，「莊子的隱逸思想對封建意識形態一直起着破壞作用……這一思想基本上是作為積極因素發揮作用的。」(4) 這也許是就莊子的某種批判精神——獨立的人格、獨立特行的行為、價值堅持和思想抵抗——而言的。西方對古代犬儒主義也有類似的積極評價，德國思想家彼得·斯洛特迪克 (Peter Sloterdijk) 在《犬儒理性批判》一書裏將古希臘有明確抵抗意願的犬儒主義 (kynicism) 和現代的那種妥協、服從、不抵抗、隨波逐流的犬儒主義 (cynicism) 做了區分。[5] 應該看到，莊子精神只是在他那個特定時代才具有某種積極的思想抵抗意義，後來就未必如此了。不要說是今天，就是在莊子之後的中國古代隱逸文化演變中，隱逸的反抗也早就難以有再現的可能。後來出現的種種隱逸變得越來越屈從、猥瑣、口是心非，因此也越來越犬儒，而這種犬儒的元素其實在莊子那裏就已經存在了。

以逃避的方式，以局外人的身份，站在理想的平台上，向一切不順眼的東西——人性、倫理、規範束縛、社會責任——投石塊，這是犬儒主義批判的特徵。犬儒主義的批判是絕對的，

5　Peter Sloterdijk, *Critique of Cynical Reason*. Minneapolis, MN: University of Minnesota Press, 1987, pp. 101, 305, 103.

不加必要的區分，因為不分青紅皂白，而極易變成無的放矢的批判。莊子反對為了追逐所謂的仁義而損身害性，他說：

> 自從虞舜拿仁義為號召而攪亂天下，天下的人們沒有誰不是在為仁義爭相奔走，這豈不是用仁義來改變人原本的真性嗎？現在我們試着來談論一下這一問題。從夏、商、周三代以來，天下沒有誰不借助於外物來改變自身的本性。平民百姓為了私利而犧牲，士人為了名聲而犧牲，大夫為了家族而犧牲，聖人則為了天下而犧牲。所以這四種人，所從事的事業不同，名聲也有各自的稱謂，而他們用生命作出犧牲以損害人的本性，卻是同一樣的。(《莊子·駢拇》)

在莊子看來，小人、君子、大夫、聖人雖然地位不同，但在逐仁害性以至於損身這一點上是完全一致的，所以要統統一概從根本上加以否定。他越是徹底看穿仁義的虛偽和荼毒，就越是急切地要不顧一切地尋找隱逸逃遁之道。莊子的逃遁之道存在於他審美化的文學想像之中，這種逃遁之道即使在政治控制遠不如今天的古代也是不現實的。

到了漢代，隱逸成為更為現實的「朝隱」。漢武帝時的東方朔就以戲謔的口吻提出了「避世金馬門」的朝隱之道，他也成為最著名的廷臣和體制內知識分子的原型。冷成金就朝隱寫道，「在一定的歷史情況下，朝隱是實現個人價值的較好方式，當某一政權還富有生命力的時候，反抗與不合作往往並不能帶來積極的社會效果，這時候就可以接受或爭取一個合法的身份，借此來安頓自己，並利用合法身份做一些力所能及的好事……（朝隱）不是不合作的退避，而是以一種潛在的方式逐步增加『金馬門』中的合理因素，或者以自己的存在不斷地向

人們昭示現實社會中的合理因素。」東方朔的時代已經與莊子的時代完全不同了，因此隱逸的方式也必然要發生變化，「在春秋戰國時期，『邦無道則隱』是可以的，但某些朝代的統治者卻不許你隱，認為隱就是不合作，就要殺頭，這時候就沒有必要硬做方外隱士，做一個有益於社會的朝隱就顯得更策略一些……做無謂的犧牲是不符合隱逸精神的真義的」。(63)

許多人都有這樣的想法，認為在「邦無道」的時候，守住自己的良心就能出污泥而不染，獨善其身。但是，在現實生活中要實現這樣的想法，成功的可能實在是微乎其微。事實上，「邦無道而在體制內獨善其身」(朝隱) 是一個似是而非的悖論。如果邦有道，那麼每個人只要按照道所要求的去做就可以了，無所謂朝隱不朝隱。朝隱不是一個平常時候是否應該進入體制的問題，但是一個邦無道時的特殊問題。越是邦無道，才越需要朝隱，而越是邦無道則又越是不可能真正朝隱。無道之邦的制度必然要起到的作用就是誘使和強迫體制中的所有人對之順從，默認它的無道，不僅如此，還要強制他們與之配合和合作。只要看看「文革」時人們的行為表現就知道邦無道的厲害了。「文革」的時候不是所有人都喪失了良心，而是他們的良心並不能改變他們順從合作、隨波逐流、掘泥揚波、首鼠兩端的犬儒行為，更不要說是增加「金馬門」的合理因素了。那些在官場裏混的，他們當中有的也許真的是抱着朝隱的想法，但想歸想，做歸做，人格的分裂只會使他們成為空有良心的犬儒，或者根本就是口是心非的偽君子。

三　順從、默認和合作

自古以來，隱逸都是知識分子的問題，不是一般普通百姓

的問題。對知識分子來說，成為體制中人的那種朝隱必須付出的代價就是成為某種程度上的政治附庸，甚至是幫兇和打手。開始也許只是權宜之計、逢場作戲，後來便會久假不歸，在人格上走向「士」的反面，變得完全無恥和無良。東方朔雖然首次提出朝隱的理念，但他並沒有能實踐這個理念，他不是一個「士」，而只是漢武帝的一個弄臣。《史記》把他列入《佞幸列傳》之後的《滑稽列傳》，是要把他排斥於士之外。但是，今天一個知識分子無論怎樣揣摩上意、逢迎拍馬，背離「士」的理念，但都仍然還是社會身份上的「知識分子」。如果他不是像當年郭沫若等人那樣做得太過份，不是像「唱紅打黑」時奔向重慶的那些學界名流，或者不是像鼓吹中國「集體九總統制」明顯優於美國「個人總統制」的胡鞍鋼教授，那麼，他還並不至於招致許多人的輕蔑和不齒。這也許是因為人們今天已經比古人更習慣了知識分子的順從、默認和合作。朝隱經常是一種犬儒的處世方式，這種犬儒不是絕對的，而是有相當大的程度範圍。汶川地震時寫「縱做鬼，也幸福」的那位詩人可以說是犬儒中最有代表性的，也是最極端的之一。

比起這位詩人來，東方朔雖然善於揣摩皇帝喜好、逢迎拍馬，但畢竟還以他的諧謔尋機做一些「諷諫」。這種諷諫都是真不真、假不假的。勸諫的模棱兩可和首鼠兩端使它不可能是真正有立場的批評。皇帝不拿「諷諫」的東方朔當一回事，待他如戲耍逗樂的優伶。班固說東方朔「不根持論，上頗倡優畜之」。今天一些演小品的，自己說是批評「社會不良風氣」，其實同樣也是嚴格按照上面的意思行事，察言觀色，甚至拿弱勢群體尋開心，心甘情願的充當演滑稽的「倡優」，比起古代的東方朔，他們是諧趣不足，犬儒有餘。

中西皆有俳優、弄臣、小丑，他們有用卑躬自污來「談言

微中」的傳統。他們有的利用俳優、小丑不犯言論罪的機會來做一些補弊救偏的好事，運氣好的可能會諷諫成功，但運氣不好的就有可能因為直犯龍顏而丟了性命。所以，古代亦諧亦莊的諷諫要比今天直接拍馬屁的歌功頌德冒遠為嚴重的風險。

莊和諧之間本來就沒有絕對的區別，從莊重嚴肅向滑稽可笑轉變，這往往只是在「分寸」二字上的一線之差。有一次，漢武帝問東方朔，「先生視朕何如主？」東方朔本可以利用這個機會大大歌頌漢武帝的光榮、偉大、正確，但他說了這樣一番話：

> 自唐、虞之隆，成、康之際，未足以諭當世。臣伏觀陛下功德，陳五帝之上，在三王之右。非若此而已，誠得天下賢士，公卿在位咸得其人矣。譬若以周、邵為丞相，孔丘為御史大夫，太公為將軍，畢公高拾遺於後，弁嚴子為衛尉，皋陶為大理，後稷為司農，伊尹為少府，子贛使外國，顏、閔為博士，子夏為太常，益為右扶風，季路為執金吾，契為鴻臚，龍逢為宗正，伯夷為京兆，管仲為馮翊，魯般為將作，仲山甫為光祿，申伯為太僕，延陵季子為水衡，百里奚為典屬國，柳下惠為大長秋，史魚為司直，蘧伯玉為太傅，孔父為詹事，孫叔敖為諸侯相，子產為郡守，王慶忌為期門，夏育為鼎官，羿為旄頭，宋萬為式道侯。（《漢書·東方朔傳》）

漢武帝被逗樂了，「上乃大笑」。東方朔要讓死去不止千年的古代名賢都來侍奉於漢武帝御前，他說得一本正經，但這種誇張已經逾越了「分寸」界限，因而從莊重嚴肅變成了滑稽可笑。漢武帝聽得出來這不是真的在恭維他，他不生氣，因為

他把這當笑話聽。但是，今天許多人卻大不如古人有幽默感，「文革」中說「一句頂一萬句」，有幾個人覺得滑稽可笑呢？2009年，上面說了一句「不折騰」，有官員激情解讀說，「不折騰」三字，「表達了全黨、全國人民總結30年的改革開放巨大成就，最根本的就是堅定不移地走中國特色社會主義道路，堅定不移地堅持中國特色社會主義理論體系……就是這樣一個道路，不是別的什麼道路，就是這樣一個理論體系，不是別的什麼理論，我們中國在下一個30年、下一個50年就一定能夠取得更大的成就，就一定能夠發展得更好，屹立於世界民族之林」。三個字能解決一個國家30至50年的發展和穩定，這比「一句頂一萬句」更有過之而無不及。

《莊子·人間世》裏有一個故事，論述了朝隱之法，我們可以把它看成是「認真建議」，也可以把它看成是「反話正說」，前一種可直讀出「莊」，後一種則可曲會出「諧」。顏闔將去做衛靈公太子的師傅，臨行前問蘧伯玉說，「有這樣一個人，天性好殺，如果與他無原則地相處，就會危及我們的國家；如果同他堅持原則，就會危及自身。如果是這樣，我該怎麼與他相處呢？」蘧伯玉說：「你問得真好哇！你一定要謹慎小心，端正你自己的行為，外表上最好多接近他，內心裏最好要順從他。即使這樣，也還是會有禍患。你還要做到，接近他但不要陷進去，順從他但不要同流合污。如果陷了進去並且同流合污，那麼，你的靠山倒台的那一天，你也得跟着完蛋。他如果天真無知，你也跟着學作天真無知的樣子；他如果不守規矩，你也學着不守規矩；他如果隨便任性，你也跟着隨便行事。你如果能做到這些，便達到了一個挑不出毛病的境界。」

莊子是在勸人察言觀色、逢場作戲、投上司所好與他同流合污，乾脆做一個精明的小爬蟲呢？還是在說近墨者終難免於

黑，言下之意不如遠走高飛、遠離權力，這樣才能守護真實的自我呢？如果是第一種情況，那麼莊子便是與他自己的隱逸主張自相矛盾，十足表現出一種沒有原則的犬儒主義。如果是第二種情況，那麼莊子說的便是一個挖苦為官之道和天下烏鴉一般黑，官場無好人的冷笑話。

蘧伯玉教導顏闔的是如何通過順從、默認、合作來保全性命，這種教導確實很犬儒，但卻正是顏闔需要的教導，因為犬儒本來是一種在逆境下自我保全、避害全身的生存策略。這種生存策略與隱逸的目的和策略是完全一致的。犬儒主義是一種無奈的選擇。魏晉時期，司馬氏與曹魏政權的矛盾達到白熱化的地步，嚴重威脅着士人的生命，士人看到已無力挽救曹魏政權為司馬氏取代的命運，紛紛以冷漠避禍，或是高談玄理以求精神寄託。這樣的「林泉之隱」也是不得已的犬儒選擇，嵇康被誅是一個標誌性的事件，如冷成金所說，普通士人從此看清，「無論你有怎樣的道德文章，儀表風度和崇高的威望，無論你有怎樣正直的品格、善良的意願和美好的理想，也無論你怎樣謹言慎行，小心翼翼，只要你與專制君主強硬地對抗下去，你就必然沒有好下場，甚至是死路一條」。(89) 世道越是善惡顛倒、是非不分，人們對改變這樣的世道就越是心灰意冷、不抱希望，犬儒主義也就越是成為一種普遍的生存狀態和生活態度。

魏晉名士搞怪和惡作劇式的任誕最能引起人們對古希臘犬儒怪誕行徑的聯想，對兩種不同文化中的這等怪人來說，幽默恐怕並不是他們的本意。他們的一些古怪行為之所以好笑，是因為旁觀者覺得他們太不合常規、不符常理，因此像是故意在開玩笑或惡作劇。這就像你看見一個人在傻笑，他並不是在笑，但你會覺得他好笑。傻笑是一種神經基因失調的病，

犬儒與玩笑

叫「天使症候群」(Angelman syndrome)，患者不能控制臉部肌肉，所以看上去有事沒事都笑口常開。你覺得他好笑，是因為無緣無故的笑違背常理，讓人起疑。魏晉名士的古怪成為他們犬儒式自保的手段，阮籍雖然有卓立特行和狂狷的名聲，做出很多不容於世俗的事情，例如「青白眼」、「大醉六十日」等。可是，他個性謹慎，懂得明哲保身的道理，就算是不情不願，也連續在司馬氏父子手下作官而能安身立命。劉伶個子矮小，容貌醜陋憔悴，放浪不羈，有一次他借酒蓋臉，在房裏赤身見客，別人責怪他不懂禮數，他卻說：「我以天地為房屋，以房屋為褲子，你們鑽進我的褲襠裏來，反而責怪我，真是笑話」。他裝瘋賣傻，雖然看上去神神叨叨，但大事卻不糊塗，絕不會犯政治錯誤，更不會拿自己的性命開玩笑，釀成殺身大禍，這是他的精明之處。

四　理解犬儒，理解玩笑

犬儒都是聰明人，在古代，要有知識有學問的才當得了犬儒。現代犬儒主義中雖然有古代犬儒的一些元素，但已經與古代不同。現代犬儒主義是一種群眾社會的犬儒主義，一種不需要有思想或自己的想法就可以與他人一起實行的生活和處世方式。因此，今天我們了解古代的犬儒主義或犬儒人物，問題便不在於今天是不是需要莊子，而在於要看到，我們今天隨處可見的犬儒主義之所以如此普遍地滲透在我們的社會生活中，一個原因是，犬儒主義的一些歷史文化元素已經融入了我們的國民性和民族文化之中。

2010年初，有一位人稱「犀利哥」的流浪者在網上迅速躥紅。他眼神狂野，氣質不羈，引來無數網友追捧，據說甚至在

日本也有粉絲。英國《獨立報》也報導稱，「英俊中國乞丐吸引粉絲」。有人將他比擬為魏晉時期的劉伶。[6] 一位寧波網友「老饞貓」在一篇帖子中透露了他與犀利哥的一些交往：有一次，犀利哥正在撿煙屁股，老饞貓給了他10元錢，讓他去買吃的，沒想到犀利哥轉身去小賣部買了一包煙。老饞貓問他為什麼不買吃的，他指了指垃圾桶，那意思是吃的東西可以在垃圾桶裏解決。《世說新語》中有一條記錄與此同趣的故事：阮籍的侄兒阮仲容與同族人聚會，不用一般的杯子倒酒喝，而是用甕盛酒。大家圍起來坐下，面對面地大喝。這時有一群豬也來喝酒，阮仲容也不嫌髒，逕自舀酒和豬一道喝起來。

犀利哥打動許許多多人，也許是因為他做了他們想做但又沒有勇氣自己去做的事情，那就是不顧一切地逃逸，逃避他們不喜歡的那個生活世界。他們的生活裏充滿了矛盾，他們的願望與現實嚴重剝離，內心充滿了痛苦。他們雖然心裏明白，但最後還是選擇順從、默認、合作，與不明白根本沒有什麼不同。這種明白人的不明白選擇便是一種犬儒的選擇。

1990年代，鄭板橋的「難得糊塗」走紅中國社會，使他一下子有了數不清的粉絲。鄭板橋已經不能像魏晉時期的陶淵明那樣逃逸，「心為性役」是他和他的粉絲們最大的精神痛苦。隱逸早已不再是一種現實的逃脫方式。魏晉之後，初唐以降，衍生出中隱、祿隱、半隱等隱逸品種，「變得十分精巧、細膩和實用，基本上失去了魏晉風度的誘人神采」。(105) 與之一致的犬儒主義也就變得更加巧妙、靈活、多變而且實用。以中隱為例，中隱是著名詩人白居易提出來的，他有《中隱》詩：

6　《北京青年報》《「犀利哥」古今皆有魏晉劉伶狂野氣受追捧》，2010年3月22日。

　　　　　　　　　　　　　　　　　　　犬儒與玩笑

大隱住朝市，小隱入丘樊。丘樊太冷落，朝市太囂喧。不如作中隱，隱在留司官。似出複似處，非忙亦非閑。不勞心與力，又免饑與寒。終歲無公事，隨月有俸錢。君若好登臨，城南有秋山。君若愛遊蕩，城東有春園。君若欲一醉，時出赴賓筵。洛中多君子，可以恣歡言。君若欲高臥，但自深掩關。亦無車馬客，造次到門前。人生處一世，其道難兩全。賤即苦凍餒，貴則多憂患。唯此中隱士，致身吉且安。窮通與豐約，正在四者間。

白居易把隱士分為大、中、小，在其中選擇如何「隱」的標準是隱逸對於隱逸者的實用價值。這種純粹世俗功利的標準沒有道德和精神價值原則，是一種虛無主義的犬儒產物。冷成金因此評論道，「這真是一個莫大的諷刺，以矯正現實政治為天然使命的隱逸文化，到此居然蛻變成為人的世俗生活服務的婢女，由盛唐向中唐的蛻變之快，實在不能不令人驚歎。」(116) 所謂中隱，其實就是借隱逸的名目，為自己尋求一種較為安逸的生活：不做京官，做個不大不小的地方官；不再以隱作為實現獨立價值的途徑，而是作為在體制內既能得到實利，又能避開政治漩渦中心的手段。這也就是，「不拋棄隱士的名稱，以隱逸作為虛幻的精神寄託；做一個不大不小的官，拿一份不薄不厚的俸祿，過一種不緊不慢的生活，討一分不喜不憂的心情，這便叫中隱！」(117) 用今天又再降低了不少的標準來說，就是當一個「公務員」或「不大不小」的幹部，這是一種本來就很憋屈，很沒尊嚴的職位。它絕對讓人無法逍遙起來，面對污濁的現實，也覺得無法擺脫心為物役的人格異化。有這樣一個嘲笑或自嘲的順口溜，叫《公務員手冊》：

苦幹實幹撤職查辦，東混西混一帆風順。任勞任怨永難如願，盡職負責卻遭指責。會捧會現作出貢獻，不拍不吹狗屎一堆。全力以赴升遷耽誤，推拖栽贓滿排勳章。屢建奇功打入冷宮，苦苦哀求互踢皮球。會鑽會溜考績特優，看緊國庫馬上解僱。

還有這樣對公務員職位和生活的挪揄：「是人當不好辦公室主任，當好辦公室主任的不是人。」並將做好辦公室工作的體驗編了這樣四句話：「像牛一樣幹活，像狗一樣看家，像兔子一樣奔跑，像王八一樣憋氣」。更有人為辦公室主任畫了張像：「一馬當先，兩廂站立，三餐無味，四肢無力」。

以低眉俯首的姿態討生活，看人臉色，戰戰兢兢地過日子。這種犬儒生活要求他們比一般人更圓通，更世故，當然也就更加庸俗。犬儒生活是一種無所選擇，不得不然的生活方式，自嘲是在這種生活狀態中保持某種清醒的應對和自我保護方式，幽默和玩笑成為一種化解壓抑和憋屈的手段，但這種化解是不可能帶來精神解脫的。這種現代玩笑與一些從古代流傳下來的幽默（當然還可能有沒能流傳下來的）不同。在古代幽默中我們還能看到一些具有人生普遍意義的智慧，但在像公務員自嘲這樣的現代玩笑中剩下的便只是一些過小日子的小聰明。

古典幽默可分為智慧型和大眾娛樂型兩種。智慧型幽默（如《莊子》裏的故事和許多先秦寓言）經常是一些簡短的敘事文，是寓言故事或是有教益的軼事，通常用傑出人物（當然也有不那麼傑出的人物）的言行來作為踐行普遍道理的榜樣或教訓。這種古代軼事或段子包含的是少數哲人精英的智慧型幽默，它運用的通常是睿智的，有時也是詼諧的言辭。如果說寓言和軼事傾向於說教，那麼，它常常根據最佳的說教實踐，選擇以一種有

犬儒與玩笑

趣的方式説教，將教益與愉悦加以配合。

這種智慧型的幽默作品我們今天還能讀到不少，足以證明它們一度非常流行。古代比較大眾化的幽默是以娛樂為目的的，這類幽默更接近於我們所說的「玩笑」。以今天的眼光來看，它主要是供人在飯後茶餘消遣的，幾乎每個朝代和歷史時期都有。諸如《笑林》、《啟顏錄》、《艾子雜説》、《雅謔》、《古今談概》、《諧噱錄》、《善謔集》、《羣居解頤》、《開顏錄》、《絕倒錄》一類的笑話集子裏有成百上千的例子。如今有了網絡的便利，可以很方便地在網上找到。[7]有論者認為，中國古代笑話主要有四個來源：平民言談、先秦寓言、滑稽戲、清言集，並指出，「滑稽最能涵蓋幽默的含義，而滑稽可有五種類型：惡意、猥褻、機智、嘲諷、有趣好笑」。説笑話則可分為兩種，一種是純粹為了娛樂的「口諧善辯」，另一種是用令人愉悦的語言提出建議的「談言微中」。[8]這些不同類型在當今的民間玩笑中也都存在。

今天的玩笑雖然也有一些是敘事的，但似乎遠不及文字性玩笑的數量——順口溜、打油詩、對聯連句、諧音戲謔、惡搞、諷刺挖苦等等是今天玩笑的主要形式。由於形式的限制，今天絕大多數玩笑都是大眾娛樂性的。今天的玩笑極少提供有教益的故事，也不以普遍道理的教益為目的，主要是以嘲諷、挪揄、挖苦、惡搞等等來發洩不滿、排遣鬱悶或苦中作樂。

今天的玩笑產生於現實生活並在其中發揮社會功能，與普通人的生存安全常識有密切的聯繫，也適合於他們的心態。中

7　如《世界五千年幽默大全之中國卷》http://www.jiantizi.com/xiaohua/lishi/001.htm.

8　岳曉東：《幽默心理學：思考與研究》，第40–41頁。他引用的是C. C. Chen：《中國古代笑話研究》，台灣國立師範大學碩士論文，1985年。

國人隨遇而安、知足常樂、現實而功利，在這個意義上説，大多數這樣的中國人都可以擔任人類安份克己的模範，但他們也是一些失敗論者。他們的玩笑很少違背自己的國民性和民族氣質。失敗論者以玩笑來接受而不是對抗他們的失敗。由於他們太明白自己的弱勢地位，太了解自己對改變現狀的無能為力，所以很少會抱有在他們看來是不切實際的希望。他們因此自然而然地親近犬儒主義。由於他們是隨遇而安，精於計算的失敗論者和犬儒主義者，他們對改變現狀很少會存非份之想，對卑鄙罪惡也常採取容忍的態度。他們把嘲笑充替譴責，用揶揄化解不滿，以戲謔取代抵抗。他們的玩笑經常是一種明白和接受的奇妙結合：雖然抑鬱焦慮、心有不平，雖然能看穿欺騙和宣傳的假象，但卻也能順其自然、坦然處之、苦中作樂。這樣的犬儒精神麻痹了他們感知痛苦和察覺危險的本能，也瓦解了他們思考和行動的能力。它雖然不乏狡黠俏皮和尖酸刻薄，但卻再難達到古代智慧型幽默的思想境界。

犬儒與玩笑

20 游走於文本/形象/傳媒之間的網絡玩笑

　　上海大學文化研究教授王曉明在《六分天下：今天的中國
文學》中把「網絡文學」視為「中國大陸特有的現象」，並指
出：「世界其他地方，即使有網絡文學，氣勢也沒有中國大陸
的這麼旺，對『紙面文學』的衝擊，更不如我們見到的　這麼
大。」[1] 在中國語境中，網絡文學是指以互聯網為傳播媒體的
具有某些文藝創作特點的文字作品，不同於其他國家研究者們
所說的「電子文學」(electronic literature)。[2] 這就像在前蘇聯語
境中的「政治笑話」(anekdot) 不同於一般的「笑話」(jokes)一
樣。[3] 當代的中國網絡文學特別具有中國的特色，正猶如蘇聯政
治笑話特別具有蘇聯的特色。它們之所以有「特色」，並不在
於什麼前所未有的文藝形式，而是在於其特殊的社會、政治內
容，以及在特定制度下發揮的特殊作用。特殊的內容和社會作
用決定了它們是一種特別與中國制度有關的網絡文學或特別與
蘇聯制度有關的笑話。

1　王曉明：《六分天下：今天的中國文學》，《文學評論》，2011年，第五
　　期。http://www.aisixiang.com/data/78559.html.
2　N. Katherine Hayles在《電子文學:文學的新天地》("About Electronic
　　Literature: New Horizons For The Literary")一文中指出，「電子文學一般不
　　包括數位化的紙媒印刷文學，它『生來』就是數碼的，是為了在電腦上
　　閱讀的。」(http://newhorizons.eliterature.org/index.php) 美國電子文學協會
　　有較寬的電子文學種類範圍，包括電子書 (小說、詩歌)、需要文字閱讀
　　的藝術作品、動漫詩歌、互動小說、讀者可參與的創作產品等等。http://
　　eliterature.org/elo-history.
3　Ben Lewis, *Hammer and Tickle: The Story of Communism, a Political System almost
　　laughed out of Existence*. New York: Pegasus Books, 2009, p. 18.

比起紙媒印刷與電子傳媒之間的那個相對明顯的「界」（所謂「界」其實也就是區別）來說，更值得文化研究關注的是另外兩種性質的「界」。第一種關乎文學話語自身是否嚴肅，「界」在於「載道」與「玩笑」之間。第二種關乎文學與官方意識形態及其掌管體制的關係，「界」在於「遵從」(respect)和「搞笑」(ridicule) 之間。這兩種「界」和越界都與網絡文化的戲謔有關。因此，如果不涉及網絡戲謔，那麼我們便無法在重要的關節點上討論文學與網絡文學之間的「界」。網絡文字的戲謔不僅僅是一種文學的表現手段，而且更是在壓迫性政治制度下的大眾言論策略和抵抗手段。在這一點上，當今中國的網絡戲謔與蘇聯的政治笑話有着一些重要的共同之處。

一 游走於文本/形象/傳媒之間的文字戲謔

民間文字帶着戲謔的面具游走於文本/形象/傳媒之間，從來沒有像在網絡時代這麼可以見縫插針、隨機應變，也從來沒有如此變化莫測、難以捉摸。正因為如此，它才有可能在意識形態的嚴厲管制下想方設法地躲避無所不在的政府監視。這樣的民間文字是一種最原初、最廣義的文學。文學或文藝的拉丁文 (literatura/litteratura) 原意是「字母寫成的文」，既可以是書寫的也可以是口頭的。今天，網絡文學在文本、形象、傳媒之間的穿越，其文學性質變得更加模糊，與文藝有了更多樣的滲透和融合，包括各種短文、網絡小說、順口溜、打油詩、標語、諷刺或幽默的「一句頭」、微博妙語、自媒體視頻和短片等等。這些形式經常使用反諷、急智、互文、戲謔、重構、移用、拼貼、諧音等手法，形成了網絡文學的戲謔特徵。網絡文字戲謔的一個明顯趨勢就是文字與圖像、音樂表達的多樣混

合，如王曉明所説，「有動漫那樣基本由圖像主導、但借用了不少文學和音樂因素的，也有如《草泥馬之歌》(2009) 和《重慶洋人街標語集錦》(2009) 那樣，仍以文字為主，卻套上一件圖像和音樂外衣的」。[4]

以《重慶洋人街標語集錦》為例，可以看到多種多樣的變化和結合形式。[5] 標語集錦有的把文學戲謔與商業戲謔混合在一起，有的則是暗中或明顯地服務於商業或其他實用目的，例如：

一個人的生命應該這樣度過：當他回首往事的時候，不因虛度年華而悔恨，也不因碌碌無為而羞愧
[按：遊樂公園入口處的大橫幅文字，暗示要到過此地才不算「虛度年華」。]

不想解手的屁股不是好屁股——廁所標語
[按：圖像是兩個撅着屁股拉屎撒尿的卡通小孩。]

山看我，我看山；我要像蝸牛一樣爬上三藩市花街，乘風破浪，讓風吹乾我的淚和汗，總有一天我要找到那屬於我的天。
[按：這是一個叫「山看我，我看山」的商業景點前的招攬語]

人生如刷牙，一手是杯具，一手是洗具
[按：這是飯店的招攬語，旁邊就是「免費午餐100份」和「美心饅頭」的廣告]

4　王曉明：《六分天下：今天的中國文學》(n. pag.)
5　以下所引的「標語」出自 http://fupeikang.blog.sohu.com/162359143.html.

信任激發了無尚的忠誠感和榮譽感——無人監督售貨處標語

　　有的像是對商業或政治的反諷，例如，一張看似旅遊廣告的圖片(好幾個人坐在觀光馬車裏)，下面有這樣兩句文字：「有的人，你越把他當回事，他就越不把你當回事」、「個體的寂寞，起源於群體的熱鬧」。(讀上去像是反諷) 還例如：

我很喜歡毛主席的幾句話：「世界是我們的，做事要大家來」；「世界上就怕『認真』二字，共產黨就最講認真」；「人是需要有點精神的」——薄熙來

雖說美心洋人街還差得很遠，但我們努力明天會好

東風吹，戰鼓擂，現在世界上究竟誰怕誰
〔按：配圖是一男子在作「文革」舞狀〕

　　有的似乎純粹是就是為了搞笑和逗樂，有點像「神侃」和「耍嘴皮子」，例如：

違背常理的人就是高人
〔按：配圖是一張漫畫：一個人在用腳而不是手在張弓拉箭〕

閑着也是閑着，不如累並快樂着
〔按：配圖是一張漫畫：一個人一面在潛水，一面在哼曲子〕

你看見一條老鼠就高喊吃上了豬肉，這樣不太好吧
〔按：配圖裏是一幅過街標語牌，這句中文下面的英文是「It

　　　　　　　　　　　　　犬儒與玩笑

is not good for you to have some pork to eat as finding a rat.」(可能是諷刺虛誇的「幸福」)〕

曾經有輛寶馬在我面前我沒有珍惜，還是選擇了那輛拖拉機

不知變成魚幹，算不算減肥
〔按：配圖是一條魚在悠閒地曬太陽。(可能是諷刺言不符實)〕

入廁三字經：洗手間　別名多　曰登涸　曰廁所　曰消腹　曰出恭　曰解手　曰WC　借登涸　看小說　聽壁腳　趣話多　急步進　緩步出　一身輕　阿彌陀　養正氣　去涸濁　法自然　入廁歌
〔按：這是廁所旁的標語〕

在廁所裏可以聽壁腳、傳播小道消息、流言蜚語，這使得廁所成為具有中國特色的「公共空間」。賈平凹在《西安這座城》裏寫道：「你不敢輕視了靜坐於酒館一角獨飲的老翁或巷頭雞皮鶴首的老嫗，他們說不定就是身懷絕技的奇才異人。清晨的菜市場上，你會見到手托着豆腐，三個兩個地立在那裏談論着國內的新聞，去公共廁所蹲坑，你也會聽到最及時的關於聯合國的一次會議的內容。」
龍應台在《對公共廁所的研究》對此加以發揮地說，「有意思了！(賈平凹) 把酒館、巷頭、菜市場與公共廁所並列起來，顯然表示公共廁所是一個現代的所謂『公共空間』——和今天的酒吧、廣場、演講廳，從前的水井邊、大廟口、澡室和菜樓一樣，是市民交換意見、形成輿論的場所……當公共廁所是相屬某一個社區的設施時，它不可避免地就擔負起交流的任

務。都是街坊鄰居，在廁所裏碰面能不聊幾句嗎？若是和暖的春天，人們可以在村子裏頭大樹下邊抽煙邊談話；若是螢火蟲倡狂的夏夜，人們可以抱着自己的凳子到廟前廣場上邊趕蚊子邊論天下。到了寒氣侵人的冬日裏，反正不能下地，難道公共廁所不是個頗為溫暖的去處？至少那兒遮風擋雨，那兒彌漫着人的氣味，那兒肯定有人……即使是寂寥的半夜三更。去那兒的人在排完胸中塊壘之後通常神清氣爽，無所鬱結，容易挺直了背脊暢所欲言。再說，廁所裏一目了然，不會有密探埋伏，竟也是個說話有豁免權的自由天地。」

賈平凹和龍應台寫廁所，可以成為膾炙人口的文學，而《重慶洋人街標語集錦》裏同樣寫廁所，卻不過是下里巴人的「粗言俗談」。正如傑出的人類學家瑪麗‧道格拉斯 (Mary Douglas) 在《潔淨與危險：關於污染和禁忌概念的分析》(*Purity and Danger：An Analysis of Concepts of Pollution and Taboo*)中指出的那樣，人的排泄 (糞便或性) 被視為「骯髒」的，因而也是道德上「不潔」的。把拉屎撒尿寫在大馬路的橫幅上，這本身就是一種對道德偏見的顛覆。

許多「標語」幾乎看不出有任何商業或其他功利目的，因此似乎成為一種「審美化」的文學。在大多數情況下，圖片並不重要，給人新鮮感和閱讀樂趣的是文字，往往有箴言、警句、格言的意味：

有時候，我們對別人的小恩小惠感激不盡，卻對親人一輩子的恩情視而不見

要想聽好話，你就去戀愛；要想聽實話，你就去結婚

幽默是一個人想哭的時候還有笑的興致

生活累，少半源於生存，多半源於攀比

犬儒與玩笑

你發怒一分鐘，便失去了60秒的幸福：大隱隱於心

當你成功時，你就會有許多的假朋友和真敵人：不許騙人

文憑是銅牌，能力是銀牌，人脈是金牌，思維是王牌

　　這樣的標語像是箴言、成語、警句。簡潔有力的警句、格言被研究者視為文藝復興時期「詼諧」和「智慧」(wit and wisdom) 妙語的一種精煉表達。《重慶洋人街標語集錦》中的一些「標語」似乎有異曲同工之妙。在文藝復興文學中，「妙語」即使出自著名人文學者 (humanists) 的手筆，也仍然被視為一種「俗文化」。[6] 網絡文字是俗文化的領域，同時也是對「雅」和「俗」界限的一種顛覆。俗文化不僅「俗」(大眾化)，而且還有「粗」(「不雅」或「下流」) 的特點。「粗」往往是因為涉「性」，這特別令雅士不屑和側目。其實，嚴肅文學中也有相當暴露的性內容。如莫言在《紅高粱家族》中的：「種在這裏的高粱長勢兒猛，性格鮮明，油汪汪的莖葉上，凝聚着一種類似雄性動物的生殖器官的蓬勃生機」。村上春樹在《螢》中說，「她 (酒吧女侍應生) 以儼然讚美巨大陽具的姿勢抱着帶把的扎啤酒杯朝我們走來。」性對於雅俗定界的作用其實是很表面的。

　　在大眾文化產品裏，性一直是一個重要的內容。玩笑是一種大眾文化，當然也不例外。有研究者對《今日心理學》雜誌的14500名讀者作過一次調查，給他們30個不同的笑話，結果發現人們最感興趣的是性笑話。接受調查者中，有大約87%是受過大學

6　Charles Speroni, *Wit and Wisdom of the Italian Renaissance*.《詼諧的斷代史：意大利文藝復興時期的妙語錄》，周維民譯，新星出版社，2013年。參見本書導讀，《詼諧與智慧》。

以上教育的，可見對性笑話感興趣的人並不都是「沒文化」的。[7]
笑話為社會普遍存在的性禁忌提供了某種釋放的管道和審美化
的可能。[8] 性玩笑和帶性的「話搭頭」(如「他媽的」)也是網絡
戲謔文學常見的話語元素。有的是為了好玩，有的則是用來顛
覆假大空的反粗俗和反庸俗、諷刺偽善的道德話語、嘲諷現實
弊病，或者兼而有之。下面這段不雅戲謔的顛覆意圖要到最後
一句才能見出 (當然也可以只是當笑話來聽)，恕照錄如下：

> 領導招聘秘書，考題是：女人上下兩口的區別？一號答：
> 一橫一豎！二號：有牙無牙！三號：有舌無舌！四號：有
> 毛無毛！五號：有話無話！六號：上面吃喝，下面玩樂！
> 七號：上面談情說愛，下面傳宗接代！八號：上面歌頌N個
> 代表，下面滿足各位領導！

　　用帶性的玩笑惡搞，不是中國的創造，例如，美國有這樣
一則「性笑話」，可以視為惡搞馬克思階級鬥爭學說，也可以
視為嘲笑資本主義的政治話語 (當然，只是當笑話聽也是可以
的)：

> 一個小男孩問他父親，「爸爸，什麼是政治？」父親說，
> 「孩子啊，這麼跟你說吧。我是家裏掙錢養家的人，你
> 就叫我『資本主義』好了。你媽媽呢，她是管錢的人，我
> 們就叫她『政府』吧。爸爸媽媽照顧你，所以就叫你『人
> 民』。你的保姆呢，我們可以叫她『勞動人民』。你弟弟

7　James Hassett and John Houlihan, "Different Jokes for Different Folks." *Psychology Today,* (January) 1979, pp. 64–68.

8　Avner Ziv, *Personality and Sense of Humor.* New York: Springer Publishing Company, 1984, p. 21

寶寶呢，我們就叫他『未來』。你仔細想想，看明白不明白。」小男孩想着父親的話，上床睡覺去了。半夜裏，嬰兒寶寶哭起來了，小男孩過去一看，尿布裏全是屎尿。他走到父母房間裏，見媽媽睡得很沉，就到保姆的房間去。結果發現門是鎖着的，他從鑰匙孔裏張望，看見爸爸和保姆在床上。於是他只好回去睡覺。第二天早上，他對父親說，「爸爸，我現在明白什麼是政治了。」爸爸說，「好啊，說給我聽聽。」孩子說，「資本主義壓迫勞動人民的時候，政府只管睡覺。人民沒人照顧，未來掉進了屎尿。」

《重慶洋人街標語集錦》也有「不雅」的性戲謔例子，但比較含蓄，如，「時間像乳溝，擠一擠還是有的」。作家王小波和王朔很會運用這個元素，王小波的《黃金時代》中隨處可見粗話、髒話，以及人們在日常生活中都不好意思用的尷尬詞彙，如造大糞、磨屁股等。而王朔也是毫不害臊地運用像「褲襠裏拉胡琴，扯蛋！」這樣的歇後語。

網絡玩笑運用性元素有時候相當大膽（這與匿名創作有關），因此經常有「粗俗」之嫌。《草泥馬》就是一個例子，這個題目就是一個有性暗示的「話搭頭」。草泥馬正直、勇敢、堅韌，是在逆境中求生精神的象徵，它的天敵是橫行霸道的「河蟹」。河蟹要吃光草泥馬賴以為生的「臥草」（這也是一個有性暗示的「話搭頭」），還要吃掉低等、弱小、女性化的動物「法克魷」（英文的罵人話）。網民惡搞版本《草泥馬》的「女聲版詞曲」連連運用帶性的話搭頭，不僅顛覆了官方話語「和諧」，同時也顛覆了女性靦腆、害羞的刻板印象：

……

有一天朝尼家的十八代祖宗朝尼霸
抓到了一隻法克魷想要吃了它
突然衝出一隻草泥馬危機中救了它一下
於是法克魷便愛上了這隻馬勒戈壁上的草泥馬
還說這輩子非它這隻草泥馬不嫁

草泥馬，可愛的草泥馬
你勇敢而又堅強
草泥馬，可愛的草泥馬
我法克魷非你不嫁

草泥馬，可愛的草泥馬
愛吃臥草的草泥馬
草泥馬，可愛的草泥馬
我法克魷只愛草泥馬

法克魷的歌聲吸引了草泥馬的目光
法克魷的真情打開了草泥馬的心房
他們在馬勒戈壁這個大草原上盡情的歌唱
他們盡情歌唱～盡情歌唱～盡情歌唱～

只要再看一下「少兒版詞曲」就會發現，《草泥馬》的性戲謔雖然看上去肆意汪洋，但卻不是沒有節制的：

在那荒茫美麗馬勒戈壁
有一群草泥馬
他們活潑又聰明

　　　　　　　　　　　　　　犬儒與玩笑

他們調皮又靈敏

他們自由自在生活在那草泥馬戈壁

他們頑強勇敢克服艱苦環境

噢　臥槽的草泥馬

噢　狂槽的草泥馬

他們為了臥草不被吃掉　打敗了河蟹

河蟹從此消失草泥馬戈壁

在當今的「時尚新語」中，恐怕很少有像「草泥馬」這樣廣為人知、廣泛使用的，它產生於網絡空間，又借助網絡空間廣為流傳，其意義已經超出了狹義的「文學」。網絡是一個新空間，正如王曉明所說，「從網絡文學的角度看……這個新空間，已經很難說只屬於文學了。從這個空間裏出來的新東西，一旦長大，多半都可能脫離文學而 去。但是，即使另立門戶了，它們一定會反過來影響文學，惟其曾混居一室，多少有些相似，這影響就非常大，大面積擠佔文學的空間，大幅度改變文學的走向，都是有可能的。不過，網絡文學的活力，也會經由這種種牽扯，傳入更寬的用武之地」。[9] 其用武之地之一就是在體制內話語空間極度逼仄的情況下，用幽默、曲折的的方式保存了一些民間的政治話語敏感，讓能為之一笑的人們不至於變得麻木或完全沉默。

二　顛覆權威秩序的「惡搞」

今天中國的惡搞現象向我們提出了「惡搞」起什麼樣社會作用的問題：在公民言論受到壓制的制度下，惡搞是一種有效

9　王曉明：《六分天下：今天的中國文學》。

的「弱者的武器」還是一種犬儒化的話語策略？這也是一個在蘇聯政治笑話討論中受到重視的問題。

「惡搞」是一種戲仿 (parody)，主要是對嚴肅主題以不予否定或批判的方式加以解構，從而建構出有喜劇或諷刺效果的胡鬧娛樂文化。例如，法國畫家杜尚給達‧芬奇的蒙娜麗莎加上了兩撇小鬍子，這種惡搞手法也可以運用在任何偉人或領袖的標準像上。在現有的不同搞笑中，官方明令禁止的是「『惡搞』紅色經典」和「『惡搞』優秀的民族傳統文化」。搞笑紅色經典並不鮮見，例如《三大紀律八項注意》歌詞的頭兩句被改為「革命軍人個個要老婆，要求上級每人發一個」。搞笑引起官方重視是開始於2006年4月，當時央視「青歌賽」組委會邀請北京部分媒體人士舉行第12屆青年歌手大賽的策劃座談會，並在會上播放了署名「胡倒戈」的網友製作的短片《閃閃的紅星之潘冬子參賽記》。在這個搞笑的短片裏，潘冬子成了只想成名、最後去走穴賺錢的央視青年歌手大賽選手；潘冬子的父親成了地產大鱷潘石屹，潘冬子的母親則一心想參加「非常6＋1」，李詠是她的夢中情人；胡漢三成了一個叫「老賊」的評委，「德綱」則成了他的助手。一群遊擊隊員也被演繹成了以「美聲」、「通俗」、「民族」唱法參賽的各路歌手。這之後，廣電總局開始着手禁止網絡惡搞。2006年8月10日，光明日報社舉辦防止網上惡搞成風的專家座談會，呼籲「旗幟鮮明地反對網上『惡搞』紅色經典，反對『惡搞』優秀的民族傳統文化」。惡搞被硬性規定了政治上不可逾越的界限，從此只能在娛樂文藝領域裏作一些無關痛癢的表演。

這些情況符合王曉明對網絡文學的總體判斷：「大量是商業性的，也有非商業的；大部分自律頗嚴、甚少違礙」，當然偶爾「也有嬉笑怒罵、鋒芒畢露的」，但一旦逾越某種界限，

便隨時就會遭到禁絕。[10] 中國網絡戲謔的「自律頗嚴、甚少違礙」與蘇聯政治笑話的「自我防衛」有着環境和話語策略的相似性，這些特徵在斯大林時期尤為明顯。大衛・布萊登伯格 (David Brandenberger)在《斯大林統治下的政治幽默》一書中指出，當時「最常見的笑話無非是一些悄悄嘟噥的刻薄話，用諷刺、粗俗、小聰明和其他不敬行為的方式表達不滿或沮喪，這些便是斯大林統治下政治幽默最直接的形式。這種短小而不尖刻的玩笑讓說笑者一面對權威不敬，另一面卻又留下抵賴的餘地 (不，不，我不是這個意思，您剛剛誤會我了)，而更直接的公共抗議是容不得這樣抵賴的。」[11] 在政治笑話裏，運用「戲仿」往往是比較安全的。例如：

> 有一天，斯大林微服造訪一家工廠，問一位普通工人父親是誰。工人不知道問他的人是斯大林，他說，「斯大林是我的父親。」斯大林又問，「誰是你的母親？」工人回答說，「我的母親是蘇聯。」斯大林又問他，「你想成為一個怎樣的人？」工人回答說，「我想成為一個孤兒。」[12]

　　這個故事可以正面理解為熱愛斯大林和蘇聯，所以並無不妥，是安全的。它同時也是對蘇聯口號 (「斯大林是我們的父親」和「祖國母親」) 的戲仿，之所以好笑，是因為它暗指希望斯大林和蘇聯完蛋，這樣才能成為一個孤兒。

　　惡搞是一種特殊的戲仿玩笑，它反諷和機智(wit)的修辭手

10　王曉明：《六分天下：今天的中國文學》。

11　David Brandenberger, *Political Humor under Stalin*. Bloomington, IN: Slavica Publishers, 2009, p. 11.

12　David Brandenberger, *Political Humor under Stalin*, p. 55.

法使它成為近於文學性的玩笑。玩笑可以就其目的分為了兩類 (研究笑話的學者們因此也往往對笑話有兩種不同的定義)：一、笑話不過是為了逗笑；二、笑話有其社會功能 (在解釋上有分歧是另一個問題)。

第一種是純粹為了逗笑和好玩的笑話。阿姆斯特丹大學文化社會學教授基普斯 (Giselinde Kuipers) 在《好幽默，壞品味：笑話社會學》中說，笑話唯一可以確定的特徵就是，它的目的是引人發笑。[13] 玩笑是幽默的一種形式，說笑話也經常是開玩笑的一種方式，玩笑的目的就是逗樂和引人發笑。這個意義上的惡搞是娛樂和消遣的搞怪，「類似於惡作劇。惡搞者完全是出於『好玩』，背後並沒有其它目的驅動，對惡搞對象惡搞者也無甚惡意。通常是惡搞者發現一個具備惡搞潛質的對象，然後從這一對象出發，自發地開始一系列娛樂性惡搞」。[14]

第二種是有社會功能的笑話，至於什麼是笑話的社會功能，卻存在着兩種分歧的看法。一種是用喬治·奧威爾的說法，把笑話看成是對笑話靶子有顛覆性的「微型革命」。另一種則是按照弗洛伊德的解釋，把笑話看成是一種暫時讓人有所放鬆的心理釋放手段，笑話起到的是「安全閥」的作用，釋放被積壓的不滿和怨憤。笑話顛覆什麼，對什麼表示不滿以釋放怨氣，涉及到笑話的「靶子」問題。克利斯蒂·大衛斯 (Chritie Davis) 在《玩笑與靶子》一書裏指出，笑話都是以說笑話者心目中的「不良事物」或「不良人物」為靶子，「平常的笑話並不是某個人計劃設計的，而是自發性質的，是許多個人的獨

---

13 Giselinde Kuipers, *Good Humor, Bad Taste*. Berlin: Mouton de Gruyter, 2006, p. 4.

14 張嫻：《從娛樂到反抗——對網絡時代惡搞的分析》，《天涯》2007年04期。

立行為」。[15] 有社會功能的惡搞是一種有諷刺目的和作用的玩笑，「惡搞者存在着一個既有立場，目的明確，就是要對惡搞對象進行無情的嘲諷和批評。通常是惡搞者事先就有了一個主題和目的，然後構想好一個故事，再去找適合於表現這一主題的素材，然後在材料基礎上進行惡搞，以達到幽默詼諧的諷刺效果。這種惡搞倚重於作者的內在判斷，關注的是事物背後的意義系統，其典型特點是『從觀念開始』」。[16]

中國和許多其他國家一樣，傳統笑話裏有一些陳套的「靶子」，隨着時代的變化，陳套的靶子也會發生一些變化，但基本上不難辨認，例如，為富不仁者、蠢笨之人、鄉下人、訟師、少數族裔 (如猶太人) 等等。當今中國網絡惡搞的特徵是以兩種典型的中國精英為諷刺、挪揄和嘲笑的靶子：文化精英和官方意識形態精英。

第一種靶子包括作為社會頭面人物的文化精英及其作品，不一定是政治性的。例如，胡戈的《饅頭》惡搞陳凱歌的電影《無極》，氣得陳凱歌要同他打官司，胡戈調侃他說：「人不能無趣到這個地步」，意思是，開個玩笑，何必當真。但是，胡戈開的玩笑卻被文化精英看作是一種無法忍受的挑戰和顛覆，被挑戰和顛覆的不只是陳凱歌，而且是他所代表的文化秩序。在這個秩序裏，文化意義的生產是被社會精英 (包括文化精英) 所把持的，他們決定一個作品是好是壞。他們既需要有觀眾，但又為了維持自己的權威而必須和普通大眾保持距離，有距離才能讓普通大眾產生崇敬感。這種有距離的崇敬感使得普通人心甘情願地接受權威，沒有勇氣也沒有能力對它有所質疑

---

15 Christie Davis, *Jokes and Targets*. Bloomington, IN: Indiana University Press, 2011, p. 2.

16 張娛：《從娛樂到反抗──對網絡時代惡搞的分析》。

或反抗。胡戈的《饅頭》不僅藐視和拒絕這種崇敬，而且把它當作嘲諷、挖苦的靶子，因此成為陳凱歌難以忍受的惡搞。

當然，《饅頭》的成功並不全在於它的挑戰和顛覆姿態，藝術也在其中發揮了重要的作用。如張嫄所說，「(單純逗樂)的惡搞大眾參與度高，但因為它純娛樂，無特定的主題，大家往往一笑而過，缺乏現實力量；而(社會)諷刺的惡搞，雖然說具備了一種力量，但由於諷刺和批評太過局限，使得大眾參與性不足。胡戈則成功地實現了兩者的結合，既有喜劇效果，又有批判性，還能和大眾情緒形成呼應，也更有現實力量。」[17]

第二種靶子是官方意識形態的宣傳、慣用話語、英雄人物和事蹟、歷史敘述、革命象徵物、權力儀式等等。被惡搞的雷鋒便屬於這一種靶子。[18] 2001年，雪村的音樂《東北人都是活雷鋒》憑藉網絡傳播迅速成為熱門歌曲，紅極一時。歌中唱到：

> 老張開車去東北，撞了/肇事司機耍流氓，跑了/多虧了一個東北人，送到醫院縫五針，好了/老張請他吃頓飯，喝得少了他不幹，他說：/俺們這旮都是東北人，俺們這旮盛產高麗參/俺們這旮豬肉燉粉條，俺們這旮都是活雷鋒/俺們這旮沒有這種人，撞了車了哪能不救人/俺們這旮山上有針蘑，那個人他不是東北人/翠花，上酸菜！

這首歌本來創作於1995年，反響平平，但經過後期製作的flash動畫和網絡傳播而迅速流行起來，它模擬演繹了一個日常生活中的活雷鋒。但與官方建構的雷鋒形象不同。陶東風對

---

17 張嫄：《從娛樂到反抗——對網絡時代惡搞的分析》

18 陶東風：《雷鋒為何被大眾文化惡搞？》http://www.21ccom.net/articles/lsjd/lsjj/article_2011092345871.html.

犬儒與玩笑

此評論道：這一惡搞「把『雷鋒』這個政治道德符號和『高麗參』『酸菜』『豬肉燉粉條』等日常生活中的俗語並置，彷彿雷鋒精神也是與高麗參、針蘑、豬肉燉粉條類似的一種東北特產，與吃喝等俗事混同在一起，造成了去政治化的反諷效果，頗得王朔開創的痞子文學與大話文學之精髓」。這並不是在直接諷刺嘲笑雷鋒，而是像斯大林時期的一些政治笑話一樣，「一面對權威不敬，另一面卻又留下了抵賴的餘地」——「(惡搞) 在彷彿『肯定』雷鋒道德的同時解構了『雷鋒』這個術語原先所包含的 神聖政治意義。其演唱的風格、聲調、方式，當然也和革命時代的革命歌曲格格不入，帶點痞子氣，帶點調侃味(其效果類似孫國慶用搖滾方式唱《南泥灣》)」。[19]

開這種玩笑，做這樣的惡搞，就像在斯大林時期傳播政治笑話一樣，是有風險的，因為它總是會被視為「別有用心」或「惡意攻擊」，至少也是「政治不正確」的，即使惡搞的時候風險不高，但政治氣氛一有變化，隨時都有秋後算賬的危險。

三　犬儒社會中的戲謔

顛覆意識形態權威秩序的網絡玩笑和惡搞，它嘲笑現有體制秩序中被意識形態所控制的各種公共話語：宣傳、教育、歷史敘述、社會和政治理論，文學是其中的一種。許多人都看到，民間惡搞的對象經常是政府和官方的權力犬儒主義，這種犬儒主義非常厚臉皮，是極致的厚黑學。民間惡搞者厭惡和鄙夷它的虛假和偽善，經常是因為無力反抗和改變這樣虛偽和偽善，所以才訴諸搞笑、嘲諷和揶揄。因此，即使不贊成惡搞的人們也往往對惡搞抱有同情和理解。例如，毛牧青在《惡搞，

19　陶東風：《雷鋒為何被大眾文化惡搞？》。

是對正統教育不實在的一種反動》中指出，「分配不公、風氣腐敗、人際市儈、感情冷漠等等醜惡社會現象充斥他們的周圍，使他們產生了焦慮、不滿和浮躁。這種情緒在青年中尤烈。在目前並不太寬鬆的環境下暢所欲言表達這種情緒顯然是不現實的。於是作為虛擬空間的網絡便成了宣洩這種情緒的平台。惡搞就是一種表現形式。這些青年人借助社會上『好話說盡，壞事做絕』的一些現實，反其道而行之，或痞子或憤青或『暴民』般調侃正統、冒犯權威、顛覆經典、褻瀆正經、惡搞常規，以另類的面目質問、抨擊虛偽道德和正人君子，於嬉笑怒罵中彈劾『主旋律』作品。」[20]

總是有人先用虛偽的謊言惡搞了真實的歷史，然後才有玩笑者惡搞這樣的謊言，毛牧青把歷史的謊言稱為「名副其實的惡搞」，「即以正人君子面孔恣意篡改歷史為『正史』，隨意篡改真相為『事實』的行為，並不顧道德理念變為實用主義的蠱惑人心伎倆……在慷慨激昂抨擊他人他國篡改歷史事實時，自己卻臉不紅心不跳地篡改自己的歷史」。[21]這種歪曲的歷史敘述在教科書、報刊文章和宣傳材料中已經形成了刻板、僵化的定式，這種定式也成為「歷史敘述惡搞」的靶子，例如，有這樣一個《永遠懷念偉大領袖老佛爺！》的惡搞悼詞：

20　毛牧青：《惡搞，是對正統教育不實在的一種反動》，http://mmq.blog.ifeng.com/article/12415831.html. 2015年2月11日，影片《一步之遙》導演姜文在德國接受採訪時說了一句與毛牧青相似的話。當被問及影片《一步之遙》是否在惡搞當今的中國時，姜文回答說：「中國現代的社會不需要被惡搞，中國本身就是最大的惡搞，全世界都搞不過他，不用惡搞。」2015年春節晚會將首次在YouTube、Google Plus和Twitter等中國遮罩的社交網站上播放。有網友評論道：「這真是一個搞笑的電視台搞笑的國家，我們看不到的，外國人看得到。」還有網友直接說：「這真是最大的惡搞。」

21　毛牧青：《惡搞，是對正統教育不實在的一種反動》。

永遠懷念偉大的先行者開拓者變革者老佛爺同志！明末清初中國人口也就1億多，可到了老佛爺的時候，全國人口已逾4億多。清朝以佔世界7%的土地，養活了佔世界26%的人口，這是多麼了不起的大事啊！在她老人家的英明領導下，中國有了五千年來第一條鐵路、第一輛汽車、第一艘輪船、第一艘軍艦、第一座鋼鐵廠、第一所大學、第一座發電站、第一家郵局、第一家銀行、第一家保險公司、第一張新聞報紙、第一條自行鋪設的海底電纜、第一家消防站、第一個法院、第一支現代化軍隊、第一家現代兵工廠……沒有她老人家給中國打下雄厚的基礎，中國還不知道落後世界多久！可以說，沒有老佛爺，就沒有新中國！想當年，老佛爺敢於向八個列強的聯軍宣戰，這是何等的英雄氣概啊！錚錚鐵骨、雖敗猶榮啊！……可是那些別有用心、亡我之心不死的人，一次又一次地妖魔化老佛爺，但也擋不住她老人家的萬丈光芒！那些污蔑詆毀、抹黑漫罵她老人家的漢奸走狗和跳樑小丑，永遠沒有什麼好下場，是註定要失敗的！[22]

體制中的文學與歷史一樣，難以爭取到獨立的地位，它因為在不同程度上充當體制再生的推手而被冠以「嚴肅文學」的美名，它的道貌岸然和粉飾太平經常是網絡文字取笑的靶子。例如，汶川地震後，山東省作協副主席王兆山在《齊魯晚報》上發表《江城子》，以地震遇難者的口吻發出感慨：「天災難避死何訴，主席喚，總理呼，黨疼國愛，聲聲入廢墟。十三億人共一哭，縱做鬼，也幸福。」此詩作在網上引發一片譏諷。網上有這樣一首搞笑的小詩：「玉樹臨風青海俏，/可憐一早滿

22 http://www.douban.com/note/325844191.

城搖。/原來赤水飛來屁，/放了！」落款是「詩壇戰鬥機到此一遊」。嘲諷經常和咒罵、謾罵結為一體，這是網絡戲謔的一個特點。

玩笑本來就不被「嚴肅的文化人」待見。玩笑在他們眼裏是不登大雅之堂的「小玩意」和「破玩意」。有身份的文化人——學者、教授、藝術家、媒體人不會屈尊紆貴與玩笑為伍，也不屑於拿它當一回事。玩笑因此註定是一種邊緣化的文化活動。人們經常把體制內的「嚴肅文學」稱為「廟堂」，而把民間的文字活動——那些不登大雅之堂的的插科打諢、諷刺挖苦、笑話嘲笑、對聯、打油詩、歌詞或詩詞戲仿、微博段子、網上跟帖——稱為「江湖」。這其實並不確實。事實上，中國文學界的「江湖化」由來已久，許多作家們身上都有「江湖油氣」。他們沒有理想原則、缺乏道德操守、有奶便是娘、見風使舵、首鼠兩端、逢場作戲，為了保全性命和俸祿地位，他們以尊奉上意為原則，怎麼寫都無所謂，他們當中有的甚至久練成精，混成了像王兆山這樣的「老江湖」。這是一種在缺乏思想和言論自由狀態下長期培養起來的職業犬儒主義。

2012年初，作家出版社推出作家手抄本紀念《毛澤東在延安文藝座談會上的講話》，給了一大群知名作家一次犬儒表演的機會。這只不過是出於一家出版社的策劃，還談不上是「奉上意行事」。但是，出於習慣性的順從，就已經有百餘名文藝界頂尖名家齊齊加入，參與這一犬儒政治儀式表演。事後，有一位參加者為自己辯護道：「作為圈子裏的人，總是有一些情面的，人在江湖，誰都有一些難處。坦率地說，我不想抄寫，我也沒看過《講話》，但不抄就得罪朋友，抄了，也不是我一個人。」他把自己身處於其間的那個社會關係網稱為「江湖」，在那裏，一個人做一件事的全部理由就是，別的人都這麼做。

犬儒與玩笑

美國記者赫德里克・史密在《俄國人》一書裏記敘了這麼一件他在蘇聯親身經歷的事情。有一次，一位高級編輯對他說，當政的都是沒有信仰的人，「是一些對一切都無所謂的人。他們所要的是權力，純粹是權力」。社會上的人都知道這個，都不再相信那一套冠冕堂皇的說辭，而且對各種事情也並非沒有自己不同的看法。但是一到正式場合，他們卻照舊舉手拍掌，重複着官方的陳詞濫調，「有人在談『第五個五年計劃的關鍵第三年』。其他人明明知道這毫無意義，但照樣神情嚴肅地聽着，並重複同樣的口號。這只不過是逢場作戲，可是你必須去玩它」。[23] 這便是當時蘇聯文化人共同奉行的犬儒主義。

　　在一個物欲橫流、社會道德淪喪的功利主義社會裏——它浸染在懷疑和否定任何理想和普遍價值的犬儒主義文化中——，許多作家不僅不能清醒自明、出污泥而不染，而且更是隨波逐流、附膻逐腥、渾水摸魚。嚴肅文學本應該是說真話的文學，本應該在中國的道德重建中發揮批判作用和擔任中流砥柱，但是，許多號稱「嚴肅」的作家所從事的並非這樣的文學。2014年5月的「魯迅獎」在許多讀者和關心者那裏引起的不是對嚴肅文學成就的讚揚，而是對「文學界」道德墮落和犬儒主義的沉重歎息。有論者在題為《魯迅文學獎是如何變成郭沫若文學獎的？》的評論裏寫道：「1986年，中國作協假文學鬥士魯迅之名，成立了附庸於體制的魯迅文學獎。這個獎成立之初，便註定是一個能指與所指嚴重分裂的獎——個人與官方，自由與權力等等二元對立、無法互融、彼此抵抗的元素，硬生生地糾纏一處。」[24]

23　Hedrick Smith, *The Russians*. New York: Quarangle/The New York Times Book Co., 1976, pp. 286, 289.

24　http://culture.ifeng.com/insight/special/lujiang.

本應該具有文學獨立精神的「魯迅獎」之所以蛻變為犬儒主義的「郭沫若獎」，是因為這是一個體制內的文學獎，是引導犬儒作家創作方向的指揮棒。正如王曉明所説，「中國是文字大國……單就文學領域來説，幾乎所有重要的紙面文學媒體，都歸屬於各級政府；整個1990年代，政府對各種文學媒體的管制尺度，總體上是逐步收緊；在長期集權體制下形成的所謂『文學界』，其行規的凝固、群體邊界的封閉，在這一時期也越來越高；由政府、官辦出版社/書店和各種『二管道』民間資本合力形成的圖書市場，雖然迅速取代作家協會，成為影響文學創作的老大勢力，它的潛規則的拘束、狹隘和保守，卻一點不亞於作家協會」。[25]

正是基於這樣的背景，網絡上民間的「文類身份不明的作品」，尤其是形形色色的諷刺文──擬名人講話、寓言式笑話、對聯、歌詞和詩詞改寫。由於它們活潑犀利的文字、聰敏跳躍的思路、發掘文字聯想的能力，讓王曉明發出這樣的驚歎，「一些高度凝聚了當代生活的某種特質、值得刻入歷史的詞彙與句式──例如『打醬油』和『被……』，常是因了這些作品的托舉而膾炙人口。倘説剔發文字的符號指涉能量，正是詩對這個將一切──包括文字──都視為工具、竭力壓扁的時代的重大抵抗之一，這些文類曖昧的作品，就正體現了這個時代的某種詩性」。[26] 這也許就是為什麼許多民間玩笑和謔戲在今天能給人們帶來新鮮感和思想衝擊力。

這些戲謔文字的文化抵抗意義和社會批評價值在於它是一種自覺的「異類」，具有政治學家詹姆斯・斯科特（James C.

---

25 王曉明：《六分天下：今天的中國文學》。
26 王曉明：《六分天下：今天的中國文學》。

Scott) 所説的那種「弱者的武器」功能。[27] 由於這樣的文字新鮮、不假大空、生動有趣、幽默詼諧、通俗易懂、易於被人接受，所以特別能對普通人產生某種告知和啟蒙的影響作用，讓他們變得清醒起來或更加清醒。批評性的幽默能引導人們去看清一些欺騙性的或習以為常的現實假象，喚起他們個人和集體的一些記憶，通常是不愉快、被壓抑和被扭曲記憶。在人們不愉快記憶的共振中，戲謔所包含的不滿和憤怒得到強化，形成一種社會輿論。這有助於打破單一操控的意識形態，保存民間的獨立社會意識，有利於保存了民間對於真實和真相的察覺意識，結成互相交流的社會關係，而這些正是日後任何公民運動所必不可少的。

但是，也應該看到，戲謔和玩笑的公共作用是非常有限的。戲謔經常是基於簡單化了的對問題的看法。而且，它從來不能對社會政治問題起到深入討論的作用。它只是在暗示不要什麼，而無法告訴人們應該要求什麼，主張什麼。在公共事務討論或辯論中，這是一種只有負面嘲笑沒有正面建議的意見表示，在說理中被稱為「嘲弄謬誤」(fallacy of ridicule)。弱者的抵抗是一種懦弱、狡黠、機會主義的抵抗。它是一種隱秘的塗鴉和抹黑，白天聽話黑夜搞搗亂，表面恭順，暗中使壞。它不斷地在試探反抗的底線，有機會便得寸進尺，踢到鐵板便裝孫子，當縮頭烏龜。這樣的抵抗本身就是專制體制下整體犬儒社會文化和心態的一部分，也自然會具有這種社會文化所共有的犬儒主義特徵。

戲謔的文字活動雖然看起來是在網絡這個公共空間裏發生和進行，但並不具有真正的公民參與意義。普通大眾以玩笑來

---

27 James C. Scott, *Domination and the Arts of Resistance: Hidden Transcripts*. New Haven, CN: Yale University Press, 1990.

出氣和解忿，使得玩笑成為一種逃避反抗的反抗。這是一種不得已的權宜策略——因為公開活動不被允許或代價太高，所以不得不避免在敏感問題上與權力對抗，不能不用「笑」的隱蔽戰術來保護自己。但是，僅僅滿足於出氣和解忿的戲謔和玩笑又何嘗不是一種犬儒主義的逃避？在外力控制越來越嚴厲的情況下，犬儒式戲謔正在被當作公民言論的替代品，成為一種沒有出路的出路，一種不能表達的表達。

不幸的是，今天有許多人不僅接受這樣的現實，而且安於此，樂於此。戲謔不僅似乎滿足了他們的言論需要，而且甚至成為一種話語時尚。因為戲謔和玩笑本身具有娛樂性，人們從中可以獲取顛覆權威的快感，很容易沉浸在一種想像的力量滿足之中，從而失去在現實中有所實際行動的決斷和作為。在諷刺和嘲笑的靶子範圍越來越收縮的今天，戲謔只能在一些無關痛癢的問題上施展技巧，或者只是滿足於炫耀笑技和罵技而淪為一種膚淺的大眾娛樂。網絡上的許多戲謔文字本來是一種對犬儒社會文化的反應和戲仿，它帶有犬儒主義的特點是不奇怪的。在逼仄的公共言論空間裏，它只能像石縫裏冒出的小草，全靠石縫的一點土和幾滴偶爾降下的雨水勉強存活。它是不良生存環境的一個樣本，不能期待由它來改變周圍的生態環境。

21 意識形態與政治笑話

　　古代有關於皇帝的笑話，有關於官員的笑話，但這些都是針對個人的，都不是針對政治制度及其意識形態基礎的「政治笑話」。為什麼這樣說呢？這是因為作為政治權力合法性和正當性基礎的意識形態是一種現代產物。人類以不同的意識形態來確定不同政體的區別，政權以意識形態作為權力的合法性和正當性依據，都不過只有一百多年的歷史。產生政治笑話的兩個必要條件是，失去了正當性的統治意識形態和失敗了的意識形態宣傳，這兩個條件在古代是不存在的。

　　意識形態是現代政治的決定性部分。政治笑話與權力意識形態之間有着特別密切的關係，沒有意識形態的政治作用，自然也就不可能有政治笑話。一方面，古代有一些針對皇帝、官員、官員選拔制度 (科舉) 等等的笑話，雖然可以理解為「政治」，但由於意識形態的缺位，還不是現代意義上的政治笑話。另一方面，許多現代笑話雖然並不直接針對最高領導人、政府官員或政治制度，而是以日常生活中的一些社會現象或事件為靶子 (如關於商品匱乏、新聞失實、切爾諾貝利核電站爆炸事故的蘇聯笑話)，但由於它們與意識形態的權力作用有或遠或近的關係，所以還是可以歸入政治笑話。

一　什麼是意識形態

　　意識形態成為政體的關鍵部分是美國革命和法國革命以後

的事情，而19世紀之後，如歷史學家艾肯 (Henry D. Aiken) 所說，世界進入了「意識形態的時代」。[1] 政治學家肯尼斯·胡佛 (Kenneth R. Hoover) 在《意識形態與政治生活》一書中指出，意識形態成為政治的基礎是現代政治的根本特徵，從此，「意識形態成為政治的決定性部分，很少有人會不需要某種正當的意識形態理由，就服從 (或拒絕服從) 權威的」。所有的現代國家無一例外「需要以一些關於權力的觀念為基礎，建立起龐大的權威機構」，如政府、官員、警察、司法，而權力的合法性和正當性則是由意識形態來支撐的。因此我們看到，「馬克思主義的意識形態為世界上兩個最大國家 (俄國和中國) 的革命提供了正當性，而建立起美國憲法的革命則是受到來自歐洲的意識形態影響」。[2]

古代也有不同「政體」(regime)，但區分標準不是意識形態，而是佔統治地位者的人數多寡和德行。亞里士多德把政體按兩種不同的標準各分為三類。第一種標準是以德性的高下分配權力，計有三種，當統治者為一人的時候，叫作君主政體，當由少數人統治的時候，叫作賢人政體 (貴族政體)，由多數人統治的時侯，叫作共和政體，前兩種是更優秀的政體形式。第二種標準按統治者的人數，也分為三類：一、少數人統治，叫寡頭政體；二、多數人統治，叫平民政體 (這兩類分別是貴族政體和共和政體的蛻變形式) ；三、一人統治，叫僭主政體 (這是君主政體的蛻變形式) 。

羅馬時期的政治家波利比烏斯 (Polybius，西元前約200–118

1　Henry D. Aiken, *The Age of Ideology: The 19th Century Philosophers*. New York: Mentor, 1956.

2　Kenneth R. Hoover, *Ideology and Political Life*. Pacific Grove, CA: Cole Publishing Company, 1987, p. 4.

犬儒與玩笑

年) 接受了亞里士多德的政體循環論，認為每一種純粹的政體都有向自己對立面蛻變的傾向。這是一個循環過程：君主制蛻變為僭主制，僭主制蛻變為貴族制，貴族制蛻變為寡頭制，寡頭制蛻變為民主制，民主制蛻變為暴民制，暴民制的無政府狀態又回歸到君主制。蛻變就是變得不道義，不正義，一旦如此，便有了朝較好方向轉變的需要和動力。

18世紀，啟蒙運動思想家孟德斯鳩把政體分為共和、君主和專制三種主要類型。共和政體是全體人民或一部分人民握有最高權力的政體；君主政體是由單獨一人執政，但遵守既有的和確立了的法律的政體；專制政體既無法律又無規章，由單獨一人按其意志與反復無常的性情領導一切。

意識形態的變革是政治觀念的革命。在中國，意識形態是從廢除帝制，建立共和開始的，取代帝制的「共和」既是一次「革命」，也是徹底的意識形態觀念變更，在被「黨國」意識形態代替之前，共和有一度曾是中國新型統治正當性的根據。自秦至清，中國政治統治的根本是統治術而不是意識形態。兩千多年的改朝換代，從「漢承秦制」開始，基本上是「隨時宜」的「因循而不革」，改變的是統治術而不是意識形態。用亞里士多德的政治學概念來說就是，雖然政治的建制有變化，但政體一直沒有發生變化。這就像前蘇聯從列寧、斯大林到赫魯曉夫、勃列日涅夫、戈爾巴喬夫，雖然有統治術的變化，但政體並沒有變化一樣。1949年後的中國也是這樣。

朱維錚在《帝制中國初期的儒術》一文中說：「從秦帝國建立到清帝國滅亡，朝代更迭雖多，政權分合雖頻，共同的統治形式都是君主專制，因而在意識形態領域內共同的關注焦點，便是如何保證這個專制體制穩固與擴展的『君人南面之術』」。他又說，「秦漢間統治術凡三變，由法術、黃老術到

儒術，共同取向都在肯定與時俱變的君主統治意識形態的合法性，但論證的重心卻由秦始皇的『急法』，『漢承秦制』的『無為』，而到漢武帝構建『內多欲而外施仁義』的邏輯變異，都具有合理性。」他所說的意識形態不是現代意義上的意識形態，而是君主專制正當性和合目的性的代名詞——「普天之下，莫非王土，率土之濱，莫非王臣」、「天下無異意」。因此「犯上作亂」即為大逆不道，是「賊寇」所為，是一定要殺頭的頭等大罪。[3]

「犯上作亂」(造反) 所犯之「上」是皇帝，而不是政治制度。秦末造反的陳勝說：「王侯將相，寧有種乎！」他並不是要廢除帝制，讓「勞動人民」當家作主。他只是要換一批人來當王侯將相。造反之罪既是刑事罪又是道德罪，比殺人放火、攔路搶劫還罪不可赦，但與今天的政治罪並不相同。今天，民主國家的公民用選票每四五年「推翻」政府一次，不僅不是大逆不道，而且是他們的責任和義務。

今天，以「普天之下，莫非王土，率土之濱，莫非王臣」已經不可能使統治權力具有正當性(justification)和合法性 (legitimacy)了。再專制獨裁的統治也必須用意識形態來作為它的正當性和合法性基礎。意識形態是關於歷史、人性、社會發展、未來的觀念系統。意識形態的意義不只是在於它提供的抽象觀念 (以某種哲學為話語形式)，而且更在於構成它的政治運作、社會作用、文化影響。正如利昂・巴拉達特 (Leon P. Baradat) 在《意識形態：起源和影響》一書中所說，現代意識形態包括四個特徵：一、它首先而且主要是一套政治術語；二、它提供了希望；三、它起行動導向的作用；四、它在群眾社會裏發揮作用。[4]

3　http://www.aisixiang.com/data/79120.html.

4　利昂・巴拉達特：《意識形態：起源和影響》，張慧芝、張露璐譯，世界

　　　　　　　　　　　　　　　犬儒與玩笑

現代意識形態的教育或灌輸對象不再是少數的「讀書人」，而是社會中所有的「群眾」。它訴諸特定的「主義」而非普遍的「道」，當然，有的主義比另一些主義更強調自己價值的普遍意義。現代意識形態起到的作用不只是維護王權，而且更是凝聚民眾、給他們希望、指明共同的未來、為他們的生活社會提供意義和價值觀。越是要求統一思想、共同行動、無條件地只服從一個權威的政治制度，也就越依賴於意識形態對民眾的全面、徹底的控制。這種制度所絕對不可缺少的兩大支柱——組織化的控制和宣傳的洗腦——都是因為對意識形態極端依賴而設計並運作的。

二 意識形態信仰的三重危機

馬克思主義是蘇聯的意識形態，也曾經是蘇聯人的政治信仰。它的兩個支柱便是由政府權力控制的組織和宣傳。在蘇聯，馬克思主義的正當性開始遭到懷疑，蘇聯人對之發生政治信仰動搖，可以追溯到蘇共20大赫魯曉夫反斯大林的秘密報告。報告披露斯大林統治的殘暴和黑暗秘密，對後代蘇聯人，尤其是1960年代成年的蘇聯人(蘇聯的「60後」)和東歐人有着長久的「喚醒」效應。正如一位過來人所說的，「猶如頭部被榔頭猛擊了一下」。[5] 捷克斯洛伐克詩人和作家帕維爾·科胡(Pavel Kohout)曾經是一位共產黨員，他28歲時知道了赫魯曉夫的秘密報告，覺得「再也沒有安全感，整個世界都崩塌了」，

圖書出版公司，2010年，第9頁。

5　Teresa Toranska, *"Them": Stalin's Polish Puppets.* New York: Harper and Row, 1987, p. 55.

他「整夜地哭泣」。[6] 一下子失去了上帝一般的領袖，這簡直是一場空前的災難，讓許多人陷入了極度的精神恐慌，齊澤克 (Slavoj Žižek)對此寫道，赫魯曉夫的講話「搖動了絕對權威的領導教條，程度達到令所有的政治精英們都陷入了暫時性崩潰。有十幾名忠誠的斯大林追隨者因赫魯曉夫的講話而變得行為失常，甚至需要醫療救護。其中，波蘭共產黨的強硬派總書記貝魯特 (Boleslaw Bierut) 便因心臟病發作而猝死；斯大林主義的模範作家法捷耶夫 (Alexander Fadeyew) 亦在數天後開槍自殺」。[7]

這是最初發生在蘇聯的意識形態幻滅，也是蘇聯人對馬克思主義三重信仰危機中的第一重。這三重危機會同時存在，它們各自的影響範圍和程度會隨時代發展而發生變化，形成不同時代或不同階段的信仰危機特徵。

第一重信仰危機主要是由領袖人物的錯誤、失敗和暴行造成的幻滅感，領袖人物的專制暴虐、濫殺無辜、出爾反爾、陰險毒辣、淫亂、迫害狂、言而無信會讓人們普遍感覺到錯愕、驚慌和恐懼，也使他們陷入一種被出賣和背叛的痛苦絕望之中。以馬克思主義名義進行統治的領導人 (如斯大林和貝利亞)，他們的人格缺陷和道德敗壞使得馬克思主義事業失去了民心，毀掉了它的正當性。赫魯曉夫對秘密報告破壞共產主義信仰的後果顯然估計不足。戈爾巴喬夫在回憶錄裏記敘，匈牙利黨的首腦馬加什・拉科西 (Mátyás Rákosi) 聽說了赫魯曉夫的報告後，對蘇聯領導人安德羅波夫 (Yuri Andropov) 說：「你們不能這麼做，不能這麼着急。你們黨代會裏發生的是一場災難。

---

6 Quoted from Peter Hruby, *Fools and Heroes: The Changing Role of Communist Intellectuals in Czechoslovakia*. New York: Pergamon Press, 1980, p. 11.

7 Slavoj Žižek, "Can You Give My Son a Job?" *London Review of Books*. Vol. 32 No. 20–21 October 2010: 8–9.

　　　　　　　　　　　　　犬儒與玩笑

我不知道它會在你的國家和我的國家裏帶來什麼」。[8]拉科西預感到的就是一場信仰危機的災難。一旦領袖的醜事被披露,便猶如精靈被放出瓶子,再也不可能重新關進瓶子裏去,再也不可能「消除不良影響」。勃列日涅夫時期的「再斯大林化」也終究不可能消除赫魯曉夫秘密報告的長久影響。雖然赫魯曉夫後來試圖用允諾20年實現共產主義來補救共產主義信仰所受到的損害,但始終無效,蘇聯從此進入了一個漫長的停滯、朽化直至病入膏肓的過程,意識形態越來越喪失民心,再也難以起死回生,而整個官僚體制也因為喪失信仰而陷入了金錢崇拜和擁權自肥的腐敗泥淖。

第一重信仰幻滅很難長久地停留在只是對少數領袖或領導人的失望層次上,因為它遲早會引起人們這樣的疑問:為什麼在蘇聯體制中會湧現這麼多,如此自私貪婪、窮兇極惡、寡廉鮮恥的虐待狂人物,不是個別,而是一批又一批。早在蘇維埃政權建立的初期,素以正直、清廉著稱的捷爾任斯基(全俄肅反委員會,簡稱「契卡」的創始人)就似乎已經察覺到,蘇聯秘密警察「契卡」是一個需要惡棍也生產惡棍的體制。捷爾任斯基說,為契卡工作的只有兩種人,「聖人和惡棍,不過現在聖人已經離我而去,剩下的只有惡棍了」,「契卡的工作吸引的是一些腐敗或根本就是罪犯的傢伙……不管一個人看上去多麼正直,心地如何純淨……只要在契卡工作,就會現出原形」。[9]前蘇聯將軍,曾在葉利欽總統任期內擔任俄國總統特別助理的迪米特里·沃克戈洛夫(Dmitri Volkogonov)說,1930年代中期蘇聯政治警察(NKVD)軍官裏只有兩種類型的人,「冷酷無情

8　Quoted in Mikhail Gorbachev, *Memoirs*. New York: Doubleday, 1996, p. 62.

9　Quoted in Robert Conquest, *The Great Terror*. London: Macmilla, 1968, p. 544.

的犬儒和喪失了良心的虐待狂」。[10] 前蘇聯間諜尼古拉·霍赫洛夫 (Nikolai Khoklov) 回憶道，他負責招募新手時，他的上司克格勃高官帕維爾·蘇朵普拉托夫 (Pavel Sudoplatov) 給他的指示是，「找那些因命運或天性受過傷的人——那些性格醜陋、有自卑情結、嗜權、有影響欲但又屢遭挫折和不順利的人。或者就是找那些雖不至於受凍餓之苦，但卻因貧困而感到羞辱的人……這樣的人會因為從屬於一個影響大、有權力的組織而獲得優越感……他們會在一生中第一次嘗到自己很重要的甜頭，因而死心塌地地與權力結為一體」。[11] 不僅是間諜或警察，其他人員的提拔也是一樣，勃列日涅夫的侄女柳芭·勃列日涅娃 (Luba Brezhneva) 寫道，「官方不斷強調要粉碎『人民的敵人』，喚醒了人性中最卑鄙的本能……告密者受到表彰，成為青年人的楷模，他們不僅經濟上有好處，還能得到升遷。」[12]

一些具有某些素質和觀念的人們開創、建立和維持了一個他們想要的制度，這個制度於是便會自動挑選那些與其一致，並能保證它不斷維持和再生的人們。開創者與繼承者的傳承關係是在制度的同質延續中建立的，民眾對這些人的失望因此也就自然會成為對這個制度的失望。美國歷史學家艾米·奈特 (Amy Knight) 在《貝利亞：斯大林的第一副手》一書裏指出，斯大林時期的秘密警察首腦貝利亞是一個臭名昭著的狠毒人物，然而，「以為貝利亞是蘇聯制度的例外……那就太不了解斯大林時期蘇聯制度的本質了」。[13] 捷克作家和學者彼得·哈

10 Quoted in Paul Hollander, *Political Will and Personal Belief: The Decline and Fall of Soviet Communism*. New Haven, CN: Yale University Press, 1999, p. 216.

11 Nicolai Khoklov, *In the Name of Conscience*. New York: McKay, 1959, pp. 165–166.

12 Luba Brezhneva, *The World I Left Behind*. New York: Random House, 1995, p. 54.

13 Amy Knight, *Beria: Stalin's First Lieutenant*. Princeton, NJ: Princeton University Press, 1993, pp. 10, 229.

犬儒與玩笑

盧比 (Peter Hruby) 説，「每個國家的人口中都存在少量會成為罪犯的人。在極權專制國家，這樣的人機會最好。他們不僅有機會得意發達，而且有機會為服務於偉大事業感到自豪。」[14] 惡棍貝利亞官運亨通是因為有斯大林賞識他，斯大林這樣的領袖才需要貝利亞這樣的副手。艾米‧奈特對此寫道：「斯大林和他的副手們做決定都很少或根本不考慮蘇聯人民。讓這些統治者集合到一起的是，他們都極端鄙視個體的人，都毫不心軟地殘害人民」。[15] 一個制度與它的領導人和主要運作者的素質之間有着密切的關係，體現在這些人身上的邪惡和腐敗一定會對這個體制的可信度和道德形象產生極大的破壞作用。

造成馬克思主義第二重信仰危機的是高尚理想與陰暗現實之間的巨大落差，也常被視為理論與實踐的極大脱節。蘇聯史專家保羅‧霍蘭德 (Paul Hollander) 指出，「馬克思主義追求的是社會正義、造就群體意識、建立公民與領導人之間的信任關係、把群眾當作能夠做抉擇的負責成年人。」但是，蘇聯社會裏充滿了殘酷的階級鬥爭和迫害政治異己的暴行，毫無正義可言。人們生活在害怕被出賣和背叛的恐懼之中，彼此或與領導之間充滿了猜疑和敵意，難有信任。政府更是對民眾頤指氣使，把他們當不懂事的兒童或弱智來對待。強權統治「背棄了所有那些馬克思主義的道義理想，而代之以一個無處不在的、無以復加的謊言體制」。[16]

波蘭詩人亞歷山大‧瓦特 (Alexander Wat) 曾是一位共產黨員知識分子，他之所以對共產主義幻滅，就是因為痛恨共產

---

14 Peter Hruby, *Fools and Heroes: The Changing Role of Communist Intellectuals in Czechoslovakia*. New York: Pergamon Press, 1980, pp. 223–224.

15 Amy Knight, *Beria*, p. 8.

16 Paul Hollander, *Political Will and Personal Belief*, p. 280.

主義已經變成了一個謊言，他説，「失去自由、遭受暴政、饑餓，如果這些不是被謊稱為自由、正義、幸福生活，會更加容易忍受一些。」[17] 壞事本來就夠壞了，把壞事謊稱為好事，那就更壞了，更讓人懷疑和不相信謊言的宣傳。蘇聯哲學家和心理學家伊高·康恩 (Igor Kon) 也指出，共產主義理想與蘇聯社會主義實踐的嚴重不符是蘇聯人厭棄共產主義的主要原因。他寫道：「造成蘇聯帝國崩潰的原因包括蘇聯人的心理危機。這種危機從1970年代就已經纏上了蘇聯社會，1980年代終於將它拖跨。冷漠、犬儒主義、酗酒……都是蘇聯崩潰的 (民心) 因素……戈爾巴喬夫的改革無法兌現承諾，因為它的設計師低估了蘇聯社會憤怒的程度，自從蘇聯的意識形態神話破產後，這種憤怒便已經在人民中間蔓延開來。」[18]

　　馬克思主義的第三重信仰危機是因為人們有了一個新的認識——馬克思–列寧主義和共產主義理想本身有缺陷，並無法通過它自身來克服。南斯拉夫共產黨政治家米洛凡·吉拉斯 (Milovan Djilas) 指出，共產主義失敗是「自我毀滅」的結果，而不是被外力摧毀的。他寫道，「共產主義觀念本身就包含了它後來崩潰的種子。這個結果早已在共產主義觀念裏等着發生了……共產主義是被它自己而不是別人殺死的。它自己慢慢爛掉了……讓人們 看清不過是一個徹底平庸、極端簡單化的理想……這樣的理想也許能激勵我們去犧牲，有高尚的行為，但也是靈魂的鴉片，令人神智不清……隨着這個理想所助長的醜惡現實日益清楚地暴露在人們面前，它也就乾枯死亡了。」[19]

17　Alexander Wat, *My Century: The Odyssey of a Polish Intellectual*. New York: W.W. Norton, 1990, p. 173.

18　Quoted in Dmitri N. Shalin, ed. *Russian Culture at the Crossroads*. Boulder, CO: Westview Press, 1996, p. 121.

19　Milovan Djilas, *Fall of the New Class: A History of Communism's Self-Destruction*. New

犬儒與玩笑

他指出，馬克思主義理論與斯大林主義實踐不是矛盾衝突的，而是一致的。然而，共產主義信仰被蘇聯人拋棄，要為之擔負責任的不僅僅是斯大林或貝利亞的個人暴行，甚至也不是斯大林社會主義對馬克思主義的偏離，而是共產主義本身。用彼得‧哈盧比的話來說，馬克思主義與斯大林主義之間最重要的一個紐帶便是二者都「信奉無情殘害的階級鬥爭」。[20] 霍蘭德對階級鬥爭有類似的看法：「相信無處不在、殘酷無情的階級鬥爭讓 (馬克思主義者) 喪失了對道義的敏感，也為在無須運用暴力的社會體制中大肆濫用暴力提供了合法性」。[21]

一位名叫弗拉迪米爾‧法克斯 (Vladimir Farkas) 的前匈牙利秘密警察高級官員反思道，蘇聯共產主義比德國的國家社會主義 (納粹) 更邪乎，因為「它欺騙地利用了人類最高尚的理想，而納粹則畢竟還未如此」。[22] 英國作家、政治評論員大衛‧普賴斯–鍾斯 (David Pryce-Jones) 認為，就政治暴力而言，全世界其他國家沒有一個比得上蘇聯，「其他國家沒有像蘇聯這麼自我傷害的，殺了這麼多自己國家的人民」。[23] 蘇聯當然並非是唯一如此的國家，其他國家也發生過以共產主義的名義來推行的迫害和殺戮，它的對象不僅是「敵人」，而且也包括「自己人」——同志、戰友，甚至連領袖親自挑選的接班人也概不能免。

波蘭哲學家和思想史家萊謝克‧柯拉柯夫斯基 (Leszek Kolakowski) 指出，馬克思主義從一開始就是一個不切實際的烏托邦，一旦人們看清了這一點，便不可能再把它當作對現實生

York: Knopf, 1998, pp. 302, 305, 289.

20 Peter Hruby, *Fools and Heroes*, p. 17.

21 Paul Hollander, *Political Will and Personal Belief*, p. 292.

22 Quoted in Paul Hollander, *Political Will and Personal Belief*, p. 211.

23 David Pryce-Jones, *The Strange Death of the Soviet Empire*. New York: Holt, 1995, p. 10.

活有指導意義的信仰。他寫道，「馬克思似乎在想像，只要消滅了資本家，全世界就會變成一個雅典市集(Athenian agora)。只要取消機器和土地的私有制，人類就不再會自私自利，就會從此和諧地共同生活。」[24] 霍蘭德則指出，一個政權靠着烏托邦式的理想來支撐，並以它的名義實行高度集權，這樣的制度要比既無須烏托邦理想也不高度集權的體制不穩定得多，它需要不斷用暴力維持穩定，越使用暴力，實際上越不穩定。蘇聯的制度不如西方民主制度穩定，道理即在於此。這是蘇聯制度的一個致命內傷，它的不穩定因素是內在的，而不是由外來威脅所造成的。[25]

以為政府權力可以把社會生活的方方面面全都管制起來，這本身就是一種烏托邦的觀念。波蘭裔美國籍學者理查·派普斯(Richard Pipes)認為，這種讓人厭惡的管制方式最終成為蘇聯人厭棄共產主義意識形態的一個主要原因。他指出，這種管制式統治「想要把生活的所有方面都規範起來，營造一個取消道德選擇和差別的社會環境，代之以個人利益與社會利益的徹底和諧」。[26] 這樣的管制方式使得所有不符合它要求的事情，哪怕是本來很平常的生活小事，也都成為具有政治含義的反抗。蘇聯政治笑話許多都不是針對政府、政黨、政治理念或政策的，而是對生活中一些「小事」的謔戲回應，正因為這些小事也都是被意識形態的政治權威所管制的，所以謔戲也就成為對這一權威的冒犯和不敬，關於小事的笑話也就成了政治笑話。

---

24 Leszek Kolakowski, *Main Currents of Marxism*. New York: Oxford University Press, 1978, p. 527.

25 Paul Hollander, *Political Will and Personal Belief*, p. 293.

26 Richard Pipes, *Communism: The Vanished Specter*. New York: Oxford University Press, 1994, p. 64.

犬儒與玩笑

三　政治笑話與分裂的意識形態和失敗的宣傳

意識形態是「一個階級或一些個人具有特徵的思維方式」，因此成為他們的信條和教義。[27] 社會中一部分人組織到一起，結成一個有極大活動能量和政治作用的團體，那便是現代政黨。一個政黨掌握了權力，權力便為它和它所代表的「我們」所擁有。在一個國家裏，如果由少數人的「我們」所控制的意識形態佔據絕對的統治地位，成為唯我獨尊的正確思想，它便會時刻滲透進並控制着普通民眾日常生活的方方面面，使他們生活中發生的事情在不同程度上與這個意識形態發生了聯繫，這種聯繫是政治性質的聯繫，人們嘲笑和諷刺的許多看似平常的事情也就有了政治笑話的意義。有人分析過這樣一個笑話：

> 一個山西煤老闆的兒子和一個北京高幹子弟同桌飲酒。酒到酣處高幹子弟為了炫耀自己的門路之廣，拍着胸脯對煤老闆的兒子說：「兄弟，放心，給我一百萬，在北京還沒有咱辦不成的事呢。」煤老闆的兒子諾諾地說：「哥哥，我給你一個億，你把天安門城樓上的相片換成俺爹的吧。」

這個笑話之所以是政治笑話，是因為它的三個核心詞語：煤老闆、天安門、高幹子弟，「如果把這三個核心詞語進行更換後，那麼這則笑話將不再是笑話，或者就會成為單純的笑話。如果煤老闆的兒子換成了普通民眾，如果天安門換成了國外的某政治中心，如果高幹子弟換成了某個愛吹牛皮的人。可能就成為了一般意義的笑話」。煤老闆現在已經成為中國有錢

---

27 Kenneth R. Hoover, *Ideology and Political Life*, p. 14.

人的代名詞，是「改革開放」——一個革命意識形態的政治用語——的實踐者和得益者，他們靠着官商勾結和黑心剝削，把國家資源變成了自己的財富。天安門的政治象徵意義和高幹子弟的優越身份定位也都是拜革命意識形態所賜。如果沒有這個意識形態的背景，這個笑話就稱不上是政治笑話，頂多不過是一個挖苦「暴發戶」(這個自古以來就是笑話的現成靶子) 的普通笑話而已。[28]

　　這個笑話的另一層政治含義還在於，按照官方的意識形態說辭，中國是一個勞動人民當家作主、共同致富的社會主義國家，在還有這麼多貧困人口的今天，怎麼居然會有闊佬出一億人民幣為他爹掛像的怪事？這個笑話的靶子甚至不是煤老闆，也不是高幹子弟，而是官方意識形態的虛偽和自我分裂。政治笑話是佔統治地位的意識形態出現自我分裂時的產物，這種自我分裂的主要表現是意識形態說辭與現實不符，當權力者們說一套做一套時，這種乖訛和不協調 (incongruity) 便成為笑料。

　　更糟糕的是，他們不僅言行不一，而且還強詞奪理，硬是一口咬定自己說的和做的都特別正確，特別符合馬克思的社會主義和共產主義。他們明知自己的強詞奪理無法說服民眾，甚至連他們自己都不相信，但卻還在煞有介事地誘騙或強迫別人相信這一套。這種強詞奪理便成為一種失敗而無效的宣傳和欺騙，它本身就成為一種反諷和滑稽表演。總是因為意識形態的乖訛和偽善先讓人們感覺到了它的荒唐和愚蠢，所以才有民間政治笑話對它投以種種嘲笑和挖苦。

　　放在古代，無論皇帝、大臣、官員多麼能幹，都不可能憑他們自己的力量向老百姓反復強調統治權力的正當性，並在這

28　東方朔：《一則敲響警鐘的笑話》http://b2687620025.blog.163.com/blog/static/20773825120140241101230258

種正當性破產後，用謊話來加以掩飾和修復。但是，現代國家有能力組織一個專門的「宣傳」體制，動員一切媒體、報刊、教育、新聞、文藝的力量來做這些事情。成功的宣傳有可能彌補和掩飾統治權力的虛假意識形態，也可能使它的謊言被當作真理。但是，宣傳的欺騙和洗腦作用是有限度的，而政治笑話則是出現在宣傳實際已經失效，但還在繼續進行的時候。政治笑話的兩個必要條件，失去正當性的統治權力意識形態和失敗的宣傳洗腦，在古代是不存在的。今天，這兩個原因中只要有一個，就可能生成政治笑話，如果兩個因素一起存在，那就一定會出現政治笑話。例如，「中國夢」是當前意識形態的一個標誌性「話語元素」，拿它當笑話靶子，哪怕只是為了尋開心、耍嘴皮子、圖嘴上痛快，也可以成為可以充當民意「測度計」的政治笑話。

王朔說中國夢！

1. 聯合國總部從美國遷到北京；
2. 馬英九任中國台灣行政區首任長官；
3. 國足喜奪世界盃，首捧大力神；
4. 中方就誤炸五角大樓事件向美方表示遺憾；
5. 遼寧艦返回夏威夷基地補給；
6. 日本大地震，暫未發現有生還者；
7. 人民幣代替美元成為唯一國際結算幣種；
8. 近期發生多起美國公民偷渡中國事件；
9. 全世界各國領導人每年九月九日到北京參拜毛主席紀念堂；
10. 廢除美國英國法國俄羅斯在聯合國安理會的否決權；
11. 太陽西出，黃河倒流，母豬上樹，中國人從此絕不再打中國人。

我們無法確定這個笑話的作者是否真的是王朔，王朔可能是被用作了一個話糙理不糙的油嘴痞子原型，他本身就已成為當今中國的一個謔戲象徵。這就類似於蘇聯笑話裏「夏伯陽」這個人物。夏伯陽是蘇聯國內戰爭時期的紅軍指揮員和英雄人物。笑話裏的夏伯陽是個有勇無謀、容易衝動、隨便瞎說的莽漢，因此是個滑稽人物。

中國最早的政治笑話大概出現於清末民初之際，當時正是意識形態開始影響中國社會，人們對要憲政還是要專制發生激烈爭論的時候。在這之前有關於皇帝的笑話大多離不開「性」的元素，應該說是屬於性笑話而不是政治笑話——性笑話在幾乎所有國家的笑話中都是一個獨特的笑話類型。例如有這樣一個關於慈禧的笑話：

> 一天，慈禧太后找到一個太監，要他講故事，於是小太監就開始講。說：「從前，有一個太監。」就停住了。慈禧太后追問：「下面呢？」「下面沒了。」慈禧太后繼續追問：「下面呢？」小太監還是說：「下面沒了！」

性、愚蠢、地域、種族是玩笑中常見的非政治元素，但也都可能因為被視作影射統治者，而成為大逆不道、犯上作亂的罪名。清代的文字獄便是如此。有的詩文因為滿清皇帝疑心是在笑話他的愚蠢和種族而成為不能容忍的玩笑。這些玩笑其實都還算不上是真正的政治玩笑。一直要到民國初年，當政治無需借助性、愚蠢、地域、種族這類的笑話元素，獨立構成笑話的時候，才有了政治笑話。但是，一開始的政治笑話靶子有限，這與那時意識形態還遠遠沒有能全面控制社會生活有關。關於袁世凱的不少笑話都屬於這種早期的政治笑話，例如，

犬儒與玩笑

前清翰林王闓運給總統府撰寫了一副對聯：「民猶是也，國猶是也，何分南北；總而言之，統而言之，不是東西。」橫批是「旁觀者清」。

［按：這是一幅嵌入聯，即「民國何分南北，總統不是東西」。］

袁世凱復辟稱帝時，有人寫了一副對聯的上聯，公開徵求下聯。上聯是「或在園中，拖出老袁還我國。」徵得的下聯是：「余臨道上，不堪回首話前途。」

［按：這是拆字聯，語意雙關。「園」字去「袁」，加進「或」字即成「國」字，其意是打倒袁世凱，還我「中華民國」。「道」字去掉「首」，加進「余」即成「途」字。意思是袁世凱復辟稱帝，倒行逆施，使人擔憂國家前途。］

袁世凱死去，有人為他寫了一幅輓聯：「袁世凱千古；中國人民萬歲。」有人說，「袁世凱」三字怎麼和「中國人民」四字相對，不合對聯要求。寫聯人說，「袁世凱就是對不住中國人民。」

像這樣的早期政治玩笑是文人玩笑或詩文玩笑，它有精巧的文字功夫，玩的也是文字遊戲，雖然可以設想在一些民眾中流傳，但說笑話的和傳笑話的基本上是有一定文化的人士。

比較通俗的政治玩笑更容易在普通百姓間流傳，它們經常是一些打油詩、混名嘲諷、順口溜、插科打諢、諧音調侃，可以說是通俗的詩文。在此之外，還有一類容易流傳的笑話，那就是軼事式的對話或故事，例如下面這個嘲諷蔣介石專權、說一套做一套的著名笑話：

蔣介石去世後，在天堂遇見了國父孫中山先生，國父非常關心中華民國的狀況，於是問老蔣：「我死後中華民國有沒有行憲啊？」

蔣介石馬上回答：「有啊！有行憲，有行憲啦！」

孫中山又問：「那第一任總統是誰？」

蔣介石回答：「是我。」

孫中山心想還好，反正才做一任，又問：「那第二任呢？」

這時老蔣不太好意思說還是自己，可是又不太想說謊對不起老孫，於是回答道：「於右任〔余又任〕。」

孫中山高興的說：「不錯，不錯，書法家當總統，文學治國，那第三任又是誰呢？」

蔣中正腦筋一轉，機智地答：「吳三連〔吾三連〕。」

孫：「嗯，輿論界有人出任總統，也好，那下一任又是誰？」

蔣：「趙元任〔照原任〕」

孫想了一想說道：「很好，語言學家當總統，那第五任呢？」

蔣：「是，是趙麗蓮〔照例連〕。」

孫中山開心的說：「太好了，連教育家也做總統了，那國家可真是越來越進步了，那第六任呢？」

說到第六任，蔣介石已經有點詞窮了，於是隨便嗚拉地說：「伍子胥〔吾子續〕。」

這時孫中山有點不解了，問道：「怎麼春秋時代的古人也能跑來當總統了呢？」

老蔣只好不慌不忙的回答：「同名同姓啦！」

國父若有所悟，慍中含笑的說：「該不會是林憶蓮〔您亦連〕吧」

老蔣尷尬假裝耳背的說：「......是啊，俺也喜歡吳複連〔吾複連〕......」

犬儒與玩笑

國父聽了火氣更高了，怒聲說道「你乾脆改名叫連戰〔連……佔〕好了！
〔按：這是一個老笑話，「連戰」的部分顯然是後來加上去的。〕

　　用人的姓名來搞笑，這似乎是中國特有的玩笑，與中國文字多諧音有關。有這樣一個與蔣介石連任類似的姓名玩笑，由於它第一句話所設置的語境，它可以說是一則「人名政治玩笑」。這個通俗玩笑雖然好笑，但卻不過是膚淺、輕薄、無的放矢的搞笑，政治諷刺的品味和質量遠不如蔣介石連任的玩笑：

全國第十二屆人代會統計出代表中最爆笑的人名：
劉產 (流產)、賴月京 (來月經)、范劍 (犯賤)、姬從良 (雞從良)、范統 (飯桶)、夏建仁 (下賤人)、朱逸群 (豬一群)、秦壽生 (禽獸生)、龐光 (膀胱)、杜琦燕 (肚臍眼)、魏生津 (衛生巾)、矯厚根 (腳後跟)、沈京兵 (神經病)、杜子騰 (肚子疼)。排名第一的：史珍香 (屎真香)。

相比之下，下面這一則笑話要有的放矢得多：

史記‧《申紀蘭傳》
申紀蘭，晉平順西溝人，舉手神器也。通人大擅鼓掌，十餘次代人與會，無以匹敵！夷人稱奇，爭睹芳容！申日夜操勞，譽勞模三八，任數職，08年，恰逢汶川地震，申慷慨解囊，捐一萬，感動中國！報紙電視網絡，皆留其影，遂著書立說，以誡後人。問其秘訣，曰：無他，勿反對，唯舉手耳。

四 政治玩笑的「詩文」與「故事」

俄羅斯學者、語言學家阿爾希波娃 (Alexandra Arkhipova) 在對普京時代政治笑話的研究中，將俄羅斯的政治笑話分為兩類，一類是「敘述對話」，另一類是非敘事對話的「直白」。例如，這是一則「敘述對話」的笑話：

> 俄羅斯中央選舉委員會主席朱洛夫 (Vladimir Churov) 對普京說：我有一個好消息和一個壞消息要告訴你。」普京說：「什麼是好消息？」「你當選了。」「那什麼是壞消息呢？」「沒有人選你。」

同樣是說普京操縱選舉這件事，「直白」的笑話模仿的是廣告說辭：

> 「中央選舉委員會買二送三：普京選兩次，當選三次。不用再選！」

阿爾希波娃指出，後一種笑話形式經常使用「惡搞」(parody) 的手法，利用人們熟悉的廣告詞、標語、口號、領導指示、官方宣傳語、新聞報導用語、流行說法，把一些貌似完美、嚴肅、一本正經的事情，弄得低級庸俗、滑稽可笑，顯出表像與真實的強烈反差和不合。阿爾希波娃在研究中發現，形似「標語、警句和其他口語種類」的惡搞「對上街或在網上表示抗議的人們特別重要」。[29]

---

29 Alexandra Arkhipova, "Jokes about Putin and the Elections Ten Years On, or, Is There a Folklore of the 'Snow Revolution'?" *Forum for Anthropology and Culture*. No.

犬儒與玩笑

在中國網上的戲謔文字中，敘述對話和直白的玩笑都有。敘述對話似乎更接近於「說故事」。直白顯然更為多樣而普遍，融合了中國詩詞、對聯、成語、同音詞諧音遊戲、相聲、說唱等傳統文學和文字特徵，也形成了與蘇聯政治笑話多用敘述和對話的不同。這裏有兩個題材相似，可供對比的「敘述對話」和「直白」笑話：

> 陰暗潮濕的北京某地下室，一瘦弱青年一手拿了兩塊錢一包的煙，一邊看着鳳凰網軍事頻道，愁眉緊鎖的他陷入了沉思……國家下一步該怎麼走？如何突破美國封鎖？如何收復台灣？如何保住南沙釣魚島？一個個難題需要他思索，抉擇。此時，傳來踹門的咣咣聲：開門！查暫住證！[30]

以上是敘述對話形式的笑話，如果改成直白形式，則可以是，「保不住自己的工作，保不住自己的房子，保不住自己的家，保不住自己的愛情，保不住自己的權利，保不住自己的自由，保不住自己的安全，保不住自己的生活，連說話的自由也保不住……卻想去保住釣魚島。」

政治笑話經常是一種關於「時事」的玩笑，事情一過，玩笑便不好笑了；如果很少有人傳講，很快就會被淡忘。開玩笑是利用人們的當下記憶和聯想，當時或當事的人們能心領神會其中細節的隱秘所指，自然覺得幽默詼諧，甚是好笑。但是，過一段時間，即使被記錄下來的，也需要注釋才能讓人領會其中的含義。例如，袁世凱死後有這樣一副玩笑對聯：「起病六君子；送命二陳湯。」這是當時戲挽袁世凱的對聯。「六君

8, 2012, pp. 303–336, pp. 307, 310, 315.

30　《屌絲青年故事會》，http://www.douban.com/note/241161124.

子」和「二陳湯」是中藥湯劑名。但此聯用語雙關，上聯諷刺袁世凱得了想做皇帝的病，稱帝前，楊度、孫毓筠、嚴複、劉師培、李燮和、胡瑛等六人在北京建立「籌安會」，公開擁立袁世凱做皇帝，他們被稱為「籌安六君子」。上聯說明袁世凱的得病原因是籌安六君子擁立他當皇帝，稱帝是他得病的原因。「二陳湯」指的是陳樹藩、陳宧、湯薌銘三人，他們捧袁稱帝後，見大勢已去，又先後宣佈「獨立」，成了袁的「送終藥」。

在笑話靠口耳相傳才得以流傳的時代，政治笑話的壽命往往不長。除非有人把笑話用文字寫下來，這樣的笑話很容易流失。網絡時代的大眾傳媒有利於保存過去人們曾經傳播過的政治玩笑和笑話。但是，記錄下來的與當時傳播的笑話的效果並不相同。許多記錄下來的笑話曾經有趣一時，但過後人們卻未必覺得好笑。然而，它們仍然可以當作是一種特殊的歷史記錄。有這樣一段網絡戲謔文字，對能領會的讀者無疑是非常精彩的笑話。它既嘲笑了毫無創意、歌功頌德，每年一次的「春晚」，又揶揄和諷刺了2013年發生的一些事情。它之所以好笑，在於只是暗示而不說明，如果用注釋來說明，那就會是畫蛇添足，不好笑了。它雖然沒有涉及「政治」，但絕對可以當政治笑話來聽。2013年底或2014年初說這個笑話最有效果，要是過一段時間，那就會意趣大減，甚至變得難以理解了：

2014春晚總導演馮小剛，字幕趙本山，最新公佈春晚節目單如下：

1. 男女合唱：因為愛情
　　演唱者：雷政富、趙紅霞

犬儒與玩笑

2. 歌舞劇：輪流發生性關係

　　表演者：夢鴿、李天一等五人

3. 歌曲：北京歡迎你

　　演唱者：外籍歌手斯諾登

4. 群口相聲：甲方乙方

　　表演者：中國足球隊、卡馬喬

5. 魔術：中國股市

　　表演者：中國證監會

6. 男聲獨唱：我的中國心

　　演唱者：劉志軍；伴舞：紅樓夢劇組

7. 模特走秀：你動我試試

　　表演者：郭美美

8. 幻術表演：看我多少表

　　表演者：著名幻術表演藝術家表哥達才

9. 大型歌舞表演：關心祖國的花朵——序：校長的愛

　　表演者：海南萬寧校長陳在鵬伴舞：教育局領導及各優

　　秀校長

10. 小品：不差錢

　　表演者：人民銀行及四大國有銀行

11. 詩朗誦：沁園春・雪

　　表演者：毛新宇及其書法展

12. 魔術表演：大橋沒了

　　表演者：義昌人民政府

13. 話劇：臨時工

　　表演：陝西城管及各地派出所

14. 大型歌舞：紅紅火火過大年

　　表演者：中儲糧、中石油、中石化全體員工

春晚之所以可笑，並不僅僅是因為它的假大空表演，而且是因為它背後的那個意識形態十分自以為是、邏輯混亂、虛偽欺騙、空洞蠻橫，這本身就很可笑。要不是這個意識形態先把自己弄可笑了，單憑幾則笑話的力量是沒有辦法讓許許多多人跟着笑起來的。網上有不少關於「央視」的笑話，只要央視出任何差錯，都一定會引起一片起哄和嘲笑。其實這並不只是針對央視，而是與不滿它所代言的那個自我分裂的意識形態有關。一面提倡依法治國，一面又説不能忘記階級鬥爭；一面不承認存在任何普世價值，一面卻自稱掌握着宇宙真理；一面説人民當家作主，一面卻反對提倡公民權利；一面要求別國正視歷史，一面卻對自己的歷史設下重重禁區。政治笑話並不是出於什麼特別的政治智慧和見解，而只是有常識的人都可以看到的可笑之處，都能察覺的矛盾和謬誤，例如有這麼一個關於「新聞聯播」的笑話：

> 最真實的一句話：現在是北京時間晚上7點整；
> 最不變的是前邊、中間、後面三節各有十分鐘：
> 前邊十分鐘：國家領導人很忙，不是出國就是下鄉，親民廉政；
> 中間十分鐘，全國人民很幸福，不是致富就是豐收，社會和諧；
> 最後十分鐘，其他國家都很慘，不是爆炸就是造反，中國最好。
> 最恐怖的就是結束時説的一句話：明天讓我們同一時間再見！
>
> 問：「新聞聯播結束後，為什麼總要拍主播在收拾稿件？」
> 回：「那是告訴屁民，我們吹牛是打了草稿的！」

政治笑話不僅指向權威，也會是指向所有屈從於這種權威的國民，包括所有的社會精英：

中國人的三種形態：
嚴厲管制下是順民，
政策寬鬆時是刁民，
天下大亂時是暴民。

最可笑的笑話其實並不是編出來的，而是實有其事，只要如實敘述，無需任何修辭和文采，便是一個笑話。錢學森在發表於《中國青年報》的文章《糧食畝產量會有多少？》（1958年6月16日）中「論證」每畝地能年產糧食四萬斤，這是一位科學家順民在特定高壓制度下的諂媚表演，成為一個現實的笑話，既是一個科學笑話，也是一個政治笑話，更準確地說是一個科學政治笑話。與科學政治笑話類似的還有人文學術政治笑話、宗教政治笑話等等。例如，2018年修憲取消國家主席兩屆任期規定期間，北大教授朱蘇力從歷史的學術角度提出，通過對古代皇帝在位週期的分析，至少在位15年有利於政權穩定。2018年12月11日，在海南省佛教協會學習十九大精神培訓班上，中國佛教協會副會長，海南省佛教協會會長印順大和尚說，佛教徒要把十九大報告當成現代佛經來學習，「十九大報告就是當代的佛經，我已經手抄了三遍」。

國務院農村發展中心前研究員姚監復對採訪他的記者講過一件事，是曾經擔任過國務院副總理的紀登奎告訴他的。有一次紀登奎和他一起出差，經過貴州時對他說，貴州的第一任革委會主任叫李再含。周恩來總理讓紀登奎調李再含開會時的講話錄音審查。審查以後發現講話錄音內容沒什麼問題，基本上

都是重複中央的《人民日報》精神。就是喊口號時候，一般是喊兩個口號，他喊了三個口號，第三個口號有問題。

「文革」時開群眾大會，最後結束的時候都要全體齊聲高呼口號。一般先喊：「敬祝偉大領袖、偉大導師、偉大統帥、偉大舵手毛主席萬壽無疆！萬壽無疆！！萬壽無疆！！！」接着又喊：「敬祝毛主席的親密戰友林副統帥身體健康！永遠健康！！永遠健康！！！」李再含要求加了第三個：「祝貴州的『小月亮』李再含主任的身體永遠比較健康！比較健康！！比較健康！！！」

採訪記者聽姚監復這麼說，問他：真的還是假的？顯然，他覺得這樣的事太荒唐、離譜，不相信是真的。

姚監復曾對擔任過中宣部長的朱厚澤也講過這件事，朱厚澤笑完以後也不相信，他說，老姚你瞎編的，我當過貴州省委書記，我怎麼沒喊過永遠比較健康啊？姚監復說，這是1967年上海奪權以後，全國實行的。你那時候幹什麼？朱厚澤說，我勞改。姚監復說，你勞改，你沒權利祝萬壽無疆啊！正好在他們旁邊有一位貴州省沿河縣的縣委書記，這位縣委書記說，朱書記，老姚說的是對的。我們那時候開幾萬人的大會，都是很嚴肅地祝李再含身體比較健康！比較健康！！比較健康！！！他說，還有呢，我們縣革委主任，以為這是中央文件的精神，毛主席萬壽無疆，林副統帥永遠健康，省裏是比較健康，那麼我縣裏呢？我也得喊一個，我說省裏都比較健康，你縣裏喊什麼？他說我們到時候就喊，祝貴州省沿河縣革委會某某主任身體勉強健康！勉強健康！！勉強健康！！！

在荒誕的時代和荒誕的環境裏，真實的事情可能比編出來的誇張笑話更荒唐 (這樣的事情今天還在朝鮮發生，所以許多關於朝鮮的報導被人們當笑話來讀)。笑話和真實的界限在外力的

　　　　　　　　　　　　　　犬儒與玩笑

強制作用下會變得非常模糊。老話説大智若愚，大愚若智，但在具體的事情上，智和愚畢竟是有區別的，也不宜隨意切換。除非是在極端的情況下，笑話和真實之間一般是難以作這種切換的。而且，神志清醒的個人和精神健康的社會也必須防止這樣的切換。這是因為，在真實生活與笑話不能分辨的社會裏，人會完全喪失理智，陷入徹底的愚昧和瘋狂。這樣的社會以前存在過，至今還沒有絕跡。當這樣的不幸發生時，整個社會和國家就已經陷入了人人參與其中，人人有份的集體瘋狂，並成了一個名副其實的政治笑話。

附　錄

1　什麼是「沒品位」的玩笑

中國一些小品的玩笑和笑話經常被詬病為「低俗」，其實，低俗不低俗往往只是一種主觀印象，並不能用作對公共話語領域裏玩笑的取捨原則或標準。玩笑在公共話語領域裏是否能被接受，主要取決於它是否對特定的人群造成不應有的傷害。這是任何幽默形式都應該遵守的公共倫理。有的玩笑看起來並不低俗，但如果違背了這樣的公共倫理，那就仍然會被視為不妥的或者至少是沒有品味的玩笑。

2014年8月21日，美國參院多數黨領袖雷德 (Harry Reid) 在出席美國亞洲商會 (USACC) 午餐會時開亞裔玩笑説，「我不認為你們比任何人更聰明，但你們讓許多人相信你們比較聰明。」當USACC會長Terry Wong被介紹上台時，雷德轉過身對着麥克風説：「今天我有困難辨認出我認識的所有的Wong先生。」這段視頻在網絡上流傳後，雷德遭到批評。他22日公開道歉説，這樣的言論「很沒品味」(extremely poor taste)。但是，USACC主席James Yu稱雷德是商會的長期好友，他尚未聽説任何出席來賓有所不滿，表示是有人「小題大作」。

雷德道歉，是因為他的玩笑造成了冒犯或傷害，所以才「沒品位」。但是，商會主席和其他一些人卻不這麼以為，他們覺得這是「小題大做」。玩笑與謾罵不同，謾罵的傷害是顯而易見的，但玩笑造成的傷害卻具有模糊性。你開一個人的玩

笑，可以是表示親近的方式，但是，要是對方覺得你是在拿他尋開心，取笑他，引起他的惱怒，那就會成為冒犯。

在開玩笑者與被開玩笑者之間，有一種「對話者」(interlocutors) 的關係。希臘學者維莉·沙克納 (Villy Tsakona) 和羅馬尼亞學者戴安娜·波帕 (Diana E. Popa) 在她們合編的《政治幽默研究》(*Studies in Political Humour*) 一書的序言裏指出，玩笑可以當真，嚴肅對待；也可以不當真，只當作輕鬆幽默。每次玩笑都得由對話者自己決定要不要當真，「換言之，得由對話者來決定如何區分嚴肅話語和幽默話語之間的界限」。

但是，網絡時代改變了傳統的「對話人」關係。雷德的玩笑一旦被用視頻傳遞到網上，許多午餐會時並不在場的人們也都有了扮演對話者角色的可能。他們在決定如何區分嚴肅話語和幽默話語界限的問題上，並不是沒有發言權的。雷德在開玩笑時顯然沒有考慮到他們的感受，因此才逾越了玩笑忌諱的紅線。

在今天的公共社會裏，誰也不能以「只不過開個玩笑」為理由，不考慮其他人的可能感受，想說什麼就說什麼，想怎麼開玩笑就怎麼開玩笑。這是公共倫理意識增強的必然結果。許多以前人們習以為常的傳統玩笑以今天的公共倫理標準來看，都可能是很沒品味的了，如某些中國小品開殘疾人、肥胖者、精神病患者的玩笑。

民主國家的政治人物經常在公開言論中開玩笑和說笑話，玩笑主要起兩個作用。一個是用幽默的方式批評和攻擊政治對手，免得讓兇巴巴的批評惹公眾反感；另一個是熱絡與聽眾的關係，輕鬆現場的氣氛，最好的玩笑是拿自己而不是別人當靶子。雷德開玩笑顯然不是在批評或攻擊什麼人，而只是想與聽眾套近乎，但他卻是拿別人做了靶子。

有一次，美國前總統卡特說了這樣一個笑話，他說，我到

　　　　　　　　　　　　　犬儒與玩笑

日本訪問時，對歡迎的人群說了一個笑話，但沒有一個人笑的。接着翻譯說了一句話，人群馬上發出一陣大笑。我問翻譯你是怎麼把我那個笑話翻譯成這麼短短的一句話的，效果還這麼好。翻譯說，我對他們說，卡特先生說了一個笑話，請大家笑一笑。卡特的這個笑話是拿他自己尋開心，所以雖然笑話裏說到日本人，但並沒有拿他們做靶子。

傳統的玩笑主要有三種：笑話愚蠢、性笑話和種族 (或外國人) 笑話。像前蘇聯那樣的政治笑話不屬於傳統笑話。美國政治人物一般不會在公開場合開後面兩種玩笑，因為那是顯然不恰當的 (婉轉地說就是「沒品位」)。雷德開的是第一種玩笑，在笑話研究中常被稱為「愚蠢/精明」(the stupid and the uncanny) 的玩笑。這是玩笑中最常見的一種 (可能除了性笑話之外)。它的特點是可以拿不同的人群做靶子。老話說，大智若愚，大愚若智，愚蠢或精明本來就是可以互相轉化的，而自以為聰明或耍小聰明的則尤其會顯得愚蠢。在同一人群身上，如律師、商人、教授、統計師，不同立場的人有的看到愚蠢，有的看到精明。

英國社會學家克利斯蒂·大衛斯 (Christie Davis) 在《玩笑與靶子》(*Jokes and Targets*)一書中指出，「那些精明人之所以成為笑話的靶子，是因為他們的精明和算計經常被視為用來牟取……金錢的好處。笑話愚蠢與笑話精明是不對稱的，愚蠢總是可笑的，但是，聰明之所以可笑，是因為它與不道義的牟利發生了聯繫。」雷德開亞裔人聰明的玩笑，雖然並非有意挖苦亞裔商人為富不仁，但這種玩笑的類型聯想是存在的，如果有人產生這樣的聯想，那也並非完全是牽強附會、小題大做。

經常被笑話為愚昧或蠢笨的人群往往是一些經濟或文化上的弱勢群體：「鄉巴佬」、「泥腿子」、「蘇北人」、「河南人」等等。他們很容易成為一些小品、笑話或其他大眾文化作

品的靶子。這種習慣性的成見在今天已經變得越來越「沒品位」了。這類笑話或玩笑之所以能逗一些民眾開心，供他們消遣，是因為利用和迎合了他們頭腦裏原有的偏見和歧視。

笑話的沒品位，在美國其實就是不符合現有的社會價值（往往也被稱為「政治正確」）。歧視和以偏見對待少數族裔、同性戀人群、文化弱勢群體等等，都違悖了不同人群應該相互尊重的原則。雷德的笑話雖然看起來是說「聰明人」，但卻有種族刻板印象(stereotype)之嫌，這才是他需要道歉的主要原因。

2 「揶揄」是怎樣的説笑

揶揄是一種常見的説笑方式，也是一種對公共事務看法的表達形式。在英語裏，最接近中文揶揄的説法大概是teasing了。中文裏的揶揄有耍笑、嘲弄、戲弄、侮辱的意思。英文中的teasing意思也差不多。相比起揶揄的定義來，大多數心理學家和社會學家們更關注的是揶揄的社會交往作用和價值。

揶揄可以分為嬉戲、傷害、教育三種。英國普特茅斯大學 (University of Portsmouth) 心理學教授法瑟德維·萊迪 (Vasudevi Reddy) 在《與他人的期待玩遊戲》(Playing with Others' Expectations) 一文中指出，揶揄可以有多種不同的效果，取決於如何運用揶揄和揶揄的目的。

揶揄用作友好的嬉戲時，經常可能是有來有往、相互回應的，如男女朋友和戀人之間的打情罵俏和好友間的相互調侃或逗樂。有的揶揄是有傷害性的，如起綽號、叫混名、說不三不四的話，這時候揶揄就會被當作是騷擾 (性騷擾也叫eve teasing)、欺凌、精神虐待，可能發生在家庭裏、學校裏或工作場所。揶揄還可以用做非正式的教育和批評方式，例如，美國

有的印第安人部落裏，孩子做了錯事時，父母會以玩笑的形式告訴他們這樣的行為不符合部落的規矩，告訴他們要與他人合作和尊重他人，不然會引人恥笑。

人們表達對公共事務的看法，有時也會運用揶揄。這主要是用來表達批評意見的，看上去是嬉戲和玩笑，但卻不乏嚴肅的內容，當然並不總是如此。2014年11月有一篇《來看看美國「大老虎」》的報導，提到美國一些高官的貪腐和法律懲罰。其中包括，維吉尼亞州前州長麥克唐納和妻子受賄兩部iPhone手機、高爾夫T恤衫等物品，共約17.7萬美元，兩人最高可被判20年刑期。前北卡羅來納州夏洛特市市長派崔克·卡農受賄4.8萬美元，同時還承認收受一位商人2000美元現金，將於9月25日被量刑，有可能被判監禁78個月。前美眾議院議員傑斯·傑克遜受賄75萬美元，購買毛絨玩具、麋鹿頭、裘皮披肩等個人物品，2013年被判入獄30個月。前美眾議院多數黨領袖迪萊犯有洗錢罪，涉案金額19萬美元，2011年被判入獄3年。前美聯邦總務管理局瑪莎·詹森濫用納稅人的錢，涉案金額82.2萬美元。案件還在調查中，尚未宣判。

對此報導，網友的回應基本上都是揶揄：「咱們的小蒼蠅一腳就把它們踢飛了」、「萬惡的資本主義，水深火熱啊，連我們村長都不如」、「現在終於明白了那句話：帝國主義都是紙老虎」、「美國的大老虎好丟人啊，好意思出來嗎」、「到底是我們蒼蠅個太大，還是他們老虎個太小？」

批評性的揶揄往往包含一種藏而不露的、玩笑捉弄的不滿、怨忿和憤怒，它的目的意圖也是曖昧不明的。英國社會學家克利斯蒂·大衛斯 (Christie Davis) 在《玩笑與靶子》(*Jokes and Targets*)一書中指出，揶揄是嬉戲還是嚴肅批評，是出於善良動機還是用心不軌，在很大程度上取決於被揶揄者的主觀解釋和

看法。如何解釋經常也與誰在對號入座大有關係。對號入座者權力越大，就越有可能把揶揄看成是抹黑和污蔑，而不能以輕鬆、容忍的心情來對待這樣的玩笑。

大衛斯還指出，大多數的笑話，包括揶揄，「都是以不好的事情為靶子的，因為人們並不會開好事情或有德性的人的玩笑，而總是開失德和邪惡的玩笑⋯⋯很難想像玩笑會把某個靶子人群描繪成理性、乾淨、慷慨、清醒、道德、和平、務實、誠實、可靠、公正、有效、謙虛的」。因此，對待玩笑和揶揄的最好辦法是不要對號入座，更不要為自己被當成了靶子而惱羞成怒，並採取過激的壓制手段。

玩笑之所以值得重視，用大衛斯的話來說，「不是因為玩笑有任何重要的社會效應或表達了什麼深刻的道德或人生真理(它們經常沒有這個作用)，而是因為它們廣為流傳、為人們喜聞樂見，並給許多人帶來快樂。」許多自詡高品位和思想深刻的人士不能理解「笑話對於人民大眾是如何重要，為什麼普通人把很多時間都花在這樣的消遣逗樂上」。看不起普通人的揶揄與玩笑「經常是一種裝腔作勢和社會、文化勢利眼的徵兆。其實，喜好這樣的玩笑與喜好賽凡提斯、哈謝克、普魯斯特或H. G. 威爾士是完全一致的。」無論我們同意與否，社會學家這麼看待玩笑和揶揄應該也算是值得一聽的一家之言吧。

3 「笑罵」是一種怎樣的幽默

一篇題為《網絡上一天到晚罵爹罵娘罵政府的都是些什麼人呢》的網文說，「據本人長時間的觀察，一天到晚罵爹罵娘罵政府的人，除了網特、白皮豬、倭狒猴等外來雜種外，國內罵天罵地罵政府的主要是這麼一群人：JY，輪子，運運和一群

犬儒與玩笑

社會最 (底) 層的窮鬼……窮B屌絲的玩意，就是沒出息。」指責人家「罵」不對，自己開口就罵，而且用混名、綽號、髒字油裏油氣地「笑罵」，這在網上時常可以看見。

在中國，「笑罵」似乎並沒有貶義，笑罵是罵，而且更是一種嘲笑。笑罵的人自以為有說笑的本事，所以覺得挺能耐，挺「幽默」。別人有的也這麼以為，因此對它有了不該有的容忍甚至慫恿。

文明的社會應當自覺抵制這種笑罵，因為它是一種惡意攻擊的「幽默」。心理學家拉普 (Albert A. Rapp) 在《機智和幽默的進化理論》(A Phylogenetic Theory of Wit and Humor) 一文中指出，幽默可以是人類進攻天性的一種表現方式。拉普把進攻性幽默與原始人類的身體攻擊聯繫起來，他指出，笑最初發生的環境之一便是戰爭。在戰鬥結束的時候，勝者發出「哈、哈、哈」的聲音來紓解緊張情緒，而失敗者則以哭泣得到寬解，笑聲也因此成為勝利的象徵。

失敗者經常遍體鱗傷、狼狽沮喪、模樣古怪，因此顯得特別可笑。旁觀者笑，看起來是在嘲笑失敗者的表相特徵，其實是在心理上與勝者認同。這是一種人類本能的「勢利」。嘲笑經常以弱者、失敗者、身體殘疾和智力愚鈍者為靶子，便是因為這種勢利本能至今保留在人類心理中。

隨着決定戰爭勝負的力量從體力轉向智力，爭鬥變得不僅需要用拳頭，而且也需要用語言，字詞因此成為危險的武器。使用字詞進行攻擊是否公平、是否有規則，不同情況下會有相當不同的表現。笑罵經常是一種亂罵、謾罵、濫罵，也就是毫不講規則。這是一種不受約束的攻擊行為，明顯包含着未能得到文明改造的野蠻因素。

與笑罵不同，在人類文明的初始之時，智力的字詞較量就

已經開始接受規則和約束了。它往往以猜謎、賭智的形式來進行，猜勝的便發出笑聲，猜輸的便神情沮喪。希臘、埃及、斯堪德拉維亞的神話裏都有這樣的故事。最著名的恐怕就是斯芬克斯的故事了，猜不破斯芬克斯之謎的人會立即喪命，後來俄狄浦斯猜破了這個謎，斯芬克斯跳崖自殺。

帶有原始幽默意識的猜謎比賽是孩子們最喜歡的，典型的例子便是「腦筋急轉彎」，在中國和美國都很流行。我鄰居家幾個上小學和初中的孩子都喜歡玩腦筋急轉彎，這在美國叫「猜謎」(riddle)。有一次，我在旁邊看他們玩，他們讓我也猜一個：「騙子死了之後會誠實嗎？」(Will liars be honest after they die?) 我說不知道，他們聽了哈哈大笑，說，「No, they won't. They lie still after they die」。(他們不會誠實，他們依舊撒謊)。Lie still 是個雙關語，可以是「繼續說謊」，也可以是「死翹翹」(靜靜躺着) 的意思。

這樣的「謎」是一種經過文明馴化的攻擊性幽默，進攻性仍沒有完全消除，但已無惡意。例如，說完了謎，孩子往往會加一句，「猜不出吧？」猜謎的人承認猜不出，便是承認失敗，出謎的孩子便會得意洋洋地笑起來。

有的心理學家認為，這種遊戲其實包含着一種幽默常有的自我優越感，有它咄咄逼人的一面，是一種遊戲化的「勝利者之笑」。這是因為，它的目的和樂趣在於難倒別人，不讓別人猜破。出謎的人因為別人猜不破而成為勝利者。人們因幽默中的「傻」而發笑也是因為下意識中的自我優越感：一個媽媽叫孩子去買火柴，火柴買回來了，媽媽一根也劃不出火，就問，「怎麼一根都不中用啊？」兒子說，「怎麼會呢？我每一根都試過了呀。」

成年人閱讀「急轉彎」未必覺得這種謎有什麼好笑，但孩

子們玩這個遊戲卻會很開心，笑聲不斷。這種好勝心也豐富了孩子們的學習興趣。所以有些心理學家會強調腦筋急轉彎是一種「智力幽默」，有助於「幫助破除固有思維，培養靈活多變的思維方式」。這不是要否定「勝利者之笑」的說法，只是側重不同而已。

希臘人早就認識到嘲笑的傷害性，柏拉圖說，人在察覺到別人的弱點時發笑，笑是對他人的間接攻擊。亞里士多德說，笑來自對他人的羞辱和貶低。阿拉伯人對笑有類似的認識。中世紀時，阿拉伯部落出征打仗時都會帶着「諷刺詩人」(satirist)。吉伯特·海特 (Gilbert Highet) 在《解析諷刺》(*The Anatomy of Satire*) 一書裏介紹，阿拉伯的諷刺詩人會在戰鬥前夕寫作一種叫 Hidja 的幽默詩篇，嘲笑對方部落領袖愚蠢無能。開戰時，諷刺詩人站在最前排戰士的行列裏，高聲朗誦詩篇，以打擊對方的士氣。如果戰鬥勝利，諷刺詩人就會和最勇敢作戰的戰士一起接受榮譽的表彰。在中國，嘲諷長期以來被視為一種「刺向敵人的匕首」。但是，在今天的公共言論空間裏，人們既不是兩軍對壘，也不是相互叫罵，更不應該彼此像仇寇一般相待，因此在運用嘲諷時也就特別需要遵守言語文明的規範。

4　霧霾的玩笑與犬儒

網絡的時事報導經常引起一些嘲諷、揶揄的評論。評論者有的詼諧機靈，有的滑稽搞笑，成為一種頗具中國特色的網上幽默，但不幸卻經常是一種犬儒式的幽默。

2014年10月19日早上，北京馬拉松比賽開賽，18日下午18時，北京市政府已正式發佈空氣重污染藍色預警。北京馬拉松比賽組委會18日晚21時緊急發佈「溫馨提示」，請參賽選手根

據自身情況選擇參賽。當日，北京PM2.2超過300，空氣重度污染。對此報導，許多網友跟帖都認真陳述了自己的看法：「這種重污染的霧霾天氣，從人們的健康角度出發，理應停止馬拉松比賽」，「一群勇敢的人……精神上支持他們」。有的聽上去像是挖苦和諷刺，「這是對大家意志的一種磨練，有何不可」，「在那維持秩序的武警好可憐」。

但是，有的網友跟帖卻怎麼看都是不折不扣的嘲諷和挖苦：「未來幾天，倍驚(北京)又將從衛星地圖上消失，奧巴馬憤怒的把絕密報告摔在桌上，『到底是什麼先進武器，這麼大的城市說看不見就看不見啦？倍驚的霧霾有那麼可怕嗎？連你們都不敢去？』鋼鐵俠、綠巨人、蝙蝠俠等羞愧的低下頭。忽然，金剛狼提議：『擎天柱可以！他不需呼吸！』然而擎天柱默默地說：『我尼瑪的今天限號！』」社交網絡上也有人傳自拍的北京霧中奇景，調侃這是「仙境」，甚至有公眾賬號開始教大家「如何在霧霾天拍出好看的照片」，各種搞笑的段子也在快速流傳。

拿嚴重危害馬拉松參賽者和千百萬北京人健康的霧霾來開玩笑，如果不是幸災樂禍，至少也是「品味不佳」的玩笑。但是，應該看到，絕大多數的玩笑者並不是在拿霧霾本身開玩笑，而是在諷刺某些人或媒體報導對霧霾危害的隱瞞和淡化。例如，有一篇《北京國際馬拉松霧霾中開跑 選手領跑20公里後棄賽》的報導稱，「今天的比賽還有一個看點就是北京的天氣，非常嚴重的霧霾天氣之下，很多選手還是非常熱情和踴躍地參加了這次比賽。」霧霾並不可笑，可笑的是對有毒的霧霾故意視而不見，或者甚至荒唐地作出「壞事變好事」的美化辯解。網上的幽默可以說是對這種美化辯解的自然反應。

嘲笑經常是一種無力的抗辯，是一種弱者的幽默，由於他

犬儒與玩笑

們對公共事務說不上話，或者說了也白說 (這二者其實是一回事)，他們便只能在跟帖這種逼仄的空間裏用簡短的挖苦或自嘲來表達自己的心情。責備跟帖嘲笑者沒有良心，拿別人或自己的災禍取樂，是不公平的。但是，開這種玩笑也確實不是什麼值得驕傲或炫耀的事情。拿這種事情開玩笑似乎是在表示：大家都已經習慣了，默認了，接受了，這就是我們必須生存的生活世界，也許中國人真的是世界上最擅長忍耐和苦中作樂的民族。我們能有什麼辦法，只能苦笑而已。

以色列特拉維夫大學心理學和教育學教授艾弗納·茲夫 (Avner Ziv) 在《個性與幽默感》(*Personality and Sense of Humor,* 1984) 一書裏，把幽默按其社會功能區分為五種：一、攻擊型幽默：用幽默來嘲諷挖苦，從而使別人丟臉，傷害別人的自尊。二、性幽默：涉性或猥褻的語言或暗示會帶來情趣，也可能構成騷擾。三、社交幽默：它幫助個體間溝通、引起他人注意、輕鬆場面、化解緊張，或用自嘲來挽回面子。四、克服焦慮的幽默：用以緩解壓抑、克服憂鬱和不安，令人得以用樂觀的態度對待人生中不如意的事情。五、智力型幽默：表現與眾不同的看法和思考，可以是真智慧，也可以是抖機靈，耍小聰明。

並不是每個人都有幽默的個性或愛開玩笑。誰自己不愛開玩笑，不是阻止別人開玩笑的理由。今天，玩笑已經成為一種大眾言論的方式，網絡上的玩笑大多數是第一、四、五種幽默的混合，其中尋開心和逗樂的似乎比挖苦攻擊和自嘲的更為常見，對不少人來說，耍嘴皮子、找嘴上痛快主要是為了消遣娛樂。這種遊戲式的玩笑具有犬儒主義憤世嫉俗、玩世不恭的特點：它在輕浮的調侃或漫不經心的嘲弄中找到一點發洩，也得到一些自娛自樂的快樂。對它不滿的事情，這是一種犬儒式的看穿和默認的奇妙結合：雖然抑鬱焦慮、心有不平，卻也能難

得糊塗、自得其樂；雖然能識破欺騙和假象，但卻也能隨遇而安、坦然處之。網絡輿論要真的發揮積極的作用，恐怕還需要先改變一下這樣的心態和發表意見的方式。

5　對春晚小品期待什麼

每年春晚，人們最予以期待的節目恐怕就是「小品」了。好多年來，人們對春晚最普遍失望的也是小品。有人提出，小品「如今卻面臨乏味、老化和媚俗的困境，走出困境的關鍵在於找到和今天觀眾的契合點，不做市場的奴隸，而做市場的主人」。其實，「不做市場的奴隸」是一句空話。什麼是大眾文化的文藝表演市場呢？不就是普通老百姓的廣大觀眾嗎？

小品之所以是不自由的奴隸，之所以找不到與今天老百姓觀眾的契合點，不是因為市場的作用，而恰恰是因為受制於別的外來力量，這才無視了觀眾的需要和期待。小品為什麼不能成為自己的主人，原因是大家都明白的。無視事實，顧左右而言它的所謂「文化評論」是犬儒主義的。

2015年2月16日，《光明日報》在春節前發表的《期待反腐相聲讓相聲重現諷刺本色》一文說，「相聲本是諷刺的藝術，給我們留下深刻印象的相聲作品，多以諷刺見長，如馬季的《宇宙牌香煙》，牛群的《巧立名目》，姜昆的《電梯奇遇》等等，都是對社會一些醜惡現象的嘲諷與批判，並諷刺了官僚主義、形式主義等政府工作中存在的作風弊病，可謂入木三分，因此受到了群眾的歡迎與業界的肯定。」文章接着說，「但近年來在各類各級舞台上，以及各種綜藝晚會上，我們都鮮見令人眼前一亮的相聲作品，尤其是四平八穩的春晚舞台上，相聲作品多缺乏內涵，不痛不癢。為相聲創作人為設置了

犬儒與玩笑

許多禁區，迴避矛盾，迴避現實，遠離人民群眾普遍關心的社會熱點，只拿些不疼不癢的問題開刀，讓人笑得勉強，即使是諷刺也是隔靴搔癢，導致相聲藝術的式微，很大程度上正是源於諷刺功能的退化」。文章說的雖然是相聲，但也完全適用於春晚的幽默小品。

中國小品的不自由，從它的稱謂就可以看出一些端倪。小品經常被稱為「文字類」或「語言類」表演。它的社會功能被有意無意地淡化和取消了。小品應該是「幽默小品」，小品的主要特徵是幽默而不是文字或語言。許多文字類或語言類的文藝表演（如評書、朗誦、說唱、說故事）與小品的一個重要區別正在於小品必須有幽默（這與相聲相似），而其他的則不然。如果小品不能以它的幽默引大多數觀眾發笑，那它就失敗了，如果看了這小品，誰都不覺得好笑，那它乾脆就甭演了。

小品引人發笑，但對同一個小品有的人覺得好笑，有的人不覺得好笑，那又是怎麼回事呢？人們看小品笑與不笑，取決於兩個互為聯繫的條件。第一，是否覺得「有趣」；第二，是否覺得「有意思」。不同的人對一個小品的「意思」會有不同的看法（當然也有人根本就不在乎），某些人覺得有意思的，其他一些人可能覺得沒意思。但是，不管人們怎麼看待「意思」，「有意思」都是「有趣」（好笑）的前提。「沒意思」會讓人覺得厭煩、討厭和無聊，自然也就無趣，笑不起來。人們對春晚小品不滿意，就是因為覺得沒意思，不好笑。不好笑是審美失望，而沒意思則是對審美失望的認知解釋。

幽默小品的「意思」可以分為三種，可以分別從幽默的三種主要功能得到解釋：批評「乖訛」（incongruity）、表現「優越」（superiority）、尋求「紓解」（relief）。每一種功能都指向幽默的一種特定意思，三種意思並不相互排斥，而只是側重有所不同。

幽默的第一個功能與「乖訛」有關。哲學家康德是第一個從「乖訛」來為可笑（幽默）下定義的，他在《判斷力批判》中說，這種可笑來自「從期待到期待落空的突然轉變」。黑格爾認為，任何一個本質和現象的對比，或目的和手段的對比，如果出現矛盾和不協調，而導致這種現象發生自我否定，這樣的情況就會變得很可笑。人們對乖訛的反應包括感覺到滑稽、荒唐和可笑，以及有對它進行諷刺、嘲笑、戲仿、惡搞、挖苦、嘲弄的衝動。

　　貪腐大老虎徐才厚說，「我最大的缺點就是太清廉」。如果小品裏能有此輩人前談高尚，人後幹下流的內容，相信一定會引人發笑。這種笑發生於人們對乖訛的察覺和鄙夷。幽默小品經常以生活和制度中荒誕、滑稽、自相矛盾的現象和人物為靶子，所以也被稱為「諷刺小品」，其社會功能是批評。幽默的批評同時包含「嘲笑」（ridicule）和「非議」（admonishment），這二者也是一切其他批判性幽默藝術的關鍵因素。乖訛針對的往往不是普通人，而是有身份地位的大人物和精英權貴。他們表面上道貌岸然，實質上自私冷酷，他們的虛偽、偽善、狡詐和其中一些人的「雷人雷語」，都是諷刺作品最能讓公民觀眾覺得有意思的內容。2015年央視春晚節目以兩個反腐相聲壓軸，可見對觀眾期待幽默諷刺文藝有怎樣的內容是知道的。作品創作者對此也是心知肚明的。

　　幽默的第二個功能是讓人有意無意地體會到自己的優越。柏拉圖在《斐萊布篇》（Philebus）裏說，人的滑稽感是一種「混合着快樂和痛苦的惡意樂趣」，它讓人們對弱者身上的愚蠢感到好笑。亞里士多德在《詩學》中持相似的看法，他認為，悲劇表現的是比一般人優秀的人物，而喜劇則讓我們看到在德行或其他方面不如我們的人物，我們因此而看不起他們。因此，

　　　　　　　　　　　　　　　犬儒與玩笑

「滑稽是一種失敗或醜惡，這種失敗或醜惡被糟蹋了也不會令人痛苦」。17世紀思想家霍布斯更是直截了當地指出，笑是「一種突然出現的榮耀感，產生於我們與別人的弱點或與先前自我的比較」。嘲笑他人的缺點和蔑視他人的弱點，這能讓人們找到良好的自我感覺，提升自尊。以弱者、弱勢群體，還有身體高矮、性傾向、口音特徵等為靶子的小品在觀眾那裏誘發的就是這種自覺優越、自以為是的笑。

2014年春晚小品《擾民了你》的靶子是三個可憐蟲的小人物：一個是老在害怕女友會與自己分手的廚子，一個是希望有一天能走好運的潦倒歌手，另一個是靠耍嘴皮子混飯吃的售房經紀人。還有一個尖嘴薄舌的房東老太太，先是不住地挖苦嘲笑他們，後來又突然對他們大發慈悲，讚賞他們有不斷「勵志追夢」的志向。與伶牙俐齒、刻薄傲慢的房東老太太相比，這三個可憐蟲都顯得特別愚蠢。觀眾跟着這樣的小品笑，往往不意識到它的審美陷阱——利用觀眾的笑來引誘他們認同老太太，而非同情三位年輕人。

幽默的第三個功能是用笑來釋放壓抑的情緒。弗洛伊德在《機智及其與無意識的關係》中指出，幽默、機智、戲劇感這三種精神能量可轉化為笑，而笑又可以分為「有意」和「無意」兩種。有意的笑產生於人們強烈的性衝動和攻擊性衝動。用「性幽默」(笑話、暗示、訛言詈詞) 來攻擊或侮辱，一方因情緒宣洩而得到樂趣和滿足 (大笑)，另一方則受到傷害和打擊 (大怒)，也能引起一些旁觀者的附和笑聲。無意的玩笑則很少具有清晰的情緒影響，僅能誘發微笑或傻笑。今天，性玩笑受到社會規範的限制，但在幽默小品中並沒有消失，最常見的是夫妻或情侶關係中的妒嫉和猜疑 (以為有外遇)。紓解壓力的小品或玩笑是一種遊戲和消遣，它能讓人輕鬆、減輕壓力、降低

平時的緊張程度。不少人把春晚表演本身看作這樣一種遊戲和消遣。他們閑着也是閑着，看表演無非是圖一樂，所以不管小品演的是什麼，都可以傻呵呵地對之發笑。

注重乖訛的諷刺小品以現實生活中荒誕、滑稽、離奇的事情和虛偽的精英體面人物為靶子，這樣的小品雖有意思，但不安全，更不可能那麼容易被允許。比起諷刺大人物來，拿小人物尋開心是最安全的，還能滿足一些人的自我優越感。但是，這種幽默小品的倫理缺陷會讓許多人覺得淺薄、無聊和沒意思，他們當然也就笑不起來。

對春晚小品有所思考和發表意見的畢竟是少數人，絕大部分觀眾屬於「沉默的大多數」。他們把看春晚當作一種消遣，並不在意是笑還是不笑，為什麼笑或為什麼不笑。比起小品的靶子和內涵，他們更在意的是小品的表演。小品的內容再貧乏，演技非常棒的喜劇演員似乎總有辦法用他們的「絕活」來讓觀眾發笑。然而，這只是一種機械的條件反射之笑，也就是人們所說的傻笑。小品的逗笑效果在某種程度上可以通過表演手段來獲得。有的小品演員因善於表演而受歡迎，如馮鞏、陳佩斯。但是。表演藝術再高超的演員也難以把內容空洞、趣味低下的小品表演成真正的幽默傑作。相反，逃避現實、沒意思，而單靠技藝來湊合的喜劇表演，經常成為最下乘的勉強搞笑——不得不靠神侃、耍貧嘴、油嘴滑舌、尖酸刻薄、拿腔捏調、小丑扮相來嘩眾取寵和博人一笑。

公共娛樂中的笑不應該只是個人的情緒反應，而且更應該是一種個人與他人的聯繫方式。安置在「表演現場」有事沒事哄笑的「觀眾」起到的就是這樣一種「群托」的作用。但是，因為受他們傳染或暗示的條件反射之笑與真正覺得痛快、淋漓酣暢，為之叫好的拍手大笑是不同的。如果一群人能為同一個

小品開懷大笑，表示他們有共同的社會經驗、價值取向、問題關懷，也給他們一種擁有共同生活世界的感受。因此，相比起只是一些人發出的笑來，大家一起覺得有意思，一起笑起來，是一種更有公共意義的幽默體驗。這也應該成為人們對春晚幽默小品的一個期待。

6　讓人送命的玩笑

中國日報網2014年11月3日一篇《外媒：朝鮮軍官篡改社會主義歌詞被金正恩槍決》的報導援引英國《每日郵報》說，朝鮮一名軍官把歌詞「感謝我們的黨」改唱為「感謝你們的黨」，把「憎恨敵人愛國家」改成「憎恨老婆愛情婦」，「最高領袖」聞訊大怒，認為這一舉動是反叛思想作祟，在事發第二天即命令列刑隊將該軍官槍斃。報導還說，「韓國方面則暗示，該男子起初只是在措辭上出了差錯，後來他想說笑話彌補」。

開玩笑可能送命，這在古代和現代都有先例。昔歐里特斯 (Theocritus of Chios) 是一位預言者和伊蘇格拉底 (Isocrates) 學派的弟子，有一次，馬其頓的獨眼國王安替格紐斯一世 (Antigonus，西元前382–301) 派他的廚子去召喚昔歐里特斯，昔歐里特斯開玩笑說，「我知道你要把我讓Cyclops生吃」。Cyclops是荷馬史詩《奧德賽》裏的獨眼怪獸，昔歐里特斯既開了廚子的玩笑，也開了獨眼國王安替格紐斯的玩笑。廚子很生氣地說：「好吧，你不閉上你的臭嘴，要付掉腦袋的代價。」他回去報告國王，國王大怒，處昔歐里特斯死刑，但又說，只要昔歐里特斯「站到國王的雙眼前」(stand before the eyes of the king) 就可獲緩刑。國王是獨眼，所以昔歐里特斯說，「緩刑是

不可能的」，又一次提醒國王是獨眼，於是便被處決。

西元前三世紀，古希臘詩人索塔德斯 (Sotades of Maroneia) 對國王托勒密二世 (Ptolemy Philadelphus，西元前308–246) 說，阿爾西諾伊二世 (Arsinoe II，約西元前318–314 – 約西元前 270–268) 娶王妹為妻，把他那「傢伙放進不神聖的洞裏」，托勒密二世把這位索塔德斯裝在鉛鑄的罐子裏，沉到了海底。羅馬共和末期的馬克·安東尼 (Marcus Antonius，西元前83–30) 是一位古羅馬政治家和軍事家。他是凱撒最重要的軍隊指揮官和管理人員之一。演說家西塞羅 (Marcus Tullius Cicero) 用玩笑攻擊他，他不僅處死西塞羅，還命令用釘子把西塞羅的頭顱和雙手釘在羅馬的演講壇上。

納粹法庭處死天主教教士約瑟夫·穆勒 (Joseph Müller，1894–1944)，因為他說了一個笑話：一名德國士兵在戰場上受了重傷，臨終前，要求牧師在他身邊一側放一張希特勒的畫像，另一側放一張戈林的畫像。牧師問這是為什麼，士兵說，「這樣我就可以像耶穌在兩個賊人之間那樣死去了。」《聖經》裏說，耶穌被釘在十字架上，身體的傷口裂開，不停地流血，十字架兩旁釘了兩個賊人。穆勒的玩笑暗示希特勒和戈林是賊人。這個玩笑說的非常隱晦，不熟悉《聖經》的人看不出來，但是，玩笑還是給穆勒帶來了殺身之禍。

1984年伊拉克將軍奧瑪·阿爾哈查 (Omar al-Hazza) 開獨裁者薩達姆·侯賽因母親的玩笑 (侯賽因和他的四個兄弟都不是同一位母親所生)。阿爾哈查遭到了極可怕的懲罰，他和幾個兒子當着他們妻子的面被割掉了舌頭。然後，阿爾哈查家的男性成員在阿爾哈查眼前被處死，他的女兒們則被逐出家門。最後阿爾哈查本人也被處決。

像國王安替格紐斯一世、托勒密二世這樣的專制君王，馬

犬儒與玩笑

克・安東尼這樣的軍事強人、薩達姆・侯賽因這樣的現代獨裁者，他們要處死一個開自己玩笑的人，只要憑個人意志就可以了，用不着有什麼法律條文的根據。但是，現代極權統治卻是需要用法律來裝點暴政門面的，因此也就訂立出一些禁止任何可能用作政治解釋的玩笑，這樣的玩笑被稱為「政治笑話」。納粹德國和前蘇聯都有專門針對政治笑話的法律。

開希特勒和戈林玩笑的約瑟夫・穆勒牧師就是因為觸犯了納粹的法律而被處死的。1933年3月21日，納粹頒佈「關於禁止惡意攻擊政府和國家更新的帝國總統法令」，規定散播關於政權的「不實」(批評) 言論會被判刑。一年後，此法令又以「禁止惡意攻擊國家和黨，捍衛黨服」(Law against Malicious Attacks on the State and the Party and in Defense of Party Uniforms) 的法令重新規定，懲罰包括了人民私下批評政治的罪行，有兩個條文：第一，「任何故意製造和散播不實或歪曲事實的言論，危害帝國或帝國政府、國社德國工人黨的人，若無更嚴重的罪行，判處兩年以下徒刑」。第二，「(1) 發表任何關於國家和國社黨領導人及政令和政策的惡意、煽動或藐視言論者，判處監禁。(2) 如果言論者知道言論有可能公開，那麼非公開言論與公開言論同罪。(3) 若犯罪行為針對黨的領導，由帝國司法部長的命令追究。司法部長在追究的時候須聽取元首代表意見。(4) 司法部長在聽取元首代表意見後，決定黨的領導人包括哪些人。」有了這樣的法律規定，任何人對「黨的領導人」開玩笑都成為「惡意言論」，而且，德國公民有責任相互監督，並向政府報告這樣的言論。[1]

1927年2月25日，蘇聯頒佈蘇聯刑法，第58條第10款規定犯

1　Rudolph Herzog, *Dead Funny: Humor in Hitler's Germany*. Trans. Jefferson Chase. Brooklyn, New York: 2011, pp. 66–67.

有「反革命言論罪」必須予以逮捕。此條刑法後來幾經修改，違反此條款而被逮捕則稱58/10案件。該條款規定，「反黨宣傳」罪行包括各種「反蘇言論」，從污衊、說怪話、咒罵、漫畫到塗鴉、傳單、笑話。這類言論都是「政治性罪行」，說笑話、聽笑話、用文字記錄笑話都是法律禁止的。認真執行逮捕58/10罪犯是從1933年開始的，說政治笑話 (anekdot) 是一項「反蘇罪行」。從1932到1935年的三年間，在肅反前，有43,686人因「反革命宣傳」被逮捕，另有15,122人因聚眾滋事、流氓和其他危害社會罪被捕。[2] 據蘇聯著名政治作家羅伊‧麥德維傑夫 (Roy Medvedev) 估計，整個1930年代因說「破壞笑話」而入獄的人數高達20萬。[3]

儘管隨時有受到嚴厲懲罰的危險，但政治笑話還是屢禁不絕。甚至還有關於笑話和懲罰笑話的笑話：

> 一位法庭書記官聽到法庭門裏有人在笑。他開門一看，只見法官在房間那一頭坐在法官席上哈哈大笑。
>
> 「什麼事這麼好笑？」書記官問。
>
> 「從來沒有見過這麼好笑的笑話，」法官說。
>
> 「說給我聽聽。」
>
> 「不能說。」
>
> 「為什麼？」
>
> 「我剛判了說這笑話的傢伙五年苦役。」

2　Ben Lewis, *Hammer and Tickle: The Story of Communism, a Political System almost Laughed out of Existence*. New York: Pegasus Books, 2009, p. 70.

3　James H. Billington, *The Icon and the Axe: An Interpretative History of Russian Culture*. New York: Vintage, 1970, p. 565.

　　　　　　　　　　　　　　　　　　　　犬儒與玩笑

蘇聯的政治笑話不僅在國內廣為傳播，在國際上也被有的研究者視為一種具有20世紀特色的人類創作形式，一種在高度壓迫環境下產生的，帶有高度危險性的思想表述。本·路易斯（Ben Lewis）在《恐怖的喜劇》（*Comedy of Terrors*）中寫道：「希臘人有自己的神話，伊莉莎白時代的人們有自己的戲劇。在二戰過後，流行音樂界定了英美的西方化。而共產主義國家的產物則是政治笑話。當然，在共產主義體制下，還有各式各樣的創意活動——電影、搖滾、朋克、古典音樂、戲劇、小說等等。共產主義國家裏人們所講述的笑話當然也有多種常見的類型，包括成人笑話、愚人笑話、以及有關少數人種的笑話。然而其主要形式仍然還是政治笑話。古拉格（Gulag）的倖存者西蒙·維連斯基（Simon Vilensky）告訴我：「『講段子』是我們表述真理的一種方式。我在集中營裏遇到過一些人，他們僅僅是因為聽別人講這些東西而被逮捕。」[4]

在高度意識形態政治化的制度下，任何玩笑都可能由於統治者不喜歡而成為犯罪性的「政治笑話」。這樣的笑話冒犯的不一定是統治者個人，而是由他為最高解釋人和代表者的意識形態。從古到今，一般專制和暴政人物都只是把對他們的個人攻擊看作是一種不敬和挑戰。他們無不是蠻橫跋扈、自以為是、老子天下第一的獨夫狂人。誰要是敢對他們戲謔玩笑，那就不僅是無視他們的權威，而且更是一種公然藐視，那是絕對不能忍受的。暴君對戲謔玩笑者痛下殺手，必除之而後快，無非是泄私人之憤而已。但是，極權統治對玩笑的懲罰方式會有所不同，既然它用「法制」而非個人好惡為懲罰的根據，一般要經過法律審判的程序，也會根據規定來量刑，不至於立即對玩笑者處以極刑。朝鮮發生的事情不知是不是有自己的國家法

4　http://journalisted.com/article/c0uk.

律規定。不管怎麼說，開這樣的玩笑就被立即處死，懲罰的殘酷和血腥就算是在歷史上同類的國家裏，也確實是非常罕見的。

7 政治人物的説笑

2014年11月4日的美國中期選舉中，共和黨拿下參眾兩院，奧巴馬成「跛腳鴨」總統。「跛腳鴨」如今已是習慣用語，很少有人還會因為它原來的揶揄和嘲諷而覺得好笑。然而，開始的時候，「跛腳鴨」是個玩笑的説法，出自18世紀的倫敦證券交易所，指那些拖欠債務的經紀。根據字面解釋。鴨子走起路來本來就一搖三擺，再加上跛腳，更是一付東倒西歪、步履維艱的可笑神態。

政治上，跛腳鴨指一個因任期快滿而失去影響力的政治人物。民主黨失去國會兩院的大多數，使得民主黨籍總統奧巴馬更難贏得國會的支持而有所作為，但這只是「跛腳鴨」的一個方面。另一個方面是，由於跛腳鴨無需再爭取下屆連任，他對選民的責任心會減弱，以至不計後果地繞開權力制衡機制，作出不受歡迎的政策決定。這就會越加脱離選民，成為我行我素的討厭人物。在選民拿政治家沒辦法，不能充分發揮監督作用的時候，很少有政客不是跛腳的。

在不少美國人 (當然不是所有美國人) 眼裏，奧巴馬早就是後面這個意義上的跛腳鴨了，因此也成為許多政治笑話的靶子。笑話有的是套用蘇聯或納粹德國的老政治笑話，有的是新編的。

例如：奧巴馬對美國人民説，「我有兩個消息要宣佈，一個是好消息，一個是壞消息。好消息是創造了許多工作機會，壞消息是這些工作全在中國。」這個笑話套用了蘇聯勃列日

犬儒與玩笑

涅夫時期的老政治笑話：勃列日涅夫對蘇聯人作廣播講話，「同志們！我有兩個重要消息要宣佈——一個是好消息，一個是壞消息。壞消息是今後七年我們只能吃屎，好消息是大量供應。」

又例如：奧巴馬總統、第一夫人蜜雪兒和副總統拜登一起坐飛機。奧巴馬笑着對蜜雪兒說，「你瞧，我可以朝窗外扔一張百元大鈔，讓某個人幸福一下。」蜜雪兒說，「我可以扔十張百元大鈔，讓十個人非常幸福。」拜登說，「我可以扔一百張百元大鈔，讓一百個人非常幸福。」開飛機的機長笑了，他對副駕駛說，「後面坐着都是大傢伙。媽的，我把他們統統扔出去，讓一百萬人非常、非常幸福。」這個笑話套用了納粹德國的政治笑話，原來笑話裏的人物是希特勒、戈林和戈培爾，笑話的結尾「笑點」或「妙語」(punch line) 是「讓所有的人都非常幸福」。

但是，更有趣的奧巴馬笑話是美國人自己新編的。例如，有一個挖苦奧巴馬一無所長、無所作為的笑話：奧巴馬走進大通銀行 (Chase Bank) 對出納員說，「早上好，你能給我兌現這張支票嗎？」出納員說：「很願意為您服務，能不能讓我看一下您的身份證？」奧巴馬說，「對不起，自從我當上總統後，就覺得不再需要隨身帶身份證了！」出納員說：「是的，先生，我知道您是誰，但是，按照政府規定，還是需要看身份證的。不過，讓我們看看有什麼變通的辦法。前幾天，老虎伍茲也是來取錢沒帶身份證。為了證明他是誰，他揮起球杆，把球直接打進了候客廳那一頭的杯子裏。這一杆就是證明，所以我們為他兌現了支票。您說說，有什麼事情是您能做到，而別人做不到的呢？」奧巴馬站在那裏，想了半天，說，「老實說，還真是一件也沒有。」

關於奧巴馬的笑話當然大多是不喜歡他，不支持他的人說的，有的涉及有爭議的公共事務，有的則純粹是捕風捉影的無稽之談。例如有這樣一則笑話：問：「奧巴馬所說的『非法外國人』指誰？」答：「沒有身份證件的民主黨人。」意思是，奧巴馬的非法移民政策太寬鬆，為了討好能從這一政策得益的民主黨支持者們。美國的移民政策是共和、民主兩黨的一個分歧點，是可以在國會和媒體上公開辯論的，因此，這個笑話並沒有惡意，也不是專門攻擊奧巴馬本人的。

　　但是，有的笑話卻是明顯的個人攻擊，或者純粹是圖口頭痛快和說笑之樂。例如：有新聞報導說，奧巴馬總統離開白宮時，不當心沒帶鑰匙。記者問他當時有什麼想法。奧巴馬說，「我想，糟了，他們一定找到我的出生證了。」反對奧巴馬的人士有的一直咬定，他不是出生在美國，沒有資格當總統，這個笑話附和的就是這種說法。這種笑話品味不佳，雖然是不實之詞，但也不會當政治謠言來追究。

　　在美國，關於總統的笑話是整個民主制度政治幽默的一部分，並不具有特殊的政治敏感性。總統經常成為廣播、電視脫口秀或幽默說唱表演 (相當於中國的相聲) 的笑料，並不是因為人們特別討厭總統，而是因為總統的一言一行是所有政治人物中最受民眾關注和熟悉的，所以很容易成為現成的話題和談資。許多脫口秀「名嘴」都會用時事新聞來製造關於總統的笑話。

　　例如，2014年10月21日，奧巴馬總統在投票站投票時，身邊站着一位女性，一名男子衝着總統說，「喂，總統先生，別碰我的女朋友。」含蓄表示，他不要奧巴馬為她助選。這個鏡頭幾乎所有的美國電視台都播放了。脫口秀主持人柯南·奧布萊恩(Conan O'Brien) 以此開了個玩笑：「在投票所，奧巴馬總統投票時身邊站着一位女性，一名男子衝着總統說，『喂，總

統先生，別碰我的女朋友。』他這麼説，不是因為奧巴馬調戲他的女朋友，而是因為他女朋友是一位競選連任的民主黨候選人。」這個2014年中期選舉的笑話外國人可能根本聽不懂，但在美國人聽起來很好笑。這是因為，在中期選舉時，奧巴馬的名望跌到最低點，幾乎所有民主黨競選人都不願意他去幫助競選 (不跟他沾邊)。這就是奧布萊恩嘴裏「別碰我的女朋友」的意思。

　　同樣還有這樣一則2014年中期選舉時的笑話，脱口秀主持人傑‧雷諾 (Jay Leno) 説：「奧巴馬總統的支持度跌到39%，而公開承認吸食快客可卡因的多倫多市長羅伯‧福特 (Rob Ford) 的支持度反倒是增長到了49%。奧巴馬有何感想呢？他與其推行奧巴馬健保，還不如吸食快客可卡因。」這既是挖苦奧巴馬的全民健保計劃，也是暗示奧巴馬年輕時吸食過大麻。奧巴馬曾公開承認過這一個惡習，但認為其危害和吸煙差不多，遭到不少人取笑。這樣的潛台詞只有美國人才懂，也才覺得好笑。總統笑話是美國政治文化和大眾娛樂的一部分，也是美國人喜聞樂見的既風趣又幽默的政治和時事評論。

　　並不是每個美國總統都能像奧巴馬那樣淡定地看待批評和玩笑，奧巴馬的後任特朗普就是一個對批評和玩笑會氣急敗壞的總統。2017年1月9日，第74屆美國電影電視金球獎在洛杉磯舉行。著名女演員梅麗‧史翠普獲得終身成就獎。她在發言時提及特朗普侮辱殘疾記者一事 (不敬會帶來不敬，暴力會催生暴力，當強權人士利用他們的權力去欺凌他人，那我們都是失敗者)，這番話迅速引起了轟動。特朗普隨後在推特上反擊説，史翠普「並不了解我，卻要攻擊我」，這是典型的特朗普即刻推特反擊。

　　特朗普把史翠普的批評看成是「攻擊」。既然是攻擊，那

就不僅是說了他不中聽的話，而且說這話是出於「惡意」的動機——史翠普不是為了維護殘疾人的正當權利，而是因為她對特朗普本人不懷好意。然而，「惡意」是一種主觀性的判斷，不是客觀描述。歷史上曾經有許多本無惡意的批評或玩笑，被當事人解釋成蓄意攻擊和惡意中傷。如果解釋者恰好又是手握大權的人物，那麼「惡意者」就免不了要付出沉重代價了。

今天，文明世界的人們大多不會把幽默的批評當作有害的玩笑，只要說出的是真相，既沒有無中生有，也沒有出語惡毒，那就沒有必要追究言論者的動機。在一個允許言論自由的社會裏，誰也不會對公共批評的玩笑大驚小怪。對那些不能以無害心對待幽默批評的大人物，人們反而會認為他們氣量狹窄、神經過敏，只配成為嘲笑的對象。2016年特朗普當選美國總統，許多民眾反對他當選，一時間出現了許多反特朗普玩笑，而特朗普的反應則是氣急敗壞、惱羞成怒的「推特反擊」。因此，反而更被嘲笑為美國有史以來最沒氣量的總統——臉皮特薄，一碰就不高興，而且更糟糕的是睚眥必報。

NBC有個老牌的幽默節目，叫《週六夜現場》(*Saturday Night Live*)。這是一檔於週六深夜時段直播的喜劇小品綜藝節目。節目於1975年10月11日首播，原名《NBC週末夜》(NBC's Saturday Night)。節目由一系列諷刺惡搞當下政治和文化的喜劇小品組成。播出四十年來，收穫了一系列獎項，包括36項艾美獎、2項皮博迪獎以及3項美國編劇工會獎。這個節目當然不會放過特朗普，2016年12月，NBC的《今日秀》(*Today Show*)主持人麥特·勞爾 (Matt Lauer) 問特朗普說，你不喜歡《週六夜現場》的節目，「為什麼不能乾脆就別看」，而偏偏要在推特上對它發這麼大的火？沒想到，這更惹火了特朗普。他生氣地說，「沒什麼好笑的」。喜劇演員亞歷克·鮑德溫 (Alec

Baldwin) 扮演特朗普，被特朗普說成是「非常卑鄙，完全是歪曲，我很討厭」。

對此，美國卡托智庫 (Cato Institute) 副主席、記者吉恩·希利 (Gene Healy) 在《特朗普也許真要彈壓反特朗普幽默，他辦得到嗎？》(Trump May Well Try to Clamp Down on Anti-Trump Humor；Can He？) 一文中抨擊道，「這位當選總統對聯邦政府運作抱有許多糊塗觀念，但是，他真的以為當總統的好處之一就是能不讓人笑話他嗎？」

卡托智庫的希利之所以能夠這麼理直氣壯地質問當選總統特朗普，而口氣又是如此調侃而輕蔑，是因為他的言論是受保護的。特朗普再不高興，也還有比他更強大的憲法在保護公民言論自由。喜劇演員鮑德溫諷刺嘲笑特朗普，拿他說笑，只要語言文明，不人身攻擊，就無需顧慮是不是會有人覺得「有害」，更不必祈求特朗普本人的平常心或大度容忍。人們越是能光明正大地說笑，也就越不需要把笑話當作閑言八卦來傳播，他們丟掉的是蜚短流長，收穫的卻是一門藝術，那就是莫里哀所說的「以娛樂來匡正時弊」的喜劇表演。

8　公共說理中的幽默

2015年1月7日，法國諷刺漫畫雜誌《沙爾利週刊》槍襲事件發生後，美國媒體廣泛報導，奧巴馬總統也發表講話，對受害者表示哀悼並譴責恐怖主義的暴行。但是，美國人對公共話語中，尤其是在涉及不同宗教和文化群體時，如何運用幽默來進行批評和攻擊，卻有比法國人更嚴格，也更有利於多元文化共處的尺度。

美國人比較幽默，美國學生也是這樣，這在不少學生的

說理文中就可以看出來。他們運用得最多的經常是「諷刺」(satire) 和「戲仿」(parody)，有時候很得體而且有效，有時候也會出現一些問題。美國有的寫作教科書裏有專門關於公共說理中如何運用幽默的內容，體現了對這個問題的重視。

說理文中的幽默與幽默短文不同。說理文裏的幽默是一種暴露邏輯矛盾或不協調(incongruity)的修辭手法 (如誇張類比、模仿、冷笑話)。這和以說理為目的的幽默短文或敘述是不同的。幽默短文往往可以當「寓言」來閱讀，如成語故事《自相矛盾》和胡適先生的《差不多先生傳》，但說理文裏的幽默手法則並非如此。

繼亞里士多德之後，羅馬演說家西塞羅對兩種幽默作了區分。第一種是貫穿於演說始終的那種，稱作cavillatio。另一種是個別的風趣、詼諧之言，稱作dicacitas。西塞羅還區分了兩種不同的「詼諧」(wit)，一種是敘述性的 (講述某件事情，in re)；另一種產生於特別的語言運用方式 (in verbo)，前者易於在翻譯文字中複述，而後者則經常難以在翻譯中傳達。

說理中的幽默是個別的風趣、詼諧之言，並不是以風趣、機警的故事講述道理。例如，市議會通過法令，騎自行車必須帶頭盔，有的學生不同意，就說，如果這條法令是為了保護市民，那麼也就應該規定在市游泳池游泳時必須帶浮水圈 (water wings)，到舞蹈俱樂部必須帶耳塞。這是誇張類比。又例如，有專家論證，從幼兒行為 (用蠟筆畫畫還是用嘴啃蠟筆) 能看出日後進大學的學業表現，有學生認為這太牽強附會，但並不直接挖苦它「滑稽可笑」，而是在介紹這個論點後說，「論者沒有告訴我們他自己在幼稚園有什麼蠟筆行為。」這就是冷笑話。

說理課上向學生介紹如何運用幽默，當然會涉及一些運用方式的問題，如幽默要自然，要順勢而行、水到渠成，不要刻

犬儒與玩笑

意雕鑿、做作、矯飾、勉強。又例如，幽默包含的想法(ideas)都不複雜，所以，一方面不要在運用時把它弄得太複雜；另一方面，由於幽默的簡單和通俗特徵，它會使得說理顯得膚淺、俗氣，所以要適可而止地運用。再例如，開玩笑要注意自己的身份，平輩之間的玩笑有的不宜對長輩來開；一個族裔或群體成員之間的玩笑有的不宜於對其他族裔或群體成員來開。

但是，說理課的主要任務不是向學生們傳授幽默的修辭技巧，而是介紹幽默的倫理。這也是公共話語倫理的一部分。在公共說理裏，要運用好的而不是不好的幽默，幽默不只是說話者的個人喜好或性格顯現，而且是涉及他人的話語行為。所以，使用幽默要考慮到幽默的社會功能、合適與否、對他人造成什麼影響(傷害或不傷害)、有什麼規範或禁忌、需要注意什麼等等。這些問題也是喜劇表演討論或爭論中經常被提出來的。

幽默的言論倫理要比一般的言論倫理更嚴格一些。例如，2014年11月11日，《三藩市紀事報》刊登一篇《口技表演禁口令：不准開玩笑》(Gag Order Issued against Ventriloquist – No Joke) 的報導，說的是南非白人口技木偶表演者、著名喜劇演員柯赫 (Conrad Koch) 被法庭禁止用玩笑批評白人歌手霍夫梅 (Steve Hofmey)。柯赫經常出現在南非的電視節目中，他用一個名叫「不在」(Chester Missing)的寬臉木偶以滑稽表演的形式來評論南非的政治事件和種族問題。

霍夫梅曾於11月3日在推特上說，在南非執政的非洲人國民大會歧視對待南非白人。在另一則臉書評論裏，他對以前種族隔離制度下種族分離的「優點」發表看法，「種族隔離制度是殘酷、不幸和無法維持的，但是，究竟是什麼原因才造成這種令人發狂的隔離？」柯赫認為霍夫梅發表的是種族主義言論，所以號召南非人抵制這位歌手。

如果柯赫是用一般的說理而不是滑稽幽默來批評霍夫梅的言論，那麼他有這麼做的公民權利，一般民眾也會將此視為「就事論事」而非「個人攻擊」。即使霍夫梅把他告上法庭，法庭也未必能對他下禁口令。但是，滑稽說笑的批評會有「惡意攻擊」之嫌。因此，霍夫梅以「仇恨言論」控告柯赫，而法庭則也以此對柯赫下了禁口令。

　　我把這則報導印發給我說理課班上的學生，是為了讓他們知道，在運用幽默說理的時候，特別需要考慮對方的感受，以免有意無意地傷害對方。用作批評的幽默，它的諷刺和戲仿，更不要說挖苦和嘲笑，具有一般言語所沒有的「殺傷力」，它不僅會造成傷害，而且會把公眾注意力從討論的問題轉移到說話者身上，因此而消除了要討論的問題。媒體上的喜劇爭議可以說是一種關於幽默的社會大眾教育，而課堂裏的幽默倫理教育則應該成為它一個不可缺少的組成部分。